我想多了解你

超圖解

Arduino
互動設計入門

華文世界銷售第一的 Arduino 經典教材

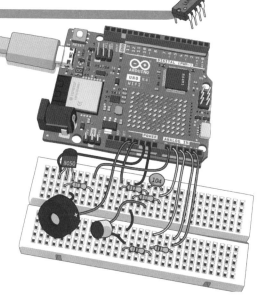

感謝您購買旗標書，
記得到旗標網站
www.flag.com.tw

更多的加值內容等著您…

<請下載 QR Code App 來掃描>

● FB 官方粉絲專頁：旗標知識講堂

● 旗標「線上購買」專區：您不用出門就可選購旗標書！

● 如您對本書內容有不明瞭或建議改進之處，請連上
  旗標網站，點選首頁的 聯絡我們 專區。

  若需線上即時詢問問題，可點選旗標官方粉絲專頁
  留言詢問，小編客服隨時待命，盡速回覆。

  若是寄信聯絡旗標客服 email，我們收到您的訊息
  後，將由專業客服人員為您解答。

  我們所提供的售後服務範圍僅限於書籍本身或內
  容表達不清楚的地方，至於軟硬體的問題，請直接
  連絡廠商。

  學生團體　　訂購專線：(02)2396-3257 轉 362
  　　　　　　傳真專線：(02)2321-2545

  經銷商　　　服務專線：(02)2396-3257 轉 331
  　　　　　　將派專人拜訪
  　　　　　　傳真專線：(02)2321-2545

國家圖書館出版品預行編目資料

超圖解Arduino互動設計入門 / 趙英傑作. -- 第五版.
-- 臺北市：旗標科技股份有限公司, 2024.12
　面；　公分

ISBN 978-986-312-819-9(平裝)

1. CST: 微電腦　　2. CST: 電腦程式語言

471.516　　　　　　　　　　　　113017579

作　　者／趙英傑

發 行 所／旗標科技股份有限公司

　　　　　台北市杭州南路一段 15-1 號 19 樓

電　　話／(02)2396-3257(代表號)

傳　　真／(02)2321-2545

劃撥帳號／1332727-9

帳　　戶／旗標科技股份有限公司

監　　督／黃昕暐

執行企劃／黃昕暐

執行編輯／黃昕暐

美術編輯／林美麗

封面設計／陳憶萱

校　　對／黃昕暐

新台幣售價：780 元

西元 2024 年 12 月 第五版

行政院新聞局核准登記 - 局版台業字第 4512 號

ISBN 978-986-312-819-9

「電腦」可以用性能和普及程度來分成這些類型：

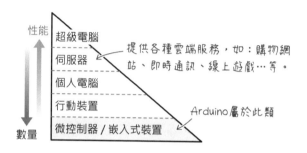

「嵌入式系統」指的是內嵌在裝置裡面，控制該裝置運作的微型電腦，例如，內嵌在冰箱檢測並控制溫度。嵌入式系統通常用於執行特定任務，像維持冰箱的冷度，對性能要求不高、耗電量低、成本低，長時間運作也不易故障。

Arduino 是操控電子設備的微電腦控制板 (也稱為「開發板」) 的品牌，也是程式語言的名字。因為容易上手且價格低廉，在 Maker (創客，泛指喜歡動手做和改造物品的人士) 風潮推波助瀾之下，Arduino 迅速成為電子 DIY 愛好者的新歡及必備技能，利用它創作出新奇、實用，甚至無俚頭、只為搏君一笑的作品，像寵物自動餵食器、智慧家庭控制器和防盜器、機器人、樂器、遊戲機、毛線編織機、環境汙染檢測器…等。

在 Arduino 問世之前，對微電腦控制有興趣的人士，需要購買價格不斐且專屬特定品牌的軟硬體開發工具，而如今市面數百款不同類型和品牌的微電腦開發板，都能使用免費的 Arduino 語言和工具軟體來創作。再加上各式各樣的電子模組，如：馬達控制器、距離感測器、顯示器…，都會附上 Arduino 操控範例，因而造就了 Arduino 龐大且成熟的生態體系。

打造微電腦互動裝置，需要融合不同領域的軟、硬體基礎知識。雖然按圖連接電子模組，再修改現成的範例程式，有時也能在一知半解的情況完成電子互動裝置。但學習不應該止於表面。

本書的目標是讓高中以上，沒有電子電路基礎，對微電腦、電子DIY 有興趣的人士，也能輕鬆閱讀，進而順利使用 Arduino 開發板完成互動應用。從 2013 年第一版問世以來，本書是唯一採用手繪圖解，兼顧電子電路基礎知識和程式開發的 Arduino 書籍。從基本的電子元件和工具操作，如：電阻、電容、二極體、電晶體到常見於感測器模組，也內建於 Arduino UNO R4 的運算放大器元件，乃至於電子模組和 Arduino 開發板的電路，都有圖解說明，讓讀者更加理解 Arduino 電子裝置的運作全貌。唯有同時擁有電子電路和程式設計兩種技能，才能自由整合軟硬體。

書中涉及某些較深入的概念，或者和「動手做」相關，但是在實驗過程中沒有用到的相關背景知識，都安排在各章節的「充電時間」單元（該單元的左上角有一個電池充電符號），像底下的「記憶體類型說明」，讀者可以日後再閱讀。

電池充電符號代表「充電時間」單元，可日後再閱讀。

記憶體類型說明

依據能否重複寫入資料，電腦記憶體分成 RAM 和 ROM 兩大類型，它們又各自衍生出不同的形式：

動態（Dynamic）

DRAM ➡ 需搭配DRAM控制器持續刷新（refresh），存取速度較慢，價格低廉。

本書的全部插圖都是筆者採用 Adobe Flash 軟體手繪完成 (註：Flash 在 2015 年末更名為 Animate CC)，零組件也全都用手繪插圖取代照片，因為插畫比起照片更能勾勒出重點。本書的歷次改版，不僅隨著電子元件和技術的更迭，以及讀者的意見回饋而更新內容，插畫的風格和選用的字體，也都為了能更清晰地傳達而有所調整。

第四版的更新著重在程式設計和演算法，更加全面地介紹 Arduino 程式語言，包含物件導向程式設計和自製程式庫。第五版的每一個章節和附錄，都經過不同程度的改寫，第 18 章後半、19 和 20 章則是全新內容，因篇幅有限，之前版本的部分內容移到附錄，以電子書方式提供。第五版有三個改版重點：

● 再次加強基本電子學，例如，說明電子學的重要基本定律：克希荷夫電流 / 電壓定律，並且利用此定律分析電路的電流和電壓。

● 採用 Arduino 2.x 版開發工具編寫程式 (軟體)，此前的書籍都是用 1.x 版。

● 使用 Arduino UNO R3 和 R4 開發板 (硬體) 創作，此前的書籍主要採用 UNO R3 開發板。

為了方便讀者查閱，下載電子書中提供了索引；中文電腦書通常沒有索引，因為需要手工查閱，國外某些出版社有專人負責編輯索引，筆者花費多個工作天才整理完成。

在撰寫本書的過程中，收到許多親朋好友的寶貴意見，尤其是旗標科技的黃昕暐先生，他是我見過最專業且認真負責的編輯，不僅提供許多專業的看法、糾正內容的錯誤、添加文字讓文章更通順，還在晚上和假日加班改稿，由衷感謝昕暐先生對本書的貢獻。筆者也依照這些想法和指正，逐一調整解說方式，讓圖文內容更清楚易懂。也謝謝本書的美術編輯林美麗小姐，以及封面設計陳憶萱小姐，容忍筆者數度調整版型。

現在，準備好 Arduino 開發板、打開電腦，準備駭入硬體，讓 Arduino 從你的手中展現出最與眾不同的驚艷吧！

趙英傑　2024.11.20
於台中糖安居
https://swf.com.tw/

本書範例

本書範例以章節區分放在個別的資料夾下，請至以下網址下載：

https://www.flag.com.tw/DL.asp?F5799

目錄

7. chapter
SPI 序列介面與LED 點陣顯示器

8. chapter
類比信號處理與運算放大器（OPA）

9 chapter

I²C 序列通訊介面與 LCD 顯示器

10 chapter

變頻控制 LED 燈光和馬達

11 chapter

發音體、數位類比轉換器（DAC）

12 chapter 超音波距離感測、物件導向程式設計與自製程式庫

13 chapter 馬達控制板、自走車與 MOSFET 電晶體應用

14 chapter 伺服馬達、數位濾波、資料排序、EEPROM 與體感控制機械雲台

15. chapter
紅外線遙控、施密特觸發器與循跡自走車

16. chapter
手機藍牙遙控機器人製作

17. chapter
RFID 無線識別裝置

網路與 HTML 網頁基礎 + 嵌入式網站伺服器製作

操控 Arduino UNO R4 WiFi 的 LED 點陣

20 chapter

USB 人機介面、觸控介面、RTC 即時鐘以及中斷處理

電子書

A appendix

微型乙太網路伺服器

B appendix

ESP8266 開發板 Wi-Fi 物聯網應用實作

C 交流電調光器製作

appendix

D 燒錄 ATmega 微處理器的
開機啟動程式 (bootloader)

appendix

E 改造 3C 小玩意的控制鈕

appendix

F 認識焊接工具：焊錫、電烙鐵
及焊接助手

appendix

G
appendix

使用 App Inventor 開發 Android App

H
appendix

使用 Wii 搖桿控制機械手臂

I
appendix

製作 MIDI 電子鼓

Index

索引

CHAPTER

1

認識 Arduino 與
微電腦開發板

日常生活中的許多電子裝置內部都有一個控制中心在控制它們的運轉,以烤箱為例,它能讓使用者調整溫度和烘烤時間或者食物類型,並且在烘烤過程不停地監測溫度、控制加熱器維持在設定的溫度…等,這個隱藏在各個裝置中的控制中心就是**微電腦控制板**(microcontroller board,以下簡稱「開發板」或「控制板」)。相較於幫助「人們」處理各種事務的個人電腦和智慧型手機,控制板用於操縱「機器」。

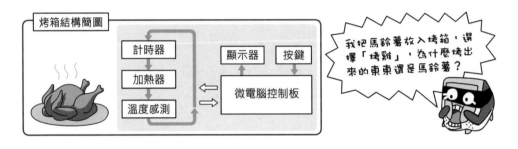

1-1 認識 Arduino

早期的開發板是提供給專業工程師和電子愛好者的自動控制開發設備,一整套通常需要花費台幣數萬元以上。Arduino 則是給普羅大眾使用的開源開發板,價格低廉(有些相容品不到台幣 50 元),只要用 USB 線連接開發板和電腦,就能開始進行微電腦互動實驗。

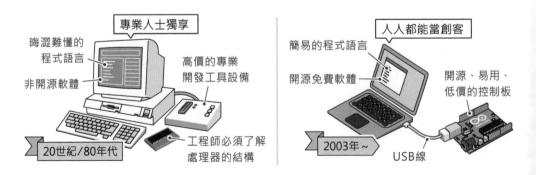

開源(open source,或**開放原始碼**)代表軟體程式或硬體電路免費公開。

Arduino 源自義大利伊夫雷亞互動設計學院（Interaction Design Institute Ivrea，簡稱 IDII），時任教授 Massimo Banzi（馬西莫‧班吉）為了讓沒有電子學基礎的學生，有個便宜好用的開發板來製作電子互動作品或者原型，於是和其他學者、研究生一起創造出 Arduino。Arduino 這個名字源自 IDII 附近學生經常流連的一家酒吧，該酒吧以義大利國王 Arduin（Arduin of Ivrea）命名，而義大利文的 "-ino" 字尾，代表「微小」。

> 原型（prototype）是在新產品開發階段所製作的模型或實驗電路，用來試驗新產品的功能、造型和材料。

後來，Arduino 團隊在網路上公開控制板的電路圖和軟體並成立公司，生產一系列 Arduino 開發板以及維護、改進相關軟硬體。任何人都能生產、銷售和原始設計一樣的複製品（相容開發板）或改作，都無須支付費用給 Arduino 團隊，但必須同樣秉持開源精神。唯一條件是，若要販售標示 Arduino 字樣的相容開發板，必須支付商標權利金給 Arduino 公司。

Arduino 廣受世界各地的電子愛好者和互動設計師的喜愛，運用 Arduino 創造出各種新奇有趣的互動裝置。

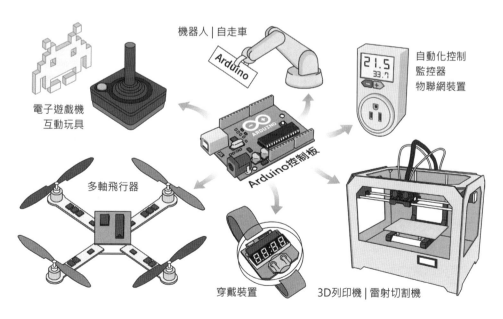

電子遊戲機
互動玩具

機器人 | 自走車

自動化控制
監控器
物聯網裝置

多軸飛行器

Arduino控制板

穿戴裝置

3D列印機 | 雷射切割機

業餘電子玩家和初學者，也可以運用 Arduino 組裝電子玩具，或者改造原本不具備自動控制或聯網功能的產品，變成超夯的**物聯網**（Internet of Things，簡稱 IoT，代表「讓設備聯網」）裝置！

普通的電燈　　Arduino板和控制模組　　手機App

Arduino 的四種意義

微電腦需要程式指揮運作，打造互動作品除了要有控制板，也要搭配易用易懂的程式開發工具和程式語言。Arduino 控制板的程式開發工具和程式語言，也都叫做 "Arduino"。所以，Arduino 代表**微電腦開發板**、**程式語言**、**開發工具**和**原廠商標**。

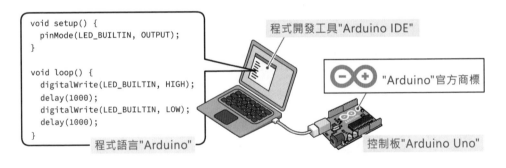

> 因經營理念和商標權的爭議，Arduino 創始團隊於 2015 年初分裂成兩家公司，其中一家在美國推出 Genuino 新品牌，但產品不變，例如，Uno 板改名成 Genuino Uno，所幸雙方於 2016 年底和解，重新合併成一家 Arduino。

選購 Arduino 開發板：入門首選 UNO

跟手機一樣，Arduino 板有不同處理器型號、記憶體大小、尺寸和價格，底下列舉數款 Arduino 原廠開發板，其中的 "I/O" 代表 "Input/Output"（輸入 / 輸出），也就是「連接周邊元件的接腳」，第 2 章再說明。完整的產品列表、說明和最新價格，請瀏覽 Arduino 官方線上商店（store.arduino.cc）。

Arduino UNO Rev3
處理器：8位元+8位元
I/O數：14數位、6類比
定價：$27.6美元

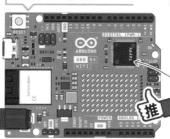

Arduino UNO R4 WiFi
處理器：32位元+32位元
I/O數：14數位、6類比
定價：$27.5美元

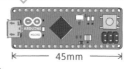

Arduino Micro
處理器：8位元
I/O數：20數位、12類比
定價：$22.1美元

← 45mm →

32位元微控器

← 68.6mm →

8位元處理器，正確地説是
「微控器」，第2章説明。

網路上許多 DIY 達人的案例分享，大多採用 Arduino UNO Rev3（UNO 第 3 版，以下簡稱 UNO R3），因為它的控制接腳夠多，可連接許多周邊元件且低價。R3 開發板搭載兩個 8 位元微控器，一個負責 USB 連線，一個用於運算（執行我們編寫的程式碼），雖然處理器是 8 位元，但足以用於多數自動控制和監測應用。

UNO R4 WiFi 版的尺寸與 R3 相同，搭載兩個 32 位元微控器，一個用於運算，另一個負責 Wi-Fi 和藍牙無線網路通訊。另有不具備無線通訊功能的 Minima（基本款），第 4 章會介紹。UNO R4 並非取代 R3 版，只是提供使用者多元的選擇，R3 仍持續製造和販售。

Micro 板適合用在外型迷你的作品。本書的 DIY 實驗都採用 UNO R3 和 R4 板。

> 8 位元處理器代表一次能處理 8 個位元資料，運算速度較慢、記憶體容量較小；32 位元一次能處理 32 個位元資料，運算速度較快、記憶體容量較大。微處理器廠商至今仍在開發並販售 8 位元處理器，因為許多控制應用場合，像是小家電，需要低功耗、低成本、成熟且穩定性高的處理器。

Arduino Mega 2560 Rev3
處理器：8位元（USB通訊）+8位元（運算）
I/O數：54數位、16類比
定價：美金$38.5元

經常用在
3D列印機

Arduino Due
處理器：8位元（USB通訊）+32位元（運算）
I/O數：54數位、12類比
定價：美金$38.5元

官方首款32
位元開發板

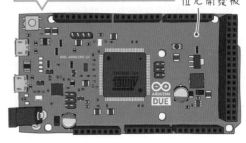

|← 101.52mm →|

有些專案作品需要連接很多元件，像 3D 列印機需要連接顯示器、控制鈕、
5 個馬達、兩組加熱器和溫度感測器，因此開源 3D 列印機大都採用左上圖
的 Mega 2560 開發板，也有玩家用 UNO R3 製作 3D 列印機。

Arduino Nano ESP32
處理器：32位元雙核心+WiFi+藍牙
I/O數：14數位、8類比
定價：$20美元

Arduino Nano RP2040 Connect
處理器：32位元雙核心
I/O數：20數位、8類比
定價：$29.4美元

ARDUINO MKR WIFI 1010
處理器：32位元+32位元
I/O數：8數位、7類比
定價：$38.6美元

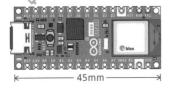

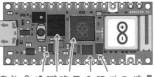

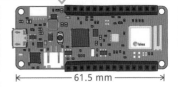

|← 45mm →|

有許多接腳的黑色矩形元件是
簡稱 "IC" 的「積體電路」

|← 61.5 mm →|

Nano 和 MKR 系列也都是精巧的開發板，微控器有 8 位元和 32 位元版本，
上面列舉的三款都是 32 位元，每一款微控器的廠牌、型號和功能都不同。

Arduino 相容開發板

Arduino 原廠開發板的價格偏高，不過由於 Arduino 是開源的開發板，所有
軟硬體都是公開的，因此就有其他廠商生產相容板。「相容」開發板的定
義有**硬體**和**軟體**兩個層面：

- 硬體：電路設計與外觀樣式都和官方開發板相同，例如：UNO R4 相容板。

- 軟體：電路元件和外觀跟原廠不同，但能使用 Arduino 編寫程式。就像各家廠商的 Android（安卓）手機不必和 Google 原廠規格一致，但都可執行 Android App 軟體。

除了 Arduino，市面上還有許多不同類型的開發板，不是所有開發板都能用 Arduino 來開發程式。但是 Arduino 實在太熱門，開發工具容易上手，周邊零組件也很多，有些廠商自行研發的開發板，一開始也許只能用專屬工具來開發軟體，但是後來也支援使用 Arduino 工具來開發。所以，只要學會 Arduino 語言，便能操控各種類型的開發板。

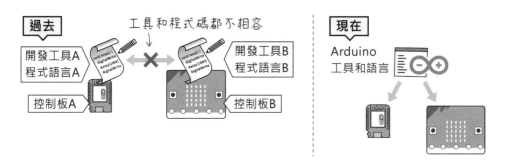

像左下兩款低價的開發板，在網友開發出相容於 Arduino 程式語言的軟體套件後，大受歡迎。右下的 SparkFun 是美國知名的電子零組件供應商，也有販售自有品牌的開發板，與 Arduino 開發軟體相容。

WEMOS D1 mini
處理器：32位元+Wi-Fi
I/O數：11數位、1類比
ESP8266 處理器
← 34.2mm →

LOLIN32
處理器：32位元+Wi-Fi+藍牙
I/O數：26數位、12類比
ESP32 處理器
← 57mm →

SparkFun SAMD21 Mini
處理器：32位元
I/O數：22數位、14類比
← 33.5mm →

Raspberry Pico 開發板採用 Raspberry（樹莓派）公司自行研發的 32 位元微
控器 RP2040，Arduino 原廠以及其他電子廠也有推出採用相同微控器的開
發板，例如 Arduino Nano RP2040 Connect。

Seeed Studio XIAO ESP32S3
處理器：32位元+Wi-Fi+藍牙
I/O數：11數位、11類比

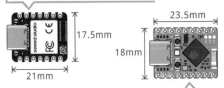

ESP32-S3-Zero
處理器：32位元+Wi-Fi+藍牙
I/O數：24數位、12類比

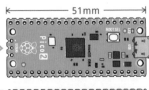

Raspberry Pi Pico 2
處理器：32位元雙核心
I/O數：26數位、3類比

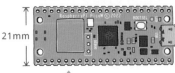

Raspberry Pi Pico W
處理器：32位元雙核心+WiFi

Seeed Studio（矽遞科技）公司的 XIAO（小）系列開發板是超小型的
Arduino 相容板，ESP32-S3-Zero 則是 Waveshare（微雪電子）公司的微型
Arduino 相容開發板。除了現成的開發板，我們也能自己 DIY 相容開發板
（參閱〈附錄 D〉），底下是筆者自行焊接的 Arduino 開發板，主要元件都和
UNO 板一致，只是外觀不一樣。

使用開發板的注意事項

開發板沒有精美的外殼保護，廠商出貨時通常會用防靜電袋（褐色半透明塑膠袋）來包裝。Arduino 板子背面有許多圓圓亮亮的焊接點：

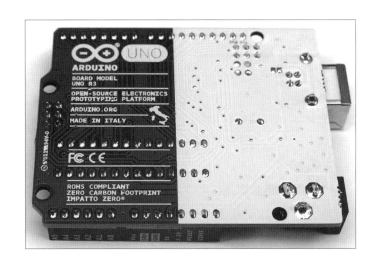

平常拿取 Arduino 板子的時候，請盡量不要碰觸到元件的接腳與焊接點，尤其在冬季比較乾燥的時節，我們身上容易帶靜電，可能會損壞板子上的**積體電路**（簡稱 IC，就是板子上黑黑一塊，兩旁或四周有許多接腳的元件）。

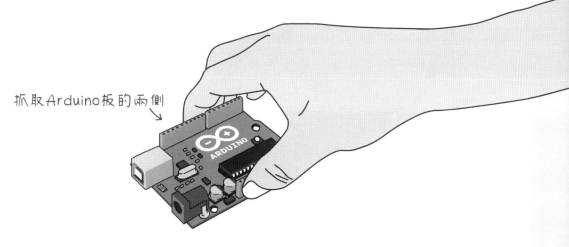

抓取Arduino板的兩側

做實驗時，桌上不要放飲料，萬一打翻或者滴到運作中的 Arduino 板，可能會因短路而損壞。此外，Arduino 板底下最好墊一張乾淨的紙或塑膠墊，避免板子背後的接點碰觸到導電物質而短路；有廠商販售 Arduino 適用的塑膠底殼（原廠的板子有附贈），可保護 Arduino 板。或者購買**銅柱**（也有塑膠和尼龍材質，電子材料行有販售），用螺母固定在開發板四周的貫穿孔當作腳架。

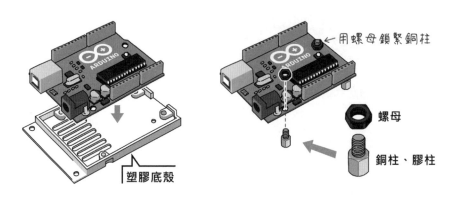

← 用螺母鎖緊銅柱

螺母

銅柱、膠柱

塑膠底殼

電子工廠的作業員會帶上靜電手環（antistatic wrist strap），導出身上的靜電。這種手環可在電子材料行和網路商店買到。

靜電手環

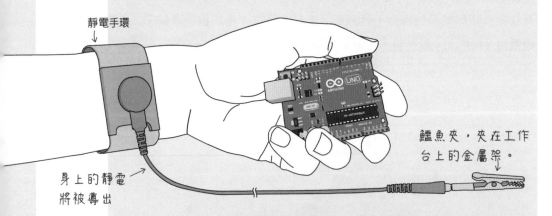

鱷魚夾，夾在工作台上的金屬架。

身上的靜電將被導出

組裝電子零件時，我從未戴過靜電手環。牆壁、橡膠和木頭，都是不導電的材質，靜電卻可通過它們。因此，冬天或乾燥的天氣開車門或者住家的金屬門之前，可以先用手碰觸一下旁邊的牆壁，釋放累積在身體裡的靜電後，再開門，就不會被靜電電到啦～

筆者在拆解電子商品或取用 IC 零件之前，都會先碰一下牆壁，或者打赤腳（在舖設地磚或磨石地板上）作業。

1-2 安裝 Arduino UNO 開發板的驅動程式

個人電腦上的長方形 USB 插孔，稱為 **A 型（Type-A）**，UNO R3 板子上的六邊形 USB 插孔，稱為 **B 型（Type-B）**，普遍用於 USB 周邊設備，像列印機和數位鋼琴。購入的開發板通常沒有附 USB 線，而有些 USB 線只有充電、沒有資料傳輸功能，購買時請選擇一端和你的電腦相容（Type-A 或 Type-C）的 USB 資料線。

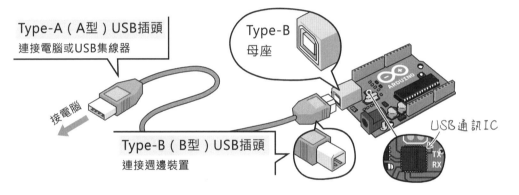

Type-A（A型）USB插頭
連接電腦或USB集線器

接電腦

Type-B（B型）USB插頭
連接週邊裝置

Type-B
母座

USB通訊IC

TX
RX

UNO R4 開發板的 USB 介面則採用 Type-C 型。在這些開發板上，USB 介面的外形跟功能無關，它們只是長相不同，但功能相同，有些開發板採用 Micro USB 型式。

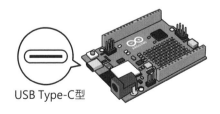

USB Type-C型

底下是 Arduino 原廠 UNO R3 板和某一款 UNO R3 相容板的對照，從零件的類型和擺放位置看起來，兩者似乎不「相容」，但它們確實都是 UNO R3，第 2 章會詳細說明。

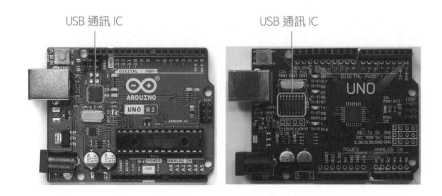

開發板上的「USB 通訊 IC」負責連接電腦和開發板的處理器,電腦必須安裝此 IC 的驅動程式才能和它溝通。這兩個開發板的 USB 通訊 IC 廠牌和型號不同,所以驅動程式也不一樣,所幸 Windows 系統會自動辨認、下載安裝驅動程式,而 macOS 也內建常用的通訊 IC 的驅動程式,因此,通常只要把這些開發板接上電腦就能用了。

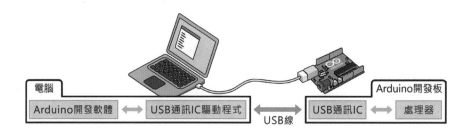

如果電腦系統沒有自動安裝 USB 通訊 IC 的驅動程式,請查看開發板 USB 插座附近的通訊 IC,IC 上有印型號,像右圖這個 IC 的型號是 CH340G,再上網搜尋 "CH340G 驅動程式",有些相同板採用 FT232RL 或其他通訊 IC。

Windows 系統的通訊埠名稱

在 Windows 系統上,初次使用 USB 連結 Arduino 開發板時,系統的**裝置管理員**可能會顯示「無法辨識的裝置」,接著自動上網搜尋對應的驅動程式並安裝。安裝完成後，系統將會自動替它設定一個以 "COM" 為首的通訊埠編號，例如：COM5；補充説明，"COM" 代表 "communication"，「通訊」之意。Arduino 程式編輯器軟體，將透過此 COM 編號與 Arduino 開發板連線。

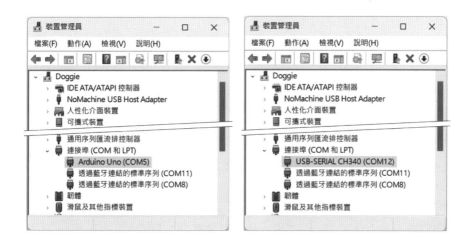

上圖左顯示連接原廠 UNO R3 開發板，電腦識別出它的名字，並分配 "COM5" 通訊埠給它。上圖右則是連接 UNO R3 相容板，電腦識別出 USB 通訊 IC 的型號（CH340），並分配 "COM12" 通訊埠給它，COM 編號是電腦指定的，所以你的電腦顯示的編號很可能跟上圖不一樣。

> 在 Windows 11 中，於工作列的 Windows 圖示按滑鼠右鍵，選擇**裝置管理員**，或者，在工作列的搜尋欄查詢 " 裝置管理員 "，都能開啟它。
>
> 每當新的開發板插入電腦 USB 時，電腦系統就會分配一個 COM 連接埠編號（以下簡稱「埠號」）給它，編號的值介於 1~255。即使拔掉開發板，分配的 COM 埠號仍會保留，所以下次把這個開發板接到同一個 USB 插孔，埠號不會變，但插不同的 USB 孔，埠號可能會不同。

macOS 系統的通訊埠名稱

Mac 電腦的通訊埠的命名方式跟 Windows 不一樣，格式和範例如下：

/dev/cu.通訊埠名稱 ⟹ /dev/cu.usbmodem101

其中的 "/dev/" 其實是檔案路徑；macOS 系統的周邊裝置，都以檔案的形式存在 "/dev/" 路徑底下，因此，在終端機輸入 "ls /dev/cu.*" 命令，代表列舉 "/dev/" 路徑底下，"cu." 開頭的所有檔案，即可找到連接到此 Mac 電腦的 Arduino 開發板的序列埠（另外兩個是系統預設的裝置，請忽略）。

連接Arduino Uno
開發板的序列埠 →

```
● ● ●                    ■ cubie — -zsh — 80×24
cubie@macbook ~ % ls /dev/cu.*
/dev/cu.Bluetooth-Incoming-Port              /dev/cu.wlan-debug
/dev/cu.usbmodem101
```

若採用 UNO R3 相容板，序列埠名稱可能是 "/dev/cu.usbserial-10" 或 "/dev/cu.wchusbserial10" 之類，視開發板的 USB 通訊 IC 而定。

1-3 Arduino 程式開發工具與開發步驟簡介

開發 Arduino 程式的工具軟體，可在 arduino.cc 網站下載。程式開發工具用編號來區別新舊，例如，Arduino 2.3.3。新版本通常是修正了軟體錯誤並新增功能。開發 Arduino 微電腦互動裝置，大致需要歷經下列五大步驟：

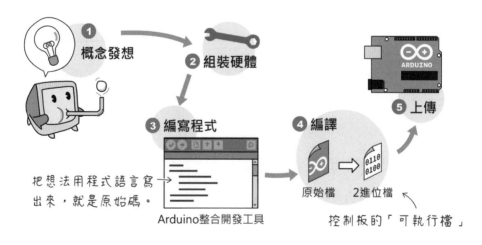

❶ 概念發想　❷ 組裝硬體　❸ 編寫程式　❹ 編譯　❺ 上傳

把想法用程式語言寫出來，就是原始碼。

Arduino整合開發工具

原始檔　2進位檔

控制板的「可執行檔」

1　規劃裝置的功能和軟／硬體：裝置有什麼用途？需要哪些輸入裝置或感測器元件？有什麼輸出結果？以「自動型夜光 LED 燈」為例，除了 Arduino 開發板，你還需要能夠偵測光線亮度變化的感測器以及一個 LED 燈。

2　組裝硬體：在硬體的開發和實驗階段，通常使用一種叫做**麵包板**的免焊接裝置，把電子零件組裝起來。

3　編寫程式：把你的想法轉換成程式語言，並使用 Arduino 程式開發工具編寫出來，這部份的程式碼稱為原始碼（source code）。**Arduino 程式原始檔的副檔名為 .ino**

4　驗證和編譯：檢查程式內容是否有錯誤（例如：拼寫錯誤），並且把程式原始碼翻譯成微電腦能夠理解的形式，此翻譯過程稱為**編譯（compile）**。編譯完成的檔案，也稱為**二進位檔（.bin 檔）**。

5　上傳：也稱為**燒錄（burn）**，把編譯完畢的程式寫入微處理器內部的記憶體。程式上傳完畢後，Arduino 開發板會立即執行程式。

像 Arduino 這種整合了程式編輯、驗證與編譯，以及上傳燒錄等功能的開發工具，稱為**整合開發環境（Integrated Development Environment，簡稱 IDE）**。

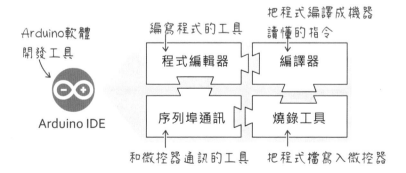

下載與安裝 Arduino IDE（整合開發工具）

點擊 arduino.cc 網頁上的 **SOFTWARE（軟體）**，進入 Arduino IDE 軟體下載頁：

1 點擊 SOFTWARE　　　　　　　　　　2 在此下載 Arduino IDE

Arduino IDE 有 Windows, Mac 和 Linux 系統版本，請自行下載並解壓縮之後即可使用，免安裝；Windows 版則有安裝版（Installer）。點擊任一下載連結，將出現如下的捐款頁面，你可以點擊任一捐獻款項，或者按下 **JUST DOWNLOAD（僅下載）**：

下載完畢後，按照一般軟體的安裝流程，依據畫面的指示安裝即可。

動手做 1-1 執行與設定 Arduino IDE

Arduino 的程式檔統稱**草稿檔（sketch）**，本書將混和使用「原始碼」和「草稿碼」這一詞。請先開啟 Arduino IDE（程式開發工具）：

● 在 Windows 系統上，點擊**開始**，再點擊**應用程式**選單裡的 Arduino。

● 在 macOS 系統上，雙按**應用程式**路徑裡的 Arduino 圖示。

Arduino IDE 2.x 版的外觀如下，中間的窗格是讓我們輸入程式碼的地方。每一行程式碼前面都有標示「行號」，也就是「該行的編號」。行號主要用於「定位」，並非程式碼的一部分，例如，當程式出現錯誤時，編輯器會提示錯誤發生在哪一行，方便你快速找到問題所在。

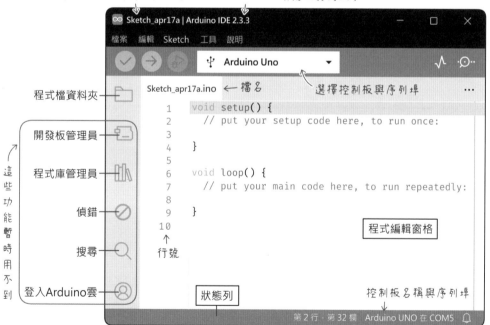

「Arduino 雲」（https://cloud.arduino.cc/）是 Arduino 原廠提供的線上程式開發環境和物聯網平台，有功能限制的免費版，本書並未使用 Arduino 雲。

選擇開發板以及 USB 序列埠（方法一）

第一次使用 Arduino 程式開發工具時，請把 Arduino 板接上電腦的 USB，以原廠的 UNO R3 板為例，點擊 **Arduino IDE 程式開發工具（以下簡稱 IDE）** 的『**開發板與序列埠**』選單，它會記住並顯示上一次連接的開發板及其序列埠；初次開啟時，它顯示的可能不是你目前使用的開發板。

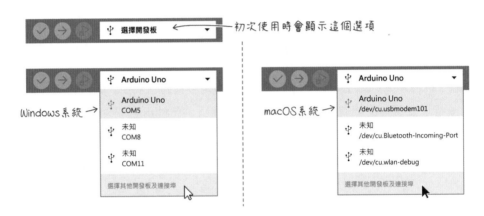

點擊選單底下的『**選擇其他開發板及連接埠**』，可手動設定開發板和連接埠：

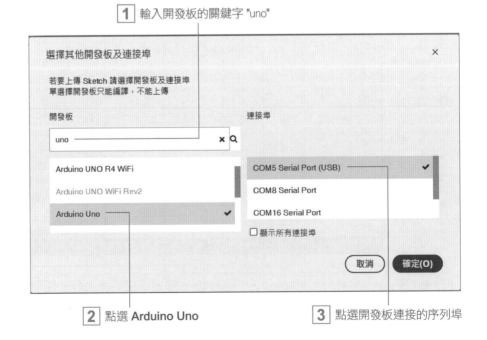

按下**確定**後，『**開發板與序列埠**』選單以及視窗底下的狀態列就會顯示目前的設定。

Windows系統　　　macOS系統　選用的開發板及序列埠

上傳「閃爍 LED」範例程式

開發板可輸出訊號去控制某個元件，例如，控制燈光開或關。許多開發板都內建一個測試用的 LED 燈，本單元將透過 IDE 提供的範例程式，讓這個 LED 閃爍（blink），並藉此練習上傳程式碼到 Arduino 開發板的流程。

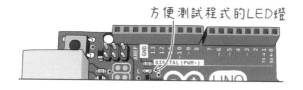

方便測試程式的LED燈

選擇『**檔案 / 範例 /01. Basics**』裡的 **Blink**：

選擇 Blink

IDE 將開啟新的視窗並顯示閃爍 LED 的程式碼（原本的空白編輯視窗可以關閉）：

```
22      https://www.arduino.cc/en/Tutorial/BuiltInExamples
23   */
24
25   // the setup function runs once when you press reset
26   void setup() {
27      // initialize digital pin LED_BUILTIN as an output
28      pinMode(LED_BUILTIN, OUTPUT);
29   }
30
31   // the loop function runs over and over again foreve
32   void loop() {
33      digitalWrite(LED_BUILTIN, HIGH);   // turn the LED
34      delay(1000);                       // wait for a s
35      digitalWrite(LED_BUILTIN, LOW);    // turn the LED
36      delay(1000);                       // wait for a s
37   }
```

令LED閃爍
的程式碼

驗證與上傳程式碼

上傳程式之前，先按下工具列上的 ✓ **驗證**鈕或選擇『**Sketch/ 驗證 / 編譯**』，把原始碼編譯成微電腦所能理解的 0 與 1 機械碼。如果驗證與編譯過程沒有出現問題，訊息窗格將顯示編譯後的程式佔用的記憶體空間大小。

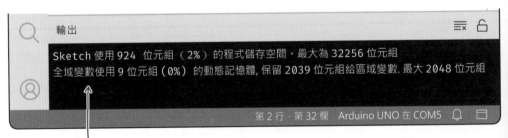

這裡顯示此程式僅佔用Arduino UNO控制板一小部份儲存空間和記

程式驗證無誤後，按下 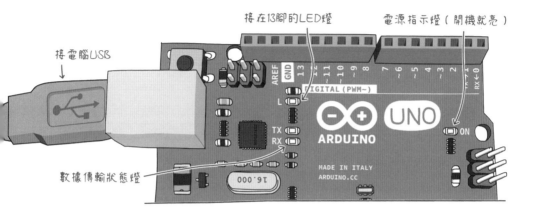 **上傳**鈕，編輯器將再編譯一次程式碼，以便確保程式碼是最新的版本，然後傳入 Arduino 板。在上傳過程，Arduino 板子上的 TX 和 RX 訊號燈將隨著資料傳遞而閃爍。

接在13腳的LED燈

電源指示燈（開機就亮）

接電腦USB

數據傳輸狀態燈

大約經過 1~2 秒，程式上傳完畢，開發板將自行重新啟動並執行上傳的程式碼，內建的 LED 隨即開始閃爍。

糟糕～程式無法上傳！

上傳過程若出現底下的訊息，代表開發板未連接電腦：

編譯成功但上傳失敗

這裡顯示「未連接」開發板

錯誤訊息的內容：

avrdude是負責上傳程式到UNO R3板子的工具程式

如果一直停留在「正在上傳…」的狀態,八成是選錯連接埠了,請關閉整個視窗重開。

若出現「存取被拒」的訊息,也是因為選錯連接埠,IDE 無法和開發板取得聯繫,請重新選擇序列埠。

選錯開發板也會在上傳程式檔時發生錯誤,下圖的狀態列顯示目前選擇的開發板是 UNO R4 WiFi,但實際連接的是 UNO R3。

選擇的是UNO R4 WiFi,實際連接UNO R3。

選擇開發板以及 USB 序列埠(方法二)

開發板以及序列埠也能從主功能表選擇:

從主功能表『**工具 / 開發板**』選擇你的開發板，UNO R3 板位於 **Arduino AVR Boards** 子選單底下，因為 R3 板的微處理器晶片屬於 AVR 系列。

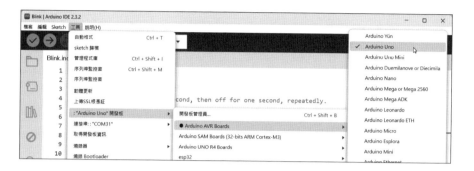

從『**工具 / 連接埠**』選擇 Arduino 與電腦連接的序列埠編號。

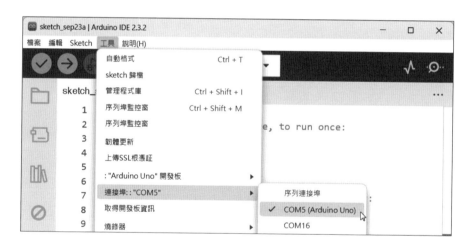

在 macOS 系統中，請選擇『**工具 / 連接埠**』中，以 tty.usbmodem 開頭的選項（若是非 Arduino 原廠的 UNO R3 相容板，序列埠的名稱可能是 tty. usbserial 開頭）：

M E M O

CHAPTER

2

認識電子零件與工具

2-1 電壓、電流與接地

電（或者說「電荷」）在導體中流動的現象，稱為電流。導體指的是銅、銀、鋁、鐵等容易讓電荷流通的物質。導體的兩端必須有**電位差**，電荷才會流動。若用建在山坡上的蓄水池來比喻（參閱下圖），導體相當於連接水池的水管；電位差相當於水位的高度差異；電流則相當於水流：

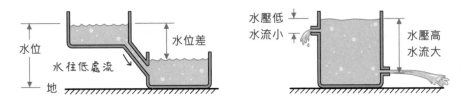

如果兩個蓄水池的水位相同，或者沒有連結，則水不會在兩者之間流動。

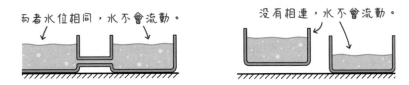

電流的單位是**安培**（ampere, 簡寫成 A），同樣以水流來比喻，安培相當於水每秒流經水管的立方米（m³）水量。實際上，1A 代表導體中每秒通過 6.24×10^{18} 的電子之電流量。

電子產品的消耗電流越大，代表越耗電。許多電子商品的電源供應器都有標示輸出電流，像筆者的筆記型電腦的電源供應器，標示的輸出電流量是 4.74A，手機則是 2A。Arduino 之類的微控制板比較不耗電，電流量通常採用 mA 單位（毫安培，也就是千分之一安培）：

```
1mA = 0.001A (註：m 代表10⁻³)
```

電壓與接地

電位差或**電勢差**稱為**電壓**，代表推動電流能力的大小，其單位是**伏特**（volt，簡寫成 V）。Arduino 微電腦板採用的電壓是 5V，它的周邊設備有些採用 5V，有些則是 3.3V。電壓的大小相當於地勢的段差，或相對於地面的位差；處於高位者稱為**正極**，低地勢者為**負極**或**接地**（Ground，簡稱 GND）：

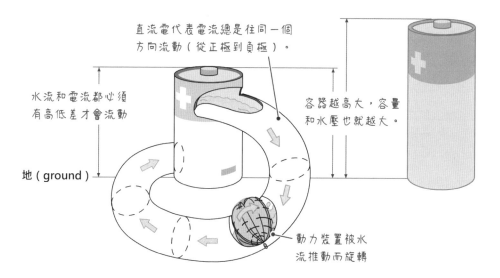

直流電代表電流總是往同一個方向流動（從正極到負極）。

水流和電流都必須有高低差才會流動

容器越高大，容量和水壓也就越大。

地（ground）

動力裝置被水流推動而旋轉

然而，所謂的「低地勢」到底是多低呢？生活中的地勢，通常以海平面為基準，以底下的 A, B, C 三個蓄水池為例，若把 B 水池的底部當成「地」，C 水池的水位就是低於海平面的負水位了。

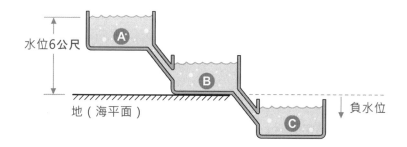

水位6公尺

地（海平面）

負水位

普通的乾電池電壓是 1.5V，若像下圖左一樣串接起來，從 C 電池（一）極測量到 A 電池的（＋）極，總電壓是 4.5V；但如果像下圖右，把 B 電池的（一）當成「地」，從接地點測量到 A 的電壓則是 3V，測量到 C 的另一端，則是 -1.5V！

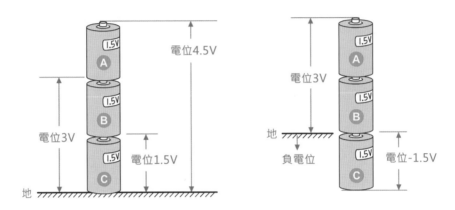

電源和接地的電路符號

電池有分正、負極性，然而，電路圖（參閱下文〈看懂電路圖〉一節）中的電池與直流電源符號往往不會明確標示出正、負極，僅僅用一長一短的線條表示，其中的**短邊是負極**（「減號」，記憶口訣：取「簡短」的諧音「減」短）。

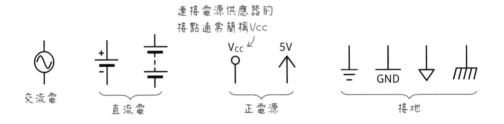

電路圖中出現的接地符號往往不只一個，實際組裝時，**所有接地點都要接在一起**（稱為「共同接地 common ground」），如此，電路中的所有電壓，無論是 5V 或 3.3V，才能有一個相同的基準參考點。

Arduino 板子上有 3 個接地插槽，它們實際上都相連，所以做實驗時，外部
電路的接地可以接在 Arduino 板的任何一個接地插槽。

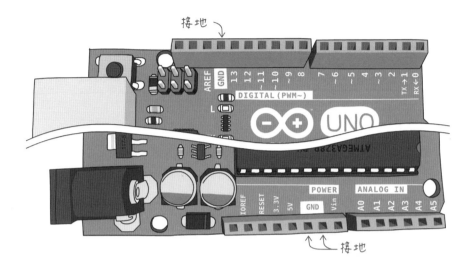

台灣室內的電源插座通常是 110V **交流電**（Alternative Current，簡稱
AC），某些是 220V。交流電代表電壓和電流週期性地正負變化，台灣
交流電的變化頻率是每秒 60 次，標示為 110V/60Hz。微控制板採用低電
壓的**直流電**（Direct Current，簡稱 **DC**），直流代表電源和電流保持一定
的流動方式。

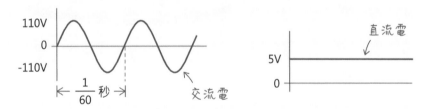

除了 V_{CC}，**有些晶片的正電源輸入端標示為 V_{DD}，接地用 V_{SS} 標示**，通
常出現在晶片工作電壓低於電源電壓的場合，例如，電路的輸入電壓是
5V（$V_{CC}=5V$），晶片的工作電壓是 3.3V（$V_{DD}=3.3V$）。

2-2 開發板的電源供應器

UNO 板的工作電壓是 5V。平常做實驗時，我們通常用 USB 線連接電腦和開發板，USB 除了用於傳輸資料，也能提供 5V, 500mA（亦即 0.5A，USB 3.0 介面可提供約 1A）的電源給開發板。

Arduino 程式上傳完畢後，開發板即可脫離電腦獨立運作，但仍需要接電。常見的外部電源供應方案有四種：

● 方案 A：使用手機或平板的 USB 型電源供應器：

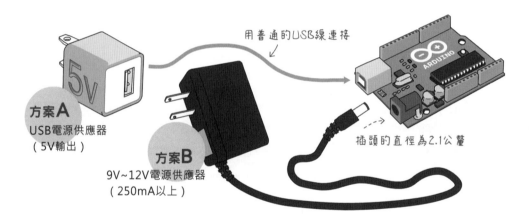

方案A
USB電源供應器
（5V輸出）

用普通的USB線連接

方案B
9V~12V電源供應器
（250mA以上）

插頭的直徑為2.1公釐

● 方案 B：到電器行購買 9V 或 12V 的電源供應器（輸出電流至少 250mA），電源輸出端的圓形插頭直徑為 2.1mm。

● 方案 C：採用 9V 電池供電：

方案C

超強電力
ALKALINE
swf.com.tw

9V鹼性電池

電源接頭可能
需要自行焊接

● 方案 D：在 Vin 腳位接上 9V 或 12V 的電源。

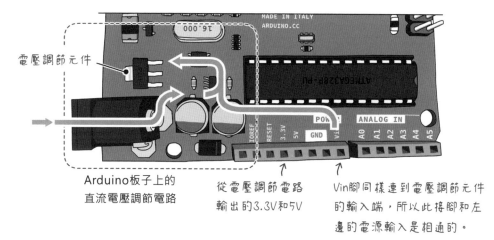

電壓調節元件

Arduino板子上的
直流電壓調節電路

從電壓調節電路
輸出的3.3V和5V

Vin腳同樣連到電壓調節元件
的輸入端，所以此接腳和左
邊的電源輸入是相通的。

UNO 板的微控制器，以及大多數的周邊
元件的工作電壓都是 **5V**。UNO 板子上有
兩個**直流電壓調節電路（又稱為 DC-DC
轉換器）**，分別把外部的 7V~12V 電壓轉
換成 5V 和 3.3V，轉換 5V 的電壓調節元
件**至少需要輸入 7V 以上才能運作**，所以
外部電源通常都是接 9V。

UNO 板左下角的電源輸入端
和 Vin 接腳，都連接到電壓調
節元件的輸入端，因此，如
果你在電源輸入孔輸入 9V 電
源，從 Vin 腳也能獲得相近的
電壓（用原廠 Arduino UNO R3
實測相差 0.75V），而不是經
過調節後的 5V 電壓喔！

許多微控制板的工作電壓採 3.3V，像 ESP32 開發板的工作電壓範圍是
2.2V~3.6V；BBC Micro:bit 板的 n51 微控器的工作電壓介於 1.8V~3.6V。這
些開發板若有連接 USB 的插座（如：Micro USB 或 Type-C），代表板子上
有 5V 轉 3.3V 的電壓調節器，可透過 USB 供電；有些板子具有鋰電池插座
（下圖是 LOLIN32 開發板），平時透過電池運作，連接 USB 可幫電池充電：

數位與類比腳最大容許輸入3.6V

此控制板沒有保險絲！

ESP32模組
工作電壓：3.0~3.6V

電池容量與電壓 → 1000mAh 3.7V

USB序列通訊IC

Micro USB母座

5V轉3.3V電壓調節器

鋰電池充電IC

鋰電池母座
（ JST-XH型 ）

也有廠商推出搭配 18650 型鋰電池的充電 / 供電模組（產品搜尋關鍵字：
18650 鋰電池座擴展板 V3），相當於提供多組 5V 和 3.3V 輸出的行動電源。

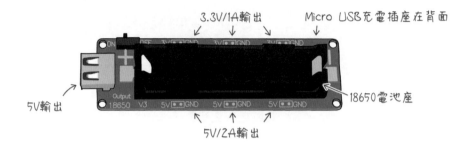

18650 是一種常見的鋰電池，普遍用在行動電源、電動工具和電動機車，
約可充放電 1000 次，18 代表電池的直徑（mm）、65 代表長度，它有平頭
和尖頭（凸頭）兩種款式；尖頭附帶防止過度充電保護板的電池比較長，
選購時請先確定電池座的大小相容。另外還有尺寸較小的 18350, 14500 和
16340 型鋰電池。

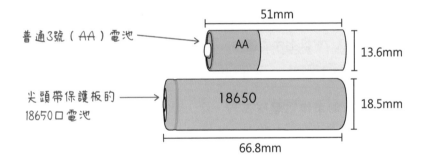

除了外型尺寸，選擇電池有三個考量因素：

● 電壓：必須符合設備的要求，例如：1.5V 或 3.7V。

● 額定容量：常見單位是 mAh（毫安培小時）或 Ah（安培小時），例如，
1Ah 等於 1000mAh，代表電池能穩定以 1 安培供電 1 小時；假設裝置的
耗電量為 50mA，則理論續航時間 = 1000mAh ÷ 50mA = 20 小時。

● 充放電率（C-rate）：代表電池充 / 放電電流是額定容量的幾倍，C-rate
越大，充電速度越快，或能在短時間內輸出更大電流。例如：額定容量

為 1000mAh 的電池，1C 的充放電電流就是 1000mA，而 2 代表用額定
容量的 2 倍電流充／放電（2000mA），理論上充電時間可以縮短一半，
但理論續航時間也只有一半。

2-3 電阻

阻礙電流流動的因素叫**電阻**。假如電流是水流，電阻就像河裡的石頭或者
細小的渠道，可以阻礙電流流動。**電阻器**通常簡稱**電阻**，能降低和分散電
子元件承受的電壓，避免元件損壞。

電阻的單位是**歐姆（Ω，或者寫成 Ohm）**，其值是電壓和電流的比例，1
安培（A）的電流通過 1 歐姆（Ω）的電阻會產生 1 伏特（A）的電壓降，
詳閱第 3 章的〈歐姆定律〉單元。若把電路比喻成軟管，電壓是掐著管路
的力、電流是水流；當水流量不變時，施壓越大，則水越難流通，代表阻
值越高。

$$1\Omega = \frac{1V}{1A}$$

常用的電阻數值介於數十至數萬歐姆，並像電腦儲存設備一樣搭配字母 k 和 M 單位：

● k 代表 Kilo（千）。1k 就是 1000，2200 通常寫成 2.2k 或 2k2。

● M 代表 Million（百萬），1M 就是 1×10^6。

但電腦儲存媒介的 K 則代表 1024（2^{10}）。為了區別兩者，有些文件用小寫 k 代表 1000（10^3），大寫 K 代表 1024，本書沒有區分。

普通的電阻材質分成**碳膜**和**金屬皮膜**兩種，「碳膜電阻」的價格比較便宜，但是精度不高，約有 5%~10% 的誤差。換句話說，標示 100 歐姆的電阻，真實值可能介於 95~105 歐姆之間。然而，隨著電阻值增加，誤差值也會擴大，例如，100K 歐姆（10 萬歐姆）的誤差值就介於 ±5K（5000 歐姆）。

「金屬皮膜」電阻又稱為「精密電阻」，精度比較高（如：0.5%），也比較貴。高頻通訊和高傳真音響需要用到精密電阻，**微電腦電路用一般的「碳膜電阻」就行了。**

電阻有兩種代表符號，有些電路圖上的電阻旁邊還會標示阻值。**電阻沒有極性**，因此沒有特定的連接方式。

> 導線本身也帶有阻值，像線徑 1.25mm（或者說 16AWG，參閱下文）的導線，一公尺的電阻值約為 0.014 歐姆，阻值很小，通常忽略不計。

可變電阻

有些電阻具備可調整阻值的旋鈕（或者像滑桿般的長條型），稱為**可變電阻**（簡稱 variable resister，簡稱 **VR**）或者**電位計**（potentiometer，簡稱 **POT**）。常見的可變電阻外觀如下，精密型可變電阻，又稱為**微調電位器**（trim pot）：

滑動式可變電阻　　半固定式　　精密型旋轉式　　塑膠軸　　金屬軸

可變電阻外側兩隻接腳的阻值是固定的，中間則會隨著旋鈕轉動而變化。

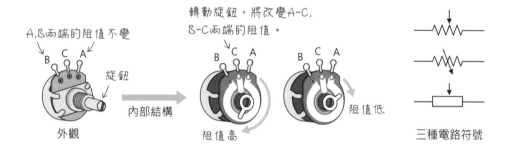

電阻的色環

每一種電阻外觀都會標示電阻的阻值，有鑑於小功率的電阻零件體積都很小，為了避免看不清楚或誤讀標示，一般的電阻採用顏色環（也稱為**色碼**）來標示電阻值（也稱為**阻抗，或簡稱『阻值』**）；表面黏著型電阻，則直接用數字標示（有些完全沒有標示）。

普通電阻上的色環有四道，前三環代表它的阻值，最後一環距離前三環較遠，代表誤差值，我們通常只觀看前三道色環。

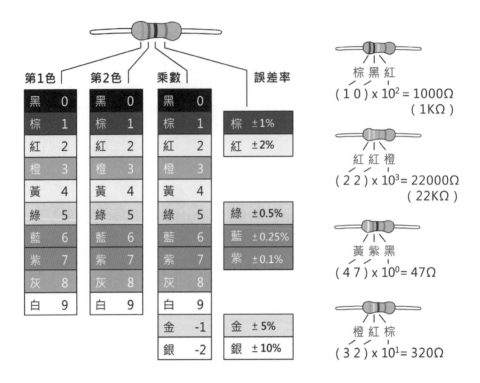

$棕黑紅$
$(1\ 0) \times 10^2 = 1000\Omega$
$(1K\Omega)$

$紅紅橙$
$(2\ 2) \times 10^3 = 22000\Omega$
$(22K\Omega)$

$黃紫黑$
$(4\ 7) \times 10^0 = 47\Omega$

$橙紅棕$
$(3\ 2) \times 10^1 = 320\Omega$

讀者最好能記住電阻色碼，底下的記憶口訣提供參考：

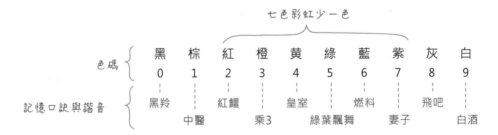

七色彩虹少一色

色碼	黑	棕	紅	橙	黃	綠	藍	紫	灰	白
	0	1	2	3	4	5	6	7	8	9

記憶口訣與諧音：黑羚　紅鱷　皇室　燃料　飛吧
中醫　乘3　綠葉飄舞　妻子　白酒

精密型電阻有五道色環，前三道代表前三位有效數字，第四道代表乘數，第五道代表容許誤差，通常只看前四道色環，例如：

$黑棕黑紅$
$(0\ 1\ 0) \times 10^2 = 1000\Omega$
$(1K\Omega)$

$黃紫黑黑$
$(4\ 7\ 0) \times 10^0 = 470\Omega$

$灰黃綠紅$
$(8\ 4\ 5) \times 10^2 = 84500\Omega$
$(84.5K\Omega)$

許多網頁和 Android, iOS 的 App 都有提供查表功能，像免費的 ElectroDroid（Android 系統），以及 iOS 系統（iPhone 和 iPad）上的 Resistulator 或 Elektor Electronic Toolbox 等：

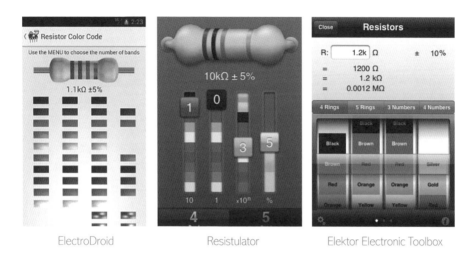

ElectroDroid　　　　　Resistulator　　　　Elektor Electronic Toolbox

電路與負載

電路代表「電流經過的路徑」，它的路徑必須是像下圖一樣的封閉路徑，若有一處斷裂，電流就無法流動了。電路裡面包含電源和負載，以及在其中流動的電流。負載代表把電轉換成動能（馬達）、光能（燈泡）、熱能（暖氣）…等形式的裝置。

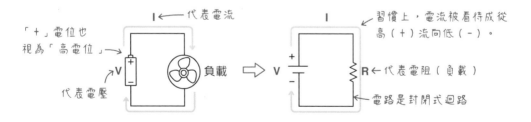

就像本章開頭電壓與電流圖解當中的渦輪一樣，當它受到水力衝擊而轉動時，它也會對水流造成阻礙，因此，負載可視同電阻。

按照字面上的意思，「短路」就是「最短的路徑」，相當於一般道路的捷徑，更貼切的說法是，「阻礙最少、最順暢的通路」。

電流和水流一樣，會往最順暢的通路流動。電源電路一定要有負載（電阻），萬萬不可將正負電源用導線直接相連，將有大量電流通過導線，可能導致電池或導線過熱，引起火災（因為導線的電阻值趨近於 0，參閱第三章的**歐姆定律**，電阻值越小，電流量越大；電流越大，消耗功率和發熱量也越大）。

正負電源直接相連，叫做「短路」。

不要用導線連接電源的正負極，電池可能會過熱爆裂。

2-4 電容

電容器就是**電的容器**，簡稱**電容**，單位是法拉（Farad，簡寫成 F），代表電容所能儲存的電荷容量，數值越大，代表儲存容量越大。電容就像蓄水池或水庫，除了儲水之外，還具有調節水位的功能。

下雨時（電位升高時），
水庫開始儲水（電容充電）。

旱季時（電位下降時），
水庫開始放水（電容放電）。

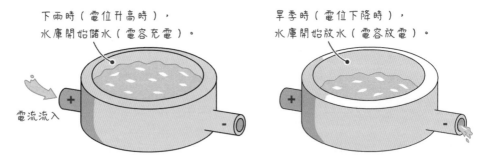

電流流入

電容的基本結構像下圖，用兩片導體、中間以絕緣介質（如：空氣、雲母、陶瓷…）隔離。當兩端導體通電時，導體就會聚集正、負電荷，形成**電的容器**。

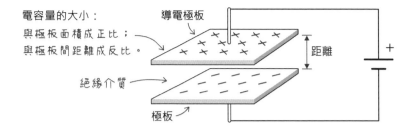

電容量的大小：
與極板面積成正比；
與極板間距離成反比。

導電極板

絕緣介質

極板

距離

＋

理想的直流電壓或訊號，應該像下圖一樣的平穩直線，但是受到外界環境或者相同電路上其他元件的干擾而出現波動（**正常訊號以外的波動，稱為「雜訊」**），這有可能導致某些元件開開關關，令整個電路無法如期運作。

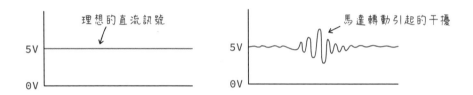

就像蓄水池能抑制水位快速變化，即使突然間湧入大量的電流，電容的輸出端仍能保持平穩地輸出。在積體電路和馬達的電源接腳，經常可以發現相當於小型蓄水池的電容（又稱為「**旁路電容**」），用來平穩管路間的水流波動。

即使湧入湍急的水量，依然能平穩水量供給。

焊接在馬達電源的電容，可避免雜訊干擾處理器。

當施加電壓至電容器兩端時，電容器將逐漸累積儲存的電荷，此稱為**充電**；移除電壓後，電容器所儲存的電荷將被釋放，稱為**放電**。微電腦電路使用的電容值通常很小，常見的單位是 nF, pF 和 µF，例如，吸收馬達電源雜訊的電容值採 100nF。

- μ 代表 10^{-6}（百萬分之一），也就是 1000000μF=1F

- n 代表 10^{-9}，因此 1000nF = 1μF

- p 代表 10^{-12}，因此 1000pF = 1nF

電容的類型

電容有多種不同的材質種類，數值的標示方式也不一樣，主要分成**有極性**（亦即，接腳有正、負之分）和**無極性**兩種。

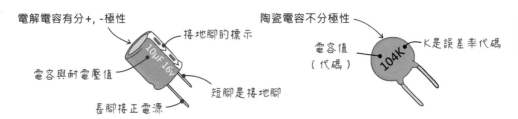

常見的有極性電容為「電解電容」，容量在 1μF 以上，經常用於電源電路。這種圓桶狀的電容包裝上會清楚地標示容量、耐電壓和極性，此外，電解電容有一長腳和一短腳，**短腳代表負極**（也就是接地，記憶口訣：減短，**「減」號那一端比較短**）。電容的電路符號如下：

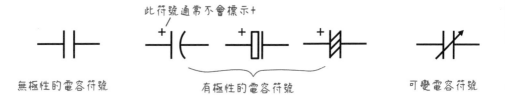

電解電容的標示簡單易懂，標示 10μF，就代表此電容的值是 10μF。連接電解電容時，請注意電壓不能超過標示的耐電壓值，正、負腳位也不能接反，否則電容可能會爆裂。**電容耐壓值通常選用電路電壓的兩倍值，例如，假設電路的電源是 5V，電容耐壓則挑選 10V 或更高值。**

無極性電容的種類比較多，包含陶瓷、鉭質和麥拉，容量在 1μF 以下；數位電路常用陶瓷和鉭質，麥拉則常見於音響視聽設備。這些電容上的標示，100pF 以下，直接標示其值，像 22 就代表 22pF。

100pF 以上，則用容量和 10 的冪次方數字標示，例如，104 代表 0.1μF（或者說 100nF），換算方式如下：

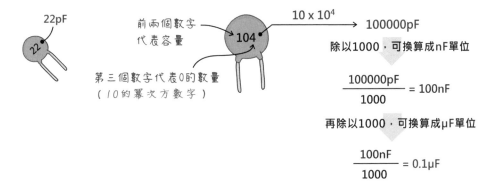

$$\frac{100000pF}{1000} = 100nF$$

$$\frac{100nF}{1000} = 0.1μF$$

電容通常沒有標示誤差值，普通的電解電容的誤差約 ±20%，無極性電容（陶瓷和鉭質）的常見誤差標示 J（±5%）、K（±10%）和 M（±20%）。

補充說明，電池和電容都能儲存電荷，但普通電容器的容量太小，不適合當電池用。有一種能儲存大量電荷的超級電容（英文：supercapacitor 或 ultracapacitor），它的尺寸和外型類似普通電解電容，但是能量密度高，比電解電容容量高上數百倍至千倍不等。

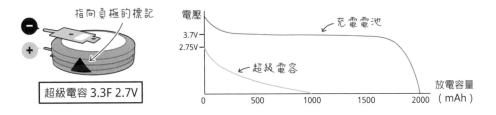

超級電容的優點是充電速度快、循環壽命長、沒有記憶效應、充電電路簡單。但一般電池能在電量耗盡之前維持固定的輸出電壓；超級電容則是會快速放電、輸出電壓呈指數衰減到 0，如上圖右。所以超級電容通常用於「備援」，例如，裝在行車記錄器中，在電源關閉時能持續紀錄數秒並讓設備正常關機。下表列舉鋰電池和超級電容的一些差異。

	鋰電池	超級電容
充電時間	數十分鐘	數秒鐘
循環壽命	500 次或更多	百萬次
電芯電壓	3.6~3.7V	2.3~2.75V
每瓦·時（Wh）價格	$0.5~$1.0 美元	$20 美元

> 像電阻一樣，電容也有**可變電容**，只是比較少見，因為它們的容量值變化範圍
> 比較有限，通常用於舊型類比式收音機（就是透過旋鈕轉動頻率指針，而非透
> 過按鈕和數字調整頻率）的收訊頻率調整器。

2-5 二極體

二極體是一種單向導通的半導體元件，相當於水管中的「逆止閥門」。二極體的接腳**有區分極性**，導通時，會產生 0.6~0.7V 電壓降。換句話說，它需要 0.6V 以上的電壓才會導通，假設流入二極體的電壓是 5V，從另一端流出就變成 4.3V。

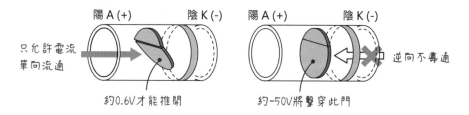

二極體的外觀和電路符號如下：

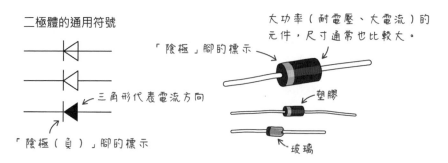

二極體的電流可以從**陽極（＋或 A）**流向**陰極（-或 K）**，反方向不能流通；如果逆向電壓值太高（以 1N4001 型號為例，約 -50V），二極體將被貫穿毀損，稱為**崩潰電壓**（breakdown voltage）或者**尖峰逆電壓**（peak inverse voltage，PIV）。

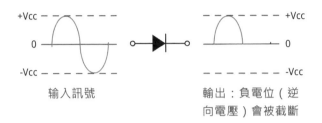

输入訊號　　　　　　　　　输出：負電位（逆向電壓）會被截斷

底下是 Arduino UNO R3 的電源輸入端的電路結構簡圖，輸入 7V~12V 的電壓會經過「直流降壓」元件，把電壓降成 5V，再供應給開發板上的元件。

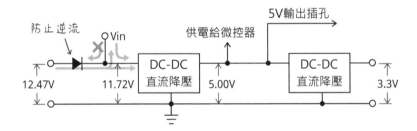

插座之後的二極體，用於避免 Vin 腳的輸入電源流向電源插座。其實，Vin 和電源插座，不應該同時接電源輸入，因為高電位的電流會流向低電位，較低電位的電源會受來自高電位電源的壓力，容易損壞。

筆者在電源插座插入 12V/2A 電源供應器，用電表（參閱下文說明）測得實際電壓值為 12.47V，在經過二極體之後的 Vin 腳，測得 11.72V，因此二極體前後的電位差是 0.75V。這個電源電路和 3.3V 降壓的實際電路，將在後面的章節說明。

普通的二極體分成**功率二極體**（或者說**整流二極體**）和**信號二極體**兩大類，主要差別在於耐電流量（或**最大順向電流**）：耐電流低於 1A 以下，屬於信號二極體。常見的功率二極體的型號為 1N4001~1N4007，用在電源轉換電路；1N4148 則是常見的信號二極體，用在電源轉換以外的一般電路。

表 2-1

型號	最大順向電流	最大逆向電壓
1N4001	1A	50V
1N4002	1A	100V
1N4007	1A	1000V
1N4148	300mA (0.3A)	100V

電子元件的技術文件（datasheet）

電子元件的製造商會替他們生產的元件編寫技術文件（datasheet，或者說「規格書」），相當於使用手冊，裡面記載了元件的功能、特性、最大電壓、額定電流、腳位配置、應用領域…等，這有助於工程師為專案選擇正確的元件，並確保元件在安全範圍內運作。

在網路上搜尋元件的名稱，後面加上 "datasheet"，以 IN4148 二極體為例，搜尋 "1N4148 datasheet"，即可找到不同廠商或經銷商提供的 PDF 格式技術文件，內容多半都是英文，不過，在現今 AI 助手普及的年代，語言不是隔閡。

以 Vishay（威世）半導體提供的 1N4148 技術文件為例，第二頁的表格列舉了該元件的電氣特性，例如，順向電壓（此表僅列舉最大值，1V）和崩潰電壓（逆向 100V）。

ELECTRICAL CHARACTERISTICS (T_{amb} = 25 °C, unless otherwise specified)

PARAMETER 參數		TEST CONDITION 測試條件	SYMBOL	MIN. 最小值	TYP. 典型值	MAX. 最大值	UNIT 單位
Forward voltage	順向電壓	I_F = 10 mA	V_F			1	V
Reverse current	逆向電流	V_R = 20 V	I_R			25	nA
		V_R = 20 V, T_j = 150 °C	I_R			50	µA
		V_R = 75 V	I_R			5	µA
Breakdown voltage	崩潰電壓	I_R = 100 µA, t_p/T = 0.01, t_p = 0.3 ms	$V_{(BR)}$	100			V
Diode capacitance	二極體電容	V_R = 0 V, f = 1 MHz, V_{HF} = 50 mV	C_D			4	pF
Rectification efficiency	整流效率	V_{HF} = 2 V, f = 100 MHz	η_r	45			%
Reverse recovery time 逆向恢復時間		I_F = I_R = 10 mA, i_R = 1 mA	t_{rr}			8	ns
		I_F = 10 mA, V_R = 6 V, i_R = 0.1 x I_R, R_L = 100 Ω	t_{rr}			4	ns

若二極體的輸入電壓從順向變成逆向（如下圖左），理論上，逆向電壓被立即截斷成 0V（如下圖中），但實際上，在極短時間內（如：8ns，8×10^{-9} 秒）仍有逆向電流通過，這段時間稱為「逆向恢復時間」。後面章節介紹的馬達控制電路，建議採用「逆向恢復時間」較短的二極體型號。

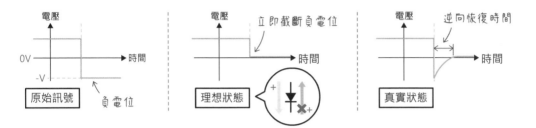

1N4148 技術文件第 2 頁，還有列舉一些測試圖表，下圖左顯示順向電壓和電流的關係，順向電壓 0.8V，約有 10mA 電流量通過此二極體。讀者只要知道，允許通過的電流量越大，所需的順向電壓也越大。

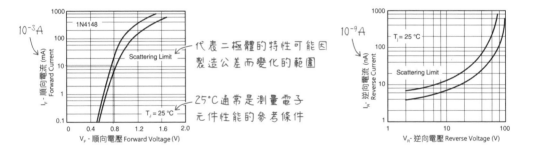

但如果電壓或電流太高，可能會損壞元件。技術文件的「絕對最大額定值」表格當中的「順向持續電流」欄位，註明電流值應該限制在 300mA 以內。

ABSOLUTE MAXIMUM RATINGS (T_{amb} = 25 °C, unless otherwise specified)				
PARAMETER	TEST CONDITION	SYMBOL	VALUE	UNIT
Repetitive peak reverse voltage 逆向重複峰值電壓		V_{RRM}	100	V
Reverse voltage 逆向電壓		V_R	75	V
Peak forward surge current 順向浪湧峰值電流	t_p = 1 μs	I_{FSM}	2	A
Repetitive peak forward current 順向重複峰值電流		I_{FRM}	500	mA
Forward continuous current 順向持續電流		I_F	300	mA
Average forward current 平均順向電流	V_R = 0	$I_{F(AV)}$	150	mA
Power dissipation 耗電量	l = 4 mm, T_L = 45 °C	P_{tot}	440	mW
	l = 4 mm, T_L ≤25 °C	P_{tot}	500	mW

2-6 發光二極體（LED）

發光二極體（簡稱 LED）是單向導通元件，若接反了它不會亮。由於它的體積小、不發熱、消耗功率低且耐用，廣泛運用在電子產品的訊號指示燈，隨著高功率、高亮度的 LED 量產與綠能產業的蓬勃發展，LED 也逐漸取代傳統燈泡用於照明。

LED 有各種尺寸、外觀和顏色，常見的外型如下，**長腳接正極**（＋）、**短腳接負極**（-，或接地），**LED 外型底部有一個切口，也代表接負極。**

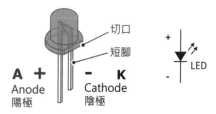

本書採用的 LED 都是一般的小型 LED，依照紅、綠、橙、黃等顏色不同，工作電壓、電流和價格也不一樣（紅色最便宜），電壓介於 1.7V ～ 2.2V，電流則介於 10mA ～ 20mA 之間。

表 2-2

顏色	最大工作電流	工作電壓	最大工作電壓	最大逆向電壓
紅	30mA	1.7V	2.1V	5V
黃	30mA	2.1V	2.5V	5V
綠	25mA	2.2V	2.5V	5V

電子元件分成「主動」和「被動」兩大類，可以對輸入訊號或資料加以處理、放大或運算的是**主動元件**。主動元件需要外加電源才能展現它的功能，像微處理器、LED 和二極體都需要加上電源才能運作；不需要外加電源就能展現特性的是**被動元件**，泛指電阻、電容和電感這三類。

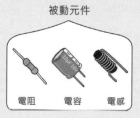

被動元件

電阻　　電容　　電感

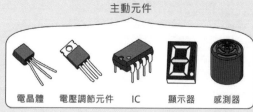

主動元件

電晶體　　電壓調節元件　　IC　　顯示器　　感測器

2-7 看懂電路圖

電路圖就是展示電子裝置所需的零件型號,以及零件如何相連的藍圖,相
當於組合模型的說明書。因此,對電子 DIY 有興趣的人士,可以不用了解電
路的運作原理,但是絕對要看懂電路圖。就像人類語言會有各地的「方言」
一樣,電路圖中的符號也會因為國家或年代的不同而有些微的差異。

電路圖裡的線條代表元件「相連結」的部分,像下圖左邊的電路,實際的
接線形式類似右圖:

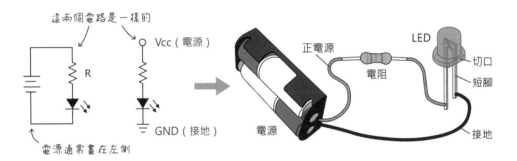

電路圖大多不像上圖般簡單,圖中會出現許多相互交錯的線條,像底下的
麥克風放大器電路圖一樣(參閱第六章,左、右兩圖是相同的)。並非所
有交錯的線條都是「相互連結」在一起,而是只有在交錯的線條上面有
「小黑點」的地方,才是彼此相連的:

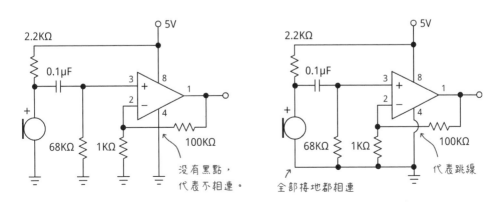

早期的電路圖使用「跳線」的符號清楚地標示沒有相連。電路圖中，兩條交錯的線條：

● 如果交接處有一個**小黑點**，代表線路**相連**。

● 如果交接處沒有圓點，代表線路沒有相連。

底下是把 110V 交流電轉換成低電壓直流的基本電路圖。110V 經過變壓、整流、濾波和調節等步驟變成直流電：

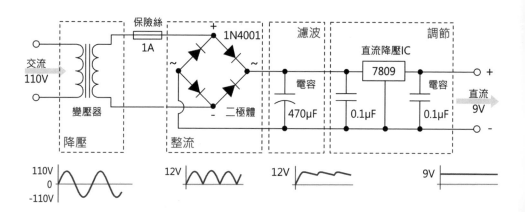

電路圖只標示零件的連結方式，實際的擺設方式和空間佔用的大小並不重要。電路圖有時也會用代號來標示零件，零件的實際規格另外在「零件表」中標示，例如：

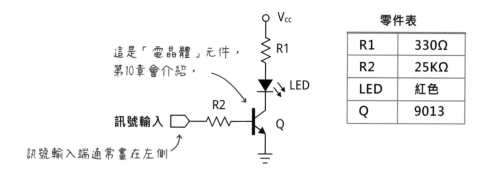

零件表	
R1	330Ω
R2	25KΩ
LED	紅色
Q	9013

輸出 / 輸入符號

有時電路圖不會畫出完整的電路,像是 Arduino 的周邊介面,就沒有必要連同 Arduino 處理器的電路一併畫出來,這時,電路圖會使用一個多邊型符號代表信號的輸入或輸出。

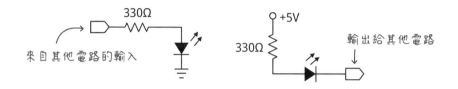

2-8 電子工作必備的量測工具: 萬用電錶

一般稱為「三用電錶」或「萬用電錶」,主要用於測量電壓、電流和電阻值,有些多功能的電錶還可以測試二極體、電晶體、電容、頻率、電池…等等。

電錶有「數位」和「類比」兩種,數位式電錶採用 LCD 顯示測量值,類比式電錶則用電磁式指針。指針量表的外觀如下圖,其好處是反應靈敏,像在測試電路是否短路時,可以從指針迅速擺動的情況得知。

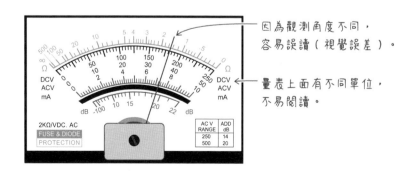

不過，電壓、電流、電阻…等量值全擠在一個指針面板，初學者需要一段時間練習閱讀。此外，電磁式指針比起液晶面板，更容易受外界干擾，而且可能因使用者的視角而產生讀取誤差，所以不建議讀者購買類比式電錶。

數位式的好處是精確、方便且功能較多樣化。數位電錶又分成手動和自動切換檔位兩種，建議購買自動切換型。

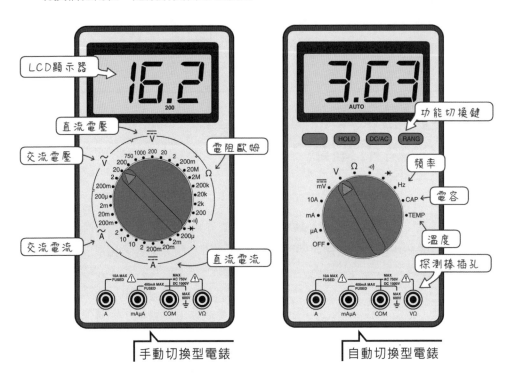

以測量 20V 以內的直流電壓為例，手動切換型的電錶，在測量之前，要先調整到 DC 的 20 檔位；若要測試高於 20V 的直流電，則要切換到 200V 檔位。如果是自動切換型，只需要調整到 DC 或 DCV，不用管測試的範圍。

使用萬用電錶

一組電錶都會附帶兩條測試棒（或稱「探棒」），一黑一紅。電錶上有兩個或更多測試棒插孔，其中一個是**接地（通常標示為 COM），用來接黑色測試棒**，其他插孔用來接紅色測試棒。

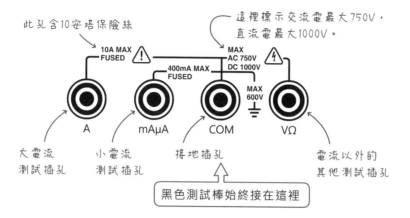

此孔含10安培保險絲

10A MAX FUSED

400mA MAX FUSED

這裡標示交流電最大750V，直流電最大1000V。

MAX AC 750V DC 1000V

MAX 600V

A　　　mAμA　　　COM　　　VΩ

大電流測試插孔　　小電流測試插孔　　接地插孔　　電流以外的其他測試插孔

黑色測試棒始終接在這裡

除了基本的兩個測試棒插孔，多餘的插孔通常都是用於測試電流，有些還分成大電流和弱電流測試孔；電流插孔內部包含大、小安培值的保險絲（fuse），電錶上也有標示可測試的最大電流值，若超過此值，內部的保險絲將會熔斷。

動手做 2-1　測量電阻或電容

測試電阻時，先將電錶的檔位切換到**歐姆**（通常標示為 Ω），並像下圖一樣接好測試棒，再用測試棒的金屬部分碰觸電阻的接腳即可。測試過程中要注意，手指不要碰觸到測試棒或元件的接腳，以免造成測量誤差。

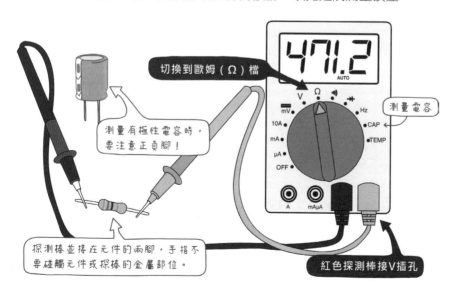

切換到歐姆（Ω）檔

測量有極性電容時，要注意正負腳！

測量電容

探測棒並接在元件的兩腳，手指不要碰觸元件或探棒的金屬部位。

紅色探測棒接V插孔

如果你的電錶具有電容測試功能，請先切換到標示為 CAP 或電容符號的檔位，並注意電容接腳的極性。

> 如果你要測量電路板上的電阻或電容元件，必須先把它們從板子上拆下來，不然測得的電阻或電容值可能會受到線路其他元件的影響而不準確。

測量電壓

如果你的電錶無法自動換檔，那麼，在測量電壓（或電流）時，若不確定其最大值，**最好先把轉盤調到電壓值比較高的檔位，然後再換到合適的檔位。** 請注意，**測量電壓或電流的過程中，不要切換檔位**；切換檔位之前要先移開測試棒。

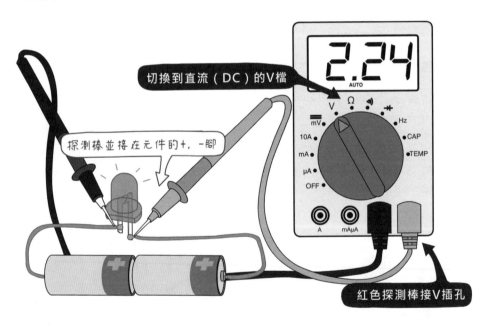

測量電流

測量電流之前要先拆下線路，這就好像要觀察水管裡面的水流量時，要把水管鋸斷一樣。測試棒像下圖一樣，分別接在截斷的線路兩端，才能讓電流流入儀表測量。**紅色測試棒記得要接在測量電流的插孔。**

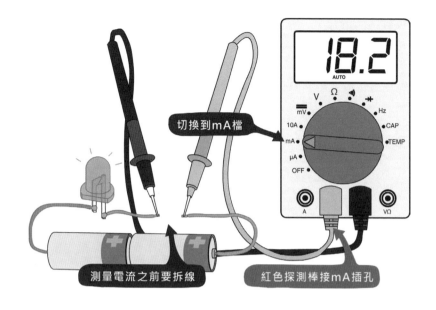

切換到mA檔

測量電流之前要拆線

紅色探測棒接mA插孔

2-9 麵包板以及其他電子工具

麵包板是一種不需焊接，可快速拆裝、組合電子電路的用具（早期的電子愛好者用銅線、釘子，在切麵包的木質砧板上組裝電路，因而得名）。麵包板裡面有長條型的金屬將接孔以垂直或水平方式連結在一起。上下兩長條水平孔，用於連接電源，它的外型與內部結構如下圖：

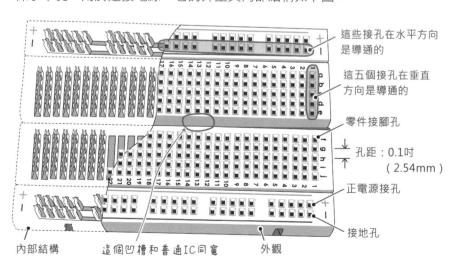

這些接孔在水平方向是導通的

這五個接孔在垂直方向是導通的

零件接腳孔

孔距：0.1吋
（2.54mm）

正電源接孔

接地孔

內部結構　　這個凹槽和普通IC同寬　　外觀

麵包板有不同的尺寸，建議至少購買一塊 165 mm x 55 mm（2.2" x 7"）、
830 孔的規格（也稱為 full sized）。

底下是在麵包板上組裝 LED 電路的模樣，零件和導線的金屬部分，直接插
入接孔：

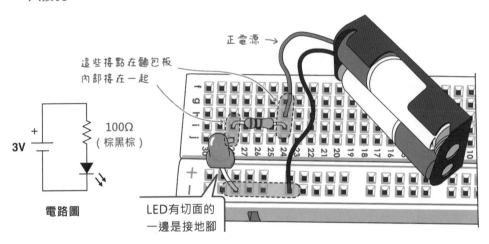

為了方便電子實驗，讀者還可以購買與麵包板相容的電源供應板（它們有
多種外觀，但功能都差不多）：

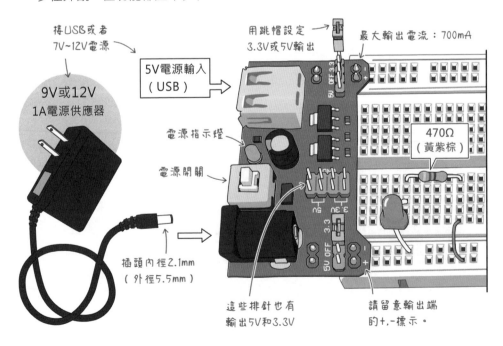

導線與跳線

導線分成單芯與多芯兩種類，並且各自有不同的粗細（線徑）：

單芯線，適用在麵包板和
電路板上連接電子元件。

多芯線，由許多細小專線組成，
常見於電源線、耳機線。

電子材料行有販賣現成的麵包板導線（又稱為**跳線**），一包裡面通常有不同長短和不同顏色，導線的長度都是麵包板孔距（0.1 吋）的倍數。習慣上，**正電源線通常用紅色線、接地則用黑色**，不同顏色的導線有助於辨別麵包板上的接線。

0.1吋（2.54mm）

0.2吋（5.08mm）

約7mm　0.4吋（10.16mm）

線徑為22 AWG（0.65mm）　　2.0吋（50.8mm）

AWG 代表「美國導線規格（American Wire Gauge）」，是普遍的導線直徑單位，像電源線、SATA 硬碟傳輸線…等線材上面通常都會印有 AWG 單位。AWG 數字越大，線徑越細，像 20AWG 線徑為 0.81mm、22AWG 線徑是 0.65mm。

某些跳線前端有附插針，方便插入 Arduino 板子上的排插孔：

附有插針的導線，方便插
入Arduino的介面插孔。

電子材料行有賣成捆的單芯導線，建議購買 **22AWG 或 24AWG 線徑**，可用於麵包板，也能用在電路板焊接。

> 你也可以從舊電器、電腦、電話線、鍵盤、滑鼠、磁碟機排線…等連接線中取得導線來使用。

杜邦接頭也是常見的連接線，它有 1, 2, 3, 4, 8,… 等不同數量的插孔形式可選。讀者可以在電子材料行買到不同導線長度和不同接頭的完成品（如：公對公、公對母和母對母），或者自行買接頭回來焊接。

鱷魚夾和**測試鉤**是電子實驗常用到的連接線，電子材料行有販賣焊接好鱷魚夾與導線的成品，也有單賣各種顏色的鱷魚夾和測試鉤零件，讓買家自行焊接。

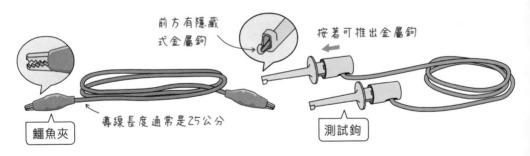

底下是鱷魚夾的使用示範。測試鉤的好處是，它露出的金屬接點少，比較不用擔心碰觸到其他元件而發生短路。

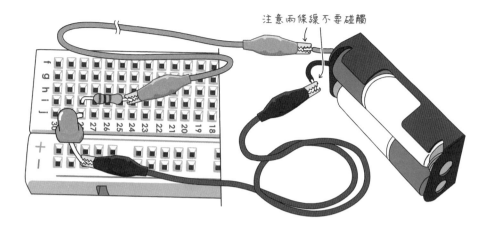

注意兩條線不要碰觸

尖嘴鉗與斜口鉗

尖嘴鉗用於夾取和拔除電子零件及導線，斜口鉗用於剪斷電線或零件多餘的接線。

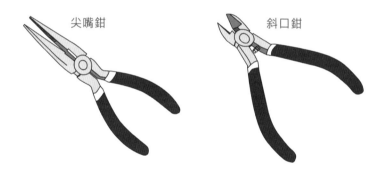

尖嘴鉗　　　　　　　　　　　斜口鉗

尖嘴鉗在拔除麵包板上的零件時，也挺好用的，例如：

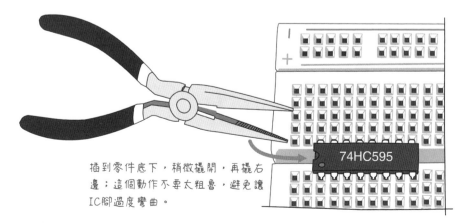

插到零件底下，稍微撬開，再撬右邊；這個動作不要太粗魯，避免讓IC腳過度彎曲。

74HC595

剝線鉗以及使用尖嘴鉗與斜口鉗剝除導線的絕緣皮

「剝線鉗」是專門用來剝除電線絕緣皮的工具，它有不同的外觀形式，以及剝線（線徑）規格，建議選擇包含常用的 22AWG 線徑的款式。

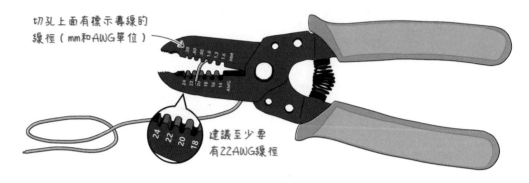

切孔上面有標示導線的線徑（mm和AWG單位）

建議至少要有22AWG線徑

只要熟練操作尖嘴鉗和斜口鉗，也能**剝除導線的絕緣皮**：

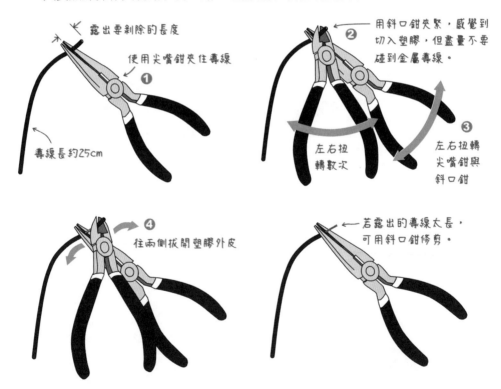

露出要剝除的長度

使用尖嘴鉗夾住導線 ❶

導線長約25cm

❷ 用斜口鉗夾緊，感覺到切入塑膠，但盡量不要碰到金屬導線。

左右扭轉數次

❸ 左右扭轉尖嘴鉗與斜口鉗

❹ 往兩側拔開塑膠外皮

若露出的導線太長，可用斜口鉗修剪。

但是用這種方式剝除導線外皮也有風險：若不小心傷到導線的金屬部份，可能會導致導線容易斷裂。

電子零組件、模組和擴展板（shield）

微電腦控制板就像是一個具有大腦和神經線，但是沒有感官和行動能力的物體。我們可以替它加上眼睛（如：紅外線或超音波感測器）、耳朵（如：麥克風）和手腳（如：馬達），再加上自行撰寫的控制程式，就能做出各種自動控制應用。

在創作微電腦專案的過程中，難免會用到電子零件。除了透過閱讀電路圖、自行把電子零件組裝成電路之外，市面上也有許多現成的特定功能模組，只要簡單的接線就能和 Arduino 開發板組裝在一起：

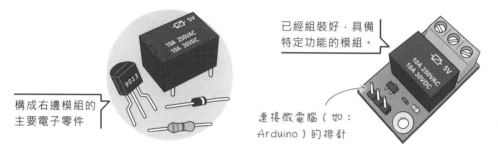

已經組裝好，具備特定功能的模組。

構成右邊模組的主要電子零件

連接微電腦（如：Arduino）的排針

Arduino 開發板兩側的插槽，叫做單排排插，是 Arduino 的擴充介面槽，用來銜接感測器和周邊設備控制電路。市面上有許多和 Arduino 擴充槽相容的介面卡或擴展板（統稱為 Shield），是特別為 Arduino 設計的模組，只要將它插在 Arduino 上面，再自行編寫一些程式碼即可使用。底下是在 Arduino 板疊上乙太網路（有線網卡）擴展板的樣子：

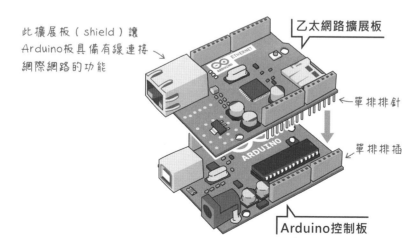

此擴展板（shield）讓 Arduino板具備有線連接網際網路的功能

乙太網路擴展板

單排排針

單排排插

Arduino控制板

有廠商推出搭載迷你麵包板的 Arduino 擴展板，稱為「原型擴展板
（Prototype Shield）」，板子上面還有兩個 LED 和開關，可立即進行簡單的開
關實驗並組裝簡單的電路。

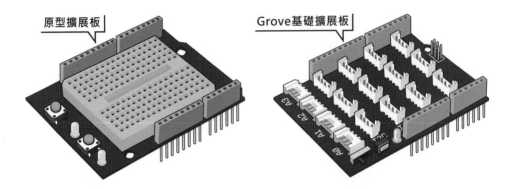

也有廠商採用特殊的接頭，來簡化電子模組之間的接線。像上圖右的
Grove 擴展板，是 Seeed Studio 公司的產品，這一類產品的優點是接線簡
單，適合初學者使用，缺點是因為採用特殊接頭，不同廠商的模組可能不
相容，例如，Grove 和 UNO R4 WiFi 板子的 Qwiic 介面（參閱第 9 章），本
質上是相同的東西，只是插座規格不同，導致兩者的模組不能直接相連。

Arduino 開發板、
程式設計入門與歐姆定律

「程式」是指揮電腦和開發板的一連串指示，沒有程式，電腦只是一個普通的箱子。操作開發板之前，必須先認識硬體的主要構成部份，就像在使用烤箱之前，要先知道各個按鍵的作用、烤盤放置方式並且具備基本的烹飪概念。本單元先介紹 Arduino UNO 開發板的外觀和主要元件，接著以一個簡易的 LED 閃爍範例，說明從編寫程式到編譯，最後上傳至 Arduino 板執行的過程。雖然這只是一個小小的例子，但其中包含許多重要的背景知識，也因此會介紹一些新的術語，讀者可以先略讀一遍，日後再回頭查閱。

3-1 Arduino UNO R3 及 R4 開發板的功能和接腳說明

底下是 UNO R3 開發板的各個部分說明，相容板的零件位置和類型可能不太一樣，但是它們都有相同的元素，像是微控器、排插、USB 母座與重置鈕。

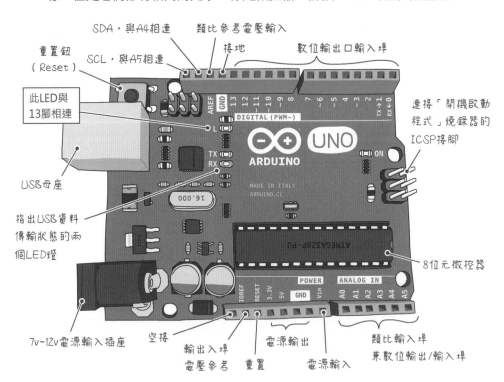

其中：

- 0~13 腳用於連接**數位訊號**的週邊，這些接腳編號前面通常會加上 D（代表 Digital，數位），寫成 D0~D13。

- D13 腳與開發板內建的一個 **LED 發光元件**相連。

- 數位埠上面標示 "~" 符號（或 "PWM"）的 6 個腳位，兼具模擬「類比」信號輸出功能（參閱第 10 章說明）。

- A0~A5 用於連接產生**類比**（Analog）**訊號**的元件。

- 類比輸入埠也可以當成數位輸出／入埠使用，編號為 D14~D19。

- IOREF（輸出入埠電壓參考）插孔和 5V（電源輸出）插孔相連，它可以讓擴展板（Shield）得知開發板的運作電壓。

- 空接：沒有任何作用。

數位訊號只有**高電位**（5V 或 3.3V，即微控器的工作電壓）和**低電位**（0V）兩種狀態，**類比**（**analog**）訊號則是 0~5V 之間的各種可能狀態的電壓。

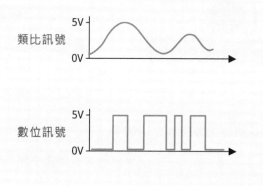

不同開發板的基本架構都差不多，若依照功能區分，UNO R3 開發板可簡化成底下的方塊結構：

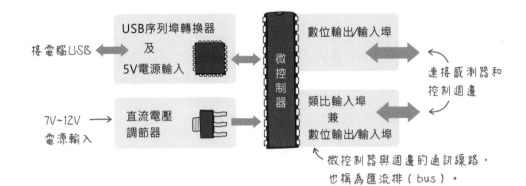

接電腦USB ← → USB序列埠轉換器 及 5V電源輸入

微控制器 → 數位輸出/輸入埠 ← → 連接感測器和控制週邊

7V~12V 電源輸入 → 直流電壓調節器 → 類比輸入埠 兼 數位輸出/輸入埠 ← →

微控制器與週邊的通訊線路，也稱為匯流排（bus）。

Arduino UNO R3 和 R4 開發板的印刷電路板和零組件

開發板本身是一塊連接電子元件的**印刷電路板**（Printed Circuit Board，簡稱 PCB）；PCB 是在絕緣板（電木或者碳纖維材質）上鋪一層薄銅箔線路（佈線），用來承載、固定並連結電子元件。

電子元件依照引腳的型式，分成**直插型**和**表面黏著型**（Surface Mount Device，簡稱 SMD，也譯作「貼片型」）兩大類。直插型元件比較方便 DIY 手工組裝，但不適合自動化大量製造，因為組裝前 PCB 板需要鑽孔，焊接完畢後還得修剪零件多餘的引腳，生產工序比較繁複。

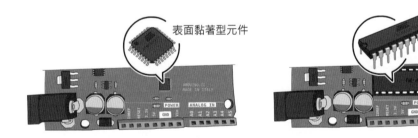

表面黏著型元件

直插型

筆者比較偏好採**直插型微控器的 UNO 板**，因為微控器可以被拆下來 DIY 成另一塊開發板（參閱〈附錄 D〉）。**微控器不需要加裝散熱片**，因為它的消耗功率和發熱量都很低（參閱下文〈電阻的額定功率〉）。

Arduino 的 PCB 板兩面都有佈線，稱為「雙面 PCB 板」，板子上的細小**導通孔**，用於連接正反面的佈線。UNO 板上的元件大多採用表面黏著型，所以它們的長相和第 2 章介紹的零組件外觀及標記方式不太一樣。

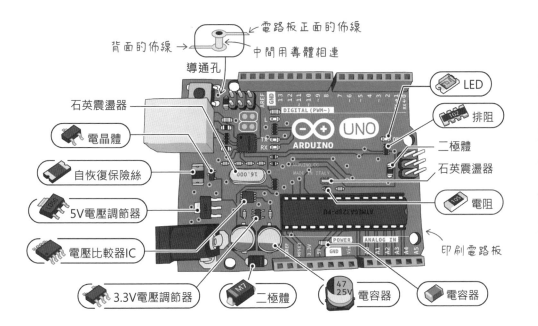

右上角的**排阻**是把數個相同阻抗值的電阻包裝成一排的元件；左下角的**電壓比較器 IC** 用於自動切換輸入電源；當開發板的 USB 和左下角的黑色圓孔插座都連接電源時，它會自動切換採用黑色圓孔的電壓輸入。**自恢復保險絲**平時處於導體（低阻抗）狀態，當開發板短路時（如：5V 和接地插孔直接相連），保險絲將迅速變成高阻抗的非導體，因而切斷電源；拔開電源並排除短路之後，**在室溫下靜置約 1 分鐘，自恢復保險絲將復原成導體狀態**，可重複使用 6000 次以上。

> 並非所有開發板都有保險絲，若不小心短路，開發板可能就故障了。

石英振盪器用於提供微控器**時脈**（clock，直譯為「時鐘」）訊號，用划船來比喻，微控器相當於一艘船，船上有許多需要協力合作的選手（電子元件），每個選手都要聽命於哨音來划槳（運作）。時脈訊號相當於哨音，哨音的節奏越快，船隻的行駛速度也會加快，但選手可能無法負荷超時工作而掛點。UNO 板的石英振盪器為 16MHz（每秒振盪 1 千 6 百萬次），以 8 位元處理器來說，算是「高速」了。

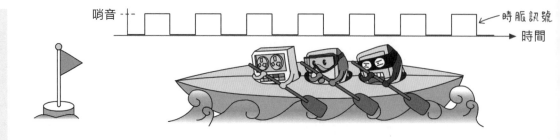

Arduino UNO R4 開發板的接腳

UNO R4 Minima 及 WiFi 開發板的尺寸和 R3 板一致，兩側的插座跟 R3 板相容，微控器採用日本瑞薩電子（Renesas）公司的 RA4M1，下圖是 UNO R4 Minima：

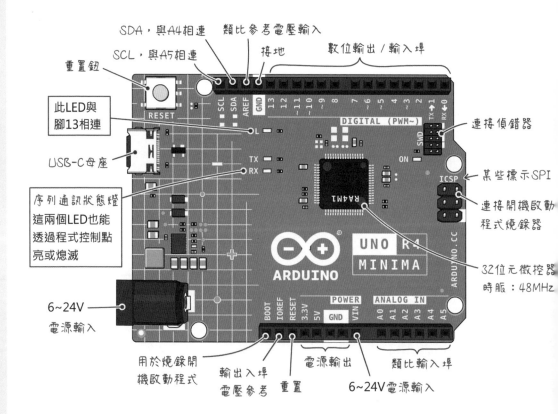

板子右上角標示 SWD（Serial Wire Debug，序列線偵錯）的排針，用於連接檢測並控制程式執行狀態的偵錯（debug）介面卡，需要額外添購，本書用不到。

R4 板子上的元件比 R3 少，主因是 R4 的微控器內建 USB 序列通訊功能，可直連電腦 USB，不像 R3 需要加裝通訊晶片。在後續章節的動手做單元，除非特別聲明，都可以直接用 R4 取代 R3 板，程式原始碼和硬體接線也無需修改，下圖是 UNO R4 WiFi 板：

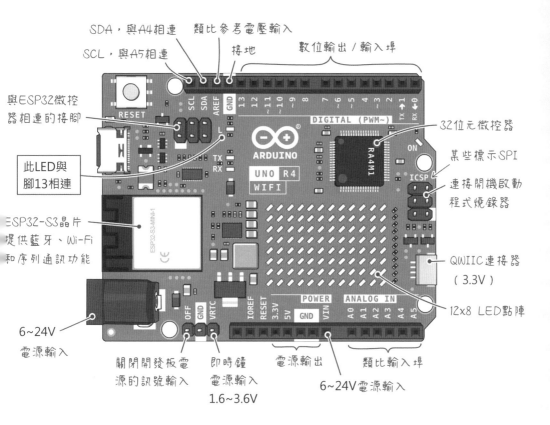

UNO R3 和 R4 開發板的比較

表 3-1 列舉 UNO R3 和 R4 開發板的功能對比，其中一些技術名詞會在後續章節陸續説明。

表 3-1

功能	UNO R3	UNO R4
微控器	ATmega328P	Renesas RA4M1
運作時脈	16MHz	48MHz
SRAM	2KB	32KB
快閃記憶體	32KB	256KB
EEPROM	1KB	8KB
128 x 8 LED 點陣	無	Wi-Fi 板有
PWM 輸出	6	官方標示 6 腳，實際為 16
輸入電壓	7~12V	6~24V
電容觸控腳	無	11（Minima）或 12 腳（WiFi）
計時器	3	10
類比數位轉換器 ADC	10 位元	14 位元
數位類比轉換器 DAC	無	12 位元
運算放大器	無	1
USB 人機介面	無	有
SPI 介面	1	1
I2C 介面	1	2
Qwiic 介面	無	1（Wi-Fi 板）
Wi-Fi	無	有（Wi-Fi 板）
藍牙 BLE	無	有（Wi-Fi 板）
RTC 即時鐘	無	有
CAN 匯流排	無	1

3-2 MPU, MCU 和 SoC

電腦的**中央處理器**（Central Processing Unit，簡稱 **CPU**）就像大腦，負責執行程式、運算和邏輯推演；中央處理器也稱作**微處理器單元**（Microprocessor Unit，簡稱 **MPU**）。

Arduino Uno 開發板上面的微處理器不僅包含 CPU，還內建記憶體、類比／數位訊號轉換器以及周邊控制介面，相當於把完整的電腦功能，全部塞入一個矽晶片。這種微處理器，稱為**單晶片微電腦**（Single Chip Microcomputer）或**微控器**（Microcontroller Unit，簡稱 **MCU**）。

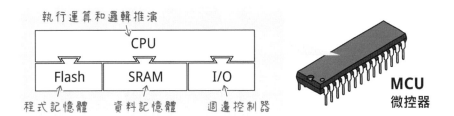

智慧型手機以及某些個人電腦的處理器，把特定功能和處理器整合在同一個晶片上，例如，圖像處理單元（顯示卡）、Wi-Fi 網路、藍牙、音效處理…等等，這種處理器叫做**系統單晶片**（System on a Chip，簡稱 SoC）。UNO R4 WiFi 板的無線通訊晶片 ESP32-S3（參閱第 18 章）就屬於 SoC。就功能而言，SoC 大於 MCU：

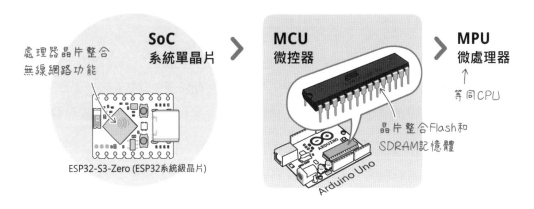

微控器的記憶體和開機啟動程式（bootloader）

UNO R3 板的微控器採用 ATmega328，下圖是大幅精簡後的微控器內部結構：

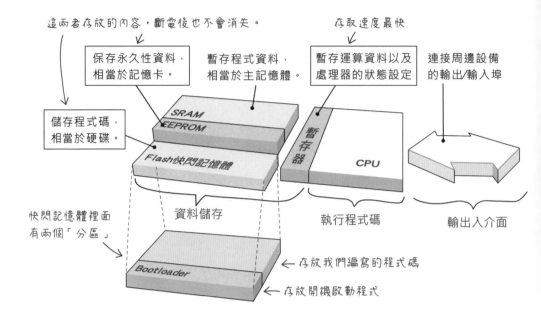

這兩者存放的內容，斷電後也不會消失。

存取速度最快

保存永久性資料，相當於記憶卡。

暫存程式資料，相當於主記憶體。

暫存運算資料以及處理器的狀態設定

連接周邊設備的輸出/輸入埠

儲存程式碼，相當於硬碟。

SRAM
EEPROM

暫存器

CPU

Flash快閃記憶體

快閃記憶體裡面有兩個「分區」

資料儲存

執行程式碼

輸出入介面

Bootloader

← 存放我們編寫的程式碼

← 存放開機啟動程式

Arduino 板在出廠時已事先寫入**開機啟動程式**（bootloader），每次開機，它都會先執行開機啟動程式，接著執行我們上次存入的程式（如果有的話），並隨時準備接收開發工具傳入的新程式檔；存在快閃記憶體中，在微電腦開機時指揮工作的程式，統稱為**韌體**（firmware）。

開機啟動程式以及我們自行撰寫的程式，都儲存在快閃記憶體當中，因此，快閃記憶體又稱為**程式記憶體**；程式在執行階段所暫存的資料，例如，要傳遞給顯示器周邊裝置的文字，將存放在 SRAM，所以，SRAM 又稱做**資料記憶體**。

EEPROM 相當於記憶卡，假設你要製作一個記錄每天溫度變化的儀器，若把資料儲存在 SRAM，斷電之後資料就消失了，而 Flash 記憶體只能存放程式檔。因此，唯一能讓程式永久保存資料的記憶體就是 EEPROM。

表 3-2 列舉了 ATmega328（R3 板）與 RA4M1（R4 板）微控器的記憶體類型與容量，詳細的記憶體分類說明，請參閱本章末的〈充電時間〉。

表 3-2

名稱	類型	容量 ATMega328	容量 RA4M1	用途
SRAM	揮發性（volatile），代表資料在斷電後消失	2KB	32KB	資料記憶體；暫存程式運作中所需的資料
Flash	非揮發性，代表斷電後，資料仍存在	32KB	256KB	程式記憶體；存放開機啟動程式和我們自訂的程式碼 R3 板（ATMega328）的開機啟動程式約佔用 2KB，留給自訂程式約 30KB 空間。R4 板（RA4M1）則約佔 8KB
EEPROM	非揮發性	1KB	8KB	存放程式的永久性資料

> 1976 年推出的 Apple II 個人電腦，採用 8 位元的 6502 處理器，工作頻率是 1MHz，主記憶體（RAM）只有 4KB，最大可擴充到 48KB。即便如此，它仍可執行具聲光效果的彩色電玩遊戲和商業試算表軟體。

嵌入式系統

安裝在電器裡面，執行特定任務和功能的微控器與軟體，稱為**嵌入式系統**（Embedded System）。以電冰箱為例，嵌入式系統負責偵測冰箱裡的溫度，並適時啟動壓縮機讓冰箱維持在一定的冷度。電腦或智慧型手機透過作業系統開機之後，使用者可以選擇執行多種應用程式；Arduino 開發板是一種嵌入式系統，通常執行單一任務，沒有使用作業系統。

個人電腦（多用途）

電腦可存放並同時執行多個應用程式

作業系統　　　　　應用程式

嵌入式系統（單一用途）

Arduino開發板只能存放和執行一個程式

bootloader ＞ 檢測溫度變化的程式

溫度感測器

開機啟動程式　　　開機之後自動執行這裡面的程式

微控器在處理器效能和記憶體容量各方面，都無法和個人電腦相比，這兩者擅長領域不同：個人電腦適合處理影音多媒體、繪製圖表、大數據分析…等工作；即時控制、連接感測器、低耗電以及需要長時間運作的場合，微控器顯然比較適合，而且體積小價格低。

3-3 認識程式語言

程式語言有很多種，它們大致分成**高階**和**低階**兩大類型；「高階」代表接近人類語言、「低階」則是接近硬體。用高階語言寫程式，相當於駕駛自動排擋的車子，低階語言則像駕駛手排汽車，後者的駕駛要比較了解汽車的結構，操作起來也比較複雜。

指揮 Arduino 開發板的程式語言，本質上是從 C 演進而來的 C++ 語言，只不過 Arduino 事先幫我們寫了一部分的程式，所以整體的程式碼變得精簡。C 和 C++ 是一種在電腦程式設計圈子常用的高階語言，程式設計師用 C++ 來開發作業系統（像 Windows 和 macOS）以及應用軟體（像微軟的 Office）。C 語言也被稱作「**最接近低階的高階語言**」，代表它的語法簡潔並且能有效率地操作硬體，幾乎所有作業系統和處理器，都有 C 程式語言的開發工具，使得 C 語言成為開發嵌入式系統的首選。

然而，微處理器只認得 0 和 1 構成的指令（稱為**機械碼**），我們必須把高階語言翻譯成 0 與 1 的機械碼，才能交給微電腦執行。把 C / C++ 語言翻譯成機械碼的過程，叫做**編譯**（compile），負責編譯的軟體叫做**編譯器**（compiler）。

方便人類閱讀，用簡單英文寫成的是「原始碼」。

```
digitalWrite(LED, HIGH);
delay(1000);
digitalWrite(LED, LOW);
delay(1000);
```

高階語言（high level language）

把整個原始碼全轉譯成機械碼

編譯器（compiler）

11000101010011
100111110...

機械碼（machine code）

早期微電腦的運算能力與記憶體容量都很小，因此經常採用接近機械碼的**組合語言（Assembly）**來開發程式，程式設計師必須先徹底了解微處理器的架構才有辦法用組合語言（低階語言）寫程式，它的執行效率高，程式碼也最精簡，但是不容易閱讀和維護。不同微處理器的指令不盡相同，**若改用不同的微處理器，程式碼幾乎要全部重寫。**

方便人類閱讀和編寫的助憶代碼

```
brne sht15_loop1
ldi temp, 0b11111101
out DDRC, temp
cbi PORTC, DATA
sbi PORTC, SCL
```

組合語言（assembly language）
原始碼，不能直接在處理器上執行。

把組合語言翻譯成機械碼的軟體

組譯器（assembler）

電腦只看得懂0和1

11000101010011
100111110...

機械碼（machine code）
2進位檔（可執行檔）

由於微控器效能和 C 語言編譯器的改良，使得 C 語言程式僅比組合語言程式的執行效率低 10%~20%；而且 C 語言的可讀性（容易理解）、可移植性（方便替換處理器與系統平台）、容易開發…等的優點，可大幅彌補執行效率的缺點。

Arduino 程式設計基礎

Arduino 的程式要配合硬體的規劃，而且指令敘述要具體、明確，像「開始閃爍 LED」這個指示，對電腦來說太抽象了。由於 Arduino 有許多控制接腳，程式必須明確指出要控制的接腳以及閃爍的間隔時間，以控制連接在第 13 腳的 LED 為例，完整的敘述類似這樣，程式基本上會由第一行敘述循序往下執行：

開始閃爍吧～

1. 將LED接腳設定成「輸出」狀態
2. 向LED接腳輸出「高電位」（點亮LED）
3. 維持1秒鐘
4. 向LED接腳輸出「低電位」（關閉LED）
5. 維持1秒鐘
6. 重複執行步驟1~5

每個程式語言都有自己的詞彙和語法，大多數程式語言都以英語為基礎，Arduino 也不例外。實際指揮 Arduino 開發板時，我們必須把上面的指示，改寫成 Arduino 的詞彙和文法。

Arduino 程式的基本架構：setup() 和 loop() 函式

所有 Arduino 程式都是由 **setup** 和 **loop** 兩大區塊所組成，這個「區塊」的正式名稱叫做**函式**（**function**）。現階段讀者只需要了解「函式是一段程式碼的集合」。

這是最基本的 Arduino 程式，只是它沒做任何事：

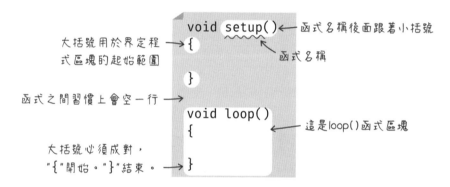

開發板每次重新啟動時，都會**先執行一次 setup() 的大括號裡的程式**，然後再重複執行 loop() 的程式。setup() 函式的作用是**設定程式參數**，而且 **setup() 裡的程式碼只會被執行一次**。用時鐘來比喻，**時鐘買回家之後要先調整時間，這個動作只要做一次**，這就像 setup() 函式所做的事情；放在 **loop() 函式裡的程式敘述，將不停地重複執行**，直到電源關閉為止，就像不停轉動的時鐘指針。函式名稱前面的 "void" 代表「沒有傳回值」，參閱第 7 章〈建立自訂函式〉單元說明。

設定接腳的工作模式：輸入或輸出

微控器的 I/O 腳都有多重功能，像 Uno 板的類比 I/O 兼具數位 I/O 功能，因此這些接腳也統稱通用型 I/O（General Purpose I/O，簡稱 GPIO）；**使用數位 I/O 腳之前，程式必須先設定它們的工作模式**：若要**控制**連接數位腳的元件，該數位腳必須設定成**輸出**（output）模式；若要**接收**來自元件的輸入值，該接腳必須設定成**輸入**（input）模式。

本單元的程式將控制接在第 13 腳的 LED，因此，第 13 腳必須設定成「輸出」。**設定接腳工作模式的指令是 pinMode()：**

M要大寫喔！　　　參數之間用逗號隔開，後面可加或不加空格。

pinMode(接腳編號, 模式); ← 指令用分號結尾

寫在小括號裡的東東，叫做**參數**。pinMode 指令需要輸入兩個參數值：

● 接腳編號：要設定模式的 I/O 腳編號，在 Uno 板，其可能值為 **0~19**（數位腳）或 **A0~A5**（類比腳）。

● 模式：可能值為 **INPUT**（輸入）、**OUTPUT**（輸出）、**INPUT_PULLUP**（啟用上拉電阻，參閱第 4 章），這些值全都是**英文大寫**。

底下敘述代表把第 13 腳設定成「輸出」模式。

```
pinMode(13, OUTPUT);
```

寫程式時，請留意兩項規定：

● **Arduino 程式指令會區分大小寫**，像 pinMode 不能寫成 pinmode 或 PinMODE；INPUT 也不能寫成 input。

● 除了大括號 '{' 及 '}' 以及少數例外，**幾乎每一行指令敘述都要用分號 ';' 結尾**。

UNO R3 板的 A0~A5 類比腳位，相當於數位 14~19 腳：

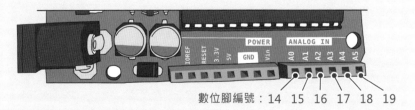

數位腳編號：14　15　16　17　18　19

輸出數位訊號

開發板的每個數位 I/O 腳都能輸出**高電位（HIGH 或 1）**或**低電位（LOW 或 0）**訊號，輸出數位訊號的指令是 **digitalWrite**（digital 是**數位**，write 意指**輸出**），底下的接腳編號值適用於 Uno 板：

W要大寫喔！　　　可能值為0~19（數位腳）或者A0~A5（類比腳）

```
digitalWrite(接腳編號, 輸出訊號);
```

可能值為HIGH（高電位）或LOW（低電位），或寫成數字1或0。

底下的敘述代表在第 13 腳輸出「高電位」：

```
digitalWrite(13, HIGH);
```

延遲與凍結時間

「LED 閃爍」程式需要每隔一秒鐘輸出「高」或「低」訊號，也就是：「點亮」LED 之後，**持續或延遲（delay）**一秒鐘，再「關閉」LED，然後再延遲一秒鐘。Arduino 具有一個**延遲毫秒（ms，千分之一秒）**的函式指令，叫做 **delay( )**：

$$\text{delay(延遲毫秒數);} \qquad \frac{1}{1000} \text{ 秒，即}10^{-3}\text{秒。}$$

結合**數位輸出訊號**控制指令，就能完成開啟一秒鐘和關閉一秒鐘的效果了：

```
digitalWrite(13, HIGH);
delay(1000);
digitalWrite(13, LOW);
delay(1000);
```

第13腳的輸出變化

此處的「延遲」，可以理解成**維持之前的動作，不要改變**或者「凍結」。比方說，在延遲指令之前，Arduino 點亮了 LED，接下來的延遲指令，讓它保持點亮的動作，相當於微控器被「凍結」，等延遲時間到，再執行下一個操作。

Arduino 還有另一個延遲**微秒（μs）**的指令，在 Uno 板，能延遲 3μs~16383μs，超過這個範圍的誤差比較大。

delayMicroseconds(延遲微秒數); $\dfrac{1}{1000000}$ 秒，即 10^{-6} 秒。

從不停歇的 loop()

現在我們已經知道如何讓 LED 閃爍了，可是，我們並不只想讓 LED 點滅一次，而是要不斷地重複點亮 LED、持續 1 秒、關閉 LED、持續 1 秒、點亮 LED…。重複執行的程式敘述，叫做**迴圈（loop）**。完整的 LED 閃爍程式碼如下：

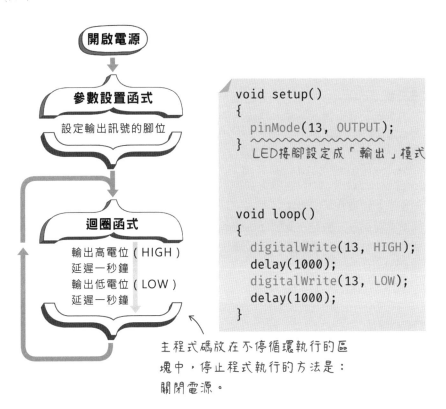

學過程式設計的讀者可能會感到納悶，一般的程式裡面通常沒有不停執行的「無限迴圈」，然而，無限迴圈程式常見於**嵌入式系統**。以溫度監測系統為例，當電源開啟之後，監測系統裡的微電腦就不停地重複執行：測量溫度、發現異常時發出訊號通報⋯等工作，直到關機為止。因此 Arduino 執行的任務，通常都放在 **loop() 函式**裡面。

程式的語法類似英文，**每個指令之間用空白隔開**，像 void 和 setup 之間要插入空格（隨便你要插入幾個空格）。

```
       ⬚ 單字之間要插入空格                        有人習慣把左大括號放在這裡
    void setup()                           void setup() {
    {                                        pinMode(13, OUTPUT);
   →⬚ pinMode(13, OUTPUT);                  }
    }
習慣上，大括號裡的內容要縮排。
```

大括號裡的敘述前面，通常會加入許多空白（註：在每一行前面按一下 Tab 鍵即可插入多個空白）產生縮排效果，這是為了方便閱讀，沒有特別的意義。有人習慣把左大括號跟函式名稱寫在同一行；不同的敘述可以寫成一行，像這樣：

```
void setup() { pinMode(13, OUTPUT); }
```

但請不要這樣寫，因為不易閱讀，日後修改、維護很麻煩。就像寫作和閱讀，程式設計師花在閱讀（自己或者別人寫的）程式碼的時間遠比編寫程式的時間多，所以程式的可讀性很重要，建議每個敘述分開寫在不同行。

留下註解

當程式碼變得越來越長，越來越複雜時，為了幫助自己或其他人能迅速了解某程式片段的功能，我們可以在其中留下**註解（comment）**，也就是程式的說明文字。

註解的語法是在說明文字的最前面加上雙斜線 "//"，或者在數行註解文字的前後加上 /* 和 */，例如：

多行註解 ——→
```
/*
LED閃閃
作者：小趙
LED接在第13腳
*/
void setup() {
```
「單行註解」用雙斜線開頭 ——→ `// 第13腳設定成「輸出」`
```
  pinMode(13, OUTPUT);
}
```

開啟新檔時，空白的程式檔包含兩行註解，可以刪除；

Sketch_apr17a.ino   ...

```
1  void setup() {
2    // put your setup code here, to run once:
3
        註解：執行一次的設置程式寫在這裡
4  }
5
6  void loop() {
7    // put your main code here, to run repeatedly:
8
        註解：不停執行的主程式寫在這裡
9  }
```

動手做 3-1　寫一個 LED 閃爍控制程式

實驗說明：請根據上文的程式說明，自己在 Arduino 程式編輯視窗中輸入程式碼，控制內建在 Arduino 控制板第 13 腳上的 LED。

實驗材料：一塊 Arduino 控制板

請開啟 Arduino 程式開發工具，在程式編輯窗格輸入程式碼：

驗證結果：程式輸入完畢，按下  鈕驗證看看有沒有錯誤，如果沒有，請接上 Arduino 板並按下  鈕上傳程式碼，數秒鐘之後，Arduino 板子上的 LED 將開始閃爍。

糟糕～程式出錯了！

微電腦做起事來一板一眼，所以程式設計有時會令人感到挫折，如果指令拼寫錯誤，或者少了一個分號（;），它都會拒絕執行。在程式編輯窗格中打入程式碼之後，按下工具列上的 驗證鈕，程式開發工具就會檢查你寫的程式語法有沒有問題。

如果沒有問題，請再按下 上傳鈕，將它寫入 Arduino 微控器並執行。

倘若出現問題，它將用紅字顯示在程式編輯器底下的訊息窗格。底下列舉幾個常見的錯誤：

● 缺少大括號結尾:底下程式裡的 loop() 函式少了最後的右大括號:

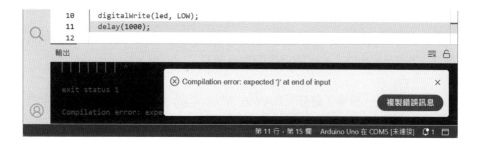

● 指令拼寫錯誤:例如,digitalWrite() 寫成 digitalwrite():

● 缺少分號結尾:幾乎每一行敘述後面都要加上分號。

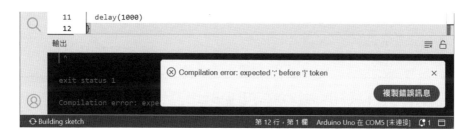

排除程式的錯誤,叫做**除錯(debug)**。

一般而言,修改程式原始碼並上傳程式之前,都要先驗證一次。不過,反正 Arduino 編輯器在上傳程式時都會自動先編譯一次,所以可以省略「驗證」的步驟。

儲存與開啟檔案

Arduino 草稿碼的**副檔名是 .ino**。如果你從網路下載他人開發的 Arduino 草稿碼，也許會發現它的副檔名是 .pde，那是舊版本（1.0 版之前）採用的副檔名，Arduino 開發工具能開啟這兩種原始檔。

選擇主功能表『**檔案 / 儲存（Save）**』或按 Ctrl + S 鍵，可儲存目前開啟的程式原始碼。假設儲存的檔名是 "Blink"，檔案將預設存放在「文件」裡的 Arduino 當中的 Blink 資料夾，檔名是 Blink.ino。.ino 是一個純文字文件，可用記事本軟體開啟。

之前存檔的草稿碼，可以從主功能表的『**檔案 / 草稿碼簿（Sketchbook）**』指令底下開啟，或選擇『**檔案 / 開啟**』指令，從**開啟**交談窗中自行選擇檔案。

3-4 用變數來管理程式碼

上文的 LED 閃爍（Blink）範例程式指定控制接在第 13 腳上的 LED，如果把 LED 改接在第 10 腳，程式碼也要跟著修改，萬一改錯或漏改，程式將無法如預期般運作：

```
void setup() {
  pinMode(10, OUTPUT);
}
void loop() {
  digitalWrite(10, HIGH);
  delay(1000);
  digitalWrite(13, LOW);
  delay(1000);
}
```

控制對象改接在第10腳

忘記修改，導致第10腳的LED一直亮著。

隨著程式碼增長，將更難修改。假如能先把接腳編號保存在某個容器裡，讓所有相關敘述使用，這樣就不會出錯，而且，日後若要修改接腳編號，也只要改變容器裡的數值：

```
void setup() {
  pinMode(led, OUTPUT);
}
void loop() {
  digitalWrite(led, HIGH);
  delay(1000);
  digitalWrite(led, LOW);
  delay(1000);
}
```

led

依照led容器裡的值
來控制指定的接腳

在程式中，暫存資料的容器叫做**變數**。建立變數時（或者說「宣告變數」），必須要指定它所存放的**資料類型**（相當於容器的**容量**，也稱為**型態**或**型別**）並替它命名，以方便日後取用，就好像在盒子上貼標籤一樣。

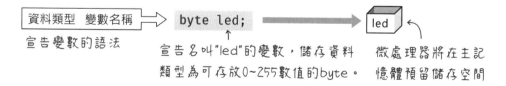

資料類型 變數名稱 ⟹ byte led; ⟹ led

宣告變數的語法

宣告名叫"led"的變數，儲存資料
類型為可存放0~255數值的byte。

微處理器將在主記
憶體預留儲存空間

因此，閃爍 LED 範例中的接腳定義，可以改用變數寫成：

```
byte led = 10;
void setup() {
  pinMode(led, OUTPUT);
}
void loop() {
  digitalWrite(led, HIGH);
  delay(1000);
  digitalWrite(led, LOW);
  delay(1000);
}
```

你可以換成其他數值

10

led

"led"代表10

程式中的「等號」，代表「設定」而非相等，請唸作「設定成」，例如：

`byte led = 10;` ➡ 宣告資料類型為byte．名叫"led"的變數，並將其值設定成10。

宣告變數並設定其值

為何暫存資料的空間叫「變數」？因為它的值可以被任意改變！底下的敘述一開始把 age 的值設定成 18，後來改成 20：

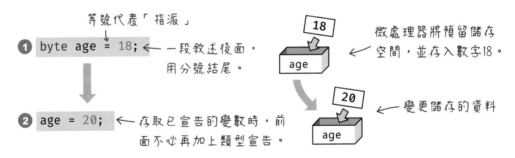

等號代表「指派」

❶ `byte age = 18;` ← 一段敘述後面，用分號結尾。

❷ `age = 20;` ← 存取已宣告的變數時，前面不必再加上類型宣告。

18
age — 微處理器將預留儲存空間，並存入數字18。

20
age — 變更儲存的資料

等號的右邊也可以是運算式或是其他變數，例如，底下第二行敘述代表**先讀取 age 的值**，加上 10 之後，再存入 older 變數。

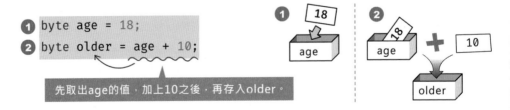

❶ `byte age = 18;`
❷ `byte older = age + 10;`

先取出age的值，加上10之後，再存入older。

❶ 18
age

❷ 18
age ➕ 10
older

變數的命名規定

設定變數名稱時，必須遵守底下兩項規定：

● 變數名稱只能包含字母、數字和底線（_）。

● 第一個字不能是數字。

除了上述的規定之外，還有幾個注意事項：

● 變數的名稱**大小寫有別**，因此 LED 和 Led 是兩個不同的變數！

● 變數名稱應使用有意義、具備描述功能的文字，如 total（總數）和 pin（接腳），而非 t 和 p。不要為了少打幾個字，讓程式碼變得難以理解。

● 若要用兩個單字來命名變數，例如，命名代表「LED 接腳」的 "led pin" 時，我們通常會把兩個字連起來，第二個字的首字母大寫，像這樣：ledPin。這種寫法稱為**駝峰式**（Camel case）。有些程式設計師則習慣在兩個字中間加底線：led_pin，這種寫法稱為**蛇底式**（Snake Case）。

駝峰式命名 camel case	帕斯卡式命名 pascal case	蛇底式命名 snake case	
ledPin	LedPin	led_pin	LED_PIN
↑　↑ 首字母小寫，其餘 單字首字母大寫。	↑　↑ 每個單字都用 大寫開頭	↑ 用底線連接全部 小寫的單字	↑ 全部大寫的單字，通常用於 「常數」名稱（參閱下文）。

● 觀察 Arduino 的程式指令，可發現它們用駝峰式記法，像 "digital write" 就寫成 "digitalWrite"。

● 避免用特殊意義的「保留字」來命名。例如，print 是「輸出文字」的指令，為了避免混淆，請不要將變數命名成 print。完整的 Arduino 保留字表列，請參閱：http://www.arduino.org/learning/reference。

資料類型

資料類型用於設定「資料容器」的格式和容量。最常見的資料類型為**數字**以及**字元**類型。在宣告變數的同時，必須設定該變數所能儲存的資料類型。

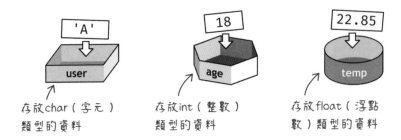

存放char（字元）   存放int（整數）   存放float（浮點
類型的資料   類型的資料   數）類型的資料

數字分成**整數**（不帶小數）和**浮點**（帶小數）兩大類型。每種資料類型佔用的儲存空間大小略有不同，由於微控器的記憶體空間有限，因此變數佔用的容量也要錙銖必較。表 3-3 列舉資料類型及其佔用記憶體空間，**int 和 double** 類型在 **8 位元**和 **32 位元**微控器的記憶體容量不同，淺藍色是 **8 位元**（UNO R3 板），深藍色是 **32 位元**（UNO R4 板）。

表 3-3

也能寫成 boolean　　　　　　　　　　　　8位元微控器

類型	中文名稱	佔用記憶體大小	數值範圍
bool	布林	8位元（1Byte）	true或false（1或0）
byte	位元組	8位元（1Byte）	0~255
char	字元	8位元（1Byte）	-128~127
int	整數	16位元（2Bytes）	-32768~32767
	32位元微控器 →	32位元（4Bytes）	-2147483648~2147483647
long	長整數	32位元（4Bytes）	-2147483648~2147483647
float	浮點數	32位元（4Bytes）	±3.4E+38
double	雙倍精確度浮點數	32位元（4Bytes）	±3.4E+38
	32位元微控器 →	64位元（8Bytes）	±1.7E+308

E 是科學記號，E+308 代表 10^{308}

帶正負號的數字稱為 "signed"，若僅需要儲存正數，可以在資料類型名稱前面加上 "unsigned"（不帶正負號）關鍵字，如此將能擴大儲存的數值範圍，如表 3-4 所示：

表 3-4：不帶正負號的資料類型

類型	中文名稱	數值範圍
unsigned char	正字元	0~255
unsigned int	正整數	0~65535 或（32 位元微控器） 0~4294967295
unsigned long	正長整數	0~4294967295

如果在只能保存正整數類型的變數中，存入負數值，實際儲存值將從該類型的最大值遞減，例如，byte 類型的資料值範圍是 0~255：

```
byte x = -1;     // x 變數值是 255
byte y = -2;     // y 變數值是 254
```

我們也可以用 signed 明確宣告帶正負號的數字，不過這樣有點畫蛇添足：

```
signed int pin=12; // 建立一個「帶正負號」的整數型變數"pin"並存入 12
```

Arduino 也支援表 3-5，1999 年制定的 C 程式語言 C99 標準的整數類型寫法，採資料佔用的位元數來定義。如此可避免不同微控器對整數數字範圍定義不一致的情況，表 3-5 對應的是 8 位元處理器（UNO R3）。

表 3-5

類型	等同的類型
int8_t	char
uint8_t	byte
int16_t	int
uint16_t	unsigned int
int32_t	long
uint32_t	unsigned long

例如，底下兩行變數宣告敘述是一樣的：

8位元正整數
```
byte pin=13;
```
等同 →
unsigned（不帶正負號）
```
uint8_t pin=13;
```

留意資料類型的上限

設定資料類型時，需要留意該類型所能儲存的最大值。**如果儲存值超過變數的容量，該值將從 0 開始計算。**例如，byte 類型最大只能儲存十進制的255，若存入 256（超過 1），則實際的儲存值將是 0；若存入 258（超過3），實際儲存值將是 2。

數學運算式也要留意資料類型的上限，以底下的算式為例，整數（int）最大能存放 32767，因此 ans 變數要宣告成長整數。

```
long ans = 4000 * 100;  // 計算結果：6784
```

可是，實際執行之後的 ans 值並非 400000，而是 6784。這是因為程式編譯器預設會採用整數型態來計算並暫存 4000 和 100 的乘積，因而造成溢位（overflow）；若把資料和變數比喻成水和容器，這好比小容器無法容納大量的水，留在小杯子裡的水量和輸入的水量不同：

為了避免溢位，請在其中一個（或者全部）計算數字後面加上設定數值類型的**格式字元**（參閱表 3-6），例如，L 代表長整數（也可以用小寫）：

```
long ans = 4000L * 100L;  // 計算結果：400000
```

表 3-6：**轉換數字資料類型的格式字元**

格式字元	說明	範例
L 或 l	強制轉換成長整數（long）	4000L
U 或 u	強制轉換成無正負號（unsigned）整數	32800U
UL 或 ul	強制轉換成無正負號的長整數（unsigned long）	7295UL

補充說明，上文定義 led 變數的敘述，筆者選用 byte 類型，因為接腳的編號不會超過 255，用 int 類型也行，只是會多占記憶體空間。

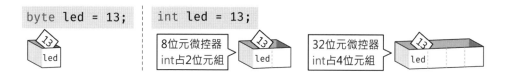

轉換資料類型

如果將小數點數字存入**整數類型**的變數，小數點部分將被**無條件捨去**。例如，底下變數 pi 的實際值將是 3。

```
int pi = 3.14159;
```

同樣地，底下運算式中的 r 值將是 1，而非 1.5！

```
int r = 3 / 2;
```

不過，底下運算式裡的 r 值是 1.0，也不是 1.5！

```
float r = 3 / 2;
```

要取得正確的小數運算結果，**算式中至少要有一個數字包含小數點**，像底下的 2.0，計算結果將是 1.5。

```
float r = 3 / 2.0;
```

或者，我們可以用底下**小括號**的類型轉換語法來轉換資料，其運算結果也是 1.5：

```
float r = 3 / (float)2;
```
⟵ 將後面的資料轉型成浮點類型

早期的 80386 個人電腦，可以添加一個 80387 數學輔助運算晶片，強化它的浮點運算能力。80486 則是 Intel 公司第一款內建浮點運算器的處理器。

ATmega 微控器內部沒有浮點運算處理單元，因此，執行浮點數字運算，不僅耗時且精確度不高，請避免在程式中執行大量的浮點數運算。附帶一提，浮點數字可以用科學記號 E 或 e 表示，例如：

$$1800\ 等同\ \mathbf{1.8E3} \longleftarrow 1.8 \times 10^3$$
$$0.00024\ 等同\ \mathbf{2.4E-4} \longleftarrow 2.4 \times 10^{-4}$$

3-5 不變的「常數」

存放固定、不變數值的容器，稱為**常數**（constant）。例如，數學上的 π 恆常都是 3.1415…，所以 π 就是一種常數。建立常數時：

● 使用 **const 指令**定義常數。

● 常數名稱中的字母通常寫成**大寫**。

● 常數設定後，就不能再更改其值。

底下的敘述將建立一個叫做 PI 的常數，其值為 3.1415：

$$const\ float\ \ PI\ =\ 3.1415;$$

放在最前面　　常數名稱通常全部大寫

常數與程式記憶體

上傳到開發板的程式儲存在快閃記憶體，其內容無法在程式執行階段更改。而**變數內容則是在執行階段，被存入內容可隨意更換的 SRAM（主記憶體）中**；程式的變數越多，佔用的記憶體空間也越多。

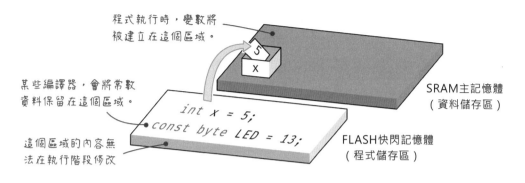

程式執行時，變數將被建立在這個區域。

某些編譯器，會將常數資料保留在這個區域。

這個區域的內容無法在執行階段修改

SRAM主記憶體（資料儲存區）

FLASH快閃記憶體（程式儲存區）

```
int x = 5;
const byte LED = 13;
```

微控器的資源有限，對於內容不會變動的數值，像是 LED 的輸出假如接在 13 腳，而且在程式執行過程都不會改變，那麼，與其像這樣用**變數**設定：

```
byte led = 13;
```

不如宣告成常數：

```
const byte LED = 13;
```

系統預設的常數

除了用戶自訂的常數，Arduino 程式也預設了一些常數，如表 3-7 所示：

表 3-7

常數名稱	說明
true	代表「是」或 1
false	代表「否」或 0
INPUT	把接腳設成輸入模式
OUTPUT	把接腳設成輸出模式
INPUT_PULLUP	把接腳設成輸入模式並啟用上拉電阻
HIGH	代表「高電位」，相當於 5V 或 3.3V（高於 3V 或 2V）
LOW	代表「低電位」，相當於 0V（低於 1.5V 或 1V）
LED_BUILTIN	代表內建 LED 的接腳編號

採用 5V 供電的微控器，如 Uno 板，訊號電位高於 3V 是高電位、低於 1.5V 則是低電位。許多開發板都有內建方便程式測試用的 LED，但是接腳可能不同，Uno 板接在 13 腳。**LED_BUILTIN 常數（內建 LED 腳）的實際值**，會隨著我們在 Arduino IDE 選擇的開發板自動改變，也因此，Arduino 內建的 Blink（閃爍 LED）範例，能夠控制不同板子的 LED。

```
void setup() {
  pinMode( LED_BUILTIN, OUTPUT );
}
                    代表開發板的內建LED接腳編號

void loop() {
  digitalWrite( LED_BUILTIN, LOW );
  delay(1000);
  digitalWrite( LED_BUILTIN, HIGH );
  delay(1000);
}
```

3-6 使用 #define 巨集指令替換資料

C 程式語言有一種用 # 開頭的特殊指令，稱為**巨集（macro）**，巨集的常見用途是在程式編譯之前，載入外部程式檔或者替換字串。**替換文字的巨集指令叫做 #define**，語法格式如下：

中間用空白字元隔開

注意！後面不加上分號（;）。

#define 置換名稱 置換值

#define 敘述寫在程式碼開頭。Arduino IDE 內建一個**前置處理器**（preprocessor），它的作用類似文書處理器中的「找尋和替代」功能，會搜尋整個程式碼，將指定的置換名稱取代成對應的置換值（註：我們看不見置換過程，原始碼也不會改變）。替換完畢之後，再自動交給「編譯器」編譯程式碼。

底下的敘述裡的 LED_PIN 將自動被置換成 13：

置換名稱　　置換值

```
#define LED_PIN 13

void setup() {          ← 將被置換成13
  pinMode( LED_PIN, OUTPUT );
}

void loop() {
  digitalWrite( LED_PIN, HIGH );
  delay(1000);
  digitalWrite( LED_PIN, LOW );
  delay(1000);
}
```

在背地
置換後

```
void setup() {
  pinMode( 13, OUTPUT );
}

void loop() {
  digitalWrite( 13, HIGH );
  delay(1000);
  digitalWrite( 13, LOW );
  delay(1000);
}
```

#define 敘述的用途類似常數定義，它們都能讓我們在程式中，用一個名稱來代表數值。例如，底下兩個敘述都能用 LED_PIN 代表 13：

```
const byte LED_PIN = 13;  // 定義常數，需指定資料的型態，
                          // 用分號結尾
```

或：

```
#define LED_PIN 13        // 定義巨集，不用指定資料的型態，
                          // 不用分號結尾
```

不過，這兩者的「語意」不同，**const**（常數）代表宣告一個**不可改變的資料值**，而 **#define** 則用於定義**置換值**。上面的兩種寫法都對，但一般而言，定義常數資料時，通常採用 const 敘述。

　　　常數定義補充說明

const 的原意是恆常不變的，也就是將變數強制為「僅讀」，並沒有「只存在程式記憶體」的意思。**常數是否會在執行階段被複製到 SRAM，跟編譯器的設計有關**。AVR GCC 編譯器（一種免費、開放原始碼的 C 語言編譯程式）不會把常數複製到 SRAM，但筆者在 ATMEL 公司的〈Efficient C Coding for AVR〉（直譯為：AVR 晶片的高效 C 程式設計）技術文件（Efficient_Coding.pdf 檔案第 17 頁），讀到底下這段內容：

```
A common way to define a constant is:
const char max = 127;
This constant is copied from flash memory to SRAM at
startup and remains in the SRAM for the rest of the
program execution.
```

大意是説，使用 const 定義的常數，將在程式啟動時，從快閃記憶體複製到 SRAM，並且於整個程式執行週期，一直存在 SRAM 裡。因此，使用 const 定義常數可以節省記憶體用量的説法，不一定正確。

若要明確地告訴編譯器，讓 UNO R3 板的常數僅僅保存在程式記憶體，需要在常數宣告的敘述中加入 **PROGMEM 關鍵字**，詳閱第 7 章〈將常數保存在程式記憶體裡〉一節。

記憶體類型説明

依據能否重複寫入資料，電腦記憶體分成 RAM 和 ROM 兩大類型，它們又各自衍生出不同的形式：

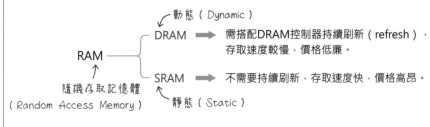

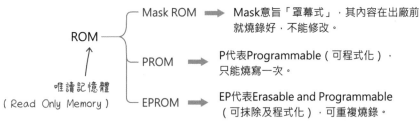

儲存在 RAM 當中的資料，斷電後就會消失，存在 ROM 裡的資料不會消失。即使接上電源，DRAM 的資料會在約 0.25 秒之後就流失殆盡，就像得了健忘症一樣，需要有人在旁邊不停地提醒，這個「提醒」的行為，在電腦世界中叫做刷新（refresh）。

微控器晶片內部採用 SRAM，因為通電之後，就能一直記住資料，無需額外加裝記憶體控制器，而且資料的存取速度比 DRAM 快約 4 倍。不過它的單價較高，所以一般的個人電腦主記憶體不採用 SRAM（但要求速度的場合，像顯示卡，就會用 SRAM）。

ROM 雖然叫做「唯讀」記憶體，但實際上，除了 Mask ROM 之外，上述的 ROM 都能用特殊的裝置寫入資料。底下是任天堂掌上型遊戲機的遊戲卡匣電路板，上面有兩種記憶體晶片，左邊是暫存玩家資料的 SRAM，

右邊電池下方的是儲存遊戲軟體程式的 Mask ROM。電池負責提供電源給 SRAM，以便在關機之後記住玩過的遊戲關卡等資料：

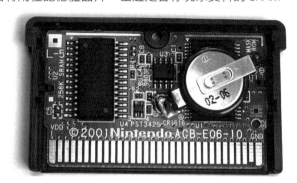

底下是 EPROM 記憶體的外觀照片，晶片上面有個用於清除資料的玻璃窗：用紫外線光連續照射 10 分鐘，方可清除資料。

清除和寫入 EPROM 資料都要特殊裝置，很不方便。現在流行的是 EEPROM（頭一個 E 代表 "Electrically"，全名譯作電子抹除式可複寫唯讀記憶體）和 Flash（快閃記憶體）。

EEPROM 和 Flash 都能透過電子訊號來清除資料，不過，它們的寫入速度仍舊比讀取速度來得慢。EEPROM 和 Flash 的主要差異是「清除資料」的方式：EEPROM 能一次清除一個 byte（位元組，即：8 個位元），Flash 則是以「區段（sector）」為清除單位，依照不同晶片設計而定，每個區段的大小約 256 bytes~16KB。Flash 的控制程式也比較複雜，但即便如此，由於 Flash 記憶體晶片較低廉，因此廣泛用在隨身碟和其他儲存媒介。

3-7 用歐姆定律計算出限流電阻值

第 2 章提到，電阻可限制電流的流動，也有降低電位（電壓）的功能。下圖顯示各色 LED 的工作電壓與消耗電流的關係，電流越大，亮度越高：

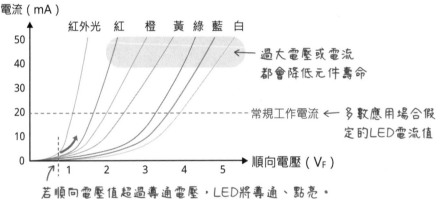

電子電路的電源通常採用 5V，比 LED 的工作電壓高，因此連接 LED 時，我們需要如下電路加上一個電阻，將電壓和電流限制在 LED 的工作範圍，本單元假設 LED 的驅動電壓和電流分別為 2V、10mA：

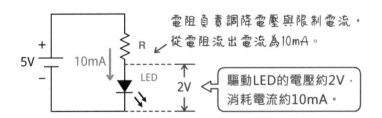

在這個電路中，我們已知 LED 元件的工作電壓和電流，以及電源的電壓，**要求出將電流限制在 10mA 的電阻值**。

電路中的電壓、電流和電阻之間的關係，可以用**歐姆定理**表示：**電流和電壓成正比，和電阻成反比**。只要知道歐姆定律中任意兩者的值，就能求出另一個值。

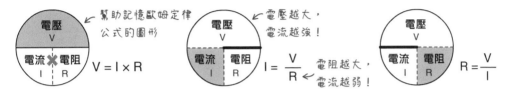

為了計算方便，**LED 工作電壓通常取 2V，電流則取 10mA**（註：高亮度 LED 的工作電壓約 3v，工作電流約 30mA）。此電路中的電阻兩端的**電位差**是 3V，根據**歐姆定律**，可以求出電阻值為 300Ω。

為了保護負載（LED），我們可以取比計算值稍微高一點的電阻值，以便限制多一點電流，或者，如果你想要增加一點亮度，可以稍微降低一點電阻值（某些 LED 的最大耐電流為 30mA，因此降低阻值不會造成損壞）。以 5V 電源來說，**LED 的限流電阻通常採用 220Ω~680Ω 之間的數值**。阻值越大，LED 越黯淡。

歐姆定律公式中的電流單位是 A（安培），因此計算之前要先把 mA 轉成 A（亦即，先將 10mA 除以 1000）。計算式求得的 300Ω 只是當做參考的理論值，假設求得的電阻值是 315Ω，市面上可能買不到這種數值的電阻，再加上元件難免有誤差，電源不會是精準的 5.0V、每個 LED 的耗電量也會有些微不同。

限流、源流和潛流

在 Arduino 的輸出和 LED 之間連接限制電流量的電阻又稱為**限流電阻**，連接方式有底下兩種：

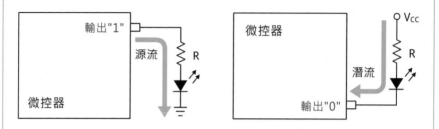

左邊的接法是由微處理器提供負載所需的電流，一般稱之為**源流**（**Source Current**）；當接腳的輸出狀態為**邏輯 1 時**，電流由微處理器流出，經元件後至地端。若採用右圖的接法，電流是由電源（Vcc）提供；當接腳的輸出狀態為**邏輯 0 時**，電流由 Vcc 流出，經元件後進入微處理器，此謂之潛流（Sink Current）。

1 通常被視作「開啟」，0 當成「關閉」，因此左邊（源流）的接法比較常見。不管用哪一種接法，都要留意微控器的每一個 I/O（輸出入）腳的電流極限值，否則該接腳甚至整個微控器都會損毀。從下表可知，**RA4M1 能承受的電流量較小，所以接 LED 的限流電阻不要低於 470Ω**。

微控器	ATmega328	RA4M1	ESP32-S3
源流 / 潛流上限	皆 20mA	皆 8mA	20mA（源）/28mA（潛）

水能導電，人體約含有 70% 的水份，因此人體也會導電。電對於人體的危害不在於電壓的大小，而是通過人體的電流量。1~5mA 的電流量就能讓人感到刺痛，50mA 以上的電流會讓心臟肌肉痙攣，有致命的危險。

在潮溼、流汗的情況下，人體的阻抗值降低，從歐姆定律可得知，阻抗越小，電流越大，因此千萬不要用潮溼的手去碰觸 110V 電源插座。

電阻的額定功率

被電阻限制的電流和電位，也就是電阻所消耗的能量，將轉變成熱能。

選用電阻時，除了阻值之外，還要考量它所成承受的消耗功率（瓦特數，Watt，簡寫成 **W** 或**瓦數**，代表一秒鐘所消耗的電能），以免過熱而燒毀。

功率的計算公式如下：

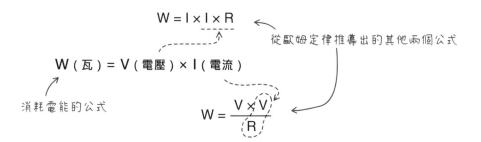

以上一節的 LED 電路為例，10mA 時的電阻消耗電能為：

公式			
W = V × I	➡ 3V × 0.01A	➡ 0.03W	➡ 30mW

計算單位用安培

電阻兩端的電位差

為了安全起見，電阻的瓦數通常取一倍以上的算式值。一般微電腦電路採用的電阻大都是 1/4W（0.25W）或 1/8W（0.125W），就這個例子來說，選用 1/8W 綽綽有餘。

電阻的串聯與並聯

電阻串聯在一起，阻抗會變大，並聯則會縮小。當手邊沒有需要的電阻值時，有時可用現有的電阻串聯或並聯，得到想要的阻值。例如，並聯兩個 1KΩ 電阻，將變成 500Ω。

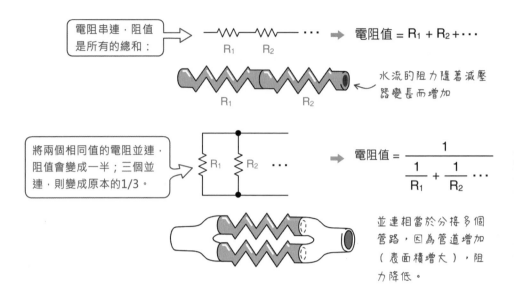

電阻串連，阻值是所有的總和：

$$電阻值 = R_1 + R_2 + \cdots$$

水流的阻力隨著減壓器變長而增加

將兩個相同值的電阻並連，阻值會變成一半；三個並連，則變成原本的1/3。

$$電阻值 = \cfrac{1}{\cfrac{1}{R_1} + \cfrac{1}{R_2} \cdots}$$

並連相當於分接多個管路，因為管道增加（表面積增大），阻力降低。

串並聯電阻值的計算範例如下：

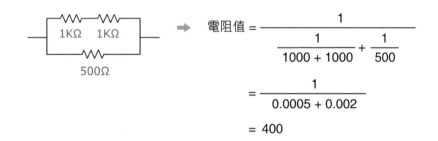

$$電阻值 = \cfrac{1}{\cfrac{1}{1000 + 1000} + \cfrac{1}{500}}$$

$$= \cfrac{1}{0.0005 + 0.002}$$

$$= 400$$

電容的串聯和並聯

電容的串聯和並聯值，跟電阻正好相反。並聯電容值是所有電容值的總和：

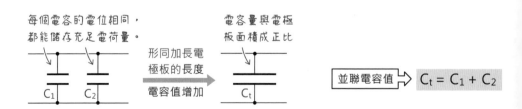

每個電容的電位相同，都能儲存充足電荷量。

電容量與電極板面積成正比

形同加長電極板的長度 電容值增加

並聯電容值 $C_t = C_1 + C_2$

例如：

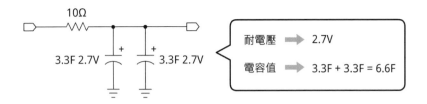

耐電壓 ➡ 2.7V

電容值 ➡ 3.3F + 3.3F = 6.6F

串聯電容的總電容值會降低：

分到的電荷量不同

形同擴大電極板的距離

電容值減少

電容量與電極板距離成反比

串聯電容值 ➡ $C_t = \dfrac{1}{\dfrac{1}{C_1} + \dfrac{1}{C_2}}$

例如，串聯兩個 3.3F 2.7V 電容，總電容值變成 1.65F。

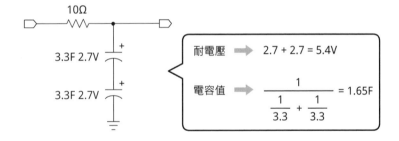

耐電壓 ➡ 2.7 + 2.7 = 5.4V

電容值 ➡ $\dfrac{1}{\dfrac{1}{3.3} + \dfrac{1}{3.3}} = 1.65F$

M E M O

CHAPTER

4

開關與分歧指令

4-1 認識開關

幾乎所有 3C 產品都有開關,它的作用是切斷或者連接電路。開關也是基本的輸入設備,像電腦鍵盤、滑鼠按鍵和家電設備的控制器;開關有按鍵式、滑動式、微動型…等不同形式和尺寸,但大多數的開關是由**可動部份(稱為「刀」,pole)**和**固定的導體(稱為「擲」,throw)**所構成;依照「刀」和「擲」的數量,分成不同的樣式,例如:單刀單擲(Single Pole Single Throw, SPST)。幾種常見的開關外型和電路符號如下:

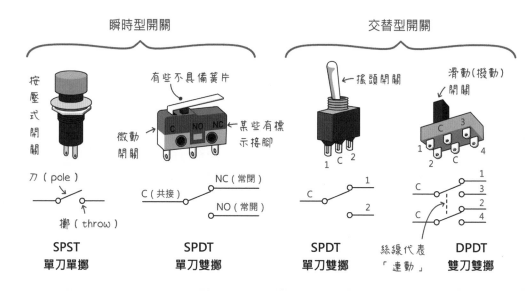

若依照開關的**持續狀態**區分,可分成**瞬時型**和**交替型**兩種。交替型普遍用於電源開關,切到一邊是開、切到另一邊則是關。控制板的重置鍵屬於瞬時型,按著不放時維持某個狀態,一放開就切換到另一個狀態。

從早期的開關結構的外觀,讀者不難理解為何開關的可動部分叫做「刀」:

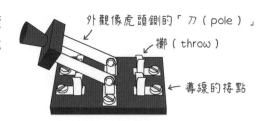

除了不同外型與尺寸之外，開關可分成兩種類型：

● 常開（normal open，簡稱 N.O.）：接點平常是不相連的，按下之後才
　　導通。

● 常閉（normal close，簡稱 N.C.）：接點平常是導通的，按下之後不相
　　連。

常開裡的「開」，並不是指「打開開關」，而是電路**中斷**、**不導通**：

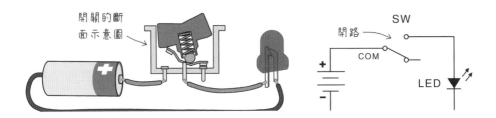

閉路指的是「封閉的迴路」，也就是電路**相連**、**導通**：

像**微動開關**的接點上，就有標示 NC 和 NO，還有一個 **COM**（**共接點**，或
稱為**輸入端**）。若不確定開關的接腳模式，可以用三用電錶的「歐姆」檔
測量，若測得的電阻值為 0，代表兩個接腳處於導通狀態：

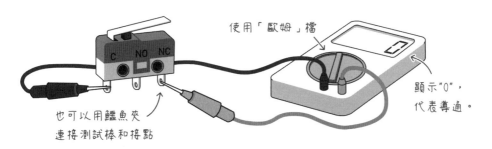

測試另一個接腳看看，平時處於「不導通」狀態，按著按鈕時，則變成「導通」，由此可知此接腳為「常開」：

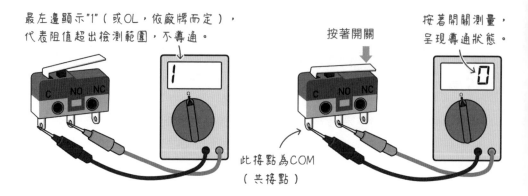

最左邊顯示"1"（或OL，依廠牌而定），
代表阻值超出檢測範圍，不導通。

按著開關

按著開關測量，
呈現導通狀態。

此接點為COM
（共接點）

若測量另外兩個接腳，無論開關是否被按下，都會呈現不導通的狀態：

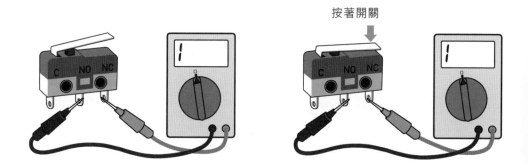

按著開關

Arduino 電路板上的「重置鈕」**輕觸開關**有四個接點，但實際上只需用到兩個接點，因為同一邊的兩個接點始終是相連的：

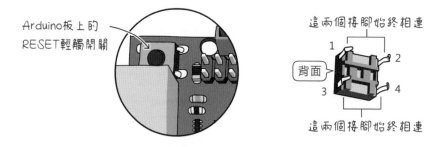

Arduino板上的
RESET輕觸開關

這兩個接腳始終相連

背面

1

2

3

4

這兩個接腳始終相連

本書的電路圖當中的開關符號，通常採用左下角的「通用型」開關符號，有些電路會依據開關的類型標示出對應的符號：

開關也是感測器

開關也是最基本的感測器，像滑鼠裡面往往就有兩三個**微動開關**，偵測滑鼠鍵是否被按下或放開。微動開關常見於自動控制裝置，像下圖的移動平台，兩側各安裝一個偵測平台碰觸的感應器。該感應器就是微動開關，因為它被用於偵測物體移動的上限，所以也稱作**極限開關**或**限位開關**（limit switch）。

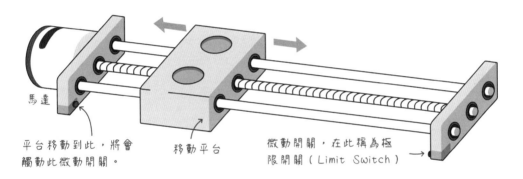

馬達

平台移動到此，將會觸動此微動開關。

移動平台

微動開關，在此稱為極限開關（Limit Switch）

開關用於切換訊號的「有」或「無」狀態，或者「導通」或「斷路」狀態。市面上各種樣式的開關，例如，裝置在門窗邊，用磁鐵感應窗戶是否被開啟的「磁簧開關」，以及感應震動、傾斜的「水銀開關」…等等，電路裝設方式和一般開關差不多。

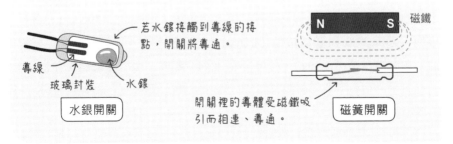

若水銀接觸到導線的接點，開關將導通。

導線

玻璃封裝   水銀

水銀開關

N   S   磁鐵

開關裡的導體受磁鐵吸引而相連、導通。

磁簧開關

4-2 開關電路與上／下拉電阻

假設我們想要用一個開關
來切換高、低電位，**右圖
的接法並不正確**：

若沒有按下開關，GPIO 接腳既沒接地，也未接到高電位。輸入訊號可能在
0 與 1 之間的模糊地帶飄移，造成所謂的**浮動訊號**，微控器無法正確判斷
輸入值。

> 理想的數位訊號像左下圖，浮接的輸入腳可能收到右下的雜訊，無法判
> 定高低電位的部份可能在 0 和 1 之間跳動。
>
>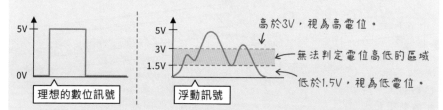
>
> 開關電路可以接在任何數位腳，但 Arduino 板子上第 13 腳有內接一個
> LED，所以第 13 腳通常在實驗時用於測試訊號輸出，而第 0 和第 1 腳
> 則保留給序列埠使用（請參閱第 5 章），因此開關或其他數位輸入訊號，
> 大都是接在 2~12 腳。

正確的接法如下。若開關沒有被按下，數位第 2 腳將透過 **10KΩ（棕黑橙）**
接地，因而讀取到**低電位值（LOW）**；按下開關時，5V 電源將流入第 2
腳，產生**高電位（HIGH）**。如果沒有 10KΩ 電阻，按下開關時，正電源將
和接地直接相連，造成短路。

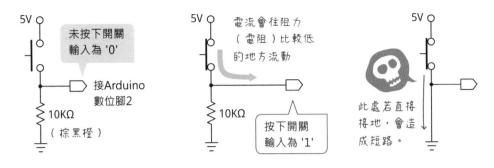

像上圖一樣，在晶片的腳位連接一個電阻再接地，則此電阻稱為**下拉（pull-down）電阻**。我們也可以像下圖一樣，將電阻接到電源，則此電阻稱為**上拉（pull-up，也譯作「提升」）電阻**：

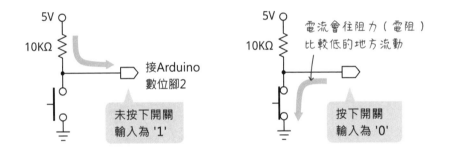

動手做 4-1 用麵包板組裝開關電路

實驗說明：認識開關電路，透過程式檢測開關狀態從而點亮或關閉 LED 燈。

實驗材料：

輕觸開關（或其他類型的開關）	1 個
電阻 10KΩ（棕黑橙）	1 個
電阻 470Ω（黃紫棕）	1 個
LED 顏色不拘	1 個

實驗電路：

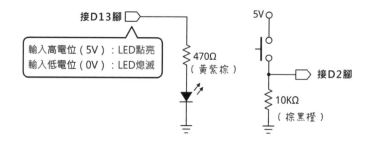

關於LED電阻值選用的說明，請參閱3-7節〈用歐姆定律計算出限流電阻值〉。

請依照上圖的電路，將開關組裝在麵包板上（第 13 腳的 LED 可以不接，因為 Arduino 板子上已經有了）：

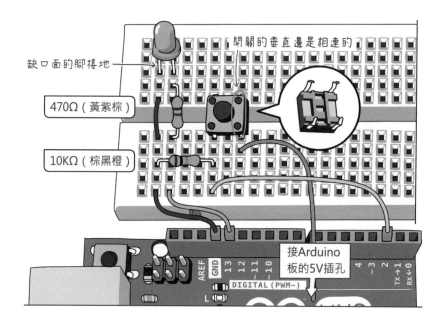

讀取數位輸入值：連接開關的 Arduino 接腳要先在 setup() 函式中設成「輸入」模式：

```
pinMode( 2, INPUT );  // 第 2 腳設成「輸入」模式
```

後面的程式便可透過以下的語法讀取數位輸入值：

接收數位輸入值的變數　　　　　　　可能值為0~19或A0~A5
↓　　　　　　　　　　　　　　　　↓
bool 變數名稱 = **digitalRea**d(接腳編號)；

數位輸出/入的值不是0就是1，
因此用「布林」類型即可。

底下的敘述將能讀取數位腳 2 的值，並存入 val 變數：

```
bool val = digitalRead(2);
```

硬體組裝完畢後，請在 Arduino 程式編輯視窗輸入底下的程式碼：

```
const byte LED_PIN = 13;      // LED 接數位第 13 腳
const byte SW_PIN = 2;        // 開關接數位第 2 腳

void setup() {
  pinMode(LED_PIN, OUTPUT);   // LED 接腳設定成「輸出」
  pinMode(SW_PIN, INPUT);     // 開關接腳設定成「輸入」
}

void loop(){
  bool val = digitalRead(SW_PIN); // 讀取開關的數值
  digitalWrite(LED_PIN, val);     // 依照開關狀態點亮或關閉 LED 燈
}
```

實驗結果：上傳程式碼之後，按著開關，LED 將被點亮；放開開關 LED 將熄滅。

LED 電路的訊號輸入端也可以是「陰極」，只是開、關訊號相反，像這樣：

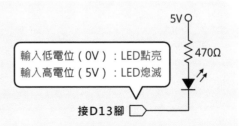

輸入低電位（0V）：LED點亮
輸入高電位（5V）：LED熄滅

接D13腳

啟用微控器內部的上拉電阻

微控器的數位接腳其實有內建上拉電阻，只是預設沒有啟用。UNO R3 採用的 ATmega328 微控器的上拉電阻值介於 20KΩ~50KΩ 之間，R4 採用的 RA4M1 微控器，則介於 10KΩ~50KΩ 之間。將接腳模式設定成 **INPUT_PULLUP**（直譯為「輸入_上拉電阻」），即可啟用上拉電阻，例如：

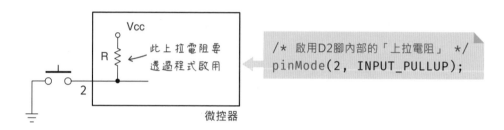

啟用內建的上拉電阻後，開關電路就能省略外接電阻。要留意的是，按下此電路的開關代表輸入 0：

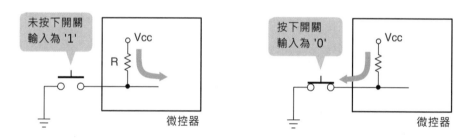

底下是改用內建上拉電阻的 LED 開關程式寫法，按著開關時，微控器感測到開關腳輸入低電位，所以 LED 燈會熄滅；放開開關則是點亮 LED。

```
const byte LED_PIN = 13;   // LED 接數位第 13 腳
const byte SW_PIN = 2;     // 開關接數位第 2 腳

void setup() {
  pinMode(LED_PIN, OUTPUT);        // LED 接腳設定成「輸出」
  pinMode(SW_PIN, INPUT_PULLUP);   // 啟用開關接腳內部的上拉電阻
}
```

```
void loop(){
  bool val = digitalRead(SW_PIN); // 讀取開關的數值
  digitalWrite(LED_PIN, val);      // 依照開關狀態點亮或關閉 LED 燈
}
```

上拉電阻值越高，對抗雜訊干擾的能力也越弱（因為 V=IR，電阻越高，電流波動越大，訊號電壓波動也越大），**對開關切換訊號的反應靈敏度也會降低**（因為電路板的接點之間會形成電容效應，下文的〈RC 濾波〉提到，電阻或電容值越大，訊號延遲時間越長）；電阻值越低，意味著從電源引入的電流越多（越耗電，稱為**強上拉**）。

因此，一般都不使用內建的上拉電阻。普通的按鈕開關電路通常採用 10KΩ 的外接上拉電阻，對於要求高反應速率的電子訊號切換場合，上拉電阻通常使用 5KΩ，甚至 4.7KΩ 或 1KΩ。

4-3 改變程式流程的 if 條件式

程式中，**依照某個狀況來決定執行哪些動作，或者重複執行哪些動作的敘述，稱為「控制結構」**。if 條件式是基本的控制結構，它具有「如果…則…」的意思。想像一下，當您把錢幣投入自動販賣機時，「如果」額度未達商品價格，「則」無法選取任何商品；「如果」投入的金額大於選擇的商品，「則」退還餘額。

這個判斷金額是否足夠，以及是否退還餘額的機制，就是典型的 if 條件式。if 判斷條件式的語法如下（else 和 else if 都是選擇性的）：

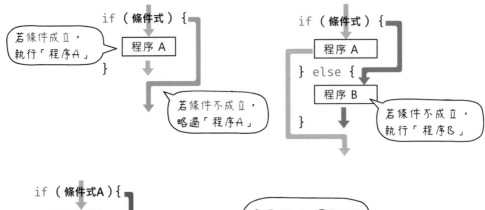

底下的條件判斷程式將隨著 val 變數值（1 或 0），在第 13 腳輸出高電位或低電位：

```
bool val = digitalRead(2); //讀取數位腳2的值

這是兩個連續等號
    if (val == HIGH) {          若開關的值為HIGH，
      digitalWrite(13, HIGH);   則在第13腳輸出高電位。
    } else {
      digitalWrite(13, LOW);    否則，輸出低電位。
    }
```

大括號裡的敘述，習慣上縮排，方便閱讀。

程式語言中，代表條件**成立（1 或 true）**或**不成立（0 或 false）**的數值，叫做 bool（布林值）。上面的判斷條件式可以簡化成底下的寫法，只要 val 的值為 1，程式將點亮 LED：

val的值不是0就是1，
因此可省略"=="比較。

```
if (val)
    digitalWrite(13, HIGH);
else
    digitalWrite(13, LOW);
```

若大括號的內容只有一行，
可省略大括號。

本單元的程式需求，其實不需要 if 條件判斷敘述，因為 LED 的狀態變化跟開關的輸入值一致，所以原本數行的敘述，可濃縮成一行：

```
digitalWrite(13, digitalRead(2));
```

讀取腳2的值，直接設定給腳13。

比較運算子

if 條件判斷式裡面，經常會用到**比較運算子**以是否相等、大於、小於或其它狀況作為測試的條件。比較之後的結果會傳回一個 **true**（代表**條件成立**）或 **false**（代表**條件不成立**）的布林值。常見的比較運算子和說明請參閱表 4-1：

表 4-1：比較運算子

比較運算子	說明
==	如果兩者相等則成立，請注意，這要寫成兩個連續等號，中間不能有空格
!=	如果不相等則成立
<	如果左邊小於右邊則成立
>	如果左邊大於右邊則成立
<=	如果左邊小於或等於右邊則成立
>=	如果左邊大於或等於右邊則成立

動手做 4-2 LED 切換開關

實驗說明：沿用〈動手做 4-1〉的 LED 和開關電路，筆者把軟體需求改成：「按一下開關點亮 LED、再按一下開關則熄滅」。

實驗程式：如下圖所示，按鍵開關訊號平時在低電位，在被「按一下」操作過程中，訊號轉變了兩次；**當開關電位從高轉到低，代表「按一下」動作已完成**：

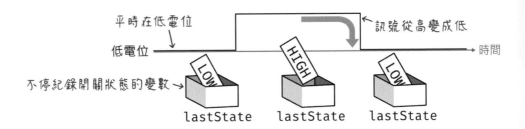

底下的程式設定一個叫做 lastState 的變數來暫存開關的狀態：

```
const byte LED_PIN = 13;  // LED 的腳位
const byte SW_PIN = 2;    // 開關的腳位
bool lastState = LOW;     // 記錄上次的開關狀態，預設為「低電位」
bool toggle = 0;          // 輸出給 LED 的訊號，預設為 0，等同 LOW

void setup() {
  pinMode(LED_PIN, OUTPUT);
  pinMode(SW_PIN, INPUT);
}
```

```
void loop() {
  bool b1 = digitalRead(SW_PIN);

  if (b1) { // 若開關訊號是高電位...
    lastState = b1;  // 暫存狀態
  }
  // 若開關目前狀態不同於之前暫存狀態...
  if (b1 != lastState) {
    toggle = 1 - toggle; // 反轉燈號
    digitalWrite(LED_PIN, toggle);
    lastState = LOW;       // 重設狀態
  }
}
```

程式不停地讀取開關狀態

開關狀態

HIGH HIGH

b1   lastState

兩個值不同

LOW HIGH

b1   lastState

每當開關被按下，toggle 的值就會從 1 變成 0，或者從 0 變成 1。下圖展示 toggle 變數值的變換情況：

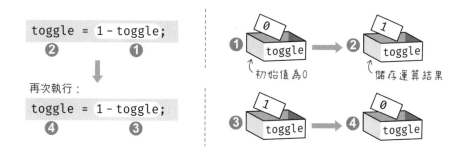

另一種常見的「反轉」數值的寫法，是採用下文將會介紹的**邏輯反相運算子**（!），以上的 toggle = 1 - toggle; 敘述可改寫成 toggle = !toggle;。

實驗結果：編譯與上傳程式碼之後，連續按幾次開關試試看，理論上，LED 將依序被點亮和關閉。但實際上，LED 可能在該關的時候未關、開亮的時候不亮。這是機械式開關的**彈跳**（bouncing）現象所導致，請參閱下一節的說明與解決方式。

用程式解決開關訊號的彈跳問題

機械式開關在切換的過程中，電子信號並非立即從 0 變成 1（或從 1 變成 0），而會經過短暫的，像下圖一般忽高忽低變化的**彈跳**現象（請想像一下開關裡的銅片被撥動時，像彈簧一樣振動）。雖然彈跳的時間非常短暫，但微電腦仍將讀取到連續變化的開關訊號，導致程式誤動作。

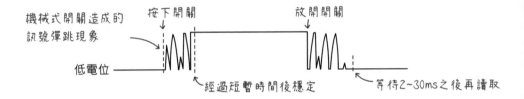

為了避免上述狀況，讀取機械式開關訊號時，程式（或者硬體）需要加入所謂的**消除彈跳**（de-bouncing）處理機制。最簡易的方式，就是在發現輸入訊號變化時，先暫停 2~30 毫秒（視開關結構而定），讓程式忽略這段時間中的開關腳變化。

底下是在〈動手做 4-2：LED 切換開關〉加入延時敘述，處理彈跳訊號的範例程式：

```
void loop() {
  bool b1 = digitalRead(SW_PIN);

  if (b1) {
    delay(20);   // 等待20毫秒
    bool b2 = digitalRead(SW_PIN); // 再次讀值

    if (b1 == b2) {    // 確認兩次開關值是否一致
      lastState = b1; // 儲存開關的狀態
    }
  }
  :   // 以下程式相同，故略...
```

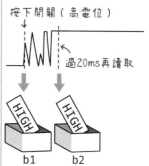

按下開關（高電位）

過20ms再讀取

HIGH HIGH

b1   b2

動手做 4-3　不用 delay() 的延遲方法

實驗說明：delay() 指令簡單好用，但有個嚴重的缺點：在 delay() 的暫停期間，微處理器將呈現「完全放空」狀態，不僅什麼事都不做，也不接收外部的訊息。在某些時候（如第 6 章的〈動手做 6-3〉）會造成問題，本單元將採用「比較時間差」來達成延遲效果。

實驗材料：

LED（顏色不拘）	1 個
470Ω（黃紫棕）電阻	1 個
導線（或開關）	1 條

實驗電路：把 LED 的正極串接 470Ω 電阻，再接 Arduino 數位腳 12；用導線來替代開關，導線的一邊接數位腳 7，一邊先懸空；當導線的一邊碰觸接地時，相當於「按下開關」。

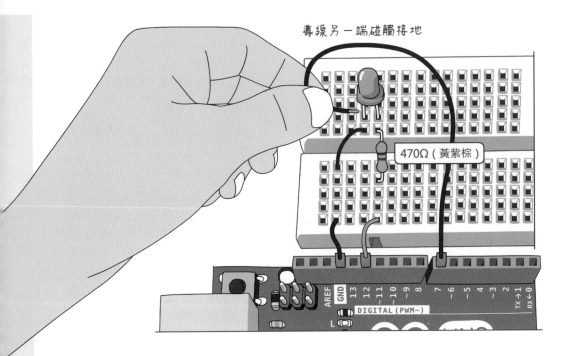

導線另一端碰觸接地

470Ω（黃紫棕）

實驗程式一：每 3 秒閃爍一次內建的 LED，並持續讀取數位腳 7 的輸入訊號，輸入低電位（相當於按下開關）時，點亮腳 12 的 LED。

```
#define SW_PIN 7
#define LED_PIN 12

void setup() {
  pinMode(SW_PIN, INPUT_PULLUP);    // 啟用上拉電阻
  pinMode(LED_BUILTIN, OUTPUT);
  pinMode(LED_PIN, OUTPUT);
}

void loop() {
  bool val = digitalRead(SW_PIN);  // 讀取開關狀態

  digitalWrite(LED_PIN, !val);
  digitalWrite(LED_BUILTIN, !digitalRead(LED_BUILTIN));
  delay(3000);   // 程式將卡在這裡 3 秒鐘
}
```

附帶說明，數位輸出和數位輸入指令可以合併使用，小括號裡的敘述會先被執行，所以是先讀取值，再設定值。此外，雖然內建 LED 腳（13）被設定成**輸出（OUTPUT）**模式，程式仍可透過 digitalRead() 取得它的**輸出狀態**：

!digitalRead(LED_BUILTIN)

❶ 傳回腳13「輸出狀態」的相反值

❷ digitalWrite(LED_BUILTIN, _____);

實驗結果：上傳程式之後，內建的 LED 即開始閃爍，但 3 秒之內，任憑你狂按開關，腳 12 的 LED 都不會變化。

實驗程式二：透過比較前後兩個時間差，來判斷經過時間，取代之前的 delay()，這部份的執行流程如下：

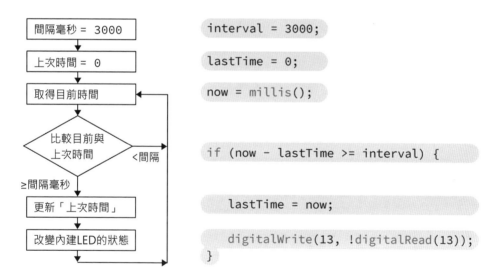

紀錄毫秒值的變數類型，請用 unsigned long（不帶正負號的長整數）才夠存放，完整的程式碼如下：

```
#define SW_PIN 7
#define LED_PIN 12

unsigned long lastTime = 0;
const long interval = 3000;
```

```
void setup() {
  pinMode(SW_PIN, INPUT_PULLUP);
  pinMode(LED_BUILTIN, OUTPUT);
  pinMode(LED_PIN, OUTPUT);
}

void loop() {
  unsigned long now = millis();
  bool val = digitalRead(SW_PIN);

  digitalWrite(LED_PIN, !val);

  if (now - lastTime >= interval) {
    lastTime = now;
    digitalWrite(LED_BUILTIN, !digitalRead(LED_BUILTIN));
  }
}
```

實驗結果：內建的 LED 將每隔 3 秒閃爍一次，數位 12 腳的 LED 則跟著腳 7 的狀態變化。

4-4 RC 濾波電路

另一種簡單消除開關彈跳雜訊的方法，是用**電阻（resistor，簡寫成 R）**和 **電容（capacitor，簡寫成 C）**組成的基本 **RC 電路**。對電容通電時，電容 將開始儲存電荷，直到注滿到電壓的相同準位；斷電時，電容會開始放 電，直到降到 0（亦即，「接地」的準位）。

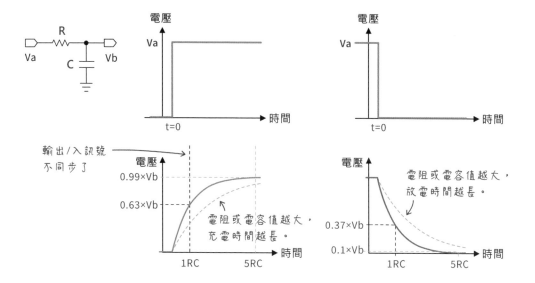

實際的電路如左下，開機時，**電源經由 R2 對電容充電**；開關被按下時，**電容經由 R1 放電**，亦即，**按下開關輸出低電位、平時是高電位**，跟先前的開關電路相反。

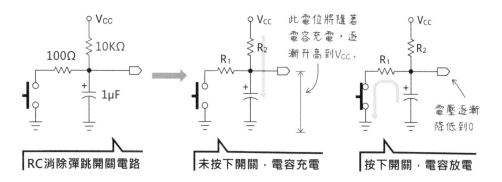

電容充飽電，將呈現高阻抗開路（斷路）狀態，相當於裝滿水的瓶子無法再讓水流入，所以電流只往微控器的接腳流動。

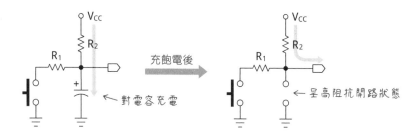

在充電過程中，電流與電容電壓的變化量受到電阻與電容值影響。電阻 R 與電容值 C 的乘積稱為**時間常數**（time constant），寫成希臘字母 τ（唸作 "tau"），有時也直接用英文字母 t 代表：

$$\tau = RC$$

電容充電到約 70%（實際為 63.2%）僅需花費一個時間常數，充到飽和（約 99.3%）需要 5 個時間常數；電阻或電容值愈大，充電所需時間也愈長。電容放電時，在一個時間常數之後，約剩下 40%（實際為 36.8%）。以電阻 10KΩ 和電容 0.1μF、1μF 為例，時間常數約 1ms 和 10ms：

$$\tau = (10 \times 10^3) \times (0.1 \times 10^{-6}) = 1 \times 10^{-3}$$
$$\underbrace{}_{10\text{K}\Omega} \quad \underbrace{\phantom{(0.1 \times 10^{-6})}}_{0.1\mu\text{F}} \quad \underbrace{\phantom{1 \times 10^{-3}}}_{1\text{ms}}$$

$$\tau = (10 \times 10^3) \times (1 \times 10^{-6}) = 1 \times 10^{-2}$$
$$\underbrace{}_{10\text{K}\Omega} \quad \underbrace{\phantom{(1 \times 10^{-6})}}_{1\mu\text{F}} \quad \underbrace{\phantom{1 \times 10^{-2}}}_{10\text{ms}}$$

設計消除跳彈 RC 電路時，其「延遲時間」就是以「時間常數」為依據，若延遲太久，開關的反應將變得遲鈍。底下是基本開關電路和加上 RC 電路的訊號比較：

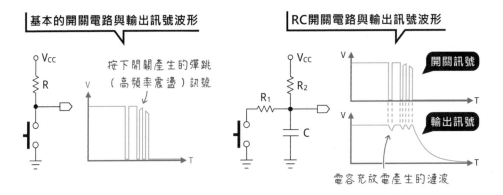

從上圖可知，RC 電路的基本想法是透過電容消弭開關訊號中快速變化的雜訊；高頻率震盪的電壓訊號，會在電容充放電過程中，變成比較平穩的訊號，也就是高頻訊號被過濾掉了，因此這種 RC 電路又稱為**低通濾波器**，代表只有低頻率訊號會通過。

動手做 4-4 用 RC 電路消除開關彈跳訊號

實驗說明：使用簡單的電路來消除開關彈跳訊號。

實驗材料：

輕觸開關	×1
電阻 10KΩ（棕黑橙），100Ω（棕黑棕）、470Ω（黃紫棕）	×1
電容 1μF，耐電壓 10V 以上	×1

實驗電路：在麵包板組裝 RC 消除彈跳訊號的示範如下，開關輸入接在腳 2。接線時要留意 1μF 電解電容的接腳有分極性。

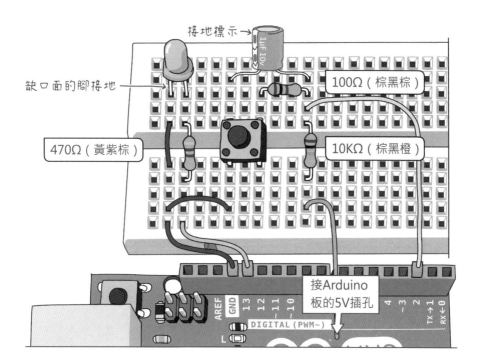

實驗程式：因為硬體加了消除彈跳的 RC 電路，所以程式不用加上 delay() 延遲，直接使用〈動手做 4-2〉的實驗程式即可。

動手做 4-5 LED 跑馬燈

實驗說明：讓數個 LED 輪流點滅，產生跑馬燈效果，並從中學習迴圈與陣列程式的寫法。

實驗材料：

LED（顏色不拘）	5 個
470Ω（黃紫棕）電阻	5 個

實驗電路：請在 Arduino 的數位 8~12 腳，各連接一個電阻和 LED：

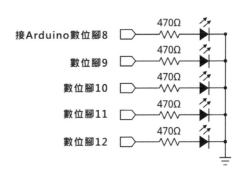

麵包板電路的組裝方式如下：

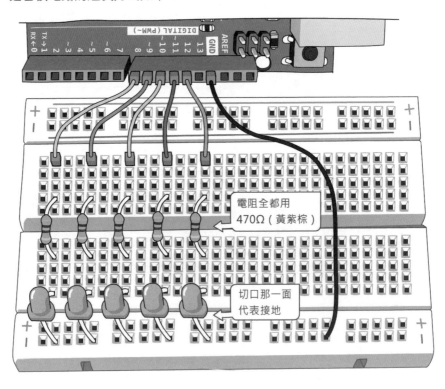

電阻全都用 470Ω（黃紫棕）

切口那一面代表接地

實驗程式：本單元的範例程式總共有四種寫法，位於下列各節，請先閱讀內文說明再輸入程式碼測試。

假設要讓前面三個 LED 輪流發光，程式碼可以這樣寫：

```
// 儲存 LED 的接腳
const byte LED1 = 8;
const byte LED2 = 9;
const byte LED3 = 10;

void setup() {
 // 三個 LED 接腳都設定成「輸出」
 pinMode(LED1, OUTPUT);
 pinMode(LED2, OUTPUT);
 pinMode(LED3, OUTPUT);
}

void loop() {
 digitalWrite(LED1, HIGH); // 點亮第一個 LED
 digitalWrite(LED2, LOW);  // 熄滅第二個 LED
 digitalWrite(LED3, LOW);  // 熄滅第三個 LED
 delay(100);               // 持續 0.1 秒
 digitalWrite(LED1, LOW);
 digitalWrite(LED2, HIGH); // 點亮第二個 LED
 digitalWrite(LED3, LOW);
 delay(100);
 digitalWrite(LED1, LOW);
 digitalWrite(LED2, LOW);
 digitalWrite(LED3, HIGH); // 點亮第三個 LED
 delay(100);
}
```

實驗結果：驗證並上傳程式後，8, 9, 10 接腳的三個 LED 燈就會輪流點亮。

4-5 迴圈

讓程式中的某些部分反覆執行的控制結構稱為「**迴圈**」。上一節的寫法沒錯，只是隨著 LED 的數量增加，程式碼會變得冗長，不易編輯與管理。由於整個程式的運作模式都是「點亮某一個 LED、關閉其他 LED、持續 0.1秒」，我們可以用**迴圈**語法來改寫程式，讓它變得簡潔。底下各節將介紹 Arduino 提供的數種迴圈的語法，在此之前，先介紹迴圈中常用的遞增（累加）和遞減指令。

遞增、遞減與指定運算子

++ 和 -- 運算子，分別代表加 1 和減 1。底下三行敘述的意思是一樣的：

```
click = click + 1;

click ++;

click += 1;
```

+=, -=,*= 和 /= 統稱為**指定運算子**，等號右邊的數字不限於 1，例如：

```
// 變數值減 2，等同：click = click - 2;
click -= 2;

// 變數值乘 3，等同：click = click * 3;
click *= 3;
```

請注意這些運算子（如：++ 和 +=）中間沒有空格。

表 4-2

運算子	意義	說明
++	遞增	將變數值加 1
--	遞減	將變數值減 1
+=	指定增加	將變數加上某數
-=	指定減少	將變數減去某數
*=	指定相乘	將變數乘上某數
/=	指定相除	將變數除以某數

i++ 不等於 ++i

程式敘述就像數學計算式，**運算子的先後順序會影響執行結果**。"++" 擺在變數前面，叫做**「前置」，代表先累加**，再執行其他操作；「後置」則是先做完其他事再累加。在左下程式片段執行後，x 和 y 值都是 2；右下程式的 x 和 y 則分別是 1 和 2：

```
int x, y, i=1;  // 宣告3個變數，i預設值1
x = ++i;  ← 前置，先加再存。
y = i;
```

```
int x, y, i=1;
x = i++;  ← 後置，
y = i;      先存再加。
```

while 迴圈

while 迴圈的語法如下：

執行迴圈裡面的敘述之前，程式會先判斷條件式的內容，只要條件成立，它就會執大括號裡的敘述，接著，它會再度檢查條件判斷是否依舊成立，如此反覆執行直到條件不成立為止。

觀察底下的程式,設定輸出接腳的三行敘述是重複的,只有數字部分不同:

```
void setup() {
  pinMode( 8, OUTPUT );
  pinMode( 9, OUTPUT );
  pinMode( 10, OUTPUT );
}
```

這些敘述只有「接腳編號」部分不同

所以我們可以把其中的變動部分(接腳編號)用一個變數替代(此變數的名稱通常命名成 "i"),再加上重複執行的迴圈敘述,達到相同的效果:

```
void setup() {          起始腳位
  byte i = 8;  ←
                   結束腳位
  while (i <= 10) {
    pinMode(i, OUTPUT);
i增加1→i ++;        ↑
  }             變動的數字
}
```

第一次執行while時,i是8,所以第8腳被設定成「輸出」。

i增加1,變成9。
因為9小於或等於10,所以迴圈繼續執行。

將來要修改或增加 LED 腳位時,只需要修改迴圈的起始和結束數字。

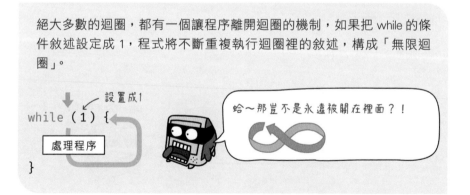

絕大多數的迴圈,都有一個讓程序離開迴圈的機制,如果把 while 的條件敘述設定成 1,程式將不斷重複執行迴圈裡的敘述,構成「無限迴圈」。

```
          設置成1
while (1) {
  處理程序
}
```

蛤~那豈不是永遠被關在裡面?!

do⋯while 迴圈

do⋯while 迴圈的語法如右：

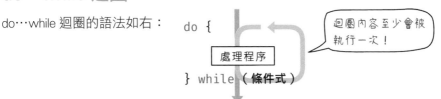

這是一種先斬後奏型的迴圈結構。無論如何，**do { ⋯ } 之間的敘述至少會執行一次**，如果 while() 裡面的條件式結果為 true（真），它會繼續執行 do 裡面的程式碼，直到條件為 false（偽）。

使用 do⋯while 迴圈將 8~9 接腳設定成「輸出」的語法如下：

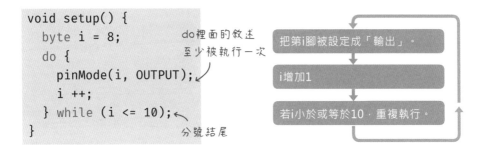

for 迴圈

for 迴圈的語法如下：

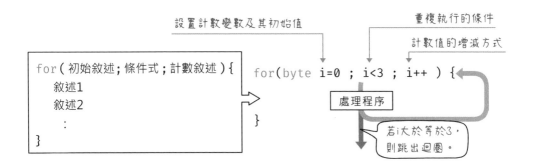

for 敘述的括弧裡面有三個敘述，中間用分號隔開。第一個敘述用來設定**控制迴圈執行次數的變數初值**，這個敘述只會被執行一次；**第二個敘述是決定是否執行迴圈的條件判斷式**，只要結果成立，它就會執行大括號 "{…}" 裡面的程式，直到條件不成立為止。**第三個敘述是每次執行完 "}" 迴圈區塊，就會執行的敘述**，通常都是增加或者減少控制迴圈執行次數的變數內容。

使用 for 迴圈將 8~9 接腳設定成「輸出」的語法如右：

```
                        起始腳位    結束腳位   每次增加1
void setup() {           ↓          ↓          ↓
  for (byte i = 8; i <= 10; i++) {
    pinMode(i, OUTPUT);
  }             ↑       變動的數字
}
```

動手做 4-6　跑馬燈範例程式二：使用 for 迴圈

實驗程式：LED 跑馬燈程式中，用 for 迴圈改寫設定 LED 接腳模式的敘述。起始和結束腳位的編號，最好在程式的開頭用變數儲存，方便日後修改腳位編號，如下：

```
const byte START = 8;   // 宣告儲存起始腳位的常數
const byte END = 12;    // 宣告儲存結束腳位的常數
// 儲存目前點亮的腳位的變數，一開始設定成「起始腳位」
byte lightPin = START;
```

setup() 程式區塊使用 for 迴圈把 LED 接腳設定成「輸出」：

```
                  起始腳位            結束腳位
void setup() {       ↓                  ↓
  for (byte i = START; i <= END; i++) {
    pinMode(i, OUTPUT);    // 接腳模式設成「輸出」
    digitalWrite(i, LOW);  // 輸出「低電位」（關閉LED）
  }
}
```

loop() 函式會在每次結束之後重複執行，因此循序點亮 LED 的敘述可這樣寫：

主程式迴圈函式

```
向一個接腳輸出高電位（點亮）
持續100毫秒（0.1秒）
向相同接腳輸出低電位（熄滅）
```

```
如果點亮的腳位編號小於結束腳，
就增加腳位編號。
否則將腳位編號設定成第一個。
```

確保lightPin
介於8~12

```
void loop() {
  digitalWrite(lightPin, HIGH);
  delay(100);
  digitalWrite(lightPin, LOW);

  if (lightPin < END) {
    lightPin ++;
  } else {
    lightPin = START;
  }
}
```

4-6 認識陣列

一般的變數只能儲存一個值，以儲存不同的 LED 接腳為例，我們可以用個別的變數來記錄：

```
byte LED1 = 2;
byte LED2 = 5;
byte LED3 = 7;
  :
```

這樣的寫法有時會讓程式變得不易維護，尤其是像第 6 章介紹的 LED 七段顯示器，最好把相關的資料組成一個群組比較好控制。

陣列（array）變數可以存放很多不同值，就像具有不同分隔空間的盒子一樣。陣列中的個別資料叫做「元素」，每個元素都有一個編號。宣告陣列變數的基本語法如下：

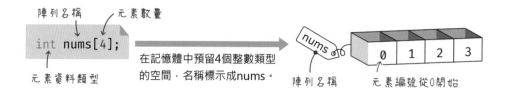

宣告陣列的同時可一併設定其值，也可以省略元素數量（註：陣列的最大元素數量跟記憶體大小有關），讓編譯器自動判斷。：

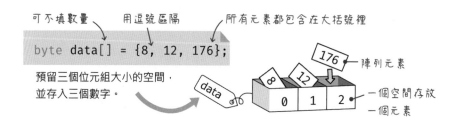

有一個叫做 **sizeof()** 的運算子能傳回**陣列的位元組大小**，因此，底下的 total 變數值將是 3：

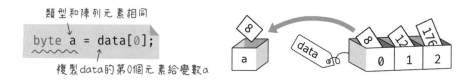

讀取陣列元素時，首先寫出該陣列的名稱，後面接著方括號和元素的編號，例如：

補充說明，byte 和 char 型態資料都只佔 1 個位元組，而 UNO R3 開發板的 int（整數）型態則佔 2 個位元組，因此底下的 t1 變數值是 6：

元素數量可省略　　　　3個元素　　　　一個元素佔2個位元組空間
```
int data[] = { 3, 6, 9 };
int t1 = sizeof( data );
```
傳回6位元組大小

若要取得 int 型態陣列元素數量，要除以 int 型態的大小，像底下這樣，t2
值是 3：

```
int t2 = sizeof( data ) / sizeof( int );
```

傳回 int 型態的大小：2

⇩ 可改寫成   傳回元素 0 的資料型態大小：2

```
sizeof( data[0] )
```

動手做 4-7 使用陣列變數的 LED 來回跑馬燈

實驗說明：延續〈動手做 4-5〉的實驗和電路，讓 5 個 LED 先從左到右，
再從右到左不停地輪流點滅。

實驗程式：根據上一節的說明，採用陣列定義 LED 的接腳編號：

```
const byte LEDs[] = {8,9,10,11,12};
byte total = sizeof(LEDs);

void setup() {                     // total的值是5
  for (byte i=0; i<total; i++) {
    pinMode( LEDs[i], OUTPUT );   // 8~12腳設成「輸出」
    digitalWrite( LEDs[i], LOW );
  }
}
        8~12腳輸出「低電位」        i值將是0~4，依序讀取出
                                 8, 9, 10, 11和12元素值。
```

loop() 區塊程式使用兩個 for 迴圈，達成輪流點滅 LED 燈的效果：

```
void loop() {
  for ( byte i=0; i<total-1; i++ ) {
    digitalWrite(LEDs[i], HIGH);
    delay(100);
    digitalWrite(LEDs[i], LOW);
  }

  for ( byte i=total-1; i>0; i-- ) {
    digitalWrite(LEDs[i], HIGH);
    delay(100);
    digitalWrite(LEDs[i], LOW);
  }
}
```

若i大於0，每一次迴圈後，i遞減1。

i →
0 1 2 3 4
LEDs | 8 | 9 | 10 | 11 | 12 |

陸續從**8~11**腳輸出高、低電位；
LED從左往右輪流點滅。

i ←
0 1 2 3 4
LEDs | 8 | 9 | 10 | 11 | 12 |

陸續從**12~9**腳輸出高、低電位；
LED從右往左輪流點滅。

實驗結果：上傳程式碼之後，LED 將呈現左右來回點滅的跑馬燈效果。

條件式當中的且、或和反相測試：
改寫 LED 來回跑馬燈

當您要使用 if 條件式測試兩個以上的條件是否成立時，可以搭配邏輯運算子的**且（AND）**、**或（OR）**和**反相（NOT）**使用。它們的語法和範例如表 4-3 所示。

表 4-3：邏輯運算子

名稱	運算符號	運算式	說明
且（AND）	&&	A && B	只有 A 和 B 兩個值都成立時，整個條件才算成立
或（OR）	||	A || B	只要 A 或 B 任何一方成立，整個條件就算成立
反相（NOT）	!	!A	把成立的變為不成立；不成立的變為成立

底下是左右來回跑馬燈的另一種寫法，程式的思路是讓陣列索引從 0 遞增（正），到達最後一個元素時，變成遞減（負）到 0。筆者把決定增、減方向的變數命名成 dir（代表 direction，方向），其值將是 1 或 -1，所以採用 int8_t 類型：

等同 byte 類型 → `uint8_t i   = 0;`   `// 陣列元素索引`
帶正負號的 8 位元整數類型 → `int8_t dir = -1;`   `// 跑馬燈方向：1或-1`

把上一節的 loop() 函式改寫成：

```
void loop() {
  digitalWrite(LEDs[i], HIGH);
  delay(100);
  digitalWrite(LEDs[i], LOW);
  if ( i == 0 || i == total - 1 ) {
    dir = -dir;
  }
  i += dir;
}
```

或 → （指向 `||`）
確保 i 不超出陣列索引範圍
令 dir 值變負或正，改變 LED 點滅順序。
i 遞增或遞減 1 → `i += dir;`

當 i 遞減到小於 0，或者遞增到大於陣列索引上限，就得將 dir 值反向。setup() 和接腳的陣列變數設定不變，完整的程式碼請參閱 diy4_7_2.ino 檔。重新編譯並上傳程式，LED 同樣會左右來回閃爍。

M E M O

序列埠通信

5-1 並列與序列通訊簡介

微電腦和周邊裝置之間的資料傳輸方式，有並列（parallel，也稱為平行）介面和序列（serial，也稱為串列）介面兩種。**並列**代表處理器和周邊之間，有 2 條以上資料線連結，處理器能一口氣輸出或接收多個位元的資料。**序列**則是一次只能傳遞或接收一個位元。

序列（串列）就是一次傳送一個位元資料

並列則是一次傳送多個位元資料，在微電腦上，通常是一次傳八個位元。

並列的好處是資料傳輸率快，但是不適合長距離傳輸，因為易受雜訊干擾，且線材成本、施工費用和佔用空間都會提高。個人電腦顯示卡採用的 PCI 介面和 IDE 磁碟介面，就是用「並列」方式連結。

序列的資料傳輸速率雖比不上並列，但是並非所有的裝置都要高速傳送，例如，滑鼠和鍵盤（想想看，原本纖細的滑鼠線，改用一捆多條線材連接，會好用嗎？）。而且隨著處理器的速度不斷提昇，新型的序列介面速度也向上攀升，像基於 USB 3.1 的 USB Type-C（接點不分正、反面都能插接），理論速度可達 10Gbps（亦即，每秒鐘傳送 100 億位元），號稱 HD 高畫質電影可以在 30 秒內傳輸完畢！電腦上的 HDMI/DVI 顯示器介面、SATA 磁碟介面，甚至藍牙無線介面，都是序列式的。

5-2 認識 UART 序列埠

提到序列埠,在微電腦或自動控制領域,大多人想到的就是 UART (Universal Asynchronous Receiver/Transmitter,通用非同步收發傳輸器)。UART 使用**兩條資料線**與週邊通訊,其中一條負責傳送(Transmit)資料,在控制板上的接腳通常標示成 TX 或 TXD;另一條線負責接收(Receive)資料,接腳通常標示成 RX 或 RXD。**一個 UART 介面只能和一個週邊通信。**

RS-232 序列埠

RS-232 是最早廣泛使用的 UART 序列埠標準(它其實有不同的版本,目前使用的 RS-232-C 問世於 1969 年,其中的 RS 代表 Recommend Standard),某些桌上型電腦仍配備 RS-232C 介面,在 Windows 系統軟體中,序列介面稱為 COM,並以 COM1, COM2, … 等編號標示不同的介面,**每個 COM 介面同時只能接一個裝置。**

下圖是早期的 PC 常見的並列埠、序列埠和 VGA 顯示連接器的外觀:

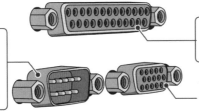

並列埠 / 印表機埠 / 平行埠
採 D 型 25 針插座(DB-25)

序列埠 / 串列埠
桌上型電腦的 RS-232C 介面,這個連接器稱為 D 型 9 針(DB-9)插座。

VGA 顯示埠(D 型 15 針插座)
用於視訊輸出,非通訊介面。

在 USB 介面普及之前,許多周邊裝置都採用 RS-232C 介面,例如:滑鼠、條碼掃瞄器、遊戲搖桿、數據機…等等。

完整的 RS-232C 連接器有 25 個腳位，但大多數的裝置不需要複雜的傳輸設定，所以 IBM PC 採用 9 個針腳的 D 型連接器（簡稱 DB9），其中最重要的三個接腳是**數據傳送（Tx）**、**數據接收（Rx）**和**接地（GND）**。

普通數位 IC 的高、低電位變化訊號也稱為 **TTL 訊號**，低電位（0~0.8V）代表 0，高電位（2V~5V）代表 1。TTL 訊號電位容易受到雜訊干擾而產生錯誤，如左下圖。雜訊來源包含不隱定的電源、馬達轉動或電磁波引發的干擾、電路板佈線不良、打雷…等等。RS-232 序列通訊介面為了提高抗雜訊能力，把訊號電位範圍提高到 ±3V~±15V，如下圖右，幾伏特的雜訊不會影響傳遞訊號。

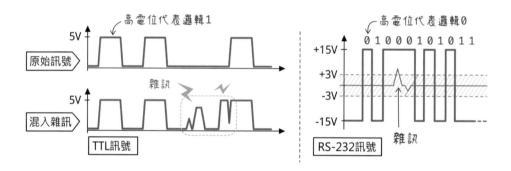

積體電路元件的運作電壓通常是 3.3V 或 5V，因此微電腦控制板的序列通訊少用 RS-232 標準，若要連接 RS-232C 設備，需要加裝一個訊號準位轉換元件（如 MAX232 IC）才能相連。

USB 介面和 USB 序列通訊埠

USB 的全名是 Universal Serial Bus（通用序列埠），意指用來取代 RS-232、DB25 印表機埠（並列埠）以及舊式鍵盤與滑鼠的專屬序列埠，一統天下的連接埠。

USB 設備分成**主控端（Host）**和**從端（Client 或 Device）**兩大類，電腦和手機屬於「主控端」；滑鼠、網路卡、隨身碟等，屬於「從端」。主控端可以連接和控制從端。

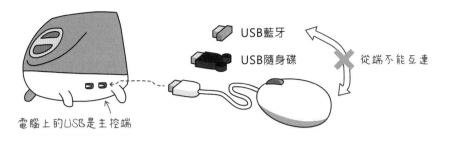

電腦上的USB是主控端

UNO R3 控制板上的 USB 介面也是從端,因此除了主控端(電腦)之外,無法連結其他 USB 裝置。

USB 連接器(接頭和插座)有不同的類型,下圖是常見的四款,早期的主控端通常採用 Type A 型,週邊(印表機、數位鋼琴和外接 3.5 吋硬碟等)則採用 Type B 型。

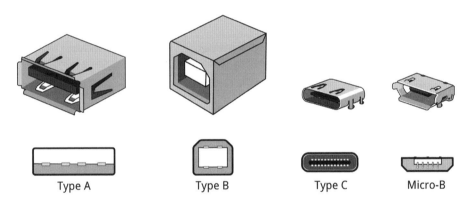

| Type A | Type B | Type C | Micro-B |

每個 USB 設備都包含由 USB 協會(訂定與促進 USB 介面規範的組織)規定的「**裝置分類**」資訊,裝置分類包括**人機介面**(鍵盤、滑鼠)、**大容量存取**(隨身碟)、**通訊控制**(序列埠)…等。因此,把 USB 裝置插入電腦時,它會傳送裝置分類資訊給電腦,讓電腦載入對應的驅動程式。至於它們採用哪一種連接器,並不是很重要。

我是隨身碟

好,我會載入儲存媒介的驅動程式。

USB 2.0 介面有 4 個接腳，其中兩個接腳用於傳輸資料，分別叫做 D+ 和 D-。USB 訊號的電位變化及其資料格式，都和 UART 的 TX（傳送），RX（接收）腳不相容，因此 UNO R3 開發板需要透過 **USB 轉 TTL 訊號** 晶片轉換電位和資料格式。

單端訊號與差分訊號

TTL 和 RS-232 這種在一條傳輸線，透過高、低電位來表達邏輯 1 和 0（或相反），統稱**單端訊號**（single-ended signaling）。

USB 2.0 數據線其中的兩條是相互纏繞的資料線（雙絞線）。雙絞線能讓兩條資料線的長度保持恆定，優良的 USB 線材對線徑、絕緣體的厚度以及每公尺的絞數都有講究，四條導線全部包裹在屏蔽層裡面，以隔絕電磁干擾；屏蔽層跟 USB 端子的金屬殼焊接在一起。

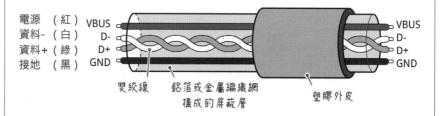

USB 採用兩個訊號線之間的電位差來表示邏輯 0 和 1，這種訊號稱為**差分訊號**（differential signaling）。兩條資料的電位都在 0 和 3.3V 變化。

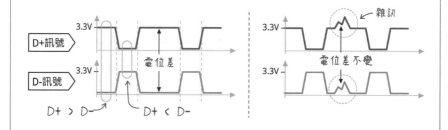

之所以採用**雙絞線**，是因為受到干擾時，兩條線感應到的雜訊振幅相同（因為緊靠在一起），差分雜訊因而相互抵消。

UNO R3 開發板的**第 0 腳（Rx，接收）**和**第 1 腳（Tx，傳送）**是 UART 序列埠接腳，這兩個接腳也同時連接到 **USB 轉 TTL 訊號**晶片。

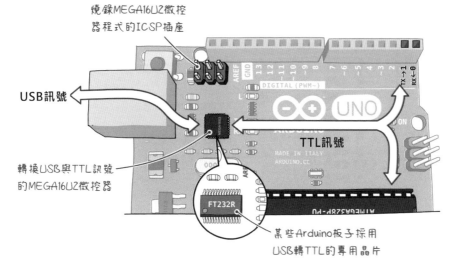

UNO R3 開發板的 **USB 轉 TTL 訊號**晶片是 MEGA16U2 微控器，初次把 Arduino 板接上電腦所安裝的驅動程式，就是給這個 USB 介面晶片用的。若有需要，我們可以改寫此 USB 介面晶片的程式，讓電腦將它看待成滑鼠、鍵盤、電玩搖桿或 MIDI 數位音樂介面。不過，Arduino IDE 並不提供燒錄此晶片程式的功能，要透過另一個叫做 FLIP 的燒錄程式。

由於 USB 序列埠是 Arduino IDE 傳送程式碼給 UNO R3 開發板（以及下文介紹的**序列監控窗**程式）的管道，**請避免在數位 0 和 1 兩個接腳連接其他元件。**

序列資料傳輸協定

傳輸協定（protocol）代表通訊設備雙方所遵循的規範和參數，通訊雙方的設定要一致，才能相互溝通，否則會收到一堆亂碼。從 Windows 的**裝置管理員**，能見到序列埠的通訊設定。

把微控制板接上電腦，Windows 的**裝置管理員**會將它當成一個 USB 序列埠裝置。

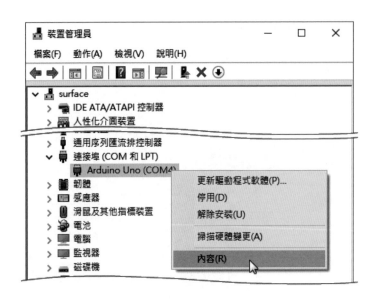

在序列埠裝置的名稱上面按滑鼠右鍵，選擇**內容**指令，螢幕上將出現如下的設定面板。

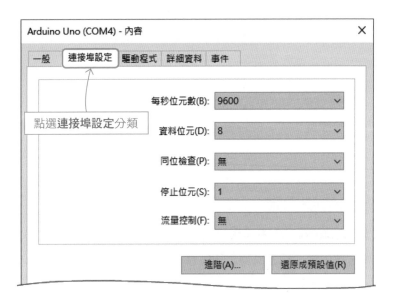

從這個面板,我們可以看見連接埠的幾項設定參數。**每秒位元數(bit per second,簡稱 bps)**,是序列埠的傳輸速率,也稱為**鮑率(Baud rate)。兩個通訊設備的鮑率必須一致,一般所用的是兩部機器所能接受的最高速率,常見的選擇為 9600bps 和 115200bps。**

以工廠生產線打比方,生產線的移動速度和工作機的步調都要配合一致,否則會發生漏取物件的錯誤:

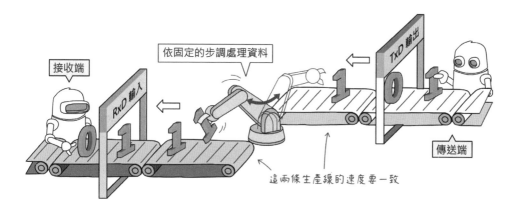

開始傳輸資料之前,UART 的傳送(Tx)與接收(Rx)腳都處於高電位狀態,傳送資料時,它將先送出一個代表「要開始傳送囉!」的起始位元(start bit,低電位),接著才送出真正的資料內容(稱為**資料位元**),每一組資料位元的長度可以是 5~8 個位元,通常選用 8 個位元。

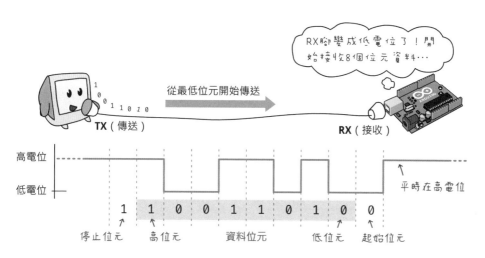

一組資料位元後面，會跟著代表「傳送完畢！」的**停止位元**（stop bit），停止位元通常佔 1 位元，某些低速的周邊要求使用 2 位元。

在資料傳輸過程中，可能受雜訊干擾或其他因素影響，導致資料發生錯誤。為此，傳輸協定中加入了能讓接收端驗證資料是否正確的**同位檢查位元**（parity bit），例如，在資料位元後面加入一個 0 或 1，讓整個資料變成偶數或奇數個 1。這種檢查驗證方式很簡略，成效不彰，所以**通常預設為「無」，不啟用**。

最後一個**流量控制**（flow control）選項用於「防止資料遺失」，假設某一款印表機的記憶體很小，每次只能接收少量資料，為了避免漏接尚未列印出來的資料，印表機會跟電腦説：「請先暫停一下，等我説 OK 再繼續」。這樣的機制就叫做流量控制協定或者**握手交流協定**（handshaking）。這個選項**通常預設為「無」，不啟用**。

macOS 與 Linux 的通訊埠

Windows 系統使用 COM（原意是 COMmunication，通訊）代表通訊埠，macOS（一種基於 Unix 的作業系統）和 Linux 則用 TTY 和 CU 代表通訊埠，TTY 的原意是 "teletypewriter"（電傳打字機，早期用來操作並和大型電腦連線的終端機），CU 代表 call up（撥號）。

TTY 和 CU 兩者都能收發資料，主要差別在於，**TTY 通常用於被動接收資料的場合，CU 則用於主動連接設備**。電腦通常使用 CU 來主動連接 Arduino，並向其發送指令。macOS 和 Linux 系統把每個裝置都看待成檔案，位於 /dev 路徑底下，因此在 Mac 的終端機視窗輸入底下的命令，將能列舉所有 TTY 或 CU 序列通訊裝置：

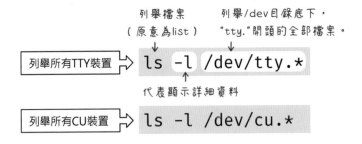

在 Mac 電腦的 USB 連接 UNO R3 開發板，執行列舉 CU 和 TTY 裝置的命令，結果如下：

```
                          🏠 cubie – zsh – 80x24
cubie@macbook ~ % ls -l /dev/cu.*
crw-rw-rw-  1 root  wheel  0x9000005  9 26 10:33 /dev/cu.Bluetooth-Incoming-Port
crw-rw-rw-  1 root  wheel  0x9000001  9 26 10:33 /dev/cu.debug-console
crw-rw-rw-  1 root  wheel  0x9000007  9 26 10:33 /dev/cu.usbmodem1101 ←
crw-rw-rw-  1 root  wheel  0x9000003  9 26 10:33 /dev/cu.wlan-debug
cubie@macbook ~ % ls -l /dev/tty.*
crw-rw-rw-  1 root  wheel  0x9000004  9 26 10:33 /dev/tty.Bluetooth-Incoming-Port
crw-rw-rw-  1 root  wheel  0x9000000  9 26 10:33 /dev/tty.debug-console
crw-rw-rw-  1 root  wheel  0x9000006  9 26 10:33 /dev/tty.usbmodem1101 ←
crw-rw-rw-  1 root  wheel  0x9000002  9 26 10:33 /dev/tty.wlan-debug
```

連接在USB埠的裝置（UNO R3板）

UNO R4 開發板的 UART 通訊介面

UNO R4 開發板的 RA4M1 微控器內建 USB 介面，可依程式設定成**序列通訊介面**（USB 技術文件把序列通訊功能歸類成 Communication Device Class，通訊裝置類別，簡稱 CDC）或**人機介面裝置**（human interface device, HID，如：鍵盤、滑鼠），預設是 USB 序列通訊裝置，所以不需要額外的晶片。

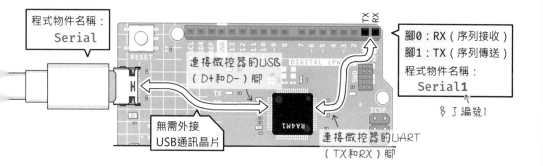

程式物件名稱：
Serial

連接微控器的USB
（D+和D-）腳

無需外接
USB通訊晶片

連接微控器的UART
（TX和RX）腳

腳0：RX（序列接收）
腳1：TX（序列傳送）
程式物件名稱：
Serial1

多了編號1

此外，RA4M1 微控器也有 UART 通訊介面，也就是 TX 和 RX 腳，其程式物件叫做 **Serial1**，第 16 章會再說明。UNO R4 WiFi 開發板的 USB 介面，預設是連接到 **ESP32-S3 晶片**，但是它的序列通訊程式寫法跟 R4 Minima，以及 UNO R3 板完全一樣，所以讀者在此只要知道這些開發板的序列通訊硬體並不相同即可。

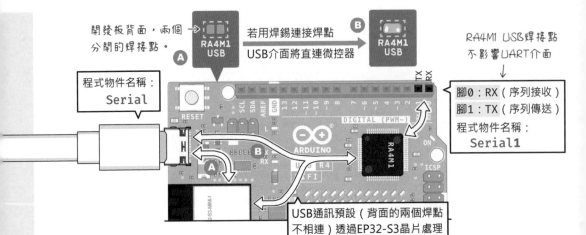

開發板背面，兩個分開的焊接點。

若用焊錫連接焊點 USB介面將直連微控器

RA4M1 USB焊接點不影響UART介面

程式物件名稱：
Serial

腳0：RX（序列接收）
腳1：TX（序列傳送）
程式物件名稱：
Serial1

USB通訊預設（背面的兩個焊點不相連）透過EP32-S3晶片處理

⚡ 切換 USB 資料線的電子開關

UNO R4 WiFi 開發板採用兩個「電子開關」元件，切換 USB 插座的 D+ 和 D- 資料線，連接到 ESP32-S3 晶片（預設）或者 RA4M1 晶片，這部分的電路如下：

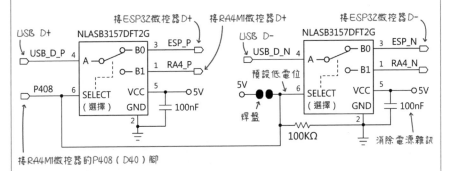

接ESP32微控器D+   接RA4M1微控器D+   接ESP32微控器D-

USB D+ NLASB3157DFT2G   USB D- NLASB3157DFT2G

USB_D_P 4   A   B0 3 ESP_P   USB_D_N 4   A   B0 3 ESP_N
                  B1 1 RA4_P   B1 1 RA4_N

P408 6 SELECT VCC 5 5V   5V 預設低電位 6 SELECT VCC 5 5V
        （選擇） GND   100nF   焊盤   （選擇） GND   100nF
                2   2
                                    100KΩ   消除電源雜訊

接RA4M1微控器的P408（D40）腳

若開發板背面的 "RA4M1 USB" 焊盤沒有相連，這兩個開關元件的 SELECT（選擇）腳連到低電位，則開關的輸入 A 與輸出 B0 相連；若連接焊盤，則 SELECT（選擇）腳連到高電位，開關的輸入 A 與輸出 B1 相連。

需要外接 USB 轉 UART 序列線的開發板

某些開發板沒有 USB 插座，微控器也不具備 USB 介面，像 Arduino Pro Mini 開發板，需要額外連接 **USB 轉 UART 轉接板**，相當於把一片 UNO R3 板拆分成兩個小板子，只有在上傳程式或者要接電腦用**序列埠監控窗**檢視訊息的時候，才會用到 USB 轉 UART 板，執行程式時不用接。

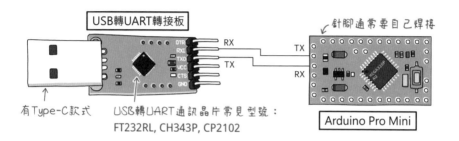

但如第 1 章介紹的，市面上有許多小型的 Arduino 相容開發板，它們都內建 USB 或 USB 轉 UART 晶片，所以不建議讀者採用 Pro Mini 這類型的開發板。

許多 3C 產品的電路板也有 UART 序列埠的焊接點，主要用於測試和更新韌體，像底下這款行動網路分享器的電路板，把這 4 個焊接點和「USB 轉 UART 序列線」相連，即可用電腦終端機軟體操控它。當然，每個產品的操控命令都不同，但熱門的產品，都不難在網路上找到達人們分享的操控和改造方案。

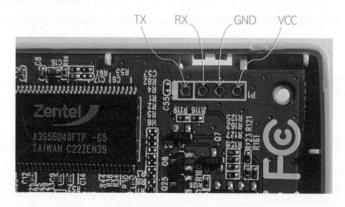

5-3 處理文字訊息：認識字元與字串資料類型

程式語言把文字訊息分成**字元**（character）和**字串**（string）兩種資料類型。一個**字元**指的是一個半型文字、數字或符號；**字串**則是一連串字元組成的資料。

字元類型的資料值要用**單引號**（'）括起來，**字串**類型的資料則要用**雙引號**（"），底下是宣告儲存**字元**類型變數的例子：

```
char data = 'A';
```
← 字元要單引號括起來，不能用雙引號，而且只能存放一個字。

電腦上的每個字元都用一個唯一的數字碼來代表。例如，字元 'A' 的數字碼是 65（十進位），'B' 是 66。為了讓不同的電腦系統能互通訊息，所有電腦都要遵循相同的字元編碼規範，否則，在甲電腦系統定義的字元編號 A，在乙電腦上代表 B，那就雞同鴨講了。**目前最通用的標準文／數字編碼，簡稱 ASCII**（American Standard Code for Information and Interchange，美國標準資訊交換碼）。

程式裡的字元資料就是一個數字編號，因此底下的敘述同樣能在 data 中存入 'A'：

```
char data = 65;
```
← 以數字編碼格式儲存「字元」時，不用單引號！

ASCII 定義了 128 個字元，其中有 95 個可顯示（或者說「可列印」）的字元，包括空白鍵（十進位編號 32）、英文字母和符號。IBM 電腦公司在此基礎上，延伸定義了額外的 128 字元，形成總共 256 字元的延伸 ASCII。下圖是 ASCII 編碼表，完整表列請上網搜尋關鍵字：ascii code。

十進位	十六進位	字元	十進位	十六進位	字元	十進位	十六進位	字元	十進位	十六進位	字元
32	20		056	38	8	80	50	P	104	68	h
33	21	!	057	39	9	81	51	Q	105	69	i
34	22	"	058	3A	:	82	52	R	106	6A	j
							58	X	112	70	
41	29	)	065	41	A	89	59	Y	113	71	q
42	2A	*	066	42	B	90	5A	Z	114	72	r
	2B	+	067	43	C						

ASCII 定義的其他 33 個字元，則是不能顯示的控制字元，例如：新行、Esc 鍵、Tab 鍵…等等。表 5-1 列舉幾個控制字元的編碼，相關使用的範例請參閱下文。

表 5-1

控制字元	ASCII 編碼（10 進位）	程式寫法	說明
NULL	0	\0	代表「沒有資料」或字串的結尾
CR (Carriage Return)	13	\r	歸位
LF (Line Feed)，也稱為 New Line	10	\n	新行
Tab	09	\t	定位鍵
Backspace	08	\b	退位鍵
BEL	07	\a	鈴聲，此字元會讓某些終端機發出聲響

歸位（Carriage return，簡稱 CR）字元，是一個讓輸出裝置（如：顯示器上的游標或者印表機的噴墨頭）**回到該行文字開頭的控制字元**，其 ASCII 編碼為 13（16 進位為 0x0D，或寫成 '\r'）。

新行（Newline 或者 Line feed，簡稱 LF）字元，是一個讓輸出裝置切換到下一行的控制字元，其 ASCII 編碼為 10（16 進位為 0x0A，或寫成 '\n'）。

macOS, Linux 和 UNIX 等電腦系統，採用 LF 當作「換行」字元；Windows 電腦則是合併使用「歸位」和「新行」兩個字元，因此在 Windows 系統上，換行字元也稱為 CRLF。

字串資料類型

字串是**一連串字元（char）**的集合，也就是一段文字。**Arduino 程式採用陣列來存放字串**，資料值前後一定要用**雙引號**括起來。底下的 str 變數宣告存放了 "Arduino" 這個字串。

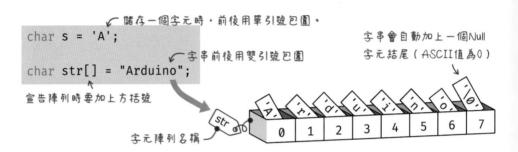

每個字串都有一個 Null 字元（ASCII 值為 0）結尾，因此上面的字元陣列的實際長度是 8。

字串也能用底下的語法宣告，字尾的 Null 字元要自己加：

```
              ┌ 加上Null結尾
char str1[] = {'h','e','l','l','o','\0'};
```

或者：

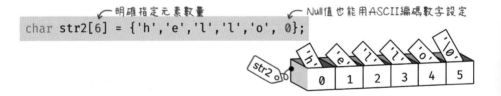

> Null 代表「無」或「結束」，在意義上，並不等於 0，也不會顯示出來。但由於 Null 的 ASCII 編碼是 0，寫成 '\0'（反斜線加數字 0），因此在 Arduino 的條件判斷敘述中，Null 等同於 0。在某些程式語言裡（如：網頁的 JavaScript），Null 和 0 是不相等的。

5-4 認識程式庫：傳遞序列訊息

我們通常只能從硬體的動作情況（例如：LED 是否閃爍），來觀察程式是否如預期般運作。但如果硬體裝置沒有動作，或者未按照預期的方式執行，我們可以透過序列埠連線來「回報」程式內部的運作情況。

Arduino 程式開發工具內建處理序列埠連線的 **Serial 程式庫**，提供設定連線、輸出和讀取等相關函式，讓序列埠程式設計變得很簡單。**程式庫相當於程式語言的「外掛模組」**。Arduino 的 C++ 程式語言本身很精簡，也就是預設的指令不多，許多功能都是靠外掛補強。就像普通人的日常生活只要少數詞彙，不同專業領域則需要通曉各種術語和背景知識。

有些程式庫是 Arduino 內建，**不需要安裝即可使用，稱為「標準程式庫」**，這些包括數學函式（如：三角函式、指數、對數運算…等）、控制數位腳輸出入、序列通訊…等。

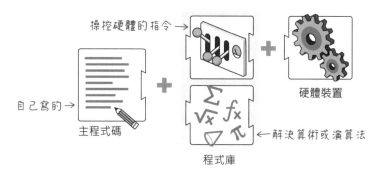

操控硬體的指令 → + 硬體裝置

自己寫的 → 主程式碼 + 程式庫 ← 解決算術或演算法

有些程式庫類似**「硬體驅動程式」**，提供簡單的操作指令，讓我們在無須了解硬體詳細運作方式的情況下，也能操控該硬體。這一類程式庫多半**需要額外安裝**，通常是由硬體廠商或者第三者編寫，免費分享給所有人使用。相關說明請參閱第 9 章。

程式庫是副檔名為 .h 或 .cpp 的程式原始碼（純文字檔），h 代表 header（標頭，參閱第 11 章說明），CPP 代表 C Plus Plus（C++）原始碼。**Arduino 語**

言最重要的程式庫是 **Arduino.h**，Arduino 的核心指令和常數，例如，HIGH, LOW, digitalWrite()…等，全都定義在此程式庫。

在自己編寫的主程式中使用程式庫提供的指令之前，必須在程式開頭用 #include（直譯為「包含」）引用它，對程式編輯器和編譯器來說，**#include 相當於把外部程式檔貼入我們的程式碼：**

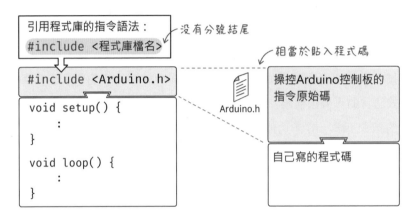

Arduino IDE 會自動引用 Arduino.h 檔，所以我們的程式不需要再引用它。後面章節的程式將會引用其他程式庫。

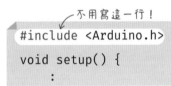

從 Arduino 傳遞序列訊息給電腦

底下列舉 Serial（序列埠）程式庫當中最常用的四個函式：

● begin()：設定序列通訊格式，如：資料傳輸速率。

● print()：從序列埠輸出字串資料（字元編碼採用 ASCII）。

● println()：在輸出的字串末尾附加新行（'\n'）字元；"ln" 代表 "line"（行）。

● write()：從序列埠輸出字串或位元組資料。

本單元將寫一小段程式，令 Arduino 從序列埠傳訊給電腦，程式的執行流程像這樣：

建立序列埠連線的首要步驟是執行 begin() 函式設定資料傳輸率以及資料格
式，設定語法如下：

語法格式　　　　　　　　　　　鮑率　　　　資料格式（可省略）

物件.指令 ⇒ `Serial.begin( 9600, SERIAL_8N1 );`

Serial 物件的指令前面都要冠上 "Serial"，後面跟著一個點 "."（相當於連接詞
「的」），再加上指令名稱。因此，"Serial.begin()" 可唸成：**執行序列物件的設
置連線指令**。

資料格式參數用於設定資料的**位元數、同位檢查位元數和停止位元數**。
Arduino 內建一些資料格式常數，**SERIAL_8N1 代表資料位元 8、無同位檢
查（None）、停止位元 1**；SERIAL_7E2 代表資料位元 7、偶數（Even）同位
檢查、停止位元 2。**資料格式參數可不填，其預設值為 SERIAL_8N1。**

連線速率只需設定一次，因此這個敘述寫在 setup() 函式裡面：

```
void setup() {
   Serial.begin(9600);
   Serial.print("hello!");
}
```

—— 啟用序列埠，採9600bps速率及8N1格式。

—— 用雙引號包圍字串

某些開發板，如 UNO R4 Minima 和採用 Atmega32u4 微控器的 Pro Micro 開
發板，序列埠無法在初始化之後立即輸出訊息，需要等待序列埠就緒，因
此緊接在這些開發板的初始化序列埠敘述後面，會加入如下的迴圈，其中
的 !Serial 代表「序列埠尚未就緒」。

```
void setup() {
    Serial.begin(9600);
    while (!Serial) {
        ;
    }
    Serial.print("hello!");
}
```

直到序列埠準備完成，
才會離開此空白迴圈。

動手做 5-1　從序列埠監控窗觀察變數值

實驗說明：透過序列埠來觀察某個變數的數值。

實驗材料：Arduino UNO R3 或 R4 板一塊。

實驗程式：從序列埠輸出文字資料的指令是 print() 和 println()，兩者的差別：

```
Serial.print("Hello ");
Serial.print("World.");
```

輸出 ⬇
Hello World.

起始文字
插入點 →　　← 執行第一個print()
　　　　　　　之後的插入點

```
Serial.println("Hello");
Serial.print("World.");
```

輸出 ⬇
Hello\n　← println()會插入
World.　　一個新行字元

底下程式將從序列
埠輸出 ledPin 變數的
值：

```
byte ledPin = 13;

void setup() {
    Serial.begin(9600);
    while (!Serial) ;
    Serial.println("Hello," );
    Serial.print("\tLED pin is: ");
    Serial.print( ledPin );
    Serial.print("\nBYE!");
}

void loop() { }
```

確認序列埠就緒的
迴圈可寫成單行

變數不要用引號包圍

這裡不用寫程式碼

請將此程式輸入程式編輯器並上傳到 Arduino 控制板。

實驗結果：程式上傳完畢後，按下**序列埠監控窗**鈕，開啟 IDE 內建的序列埠通訊程式。

如果數秒鐘之後，序列埠監控窗仍沒顯示如下圖的內容，請按一下開發板的「重置鈕」。

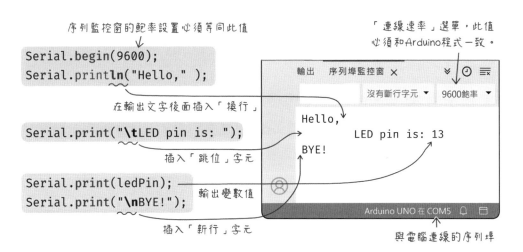

透過這個簡單的例子，我們可以「看見」變數 ledPin 所存放的值是 13。日後，若你的程式沒有按照預期運作，就可以透過類似的手法，將關鍵變數輸出到**序列埠監控窗**，藉以觀察程式究竟是哪裡出了問題。

假如我們要先把字串資料（如："hello, "）儲存在變數裡，再透過 print() 指令輸出，可以像這樣改寫 setup 區塊裡的第 2 行程式：

```
char str[] = "hello, ";    // 宣告一個存放字串的「字元陣列」
Serial.println(str);       // 從序列埠輸出字串
```

序列埠監控窗是一個透過序列埠和 Arduino 微處理器溝通的程式，它不僅能接收來自 Arduino 序列埠的訊息，也能發送訊息給 Arduino 的序列接收。每次透過序列埠收發訊息的時候，Arduino 板子上的 TxD（傳送）或 RxD（接收）LED 也將會閃爍。如上文說明，**UART 序列通訊設備兩端的連線速率必須一致**，若序列埠監控窗和 Arduino 板子的連線速率不同，將會收到（或送出）一堆亂碼：

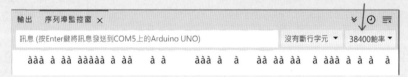

多數 Arduino 板都會在開啟**序列埠監控窗**時，自行重新啟動 Arduino 程式，然後重頭開始執行程式。

print() 與 write() 函式的差別

Serial 程式庫的 print() 和 write() 函式有兩個差異，write() 函式會傳回送出的資料長度，print() 函式不會。如果需要的話，可以像這樣用一個變數接收 write() 的傳回值：

```
int size = Serial.write( "hello\n" );
```
← 這是一個新行字元

底下兩行敘述是相同的：

```
Serial.print( "hello\n" );
```
```
Serial.write( "hello\n" );
```

另一個差別在傳送數字資料，print() 會先將傳送的資料轉換成文字表達形式後才送出，因此 65 會先轉換成 '6' 和 '5' 兩個字元送出。write() 送出的是原始位元組值：

`Serial.print( 65 );` 送出兩個字元 → `"65"` 實際傳出：54（字元'6'的ASCII編碼值）和53（字元'5'）

`Serial.write( 65 );` 送出一個位元組值 → `'A'` 65正好是'A'的ASCII編碼，所以在序列埠監控視窗顯示'A'。
介於0~255

5-5 認識 String（字串）程式庫

除了用陣列儲存字串，還可以用 Arduino IDE 內建的 String 程式庫。使用陣列和 String 儲存字串的語法比較：

字元陣列　　　　　雙引號
`char micro[] = "Arduino";`

沒有方括號　　　　雙引號
`String micro = "Arduino";`

相較於字元陣列，String 不僅是一種資料類型，也提供操作字串的功能（method，正確的術語是「方法」），例如：連接字串、擷取 / 取代 / 刪除字串部份內容、大小寫轉換…等等，以及字串的屬性，例如：字串的長度（字元數）。

字元陣列的字串長度，在宣告時就固定了，String 的資料長度則是可變動的，因此很適合用於儲存用戶的輸入值。底下是一個操作 String 資料的例子。**String 採用 '+' 號連接字元、字串或數字**。底下程式片段執行後，str 值將是 "A is for Arduino."。

```
String str = "";  ← 建立一個空字串
str += 'A';  ← 字元仍使用單引號包圍
str += " is for Arduino.";
```

這一行等同於： `str = str + " is for Arduino.";`

〈動手做 5-1〉範例程式，為了在同一行串接輸出一段文字和變數值，用了兩個 print() 敘述完成：

```
Serial.print("LED pin is: ");
Serial.print( ledPin );
```
輸出 ➜ LED pin is: 13

改用 String() 格式文字開頭，後面用 "+" 號串接其他文字或變數，即可用一行完成；底下兩行的輸出結果相同：

```
Serial.print( String("LED pin is: ") + ledPin );
```
把普通字串轉成String類型　　　String類型字串可用+號串接

```
Serial.print( String("") + "LED pin is: " + ledPin );
```
用String類型的空字串起頭

String 字串的操作方法

String 提供許多方便好用的功能（方法），例如：

length()	傳回字串的字元數（不含結尾的 null）
equals()	比較兩個字串內容是否相同（大小寫有別）
charAt()	取出字串中的特定字元
substring()	取出部分字串內容
toCharArray()	將字串複製到字元陣列中
toLowerCase()	將字串內容全部轉換成小寫

假設程式裡面宣告一個 str 字串，在此字串執行上述指令的示範如下（註：取出部分字串的 substring() 有兩種寫法）：

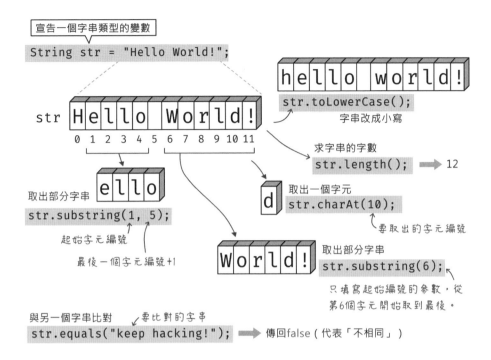

String 程式庫很方便，但這是要付出代價的：編譯後的 **String 程式庫本身約佔用 1.5KB**（1500 位元組）大小。如果只要存放字串，不需要執行連結或分割功能，還是用普通的 char 陣列語法就好。

查看程式庫的路徑與原始碼

若想要知道 #include 指令引用的程式庫檔案的實際路徑，只要將滑鼠游標移入引用的程式庫名稱上面，就會顯示在編輯器視窗中，像這樣：

若想查看程式庫的原始碼，在程式庫名稱按滑鼠右鍵，選擇 **Go to Definition**（跳到定義）命令。

按滑鼠右鍵選擇這個命令

鎖頭圖示代表此程式為「僅讀」，不可修改

使用 F() 巨集節省主記憶體用量

使用 Serial.print() 向序列埠傳輸字串時，字串內容會暫存在微控器的主記憶體（SRAM）。Arduino 程式開發環境定義了一個 F() 巨集，能將字串保存在快閃記憶體（Flash，在程式中則稱為 **PROGMEM**，意旨 Program Memory，程式記憶體），不會占用主記憶體。在採用 8 位元微控器的 UNO R3 開發板，主記憶體屬於稀缺資源，如果要傳遞大量文字訊息，建議用 F() 巨集包圍字串。

以這段程式碼為例，選用 UNO R3 開發板編譯：

```
void setup() {
  Serial.begin(9600);
  Serial.println("Always do what you're afraid to do.");
  Serial.print("I will prove myself brave ");
  Serial.println("when they think I am weak.");
}
void loop() { }
```

草稿碼使用了 1604 bytes (4%) 的程式儲存空間
全域變數使用了 276 bytes (13%) 的動態記憶體

把字串改用 F() 巨集包裝再重新編譯，結果顯示程式儲存空間（快閃記憶體）多用了 1%，但動態記憶體（主記憶體）節省了 4%。

```
  Serial.println(F("Always do what you're afraid to do."));
  Serial.print(F("I will prove myself brave "));
  Serial.println(F("when they think I am weak."));
```

草稿碼使用了 1620 bytes (5%) 的程式儲存空間
全域變數使用了 188 bytes (9%) 的動態記憶體

5-6 從 Arduino 接收序列埠資料

Arduino 在微控器的記憶體劃分出類似儲存槽的**緩衝記憶區（buffer）**，用於暫存來自序列埠的輸入資料，換言之，只要檢查這個緩衝記憶區是否有資料，就能得知是否有裝置透過序列埠傳遞訊息進來。

確認是否有資料傳入，以及讀取序列資料的 Serial 程式庫相關函式：

- available()：傳回目前序列埠收到的資料位元組數。

- read()：讀取並傳回輸入序列埠的第一個位元組資料，傳回 -1 代表沒有收到資料。

- readBytesUntil()：從序列埠讀入一段資料。

- serialEvent()：每當序列埠有資料傳入時，執行此函式，並非所有 Arduino 控制板都支援這個指令，Uno 板有支援。

假設序列埠接收到 "Ardu"，每次執行 Serial.read()，將能依序讀取到 'A', 'r', 'd', 'u'。

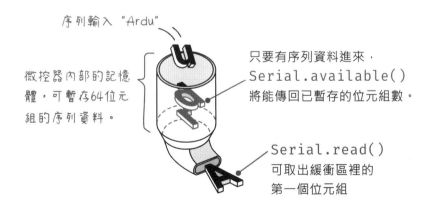

序列輸入 "Ardu"

微控器內部的記憶體，可暫存64位元組的序列資料。

只要有序列資料進來，Serial.available() 將能傳回已暫存的位元組數。

Serial.read() 可取出緩衝區裡的第一個位元組

Arduino 緩衝記憶體的大小，設定在 Arduino 安裝資料夾裡的 hardware\
arduino\cores\arduino 路徑當中的 HardwareSerial.cpp 檔。緩衝區的大小定
義如下，依可用的記憶體而定，劃分出 16 或者 64 位元組的空間：

```
#if (RAMEND < 1000)          ← 若可用的主記憶體 (RAM) 少於此值
  #define SERIAL_BUFFER_SIZE 16
                              ← 則「序列緩衝區大小」設定成16位元組
#else
  #define SERIAL_BUFFER_SIZE 64 ←…否則設定成64位元組
#endif
```

動手做 5-2 從序列埠控制 LED 開關

實驗說明：本單元
將透過電腦上的**序
列埠監控窗**，傳遞
電腦的 "1" 或 "0" 按
鍵，控制 Arduino 板
子第 13 腳的 LED。

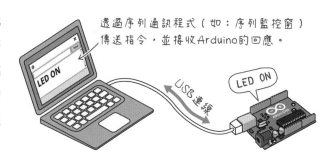

透過序列通訊程式（如：序列監控窗）
傳送指令，並接收Arduino的回應。

LED ON

USB連線

LED ON

實驗程式：以下的程式將依據使用者輸入 '1' 或 '0'，點亮或關閉位於第 13
腳的 LED：

```
char val;                    // 儲存接收資料的變數，採字元類型

void setup() {
  pinMode(LED_BUILTIN, OUTPUT);  // 將 LED 接腳設定為輸出
  Serial.begin(9600);      // 啟動序列埠並以 9600bps 速率傳輸資料
  while (!Serial) ;        // 等待序列埠就緒
  Serial.print("Welcome to Arduino!"); // 從序列埠發佈訊息
}
```

loop() 函式將不停地檢查序列埠是否有新的字元輸入：

```
void loop() {
    if(Serial.available()>0) {          若有收到字元，判斷條件的值將
        val = Serial.read();            大於0，進而執行條件式的內容。
        if ( val == '1' ) {
            digitalWrite(LED_BUILTIN, HIGH);
            Serial.println("LED ON");
        } else if ( val == '0' ) {      收到的資料是字元或字串
            digitalWrite(LED_BUILTIN, LOW);
            Serial.println("LED OFF");
        }
    }
}
```

讀入資料 → val = Serial.read();

若收到'1'
點亮LED

若收到'0'
關閉LED

實驗結果：編譯並上傳程式碼到 Arduino 之後，按下 🔍 **序列埠監控窗**鈕，
並等待**序列埠監控窗**收到來自 Arduino 的訊息，再依照底下的步驟透過序列
埠傳送 '1' 給 Arduino：

輸入1，按下Enter鍵，
將資料傳給Arduino。

輸出　序列埠監控窗 ✕

1　　　　　　　　　　　　沒有斷行字元 ▾　9600鮑率 ▾

Welcome to Arduino!　　　選擇「沒有斷行字元」
　　↑
從Arduino傳入的訊息

Arduino 板子內建的 LED 將被點亮。

請注意！在電腦鍵盤按下數字 '1'，是字元 '1'，其實際資料值是 49（10 進
位）！

按下數字'1'時，電腦收到的是ASCII編碼
49（十進位）的字元，而非表面上的1。

'A'鍵的ASCII編碼為65
小寫'a'則是97

因此，判斷程式序列埠傳入值是否為 '1'，有三種寫法；以右下的寫法為例，假設 val 變數值為 '2'（ASCII 編碼值為 50），減去 '0' 之後的值是 2，條件不成立。

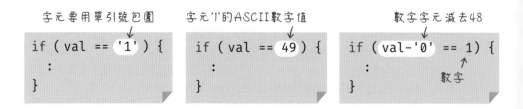

序列埠監控窗底下的彈出式選單，可選擇是否在輸出字串後面加上「斷行」字元：

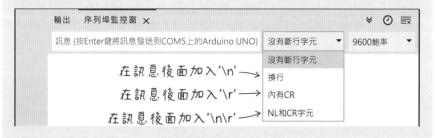

例如，若選擇「換行」，那麼當 Arduino 送出 "1" 時，實際傳送的資料將是 "1\n"，也就是 ASCII 編碼 49 和 10 兩個字元。

控制 UNO R4 Minima 的 TX 和 RX LED 燈

當 UART 序列埠在傳遞和收到資料時，開發板的 TX 和 RX LED 也會隨著閃爍，而 UNO R4 Minima 的 TX 和 RX 的 LED 可以當作普通的測試燈，類似 13 腳的 LED 使用。R4 WiFi 開發板的 UART 序列資料經由 ESP32-S3 晶片傳送，不建議用程式控制它的 RX 和 TX LED。

UNO R4 Minima 的開發環境設定了 **LED_TX** 和 **LED_RX** 兩個常數，分別代表連接 TX 和 RX LED 的接腳，腳 21（TX）和 22（RX）。底下的程式將每隔 0.5 秒交替閃爍 TX 和 RX 腳的 LED：

```
bool flag = true;

void setup() {
  pinMode(LED_TX, OUTPUT);   // TX 腳（21）設成「輸出」模式
  pinMode(LED_RX, OUTPUT);   // RX 腳（22）設成「輸出」模式
}

void loop() {
  if (flag) {
    digitalWrite(LED_TX, HIGH);
    digitalWrite(LED_RX,  LOW);
  } else {
    digitalWrite(LED_TX,  LOW);
    digitalWrite(LED_RX, HIGH);
  }

  flag = !flag;
  delay(500);
}
```

5-7 switch⋯case 控制結構

有一種類似 if⋯else 判斷條件的敘述，稱為 switch⋯case 控制結構。**switch 具有「切換」的涵意**，這個控制結構的意思是：透過比對 switch() 裡的變數和 case 後面的值，來決定切換執行哪一段程式。它的語法格式如下：

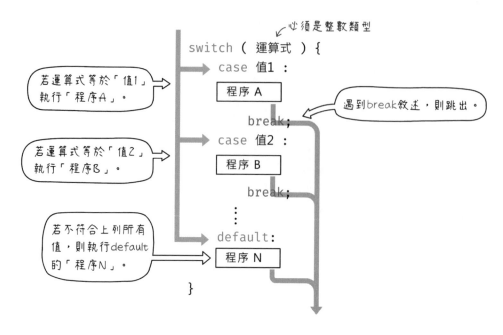

每個條件陳述區塊裡的 **break** 代表「中止」，也就是一個切換區塊的結尾。
最後的 default 是選擇性的敘述，如果不加上這一段敘述，那麼當所有條件
都不符合時，switch 控制結構裡的程式都不會被執行。

底下的程式片段，採用 switch...case 結構改寫上一節的 if...else 敘述，這樣看
起更清爽易讀多了：

```
void loop() {
  if( Serial.available() ) {      // 如果有資料進來…
    val = Serial.read();
  switch (val) {
    case '0':         // 若接收到 '0'，等同整數 48
      digitalWrite(LED, LOW);   // 關閉 LED
          break;
    case '1':         // 若接收到 '1'，等同整數 49
      digitalWrite(LED, HIGH);   // 點亮 LED
      break;
  }
}
}
```

break 指令其實也是選擇性的，底下程式片段裡的 case '1' 區塊沒有 break（中止），因此若 val 的值為 1，程式將在輸出 "one" 之後，繼續往下一個區塊 case '2' 執行，輸出 "two"：

```
switch (val) {
  case '0':        // 若接收到 '0'
    Serial.println("zero");
    break;
  case '1':        // 若接收到 '1'
    Serial.println("one");
                    // 沒有 break;
  case '2':
    Serial.println("two");
}
```

switch…case 並不能完全取代 if…else 敘述，因為前者只能判斷條件是否完全相等，不具備「大於」或「小於」之類的判斷，而且 switch 的判斷值類型是整數，if 條件式則不限於整數。

5-8 認識數字系統

人類有十根手指頭，因此我們習慣使用 10 進位數字。電腦本質上只能處理 0 與 1 的 2 進位數字，為了符合人類的方便，程式編譯器會自動幫忙轉換 10 進位與 2 進位資料。

但有些時候，使用 2 進位數字來描述資料的狀態，比 10 進位來得簡單明瞭。例如，假設我們在編號 0~3 的接腳上，銜接四個 LED。在程式中描述這些 LED 的開關狀態時，可以用 2 進位表示：

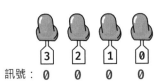

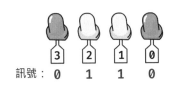

然而，隨著 LED 數量增加，資料描述也變得複雜，容易讀錯或者輸入錯誤，像這種情況，我們通常改用 16 或 10 進位數字來描述。

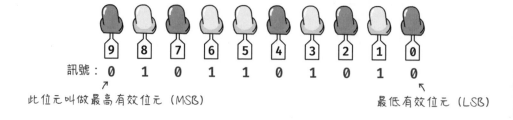

訊號： 0　1　0　1　1　0　1　0　1　0

此位元叫做最高有效位元（MSB）　　　　　　　　最低有效位元（LSB）

2 進位數字轉換成 10 進位和 16 進位

每個數字所在的位置，例如個位數或十位數，代表不同的**權值**（**weight**），像百位數字代表 10 的 2 次方，十位數代表 10 的 1 次方；2 進位數字的每個數字的權值，則是 2 的某個次方。

$$256 \text{（10 進位）}$$

百位	十位	個位
10^2	10^1	10^0
=	=	=
100	10	1 ← 權值

$$2 \times 100 + 5 \times 10 + 6 \times 1 = 256$$

最高有效位元（MSB）　　　　最低有效位元（LSB）

$$0110 \text{（2 進位）}$$

2^3	2^2	2^1	2^0
=	=	=	=
8	4	2	1 ← 權值

$$0 \times 8 + 1 \times 4 + 1 \times 2 + 0 \times 1 = 6 \text{（10 進位）}$$

從上圖可得知，**數字乘上它所代表的權值的總和**，即可換算成 10 進位數字。最簡單的轉換方式當然是用計算機。像 Windows 內建的小算盤的**程式設計師**模式就能轉換不同的數字系統。

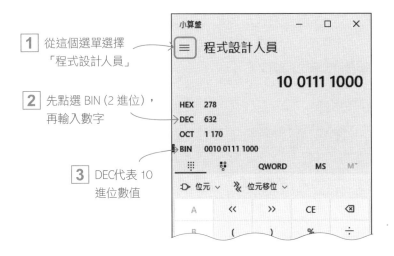

1 從這個選單選擇「程式設計人員」

2 先點選 BIN（2 進位），再輸入數字

3 DEC 代表 10 進位數值

比起 10 進位，16 進位（hexadecimal，簡稱 hex）比較常用來取代 2 進位，因為**換算時用 4 個數字一組**計算權值，即可輕易換算。例如，上圖的 2 進位值轉換成 16 進位的結果是 16A（10 進位是 362），16 進位的 A 就是 10 進位的 10。

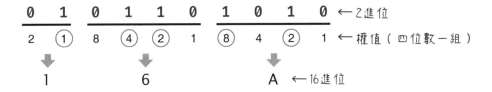

相較於一堆 0 與 1，16 進位容易閱讀多了，表 3-4 是不同進位數字的對照表。

表 3-4：**數字系統對照表**

10進位	16進位	2進位	10進位	16進位	2進位
0	0	0000	8	8	1000
1	1	0001	9	9	1001
2	2	0010	10	A	1010
3	3	0011	11	B	1011
4	4	0100	12	C	1100
5	5	0101	13	D	1101
6	6	0110	14	E	1110
7	7	0111	15	F	1111

除了 10 進位，其他進制數字前面都要加上區別字元，**2 進制數字用 0b**（b 代表 binary，二進位）、**16 進位用 0x**（x 代表 hex，16 進位）；底下 3 個變數儲存值都是 10 進位的 362：

```
int a1 = 362;
int a2 = 0b101101010;     代表「2進位值」
int a3 = 0x16A;           代表「16進位值」
```

「2進位值」也能用一個大寫B代表
`B101101010`

2 進位轉成 10 進位數字用乘法；10 進位轉成 2 進位則用除法。10 進位數字持續除以 2，直到商數為 0，再由下往上排列餘數，像數字 11 轉成 2 進位是 1011。

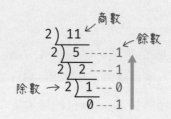

商數
餘數

```
   2) 11
   2) 5 ----- 1
   2) 2 ---- 1
除數→ 2) 1 --- 0
      0 --- 1
```

設定序列埠輸出的數字格式

Serial 程式庫的 print 指令預設都是輸出 10 進位的數字，浮點數字則是固定輸出小數點後兩位，我們可以透過該指令的第二個參數修改，例如：

```
Serial.print(3.14159);          預設輸出小數點後兩位    → "3.14"

Serial.print(3.14159, 0);       不輸出小數點            → "3"

Serial.print(3.14159, 4);       輸出小數點後四位        → "3.1415"
```

數字格式轉換的可能值：
DEC（10進位）、**HEX**（16進位）、**OCT**（8進位）和**BIN**（2進位）

```
Serial.print(42, BIN);          42轉換成2進位的輸出     → "101010"
```

05

CHAPTER

6

LED 七段顯示器與
序列轉並列輸出 IC

七段（也稱為「七節」）顯示器，裡面包含 7 個排列成數字的 LED，外加一個顯示小數點的 LED，是最基本的顯示器元件。同一種元件，可能有多種不同的硬體連接方式，以及不同的控制程式寫法，七段顯示器就是一個例子。

本章將介紹**三種**連接七段顯示器的方法，並說明如何利用**積體電路**減少 Arduino 與周邊裝置之間的連線腳位數量。

6-1 七段顯示器

七段顯示器是一款內建八個 LED 的顯示元件，主要用於顯示數字，它有不同尺寸。為了方便解說，內部的每個 LED 分別被標上 a~g 以及 dp（點）代號。

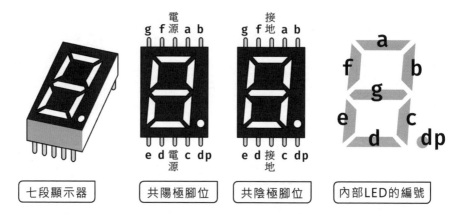

| 七段顯示器 | 共陽極腳位 | 共陰極腳位 | 內部LED的編號 |

依據連接電源方式的不同，七段顯示器分成「共陽極」與「共陰極」兩種，**共陰極代表所有 LED 的接地端都相連，因此，LED 的另一端接「高電位」就會發光**。相反地，**共陽極則是輸入「低電位」發光**。七段顯示器內部等同這個的電路接法：

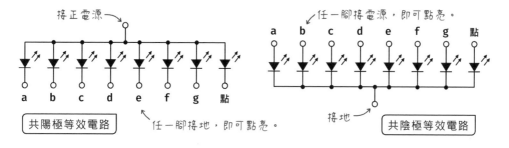

下圖顯示了呈現某個數字所需點亮的 LED 代號，為了方便程式控制，筆者
將每一組數字代號，都存入名叫 LEDs 的陣列。

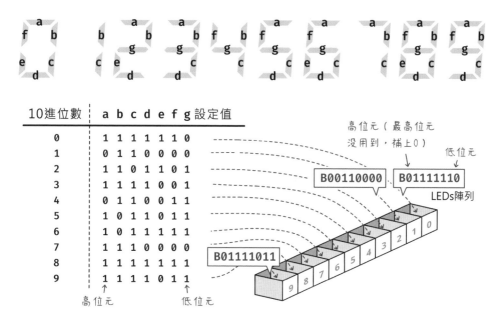

LEDs 陣列的元素資料類型為 byte，儲存 0~9 共 10 個數字的七段 LED 編碼，
例如，呈現數字 "1"，需要點亮 b 和 c 段的 LED。編碼數字會依「共陽極」
和「共陰極」元件而不同：

用於「共陰極」七段顯示器

```
const byte LEDs[10] = {
     B1111110,
     B0110000,
     B1101101,
     B1111001,
     B0110011,
     B1011011,
     B1011111,
     B1110000,
     B1111111,
     B1111011
};
```

這些敘述可寫成一行

用於「共陽極」七段顯示器

```
const byte LEDs[10] = {
     B0000001,
     B1001111,
     B0010010,
     B0000110,
     B1001100,
     B0100100,
     B0100000,
     B0001111,
     B0000000,
     B0000100
};
```

記得在結尾加上分號

下文的程式碼將運用 LEDs 陣列，在七段顯示器上呈現對應的數字。

使用埠口常數設置控制板的接腳模式和輸出

為了簡化同時對數個接腳的操作，例如，把某一群接腳的模式都設成「輸出」，或者同時設定一群接腳輸出狀態（高、低電位），微控器把接腳分組成幾個**輸出 / 入埠（I/O port）**，以 UNO R3 板的 ATmega328 為例，它規劃了 3 個 I/O 埠：

- 埠 B（port B）：對應到數位腳 8 ~13。

- 埠 C（port C）：對應到類比輸入腳位 A0~A5。

- 埠 D（port D）：對應到數位腳 0 ~7。

這些 I/O 埠有對應的暫存器設定它們的模式和輸出 / 入值：

- DDR（Data Direction Register，資料方向暫存器）：有 DDRB, DDRC 和 DDRD 三個，設成 1 代表 I/O 埠為「輸出」模式。

- PORTB, PORTC 和 PORTD 暫存器：分別控制埠 B, 埠 C, 和埠 D 的輸出狀態。

● PINB, PINC 和 PIND 暫存器：分別用於讀取埠 B, 埠 C, 和埠 D 的接腳狀態。

以操控 **埠 B** 為例，只需要寫一行 **DDRB** 設定敘述，就能設置數個接腳的輸出模式：

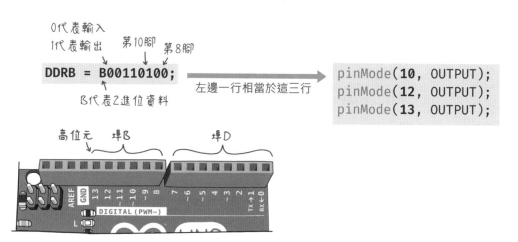

想必讀者有注意到，埠 B 只有 6 個輸出埠，而不是 8 個。這是因為埠 B 的另外兩個接腳用於連接微控器的石英震盪器（參閱〈附錄 B〉），因此無法使用。

PORTB 用於設定或讀取 8~13 接腳的輸出值：

在10和12腳輸出1，相當於右邊這兩行指令：

```
PORTB = B00010100;    →    digitalWrite(10, HIGH);
                           digitalWrite(12, HIGH);
```

上述語法的好處是程式精簡、執行效率高且佔用記憶體小；主要缺點是程式比較不易理解，也不易維護。其次是程式碼的**可攜性**或**可移植性**降低，**這個程式碼無法在 UNO R4 開發板編譯執行**，UNO R4 的對應版本請參閱第 20 章〈UNO R4 的 RA4M1 微控器的輸出入埠〉單元。

動手做 6-1　連接 LED 七段顯示器與 Arduino 板

實驗說明：每隔一秒鐘，在七段顯示器顯示 0~9 數字。

實驗材料：

共陰極（或共陽極）七段顯示器	1 個
470Ω（橙橙棕）	7 個

實驗電路：為了方便使用**埠口**常數操作，請將七段顯示器的 a~g 腳，接在 Arduino 的**數位 0~6 腳**（埠 D）。

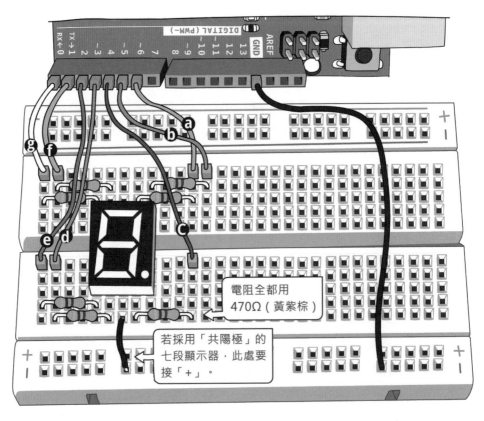

電阻全都用
470Ω（黃紫棕）

若採用「共陽極」的
七段顯示器，此處要
接「+」。

實驗程式：首先撰寫顯示數字的程式。在 setup（設置）函數中，使用
DDRD 常數或者 for 迴圈將 0~7 腳位設定成「輸出」：

```
void setup(){
    // 一次設定「埠D（代表0~7腳）」的輸出接腳
    DDRD = B11111111; // 將0~7腳全設定成「輸出」
}
```

這一行敘述還可以用for迴圈改寫成：

```
for (byte i = 0; i < 7 ; i++ ) {
    pinMode(i, OUTPUT);   // 將0到6腳設定成「輸出」
}
```

loop 函數裡的程式將每隔一秒，從儲存七段數字資料的 LEDs 陣列，取出一組數字編碼輸出給**埠 D**：

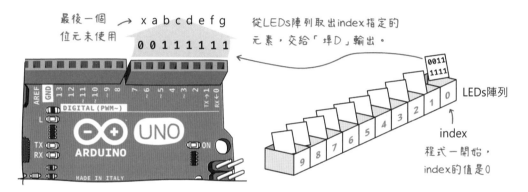

最後一個 → x a b c d e f g
位元未使用
　　　　 0 0 1 1 1 1 1 1

從LEDs陣列取出index指定的
元素，交給「埠D」輸出。

LEDs陣列

index
程式一開始，
index的值是0

請在 Arduino 程式編輯視窗輸入底下的程式碼：

```
byte index = 0;
const byte LEDs[10] = {
    B1111110,
    B0110000,
    B1101101,
    B1111001,
    B0110011,
    B1011011,
    B1011111,
    B1110000,
    B1111111,
    B1111011
};
```

```
void setup(){
    DDRD = B11111111;   // 將 0~7 腳全設定成「輸出」
}
void loop() {
  // 從 LEDs 陣列中，取出 0~9 元素
  // 一開始先取出第 0 個元素並由埠口 D 輸出
  PORTD = LEDs[index];

  index++;            // 將 index 值加 1
  // 為了確保 index 值在 0~9 之間循環
  // 當 index 值等於 10 時，將它重設為 0
  if (index == 10) {
    index = 0;
  }
  delay(1000);    // 暫停一秒
}
```

上傳程式碼時，若 Arduino 程式開發工具出現底下的錯誤訊息，請先拆掉數位 0 和 1 的接線，即可上傳新的程式。

avrdude是實際負責上傳Arduino UNO R3程式檔的工具軟體

連接硬體時，我們應該避免使用數位 0 與 1 腳，因為這兩個腳位也用於序列埠通訊。從電腦上傳程式碼給 Arduino 板，就是透過序列埠傳送。程式上傳後，再將原本的數位 0 與 1 腳接線裝回去。

重新接上 USB 線供電後，七段顯示器將每隔一秒顯示 0~9。

拆、裝電路時，請先拔掉 USB 線，以免拆線時導線碰觸到電路板導致短路損毀。

6-2 使用積體電路簡化電路

上一節的七段顯示器電路有三個缺點：

● 使用到數位 0 與 1 腳：這兩個腳位用於序列埠，應避免使用。

● 佔用太多腳位：一個七段顯示器就要佔用 7~8 的腳位，那麼，一個 Arduino 最多只能連接兩個，實用性太低。

● 程式移植性低：可能無法在非 Uno 板執行。

為了減少佔用接腳，我們可以採用**積體電路**元件來擴充 Arduino 的輸出腳位。

積體電路（integrated circuit，**簡稱 IC**）是把各種電子元件裝配在一個小矽晶上面，完成特定的電路功能。由於 IC 使用方便且體積小、可靠高、價格低廉，取代了需要複雜配線的電路，因此被廣泛用在各種電子產品。

依照功能區分，IC 分成**數位**和**類比**兩大類，數位 IC 用於邏輯運算、計數、暫存資料、編 / 解碼…等處理 0 與 1 訊號；類比 IC 則用於通訊、訊號放大、電壓調節…等連續訊號處理。

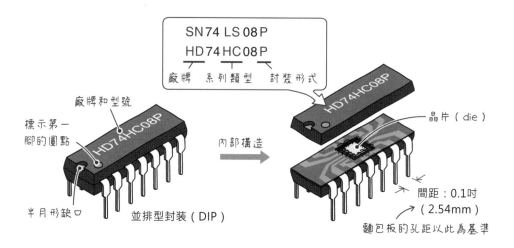

每個 IC 上面都有標示廠牌和型號，而 DIP 封裝有個幫助判別腳位編號的半月形缺口，**將半月形缺口朝左，第一腳從左下方開始按逆時鐘方向排列**（註：有些 IC 只用一個小圓點標示第一腳）。

每一種 IC 通常都有特定功能，數位 IC 大致分成 74 和 40 兩大系列，像下圖的 7408 是一種內部包含四組 AND（及閘，參閱下一節說明），可執行 AND 邏輯運算的 IC。

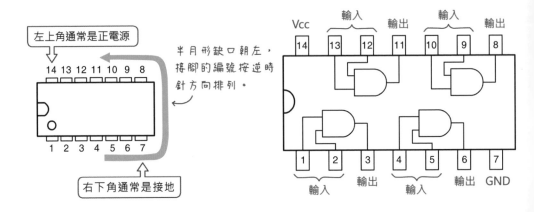

上圖右是 7408 IC 的接腳說明，只要上網搜尋關鍵字，例如：7408 datasheet（規格表），即可找到類似的規格圖（註：在網際網路普及之前，74 和 40 系列 IC 的規格速查手冊就像字典一樣，電子電機科系的學生幾乎人手一冊）。

IC 的廠牌和封裝形式並不重要，不同公司的 IC，只要型號一樣，都可以互換。常見的廠牌為 MC（Motorola，摩托羅拉）、SN（Texas Instruments，德州儀器）、LM（National Semiconductor，國家半導體）、MM（Fairchild，快捷半導體）、TD, TC（Toshiba，東芝）和 HD（Hitachi，日立）。

擴充 Arduino 的數位輸出腳位

減少佔用 Arduino 腳位的普遍解決方法，是**把原本「並連」元件的接法，改成「串連」**。常見的手法是採用一款編號 **74HC595** 的**串入並出** IC，充當 Arduino 與七段顯示器之間的媒介。

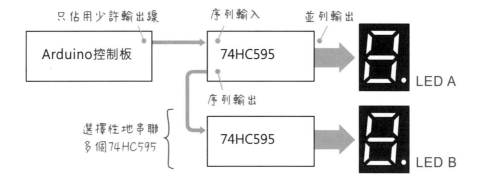

74HC595 也具有序列輸出，允許多個 74HC595 串接在一起（參閱下文〈串聯兩個 74HC595〉一節）。

另有一種包含 4 個七段顯示器、兩線式序列控制模組，它採用 TM1637 這款 LED 驅動 IC，在網拍上搜尋 "4 位數碼管顯示模塊 " 就能找到。

不同 IC 的操控方式也不一樣，這款模組較適合用於顯示時間（中間有分隔時、分的兩點），本書並未採用它。

74HC595 簡介

74HC595 是一個 **8 位元位移暫存器**（shift register），「暫存器」相當於記憶體，代表它最多能保存 8 位元資料，「位移」則代表其內部資料可序列移動。

我們可以將它想像成工廠的生產線，物品從一個叫做 "SER"（代表 "serial"，「序列」之意）的管道依序進入生產線，進入之後，下方的齒輪將轉動一格，讓生產線上的所有物品都往左移動一格。

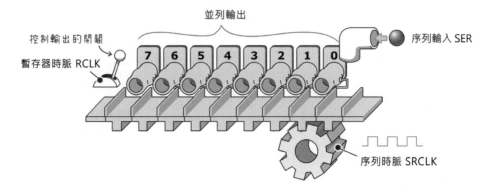

依序進入 8 個物件並移動 8 次之後，左邊的輸出控制開關將被開啟，此時，生產線上的 8 個物件將同時被輸送出去。

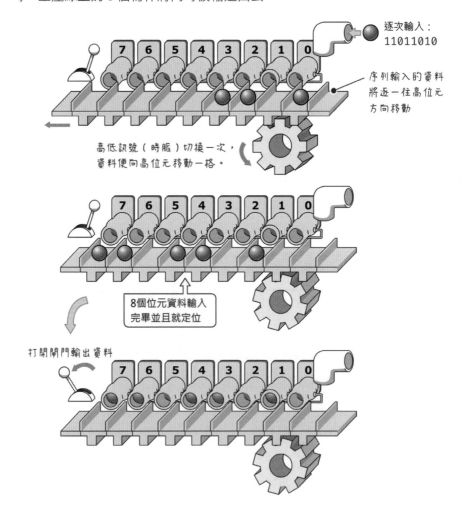

逐次輸入：
11011010

序列輸入的資料將逐一往高位元方向移動

高低訊號（時脈）切換一次，資料便向高位元移動一格。

8個位元資料輸入完畢並且就定位

打開閘門輸出資料

上圖裡的生產線，就是 74HC595 裡的暫存器，齒輪則是「時脈」訊號。**當時脈訊號由低電位變成高電位時，序列輸入的資料就會被依序推入暫存器。**

真正的技術文件，並不是用「工廠生產線」來描述 IC 的運作方式，而是提供像底下的「時序圖」，其中的 Q0~Q7 代表並列輸出腳位。

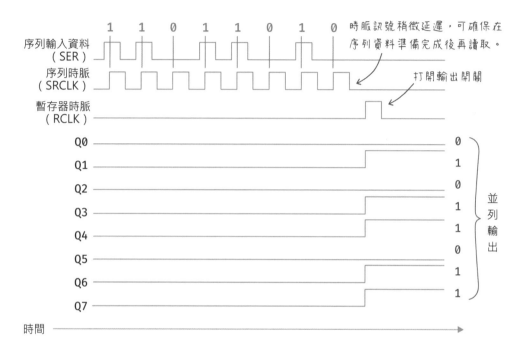

74HC595 的接腳圖如下：

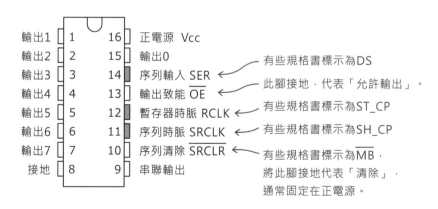

使用 shiftOut() 函數傳輸序列資料

Arduino 程式開發工具提供一個 **shiftOut() 序列資料位移輸出函數**，能一次傳送一個位元組（8 個位元）資料給 74HC595，而我們只需負責打開和關閉 74HC595 的並列資料輸出閘門，不用理會其他細節。

shiftOut() 函數的語法如下：

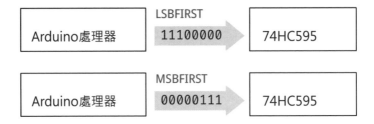

其中的「位元順序」代表資料位元的傳送順序，以傳遞虛構的 ledData 變數值為例，這兩者的差異請參閱下圖。至於要用哪一種方式傳送，取決於 74HC595 資料輸出端的電路接法（參閱下文說明）。

```
byte ledData = 0b11100000;
```

| Arduino處理器 | LSBFIRST 11100000 → | 74HC595 |
| Arduino處理器 | MSBFIRST 00000111 → | 74HC595 |

動手做 6-2　序列連接七段顯示器

實驗說明：使用 74595 IC 連接七段顯示器，減少佔用 Arduino 板的接腳數，並在七段顯示器上每隔一秒顯示 0~9 數字。

實驗材料：

共陰極（或共陽極）七段顯示器	1 個
470Ω（黃紫棕）電阻	7 個
74HC595	1 個

實驗電路：74HC595 連接七段顯示器的電路如下。底下的程式實作採用 LSBFIRST（最小位元先傳）的方式，若要改用 MSBFIRST（最大位元先傳），請將電路圖中的 a~g 接線順序顛倒過來接。

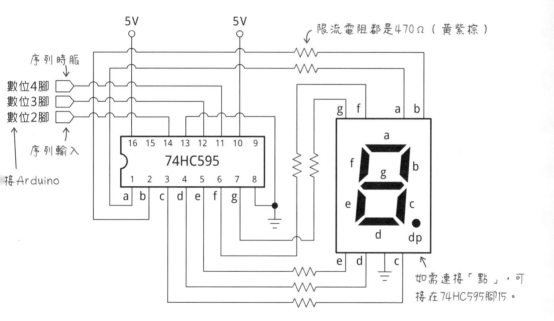

在這個電路中，74HC595 接收來自 Arduino 的資料並驅動七段顯示器。74HC595 的技術文件（https://bit.ly/3WYpqQW）説明它的工作電壓介於 2V~6V，第 4 頁的 ABSOLUTE MAXIMUM RATINGS（絕對最大額定值）欄位指出，每個接腳的最大電流為 ±35mA，因此限流電阻可選用小一點的阻值，例如：330Ω（橙橙棕）。

底下是麵包板接線範例：

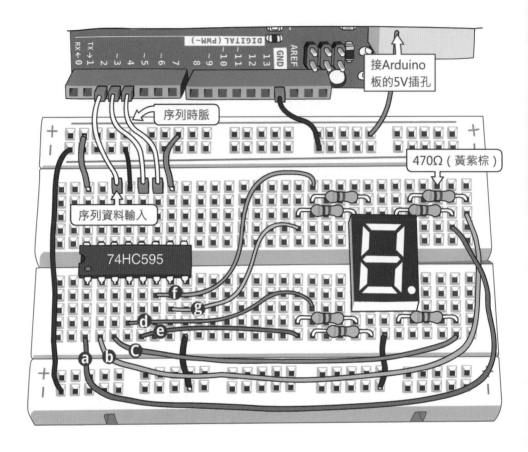

實驗程式：在 Arduino 程式編輯器中，輸入底下的變數和常數：

```
const byte dataPin = 2;    // 74HC595 序列腳接數位 2
const byte latchPin = 3;   // 74HC595 暫存器時脈腳接數位 3
const byte clockPin = 4;   // 74HC595 時脈腳接數位 4

byte index = 0;            // 七段顯示器的數字索引
const byte LEDs[10] = {
  B01111110,
  B00110000,
  B01101101,
  B01111001,
  B00110011,
```

```
  B01011011,
  B01011111,
  B01110000,
  B01111111,
  B01110011
};
```

在 setup() 區塊中，將 74HC595 的三個接腳都設定成**輸出**。

```
void setup() {
  pinMode(latchPin, OUTPUT);
  pinMode(clockPin, OUTPUT);
  pinMode(dataPin, OUTPUT);
}
```

在 loop() 區塊裡，先把**暫存器時脈**設成**低電位**（關上「並列輸出閘門」），再透過 shiftOut() 函數序列輸出一個位元組，最後再把**「暫存器時脈」**設置為**高電位**（開啟**並列輸出閘門**）。

```
void loop() {
  digitalWrite(latchPin, LOW);    // 關上閘門
  // 底下的函數將從 LEDs 陣列取出一個位元組資料（從第 0 個元素開始取）
  // 並以序列方式傳入 74595 IC
  shiftOut(dataPin, clockPin, LSBFIRST, LEDs[index]);
  digitalWrite(latchPin, HIGH);   // 開啟閘門
  delay(1000);                     // 暫停一秒

  index++;
  if (index == 10) {
    index = 0;
  }
}
```

編譯並上傳程式碼之後，七段顯示器將每隔一秒顯示 0~9。

動手做 6-3 一個 74HC595 控制多個七段顯示器

實驗說明：用一個 74HC595 連接兩個 7 段顯示器，從 00 開始，每隔一秒加 1 顯示 0~99。

實驗電路：連接多個（此處接兩個）七段顯示器的電路如下，新增的七段顯示器與前一個並連。

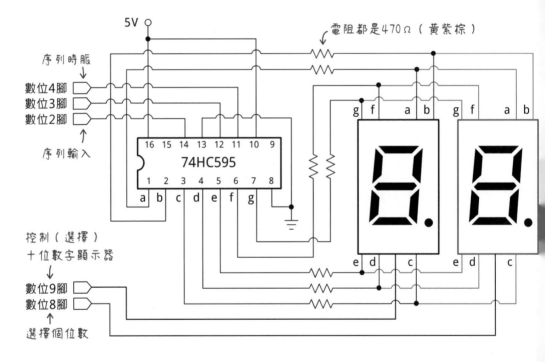

本實驗使用「共陰極」七段顯示器，按照上面的電路，若 Arduino 數位 8 和 9 腳都輸出**低電位（LOW）**，則兩個顯示器將同步呈現一致的畫面；若**數位 9** 輸出**高電位（HIGH）**、**數位 8** 輸出**低電位（LOW）**，則只有代表個位數字的顯示器會點亮，十位數字不顯示。

因此,七段顯示器的共接腳相當於晶片選擇腳;**低電位**時被選上、**高電位**時被關閉。

假設要在兩個顯示器顯示 24,先傳送其中一個數字資料給 74HC595,例如,個位數,同時將個位數的顯示器接地,另一個接高電位,維持一小段時間(5ms)之後再傳送另一個數字並切換顯示器。

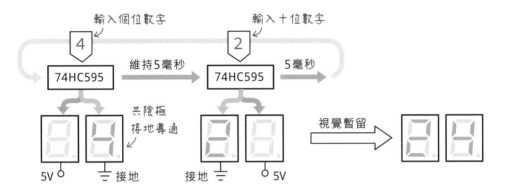

只要在一秒鐘之內快速切換 15 次以上,人眼會因為**視覺暫留**現象而感到所有顯示器同時顯示了數字。這個每隔一秒顯示計數值的程式部份運作流程如下:

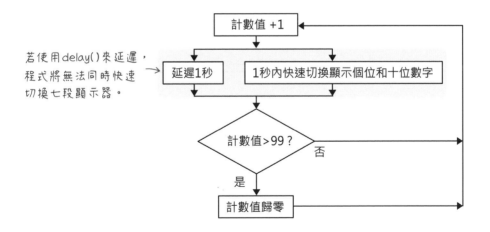

動畫是透過視覺暫留原理，快速地播放連續、具有些微差距的圖像內容，讓原本固定不動的圖像變成生動起來。更明確地說，人眼所看到的影像大約可以暫存在腦海中 1/16 秒，如果在暫存的影像消失之前，觀看另一張連續動作的影像，便能產生活動畫面的幻覺。以電影為例，影片膠捲的拍攝和播放速率是每秒24格畫面（早期的默劇片每秒播放 16 格），每張畫面的播放間隔時間為 1/24 秒，比視覺暫留的 1/16 秒時間短，因此我們可以從一連串靜態圖片觀賞到生動的畫面。

為了在不同的顯示器呈現個別數字，程式需要透過除法和餘除，把個別位數的數字拆解出來：

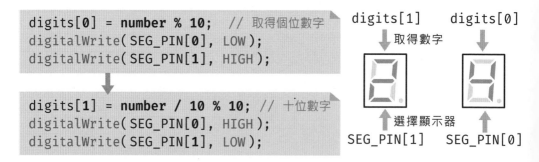

以呈現兩個位數為例，筆者把拆解後的數字全都存入 digits 陣列，選擇七段顯示器的接腳編號則存入 SEG_PIN 陣列：

```
int number = 24;        個位數
                          ↓   ↙十位數
byte digits[2]  = {0, 0}; // 儲存個別數字
byte SEG_PIN[2] = {8, 9}; // 七段顯示器的選擇線
```

如此，底下的敘述將能控制兩個顯示器呈現個別的數字：

```
digits[0] = number % 10;    // 取得個位數字
digitalWrite( SEG_PIN[0], LOW );
digitalWrite( SEG_PIN[1], HIGH );
```

```
digits[1] = number / 10 % 10; // 十位數字
digitalWrite( SEG_PIN[0], HIGH );
digitalWrite( SEG_PIN[1], LOW );
```

本實驗電路的麵包板接線示範如下：

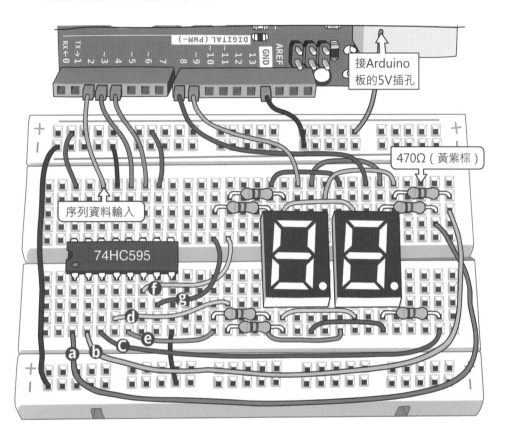

實驗程式：筆者把程式分成 counter（資料處理、計數）和 display（控制顯示器）兩個函式：

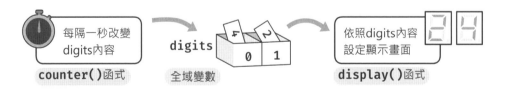

完整的程式碼如下：

```
const byte SEG_PIN[2]={8, 9};  // 7 段顯示器的控制接腳
```

```
const byte NUM_OF_SEG = sizeof(SEG_PIN);  // 7 段顯示器的數量
int number=0;
byte digits[2] = {0, 0};

const byte dataPin = 2;          // 74HC595 序列輸入
const byte latchPin = 3;         // 74HC595 暫存器時脈
const byte clockPin = 4;         // 74HC595 序列時脈

unsigned long previousMillis = 0;
const long interval = 1000;

const byte LEDs[10] = {
  0x7E, 0x30, 0x6D, 0x79, 0x33,
  0x5B, 0x5F, 0x70, 0x7F, 0x73
};

// 每隔一秒數字加 1 並拆解數字
void counter() {
  unsigned long currentMillis = millis();

  // 每隔 1 秒執行一次底下的條件式內容
  if (currentMillis - previousMillis >= interval) {
    previousMillis = currentMillis;

    if (++number > 99) {   // number 先加 1，再比較
      number = 0;          // 若超過 99 則歸零
    }

    digits[0]= number % 10 ;         // 儲存個位數字
    digits[1]= number / 10 % 10 ;    // 十位數字
  }
}

void display(){
  byte num;

  // 逐一設定每個七段顯示器
  for (byte i=0; i<NUM_OF_SEG; i++){
```

```
    num = digits[i];

    digitalWrite(latchPin, LOW);
    shiftOut(dataPin, clockPin, LSBFIRST, LEDs[num]);
    digitalWrite(latchPin, HIGH);

    digitalWrite(SEG_PIN[i], LOW);        // 點亮此顯示器
    delay(5);

    for (byte j=0; j<NUM_OF_SEG; j++) {
      digitalWrite(SEG_PIN[j], HIGH);   // 關閉所有顯示器
    }
  }
}

void setup() {
  pinMode(latchPin, OUTPUT);
  pinMode(clockPin, OUTPUT);
  pinMode(dataPin, OUTPUT);

  for (byte i=0; i<NUM_OF_SEG; i++) {
    pinMode(SEG_PIN[i], OUTPUT);
    digitalWrite(SEG_PIN[i], HIGH);
  }
}

void loop() {
  counter();
  display();
}
```

補充說明，控制顯示器的 display() 函式中，使用一個 for 迴圈逐一控制每個七段顯示器，是為了方便擴充顯示器的數量。電路每增加一個顯示器，就要多加一條控制線，假設總共有 4 個七段顯示器，控制線分別接在 8, 9, 10 和 11 腳，程式開頭的兩個陣列值需要修改，其餘不變：

```
const byte SEG_PIN[4]={8, 9, 10, 11};
byte digits[4] = {0, 0, 0, 0};
```

快速替換識別字名稱

Arduino IDE 2 提供兩個快速替換識別字（如：變數和函式）名稱的功能，比「尋找和取代」命令更精確好用。舉例來說，把 "dataPin" 替換成 "DATA_PIN"，請在程式中任何 dataPin 上按滑鼠右鍵，選擇 **Rename Symbol（重新命名符號）**，然後在文字方塊裡面輸入新的名稱，再按下 Enter 鍵，程式碼裡的 dataPin 都改成了 DATA_PIN。

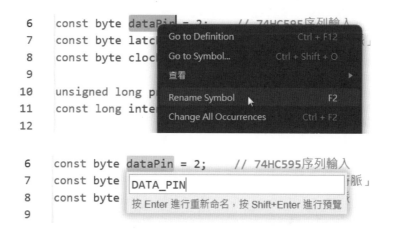

另一個辦法是選擇 **Change All Occurrences（修改所有引用處）**，文字插入點將出現在每個相同識別名稱之處，讓你同步編輯它們。編輯完畢後，點擊文件的任意處，即可取消同步編輯。

```
42    digitalWrite(latchPin, LOW);
                            Go to Definition        Ctrl + F12
43    shiftOut(DATA_PIN, C
                            Go to Symbol...     Ctrl + Shift + O
44    digitalWrite(latchPi
45                          查看
46    digitalWrite(SEG_PIN
                            Rename Symbol               F2
47    delay(5);
                            Change All Occurrences      Ctrl + F2
48
49    for (byte j=0; j<NUM  Format Document      Alt + Shift + F
```

```
42    digitalWrite(LATCH_PIN, LOW);
43    shiftOut(DATA_PIN, CLOCK_PIN, LSBFIRST, LEDs[num]);
44    digitalWrite(LATCH_PIN, HIGH);
45
```

認識邏輯閘

數位系統中最基本的運算就是邏輯運算,負責邏輯運算最基本的元件就是邏輯閘。邏輯閘能將一個或多個輸入,經運算之後產生一個輸出。以下圖為例,做決策時需要雙方同意,才能執行,**任一方不同意就不執行**,這就是 AND(及閘)邏輯運算:

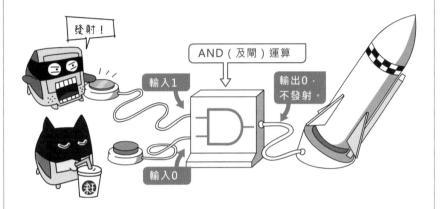

基本的邏輯運算符號與意義如下,其中的 A, B 代表輸入端:

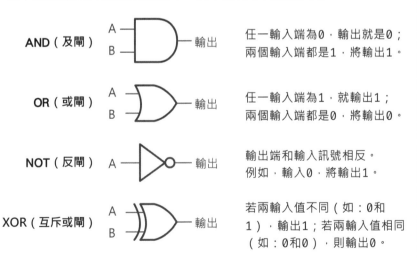

AND(及閘)	A, B	任一輸入端為0,輸出就是0;兩個輸入端都是1,將輸出1。
OR(或閘)	A, B	任一輸入端為1,就輸出1;兩個輸入端都是0,將輸出0。
NOT(反閘)	A	輸出端和輸入訊號相反。例如,輸入0,將輸出1。
XOR(互斥或閘)	A, B	若兩輸入值不同(如:0和1),輸出1;若兩輸入值相同(如:0和0),則輸出0。

除了上文提及的 7408,7432 內部包含四組 OR(或閘),7404 包含六組 NOT(反閘),詳細的規格和接腳可上網搜尋。

TTL 和 CMOS 類型

根據結構，數位 IC 分成 TTL 和 CMOS 兩大類型，早期用 74 和 40 兩大系列編號來區分，主要的區別在於電源電壓和消耗電力（參閱表 6-1）。CMOS 的電壓範圍比較大也省電很多，但是處理速度比較慢且比較容易遭靜電破壞。

表 6-1：TTL 和 CMOS 類型 IC 的主要差異

類型	TTL	C-MOS
基本構成元件	雙極性電晶體	單極性 FET
電源電壓	74LS 系列：4.75~5.25V	74HC 系列（新）：2~6V 40 系列（舊）：3~18V
輸入訊號臨界值	高電位（1）：高於 2V 低電位（0）：低於 0.8V	理論值：輸入電壓超過電源電壓的一半，代表高電位 74 系列高電位：2~3.15V 低電位：0.8~1.35V
輸出準位	高電位輸出：2.4~3.5V 低電位輸出：0~0.5V	高電位輸出：電源電壓 低電位輸出：接地
單一閘消耗功率	1~2mW	約 1μW

隨著製造工藝不斷進步，CMOS 系列在處理速度和靜電保護上，都大幅地改善，IC 製造公司後來也揚棄 40 系列編號，改採 **74HC** 編號。如果讀者看到使用 40 系列 IC 的電路圖，多半是早期的設計。

包含 Arduino 的微處理器在內的許多 IC 都採用 CMOS 製程。

原本屬於 TTL 類型的 74 系列，用 74LS 標示。同一個電路中可以混用兩種元件，但中間可能需要加上電阻或其他緩衝元件，因此原則上盡量採用相同類型的元件。

CHAPTER

7

SPI 序列介面與
LED 點陣顯示器

本章產生 LED 動態畫面效果的程式，包含稍微複雜的**雙重迴圈**（即：迴圈當中包含另一個迴圈），請讀者把自己想像成微電腦，拿起筆，耐心地配合程式流程插圖，跑一下流程，這樣比較容易理解程式敘述。

此外，本章也包含撰寫**自訂函式**、變數的**有效範圍**等重要程式寫作概念，以及節省主記憶體空間的變數設定方式。

7-1 建立自訂函式

電腦程式語言中，一組**具有特定功能**（如：計算圓面積的公式 πr^2），並且能被**重複使用**的程式碼，叫做 " 函式 "。例如，程式的執行流程像下圖左，從指令 A 開始往下執行，其中包含兩段相同功能的敘述，用函式改寫之後，程式碼變得簡潔且容易維護了：

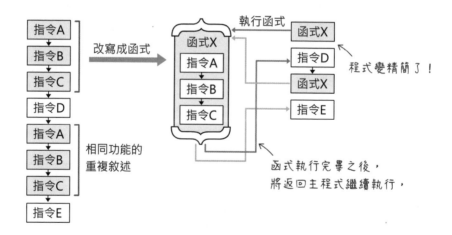

以計算機上的**功能鍵**（function key）為例，它把原本複雜的公式計算，簡化成一個按鍵，使用者即使不知道計算公式為何，只要輸入數字（或稱為「參數」），就能得到正確的結果，而且功能鍵可以被一再使用。

建立計算圓面積的自訂函式範例如下：

函式名稱後面要加上小括號

```
void cirArea() {
        自訂函式的名稱
    int r = 5;
    float area = 3.14 * r * r;
    Serial.println(area);
}
void setup() {
    Serial.begin(9600);
}
void loop() {
    cirArea(); // 執行函式
    delay(2000);
}
```

自訂函式cirArea()

宣告半徑 (5)
計算圓面積
輸出圓面積

自訂函式通常寫在呼叫敘述之前（例如，寫在程式開頭）。

函式程式碼執行完畢後，將回到呼叫函式敘述的下一行繼續執行。

若要執行函式，請寫出該函式的名稱，後面再加上小括號（註：執行函式也稱為**呼叫函式**）。自訂函式可以放在呼叫它的敘述前面或者後面，甚至放在外部的檔案（參閱第 11 章）。若是放在同一個程式檔，許多程式設計師習慣將它**放在呼叫敘述之前**。

編譯、上傳程式碼之後，即可在**序列埠監控窗**看到圓面積值（78.50）。

計算 N 次方，可以把數字乘上 N 遍，例如，計算變數 r 的 3 次方值：

```
float f = r * r * r;
```

也可以採用 C 語言內建的 **pow 函式**（原意為 power，次方），底下的 pow() 函式將傳回 r 的平方值：

```
float area = 3.14 * pow( r, 2 );
```

底數　指數　　底數→r^2←指數

底下列舉一些 Arduino 內建的數學函式：

數學函式	說明
abs(x)	傳回 x 的絕對值（原意：absolute）
pow(x,y)	傳回 x 的 y 次方值（原意：power）
sqrt(x)	傳回 x 的平方根值（原意：square root）
floor(x)	無條件捨去小數（floor 原意為「地板」），若 x 值為 3.98，floor(x) 將傳回 3
ceil(x)	無條件進位（ceiling 原意為「天花板」），若 x 值為 3.05，ceil(x) 將傳回 4
log(x)	傳回 x 的自然對數
log10(x)	傳回以 10 為底的 x 對數
sin(x)	傳回 x 弧度的正弦值
cos(x)	傳回 x 弧度的餘弦值
tan(x)	傳回 x 弧度的正切值

設定自訂函式的引數（參數）與傳回值

上一節的自訂函式相當沒有彈性，不管呼叫幾次 cirArea()，都只會計算半徑 5 的圓面積。其實，函式名稱後面的小括號是有意義的，**括弧的外型宛如一個入口，可以傳遞與接收參數。**

替自訂函式加入可**接收**半徑值的參數，讓此函式變得實用：

參數也要設定類型　　接收傳入值的參數

```
void cirArea( int r ) {
    float area = 3.14 * r * r;
    Serial.println(area);
}
```

還可以改用 return 指令傳回計算結果。return 就是「返回」或者「傳回」的意思，用來將數值傳回給呼叫方：

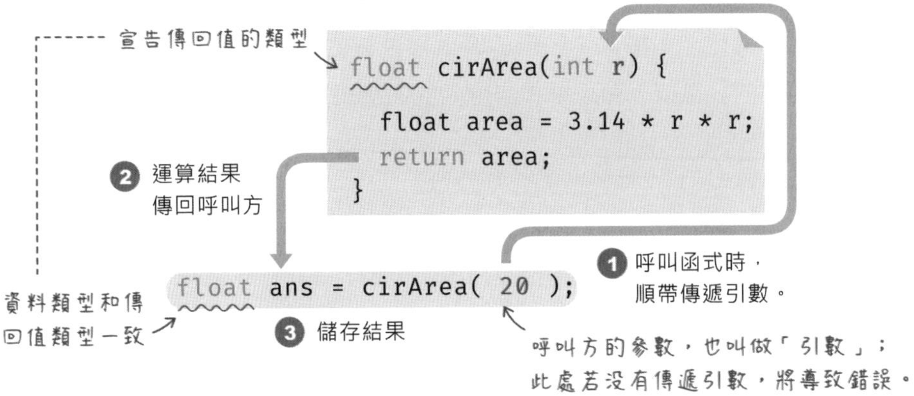

請注意，自訂函式名稱的前面，本來標示著代表「沒有傳回值」的 "void"。若函式有傳回值，必須把 void 改成傳回值的類型，此例為 float（浮點數）。

return 敘述有**終結執行**的涵意，凡是寫在 return 後面的敘述將不被執行，例如：

```
float cirArea(int r) {
  float area = 3.14 * r * r;
  return area;
  area = 99;    // 這一行永遠不被執行！
}
```

總結一下，自訂函式的語法格式為：

void類型代表「無傳回值」　　多個參數中間用逗號隔開

```
傳回值類型 函式名稱(參數1, 參數2, ...) {
  運算式1;
  運算式2;
     :
  return 運算結果;
}
```

← 若無傳回值，則省略這一行。

實驗說明：撰寫一個接收半徑值的圓面積計算函式，並在**序列埠監控窗**顯示不同半徑的計算值，藉以練習自訂函式的程式寫法。

實驗材料：除了 Arduino 板，不需要其他材料。

實驗程式：

```
float ans;    // 接收運算結果的變數

float cirArea(int r) {
  float area = 3.14 * r * r;
  return area;
}

void setup() {
  Serial.begin(9600);
  ans = cirArea(10);    // 計算半徑 10 的圓面積
  Serial.println(ans);  // 顯示結果
  ans = cirArea(20);    // 計算半徑 20 的圓面積
  Serial.println(ans);  // 顯示結果
}

void loop() {
}
```

實驗結果：編譯並上傳程式碼之後，開啟**序列埠監控窗**，將能看見半徑 10 與 20 的圓面積值：

有些 C 程式語言的編譯器規定，自訂函式一定要放在前面，假若要放在呼叫敘述之後，程式的開頭就得加上**函式原型**（function prototype）宣告。Arduino 程式也支援這種寫法，以底下的程式為例，我們一眼就能看出這個程式包含一個自訂函式，以及它的規格：

代表函式需要一個整數類型的參數，
參數名稱（如：r）可以省略。

```
float cirArea(int);
```

僅定義函式名稱和參數項目，稱為「函式原型」宣告。

```
void setup() {
  Serial.begin(9600);
  float ans = cirArea(10);
  Serial.println(ans);
}

void loop() {
}

float cirArea(int r) {
  float area = 3.14 * r * r;
  return area;
}
```

自訂函式本體放在後面

除了在真實的 Arduino 控制板執行與驗證程式，也可以在瀏覽器中**用軟體模擬執行 Arduino 專案**。相關操作說明請參閱〈使用 Arduino 模擬器測試演算法（一）：用 Tinkercad 搭建 Arduino 實驗電路並驗證程式邏輯〉，網址：swf.com.tw/?p=1295

7-2 變數的有效範圍：全域、區域和靜態

變數的**有效範圍**（scope）是一個跟**函式**密切相關的重要概念。在**大括號以內**宣告的變數，屬於**區域變數**，代表它的有效範圍僅限於**大括號內部**，**一旦大括號範圍的程式執行完畢，區域變數將被刪除**；大括號外面的程式，無法存取區域變數。

函式裡的執行空間可比喻成「室內」，函式以外則是「室外」。**在函式外面定義的變數稱為「全域變數」，能被所有（大括號內、外）的程式碼存取。**請參閱底下的程式碼：

```
int age = 20;   ← 在室外宣告的變數：全域變數
                   牆壁一般的大括號，界定了
                   變數的有效範圍。
void check() {  ←
  int age = 10; ← 在室內宣告的變數：區域變數
  Serial.print("check函式：");
  Serial.println(age);
}
                   遇到相同名稱的變數時，優先取用「區域變數」。
void setup() {
  Serial.begin(9600);
  check();
  Serial.print("setup函式：");
  Serial.println(age);
}
         ↑
  在setup函式內找不到，
  因此取用外部全域變數。
void loop() {
}
```

我是室內的阿蝙！

我是室外的阿蝙！

Prison Break
Michael Scofield
越獄風雲

同名同姓不同人

程式第一行首先宣告一個 age 變數，它位於函式定義之外，所以是**全域變數**；check() 函式當中也定義了一個 age 變數，它位於函式裡面，屬於**區域變數**。這兩個變數就像位於室內和室外的兩個人，同名同姓但並不相關。

當程式執行時，check() 函式裡的敘述，將**優先取用區域變數**。不過，setup() 函式裡面並沒有定義 age 變數，當它裡面的程式嘗試存取 age 變數時，它將向外尋覓（相當於把外面的人叫進來），因而取用到**全域變數**。執行結果如下：

輸出 序列埠監控窗 ×		⌄ ⏱ ☰
訊息 (按Enter鍵將訊息發送到COM5上的Arduino UNO)	沒有斷行字元 ▼	9600鮑率 ▼

```
check函式：10
setup函式：20
```

同樣地,在 setup() 函
式和 loop() 函式中定義
的變數,也是**區域變
數**。以這個程式為例,
loop() 函式裡的區域變
數 x 沒有指定值(預設
為 0),每當程式的執
行流程離開函式時,x
變數就被銷燬:

```
void setup() {
  Serial.begin(9600);
}

void loop() {
  int x;           建立區域變數,預設值為0。
  x ++;            將x的值加1
  Serial.println(x);
  delay(500);
}
```

```
0
 x
```

```
0  +1   等同:
 x      x+=1;
```

```
1   函式執行完畢,
 x  區域變數就被刪除。
```

當 loop() 再次被執行時,val 又重新被建立並預設為 0。因此,顯示在**序列
埠監控窗**裡的數值,始終是 1:

如果要讓 loop() 裡的變數值能持續累加,有兩種方式,第一種是在函式之
外宣告變數,成為**全域變數**,如左下圖:

```
int x;       在函式外面定義的變數是
              「全域變數」
void setup() {
  Serial.begin(9600);
}

void loop() {
  x ++;      取用全域變數
  Serial.println( x );
  delay(500);
}
```

代表「靜態」

```
void setup() {
  Serial.begin(9600);
}

void loop() {
  static int x;
  x ++;
  Serial.println( x );
  delay(500);
}
```

```
0
 x
```

```
1
 x
```

函式執行完畢,
靜態變數仍保留在函式中

第二種是**在區域變數宣告前面加上 static**，讓它成為**靜態變數**。靜態變數的初始值只會在第一次執行時被設定，如右上圖的 x 初始值將是 0。上面兩段程式的執行結果相同，都會顯示不停累加的數值：

Arduino（C/C++ 語言）的區域變數，還能用**大括號**進一步細分，例如，底下的 if 區塊內的 x 變數，僅作用在 if 區塊內部。

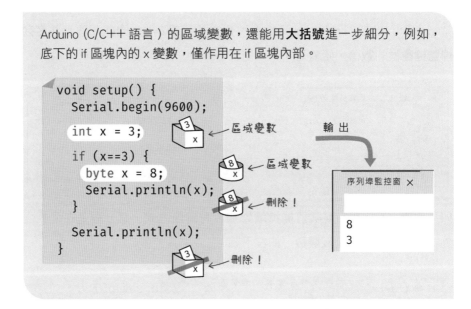

7-3 LED 點陣簡介

LED 點陣（LED Matrix）是一種把數十個 LED 排列封裝在一個方形元件的顯示單元，通常是 5×7 或 8×8，它們的外型和接腳編號如下：

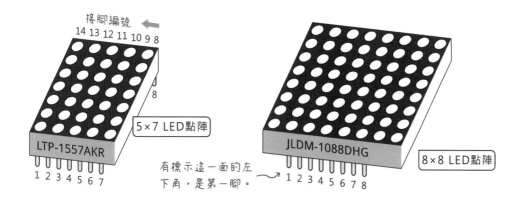

LED 點陣模組有單色、雙色和三色（註：紅、藍、綠三色就能混和出全部色彩），以及普通亮度和高亮度等形式，色彩越多，接腳也越多，當然控制方式也越複雜。

LED 點陣也分成「共陽極」和「共陰極」兩種，下圖是共陰極的內部等效電路。實際上，我們也能依據此電路用數十個單一 LED 組裝成點陣。

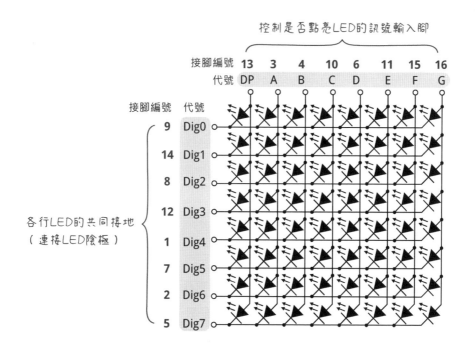

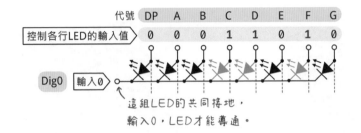

由於 LED 點陣的接腳數目多，最好用「串聯」的方式連接微處理器。除了採用第 4 章介紹的 74HC595 之外，下文將採用專門用來驅動七段顯示器和 LED 點陣的 IC，型號是 **MAX7219**。

MAX7219 的特點包含：

● 可同時驅動 8 個**共陰極**七段顯示器（含小數點），或者一個**共陰極** 8 x 8 點陣 LED。

● 多個 MAX7219 可串接在一起，構成大型 LED 顯示器。

● 使用三條線串接 Arduino（不用「輸出」線，因為它不需要輸出資料給微處理器），可驅動多組七段顯示器或點陣式 LED。

● 只需外接一個電阻，即可限制每個 LED 的電流。

MAX7219 採用 SPI 序列介面，在介紹這個 IC 的使用方式之前，我們先來認識一下 SPI 介面。

7-4 認識 SPI 序列介面與 MAX7219

第 5 章介紹的 UART 序列介面使用兩條線串連主機和周邊，一個 UART 只能連接一個周邊。SPI 序列介面採用 4 條接線，可連接多個周邊，全名是 Serial Peripheral Interface（序列周邊介面），廣泛用於各種電子裝置，像 SD 記憶卡、數位 / 類比轉換 IC、LED 控制晶片、乙太網路卡…等等。

SPI 的 4 條接線的名稱和用途：

● **CS**：晶片選擇線（Chip Select），指定要連線的周邊設備。此線**輸入 0，代表選取**，1 代表未選。這條線以前也稱為 SS（Slave Select，周邊選擇線）。

● **SDO**：從主機往周邊傳送的**序列資料輸出**線（Serial Data Out），以前稱為 **MOSI**（Master Output, Slave Input，**主出從入**）。

● **SDI**：從周邊往主機傳送的**序列資料輸入**線（Serial Data In），以前稱為 **MISO**（Master Input, Slave Output，**主入從出**）。

● **SCK**：序列時脈線（Serial Clock）。

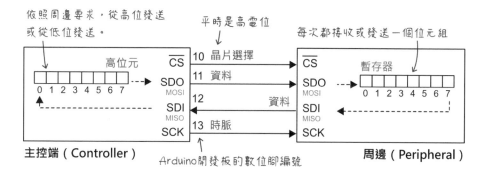

UNO 板的 SPI 介面位於**數位 10~13 腳**。SPI 連線包含一個主控端和一個或多個周邊裝置，**每個 SPI 周邊需要單獨一條 CS（晶片選擇）線**，11~13 以外的接腳都可當做「晶片選擇」線。

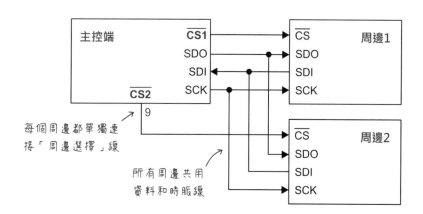

微控制板的許多接腳都有雙重用途，像類比 A0~A5 腳，可以當成一般的數位腳，這種**多用途接腳，統稱 GPIO 介面**（General-purpose I/O，通用型輸入輸出）。UNO 板的 SPI 介面，除了 CS 晶片選擇線可以換用其他接腳，其餘 3 個接線都必須連接特定的腳位。

UNO 板的**數位 11~13 腳**，也和控制板右側的 **ICSP**（In-Circuit Serial Programming，譯作「實體電路串列燒錄」或「線上燒錄」）端子相連：

SDI資料線（D12）———　　　　———SDO資料線（D11）

SCK序列時脈線（D13）———　　　　———CS晶片/周邊選擇線（D10，可選用其他腳）

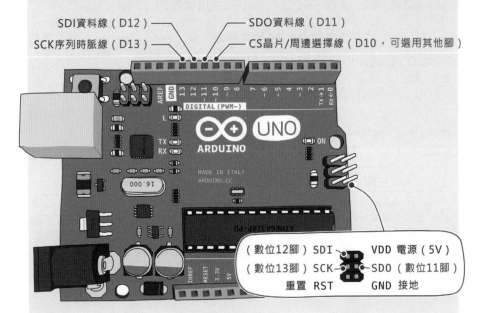

（數位12腳）SDI　　VDD 電源（5V）
（數位13腳）SCK　　SDO（數位11腳）
重置 RST　　GND 接地

除了上述 4 條接線，某些支援 SPI 介面的晶片，同時具備主控端和周邊裝置的功能，它們的 SPI 接腳採用如下方式命名：

- **SDIO**：代表序列資料輸入 / 輸出（ Serial Data In/Out）的雙向序列資料線。

- **PICO**：周邊輸入 / 主控端輸出（peripheral in / controller out）。若晶片是主控端，此為資料輸出線；當作周邊時，此為資料輸入線。

- **POCI**：周邊輸出 / 主控端輸入（peripheral out / controller in），若是控制器，此為資料輸入線；當作周邊時，此為資料輸出線。

下圖是修改自 MAX7219 規格書的時序圖，看起來有些複雜，不過，讀者只要了解，裝置的 CS 接腳必須為 0，才能接收和傳遞資料。從時序圖也能看出，SPI 介面的裝置能在一個時脈週期內完成「接收」和「輸出」資料的工作。

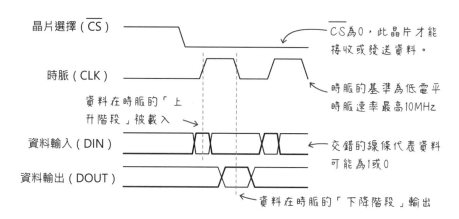

動手做 7-2 組裝 LED 點陣電路

實驗說明：使用 MAX7219 LED 驅動 IC 連接 LED 點陣，只需佔用 Arduino 三條數位腳接線。

實驗材料：

共陰極 8×8 LED 點陣	1 個
24KΩ（紅黃橙）	1 個
10KΩ（黑棕黃）	1 個
0.1μF（104）電容（耐電壓 10V 以上）	1 個
（選擇性的）10μF 電容（耐電壓 10V 以上）	1 個

實驗電路：MAX7219 可以驅動一個 8×8 單色共陰極 LED 點陣，若要驅動一個雙色 LED 點陣，需要使用兩個 MAX7219。驅動一個 8×8 單色 LED 點陣的電路圖如下：

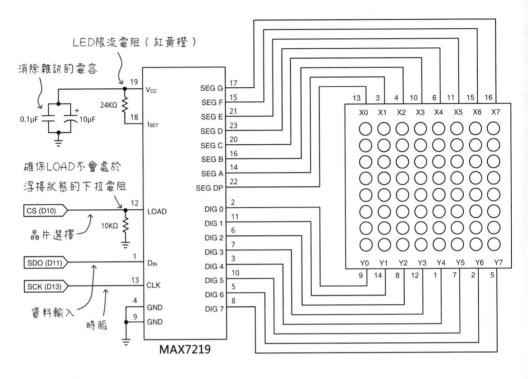

MAX7219 的主要接腳說明如下：

- **DIG0~DIG7**：8 條數據線，連接陰極（－）。

- **SEG A~G 和 DP**：七段顯示器和小數點的連接線（陽極），也用於連接
  LED 點陣的陽極。

- **ISET**：連接 LED 限流電阻。

IC 電源端的兩個電容，用來消除電源可能引入的雜訊（也就是平穩的直流
電以外的劇烈波動）。電子材料行和網拍有販售採用 MAX7219 的 8×8 LED
點陣模組，可以直接買來使用：

MAX7219 的暫存器與資料傳輸格式

MAX7219 內部包含**用於設定晶片狀態，以及 LED 顯示資料**的**暫存器**，其中最重要的是**資料（Digit）**暫存器，一共有八個，名稱是 Digital 0（資料 0，簡稱 D0）~Digital 7，分別存放 LED 點陣每一行的顯示內容（或每個七段顯示器所要顯示的數字）：

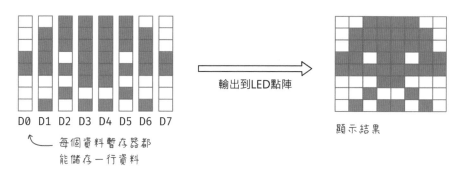

D0 D1 D2 D3 D4 D5 D6 D7

每個資料暫存器都
能儲存一行資料

輸出到LED點陣

顯示結果

例如，若要改變 LED 點陣第一行的顯示內容，只要將該行的資料傳給晶片裡的 "Digit 0" 暫存器即可。

MAX7219 內部其餘的暫存器的名稱與說明如下：

● 顯示強度（Intensity）暫存器：顯示器的亮度，除了透過 V_{CC} 和 I_{SET} 接腳之間的電阻來調整，也能透過此暫存器來設定，亮度範圍從 0~15（或十六進位的 0~F），數字越低亮度也越低。

● 顯示檢測（Display Test）暫存器：此暫存器設定為 1，MAX7219 將進入「測試」模式，所有的 LED 都會被點亮；設定成 0，則是「一般」模式。若要控制 MAX7219 顯示，需要將它設定成「一般」模式。

● 解碼模式（Decode Mode）暫存器：設定是否啟用 BCD 解碼功能，這項功能用於七段顯示器。設定成 0，代表不解碼，用於驅動 LED 點陣。

● 停機（Shutdown）暫存器：關閉 LED 電源，但 MAX7219 仍可接收資料。

● 掃描限制（Scan Limit）暫存器：設定掃描顯示器的個數，可能值從 0 到 7，代表顯示 1~8 個 LED 七段顯示器，或者 LED 點陣中的 1~8 行。**設定成 7，才能顯示 LED 點陣的全部行數。**

● 不運作（No-Op）暫存器：用於串接多個 MAX7219 時，指定不運作的
IC。

每個暫存器都有一個識別位址（參閱表 7-1）。就像在現實生活中寄信一
樣，要寫出收信人的地址，郵差才能正確寄送，設定暫存器的值也是透過
「位址」。例如，若要改變 LED 點陣第一行的顯示內容，需要把該行的資料
傳給晶片裡的 "D0" 暫存器，而 "D0" 暫存器的位址是 0x1。

MAX7219 每次都會接收
16 位元數據，數據分成兩
段，前 8 位元是資料，接
著是 4 位元的位址，最後
4 個高位元沒有使用：

表 7-1

暫存器名稱	位址（16 進位）
資料 0（Digit 0）	0×1
資料 1（Digit 1）	0×2
資料 2（Digit 2）	0×3
資料 3（Digit 3）	0×4
資料 4（Digit 4）	0×5
資料 5（Digit 5）	0×6
資料 6（Digit 6）	0×7
資料 7（Digit 7）	0×8
不運作（No-Op）	0×0
解碼模式（Decode Mode）	0×9
顯示強度（Intensity）	0×A
掃描限制（Scan Limit）	0×B
停機（Shutdown）	0×C
顯示器檢測（Display Test）	0×F

D15	D14	D13	D12	D11	D10	D9	D8	D7	D6	D5	D4	D3	D2	D1	D0
×	×	×	×	0	0	0	1	0	1	1	1	0	0	0	1

　　未使用　　　　　暫存器位址　　　　　　　　　資料

▲ 傳送資料給「資料0（Digit 0）」暫存器

從 Arduino 傳送數據時，先傳送 8 位元的位址（高位元組），再傳送資料
（低位元組），例如：

傳資料給 MAX7219 的四個步驟

傳送資料給 MAX7219 需要底下四個步驟,筆者將它們寫成一個名叫 max7219 的函式,方便重複使用:

暫存器的位址　　　　要傳送的資料

```
void max7219( byte reg, byte data ) {
  digitalWrite (SS, LOW);   // 1. SS線設定成0 ( 選取晶片 )
  SPI.transfer (reg);       // 2. 傳送暫存器的位址
  SPI.transfer (data);      // 3. 傳送資料
  digitalWrite (SS, HIGH);  // 4. SS線設定成1 ( 取消選取 )
}
```

其中的 SPI.transfer() 是 Arduino IDE 內建的 **SPI 程式庫**函式,負責從微處理器的 SPI 介面傳送資料。呼叫此自訂函式的範例敘述如下,它將把 LED 的顯示強度(Intensity)設定成 8(中等亮度):

```
max7219 (0xA, 8);   // 向 0xA 位址的暫存器傳送 8
```

為了增加程式碼的可讀性,可以像這樣用常數名稱定義 MAX7219 的暫存器位址:

```
const byte NOOP = 0x0;          // 不運作
const byte DECODEMODE = 0x9;    // 解碼模式
const byte INTENSITY = 0xA;     // 顯示強度
const byte SCANLIMIT = 0xB;     // 掃描限制
const byte SHUTDOWN = 0xC;      // 停機
const byte DISPLAYTEST = 0xF;   // 顯示器檢測
```

如此一來，設定顯示強度的敘述就能寫成：

```
max7219 (INTENSITY, 8);   // 向強度暫存器（位址 0xA）傳送 8
```

7-5 顯示單一點陣圖像

撰寫顯示 8×8 LED 點陣圖像的程式之前，請先在紙上繪製一個如下圖 8×8 的表格，將要點亮的部分標示 1（若是共陽極，則標示 0），並記下每一行的 2 進位值或 16 進位值（註：用 10 進位也行，只是比較不容易聯想到原始圖）：

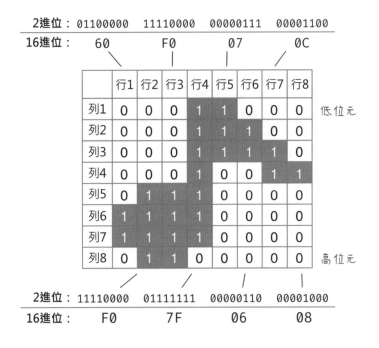

圖像規劃完畢，即可開啟程式編輯器，將每一行的資料值存成一組陣列，筆者將此陣列命名為 symbol。

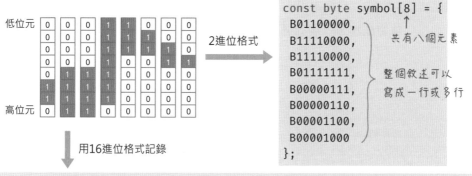

```
const byte symbol[8] = {0x60, 0xF0, 0xF0, 0x7F, 0x07, 0x06, 0x0C, 0x08};
```

接下來,我們可以像底下一樣,撰寫八行敘述,從 symbol 陣列取出每個元素並傳給 MAX7219 的資料暫存器:

更好的寫法是用一個 for 迴圈搞定:

```
for (byte i=0; i<8; i++){  ┌ 資料元素索引從0開始
    max7219(i + 1, symbol[i]);
}       ↑
   資料暫存器位址從1開始
```

動手做 7-3 在點陣 LED 上顯示音符圖像

實驗說明:本實驗承襲〈動手做 7-1〉的成果,透過程式在 LED 點陣上顯示音符圖樣。

實驗程式：根據上一節的說明，在 LED 點陣顯示一個音符圖樣的完整程式碼如下；**負責處理 SPI 序列通訊的程式庫是 SPI.h**，必須在程式開頭引用它。

```
#include <SPI.h>   // 引用 SPI 程式庫

// 定義 8×8 圖像
byte symbol[8] = {0x60, 0xF0, 0xF0, 0x7F, 0x07,
                  0x06, 0x0C, 0x08};

// 定義 MAX7219 暫存器
const byte NOOP = 0x0;          // 不運作
const byte DECODEMODE = 0x9;    // 解碼模式
const byte INTENSITY = 0xA;     // 顯示強度
const byte SCANLIMIT = 0xB;     // 掃描限制
const byte SHUTDOWN = 0xC;      // 停機
const byte DISPLAYTEST = 0xF;   // 顯示器檢測

// 設定 MAX7219 暫存器資料的自訂函式
void max7219(byte reg, byte data) {
  digitalWrite (SS, LOW);
  SPI.transfer (reg);
  SPI.transfer (data);
  digitalWrite (SS, HIGH);
}

void setup () {
  pinMode(SS, OUTPUT);        // 將預設的 SS 腳（數位 10）設成輸出
  digitalWrite(SS, HIGH);     // 先在 SS 腳輸出高電位（代表尚不選取周邊）
  SPI.begin ();               // 啟動 SPI 連線

  max7219 (SCANLIMIT, 7);     // 設定掃描 8 行
  max7219 (DECODEMODE, 0);    // 不使用 BCD 解碼
  max7219 (INTENSITY, 8);     // 設定成中等亮度
  max7219 (DISPLAYTEST, 0);   // 關閉顯示器測試
  max7219 (SHUTDOWN, 1);      // 關閉停機模式（亦即開機）

  // 清除顯示畫面（LED 點陣中的八行都設定成 0）
  for (byte i=0; i < 8; i++) {
    max7219 (i + 1, 0);
```

```
  }
}

void loop () {
  for (byte i=0; i<8; i++) {
    max7219 (i + 1, symbol[i]);   // 顯示自訂圖像
  }
}
```

編譯並上傳程式碼，LED 點陣將顯示一個音符圖像。

若要使用其他數位腳來代替 SS，請先在自訂函式之前宣告一個儲存替代腳位的 CS 變數，並將以上程式裡的 SS 全都改成 CS：

```
// 宣告周邊選擇線的腳位，因為 "SS" 這個名字已經被 SPI 程式庫使用
// 所以底下的程式命名為 "CS"
const byte CS = 10;

// 設定 MAX7219 暫存器資料的自訂函式，請將 SS 改成 CS
void max7219(byte reg, byte data) {
  digitalWrite (CS, LOW);
  SPI.transfer (reg);
  SPI.transfer (data);
  digitalWrite (CS, HIGH);
}
```

別忘了 setup() 函式裡的 SS 變數也要改成 CS：

```
void setup () {
  pinMode(SS, OUTPUT);   // 系統預設的周邊選擇腳位維持「輸出」
                         // 狀態
  pinMode(CS, OUTPUT);   // 將自訂的周邊選擇腳位設成「輸出」
  digitalWrite(CS, HIGH);

  :                      // 以下程式不變
}
```

將系統預設的 SS 腳位設定成輸出狀態，可以避免 Arduino 變成 SPI 的從端（受控制端）。

動手做 7-4 在序列埠監控窗輸出矩形排列的星號

實驗說明：稍後要製作的點陣動畫程式需要使用到「雙重迴圈」技巧，也就是一個迴圈裡面包含另一個迴圈。聽起來有點嚇人，但讀者只要跟著本文練習，就會發現它的概念其實很簡單。我們將寫一段程式碼，在**序列埠監控窗**排列輸出 6×3 個 '*' 字元：

實驗材料：除了 Arduino 板，不需要其他材料。

實驗程式解說：遇到比較複雜的問題時，我們可以嘗試先把問題簡化，先解決一小部分。以上圖 6×3 的星號來說，我們首先要思考，該如何呈現 6 個水平排列的星號？最直白的方法是用 6 個 "print()" 函式顯示星號，但是這種方式毫無彈性，也不易維護：

```
* * * * * *
—  —  —  —  —  —
0  1  2  3  4  5
```
往水平方向增加
一共有6顆星

用6個"print"敘述完成

```
0 Serial.print('*');
1 Serial.print('*');
2 Serial.print('*');
3 Serial.print('*');
4 Serial.print('*');
5 Serial.print('*');
```

或者用for迴圈

設定一個叫做'x'的計數器　　x累加到6，迴圈即停止。

```
for (int x=0; x<6; x++) {
    Serial.print('*');
}
```

最好用 for 迴圈來達成，日後若要增加星號的數量，或者改用其他字元顯示，程式碼都很容易修改。

底下的程式碼將能在**序列埠監控窗**顯示一行 6 個星號字元：

```
void setup() {
 Serial.begin(9600);
 for (int x=0; x<6; x++) {
  Serial.print('*');
 }
}
void loop() {
}
```

執行結果

COM3

******

序列埠監控窗

由此可知，只要執行 3 次顯示 6 個星號的敘述，後面加上代表換行的「新行」字元，就能完成 6×3 的排列顯示效果了：

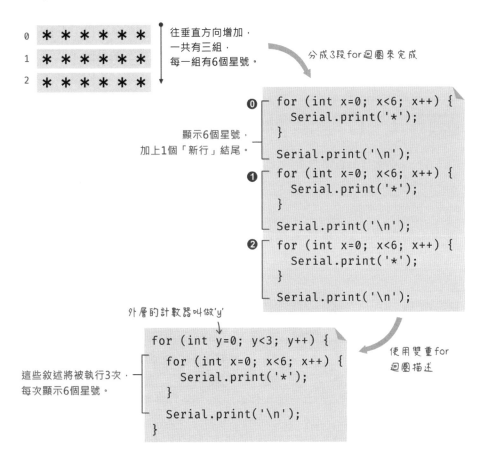

0

1

2

往垂直方向增加，一共有三組，每一組有6個星號。

分成3段for迴圈來完成

```
for (int x=0; x<6; x++) {
   Serial.print('*');
}
Serial.print('\n');
```

❶

```
for (int x=0; x<6; x++) {
   Serial.print('*');
}
Serial.print('\n');
```

❷

```
for (int x=0; x<6; x++) {
   Serial.print('*');
}
Serial.print('\n');
```

顯示6個星號，加上1個「新行」結尾。

外層的計數器叫做'y'

這些敘述將被執行3次，每次顯示6個星號。

```
for (int y=0; y<3; y++) {
  for (int x=0; x<6; x++) {
    Serial.print('*');
  }
  Serial.print('\n');
}
```

使用雙重for迴圈描述

同樣地，這三個重複的敘述可以用一個 for 迴圈來描述，筆者將把計數往下排列的變數命名成 'y'。

實驗程式：根據以上的說明，請在 Arduino 的程式編輯器輸入底下的雙重迴圈敘述：

```
void setup() {
 Serial.begin(9600);
 for (int y=0; y<3; y++) {
  for (int x=0; x<6; x++) {
    Serial.print('*');
  }
  Serial.print('\n');
 }
}
void loop() {
}
```

執行結果 →

COM3 ✕
```
******
******
******
```
序列埠監控窗

實驗結果：上傳執行，即可從**序列埠監控窗**看見 6×3 排列的星號。

7-6 LED 點陣動畫與多維陣列程式設計

讓 Arduino 每隔 0.3 秒依序呈現如下的一系列圖像，這個「太空侵略者（Space Invader）」就會在顯示器上手足舞蹈。

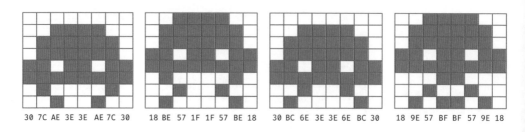

30 7C AE 3E 3E AE 7C 30   18 BE 57 1F 1F 57 BE 18   30 BC 6E 3E 3E 6E BC 30   18 9E 57 BF BF 57 9E 18

上一節的範例程式只用到一張圖像，因此只需定義一組陣列。本節的動態影像使用四張圖，所以需要定義四組陣列。我們可以像這樣宣告四個陣列變數：

```
byte pic0 = {1,2,3,4,5,6,7,8};    // 虛構的圖像 0 資料
byte pic1 = {6,7,8,1,2,3,4,5};    // 虛構的圖像 1 資料
byte pic2 = {4,5,6,7,8,1,2,3};    // 虛構的圖像 2 資料
byte pic3 = {1,2,3,4,8,5,6,7};    // 虛構的圖像 3 資料
```

也可以把這些資料用「二維陣列」定義在**一個陣列**裡面。我們先回顧一下陣列的宣告語法：

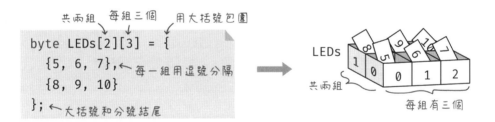

儲存兩組陣列元素的「二維陣列」的範例如下：

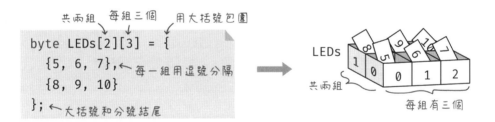

下文將示範如何製作一個向外擴張的太空侵略者動畫（註：動畫的畫面不限於四張，讀者可自行增加），每張畫面的外觀和資料定義如下：

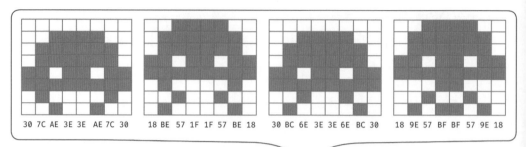

```
四組樣式         每組有八行                              每組都用大括號包圍
const byte sprite[4][8] = {
  { 0x30, 0x7C, 0xAE, 0x3E, 0x3E, 0xAE, 0x7C, 0x30 },
  { 0x18, 0xBE, 0x57, 0x1F, 0x1F, 0x57, 0xBE, 0x18 },
  { 0x30, 0xBC, 0x6E, 0x3E, 0x3E, 0x6E, 0xBC, 0x30 },
  { 0x18, 0x9E, 0x57, 0xBF, 0xBF, 0x57, 0x9E, 0x18 }
};    別忘了分號結尾
```

迴圈程式需要先讀取第一張圖片裡的八行資料，再切換到下一張讀取，我
們需要撰寫如下的**雙重迴圈**達成：

從0到3，逐一切換圖像。

j → 0   1   2   3

i → 0 ~ 7

從0到7逐行傳送給MAX7219

```
for (byte j = 0; j<4; j++) {
  for (byte i=0; i<8; i++) {
    max7219 (i + 1, sprite[j][i]);
  }              讀取第j組中的第i個元素
  delay(100);
}         延遲0.1秒再換圖
```

動手做 7-5　在點陣 LED 上顯示動態圖像

根據上文的說明，底下的程式碼將在 LED 點陣上顯示動畫：

```
#include <SPI.h>

// 定義動態圖像內容
const byte sprite[4][8] = {
  { 0x30, 0x7C, 0xAE, 0x3E, 0x3E, 0xAE, 0x7C, 0x30 },
  { 0x18, 0xBE, 0x57, 0x1F, 0x1F, 0x57, 0xBE, 0x18 },
```

```
    { 0x30, 0xBC, 0x6E, 0x3E, 0x3E, 0x6E, 0xBC, 0x30 },
    { 0x18, 0x9E, 0x57, 0xBF, 0xBF, 0x57, 0x9E, 0x18 }
};
// 定義 MAX7219 暫存器值
const byte NOOP = 0x0;              // 不運作
const byte DECODEMODE = 0x9;       // 解碼模式
const byte INTENSITY = 0xA;        // 顯示強度
const byte SCANLIMIT = 0xB;        // 掃描限制
const byte SHUTDOWN = 0xC;         // 停機
const byte DISPLAYTEST = 0xF;      // 顯示器檢測

// 設定 MAX7219 暫存器資料的自訂函式
void max7219 (const byte reg, const byte data) {
  digitalWrite (SS, LOW);
  SPI.transfer (reg);
  SPI.transfer (data);
  digitalWrite (SS, HIGH);
}

void setup () {
  SPI.begin ();                    // 啟動 SPI 連線

  max7219 (SCANLIMIT, 7);          // 設定掃描 8 行
  max7219 (DECODEMODE, 0);         // 不使用 BCD 解碼
  max7219 (INTENSITY, 8);          // 設定成中等亮度
  max7219 (DISPLAYTEST, 0);        // 關閉顯示器測試
  max7219 (SHUTDOWN, 1);           // 關閉停機模式（亦即開機）

  // 清除顯示畫面（LED 點陣中的八行都設定成 0）
  for (byte i=0; i < 8; i++) {
    max7219 (i + 1, 0);
  }
}

void loop () {
  for (byte j = 0; j<4; j++) {     // 一共 4 個畫面
    for (byte i=0; i<8; i++) {     // 每個畫面 8 行
      max7219 (i + 1, sprite[j][i]);
    }
    delay(100);
  }
}
```

7-7 LED 點陣跑馬燈

跑馬燈動畫指的是文字或圖像朝某一方向捲動而產生的動畫效果，假設我們在一個 8×8 LED 點陣呈現捲動的 "Arduino" 文字，底下是從 A 捲動到 r 的樣子：

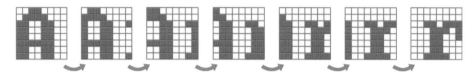

一個 Ardunio 程式，可以由不同的程式檔案構成，像上文的程式碼結合了 "SPI.h" 外部程式庫。本範例程式將引用另一個叫做 fonts.h 的程式檔（位於本章的範例資料夾），其中包含依照 ASCII 編碼排列的 127 個字元圖像定義，LED 點陣程式只要輸入 ASCII 編碼，即可取得該字元的圖像外觀（關於 .h 外部檔的詳細說明，請參閱第 11 章）。

　　　陣列變數名稱　　　總共定義127個字元外觀

```
const byte fonts[127][8] = {
  { 0x00, 0x00, 0x00, 0x00, 0x00, 0x00, 0x00, 0x00 }, // 0x00
  { 0x7E, 0x81, 0x95, 0xB1, 0xB1, 0x95, 0x81, 0x7E }, // 0x01
  { 0x7E, 0xFF, 0xEB, 0xCF, 0xCF, 0xEB, 0xFF, 0x7E }, // 0x02
  { 0x02, 0x03, 0x01, ...                         }, // ':'
  { 0x3E, 0x7F, 0x41, 0x5D, 0x5D, 0x1F, 0x1E, 0x00 }, // '@'
  { 0x7C, 0x7E, 0x13, 0x13, 0x7E, 0x7C, 0x00, 0x00 }, // 'A'
  { 0x41, 0x7F, 0x7F, 0x49, 0x49, 0x7F, 0x36, 0x00 }, // 'B'
  { 0x1C, 0x3E, 0x63, 0x41, 0x41, 0x63, 0x22, 0x00 }, // 'C'
  { 0x41, 0x7F, 0x7F, 0x41, 0x63, 0x3E, 0x1C, 0x00 }, // 'D'
  { 0x00, 0x00, ...    , 0x49, 0x5D, 0x41, 0x63, 0x00 }, // ...
  { 0x00, 0x00, 0x00, 0x77, 0x77, 0x00, 0x00, 0x00 }, // '|'
  { 0x41, 0x41, 0x77, 0x3E, 0x08, 0x08, 0x00, 0x00 }, // '}'
  { 0x02, 0x03, 0x01, 0x03, 0x02, 0x03, 0x01, 0x00 }  // '~'
};
```

程式定義的C字元外觀 ⟶

1C 3E 63 41 41 63 22 00

為了構成字元捲動的效果，我們必須把該字元先暫存在一個變數裡，才能用程式移動其中的數據，筆者將此變數命名為 buffer（筆者用一個盒子代表，但此容器其實是陣列）：

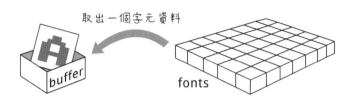

為了讓整個字元向左移動一格，程式需要將陣列裡的下一個元素資料（即：下一行），複製給前一個元素（前一行）。假設陣列元素的編號為 i（下一行元素為 i+1），每複製元素一次，i 就增加 1，因此，當 i 變成 6 時，整個字元就完成向左移動一格了：

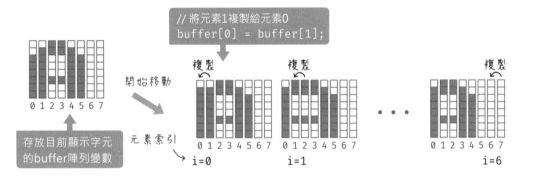

當 i 的值累加到 7 時（buffer 陣列的最後一個元素），必須複製下一個字元（此例為 'r'）的第一個元素：

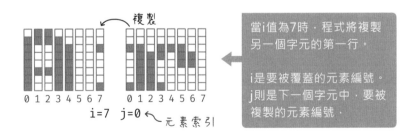

當 i 值為 7 時，程式將複製另一個字元的第一行。

i 是要被覆蓋的元素編號。
j 則是下一個字元中，要被複製的元素編號。

複製完畢後，i 又從 0 開始一直累加到 7，持續複製下一行，最後把下一個字元當中的第二個元素複製過來：

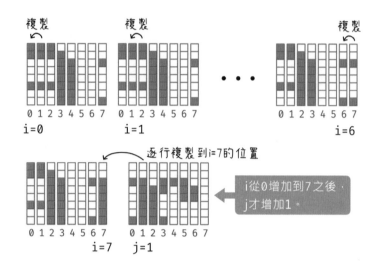

如此不停地複製，當下一個字元的索引 j 值為 7，就代表複製到了下一個字的最後一行，完成從 A 到 r 的捲動效果。

依據以上的動作分析，筆者把捲動文字的程式寫成 scroll() 自訂函式：

傳入下一個字元編號

```
void scroll(byte chr) {
  for (byte j=0; j<8; j++) {
    for (byte i=0; i<7; i++) {
      buffer[i] = buffer[i+1];
      max7219 (i + 1, buffer[i]);
    }
    buffer[7] = font[chr][j];
    max7219 (8, buffer[7]);
    delay(100);
  }
}
```

捲動目前的字元

逐行複製下個字元到目前的7行

延遲0.1秒再捲動

動手做 7-6 LED 點陣逐字捲動效果程式

實驗程式：假設我們要透過 scroll() 自訂函式，重複顯示 "Arduino" 字串（最後一個字是空白，以免重複顯示時，字與字之間連在一起），請在程式的開頭加入底下的變數宣告：

```
// 儲存要顯示的訊息
char msg[] = {'A','r','d','u','i','n','o',' '};
// 使用 sizeof() 函式計算陣列中的元素數量（此例的結果為 8）
int msgSize = sizeof(msg);
```

若是用底下的語法，請記得把 sizeof() 傳回的字元數目減 1：

```
char msg[] = "Arduino ";
// 字串陣列的結尾包含 Null，因此實際長度要減 1
int msgSize = sizeof(msg) - 1;
```

接著在 loop() 區塊中，逐字傳送給捲動字元的 scroll() 函式：

```
void loop () {
  byte chr;
  // 從第 0 個字元開始，每次取出一個字…
  for (int i = 0; i < msgSize; i++) {
    chr = msg[i];
    scroll(chr);
  }
}
```

請先在 Arduino 程式編輯器中，輸入底下的程式碼：

```
#include <SPI.h>
#include "fonts.h"   // 引用外部的 LED 字元外觀定義檔

byte buffer[8] = {0,0,0,0,0,0,0,0};
```

```
// 儲存要顯示的訊息
char msg[] = {'A','r','d','u','i','n','o',' '};
int msgSize = sizeof(msg);


// 定義 MAX7219 暫存器值
const byte NOOP = 0x0;           // 不運作
const byte DECODEMODE = 0x9;    // 解碼模式
const byte INTENSITY = 0xA;     // 顯示強度
const byte SCANLIMIT = 0xB;     // 掃描限制
const byte SHUTDOWN = 0xC;      // 停機
const byte DISPLAYTEST = 0xF;   // 顯示器檢測

// 設定 MAX7219 暫存器資料的自訂函式
void max7219 (const byte reg, const byte data) {
  digitalWrite (SS, LOW);
  SPI.transfer (reg);
  SPI.transfer (data);
  digitalWrite (SS, HIGH);
}


// 捲動字元
void scroll(byte chr) {
  for (byte j = 0; j<8; j++) {
    for (byte i=0; i<7; i++) {
      buffer[i] = buffer[i+1];
      max7219 (i + 1, buffer[i]);
    }
    buffer[7] = fonts[chr][j];
    max7219 (8, buffer[7]);
    delay(100);
  }
}

void setup () {
  pinMode(SS, OUTPUT);        // SS 腳設成輸出模式
  SPI.begin ();               // 啟動 SPI 連線

  max7219 (SCANLIMIT, 7);     // 設定掃描 8 行
  max7219 (DECODEMODE, 0);    // 不使用 BCD 解碼
  max7219 (INTENSITY, 8);     // 設定成中等亮度
  max7219 (DISPLAYTEST, 0);   // 關閉顯示器測試
  max7219 (SHUTDOWN, 1);      // 關閉停機模式（亦即開機）
```

```
  // 清除顯示畫面（LED 點陣中的八行都設定成 0）
  for (byte i=0; i < 8; i++) {
    max7219 (i + 1, 0);
  }
}

void loop () {
  byte chr;
  // 從 msg 陣列的第 0 個字元開始，每次從中取出一個字…
  for (int i = 0; i < msgSize; i++) {
    chr = msg[i];
    scroll(chr);
  }
}
```

程式輸入完畢後，將它命名成 "MAX7291_scroll.ino" 檔儲存，Arduino 程式開發工具預設將把檔案存在「文件」資料夾裡的 Arduino\MAX7291_scroll 路徑。

接著，把範例裡的 fonts.h 檔複製到剛才的存檔路徑：

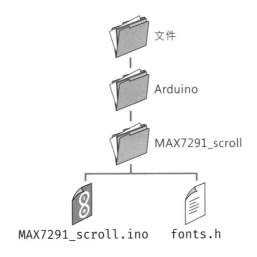

實驗結果：編譯並上傳程式碼，即可看見 LED 點陣顯示器反覆呈現 "Arduino" 捲動文字。

網路上可以找到 LED 點陣的程式庫甚至畫面編輯器，像下圖的 LED Matrix Editor（LED 點陣編輯器），操作說明和範例程式碼請參閱：https://bit.ly/3UhpyKW

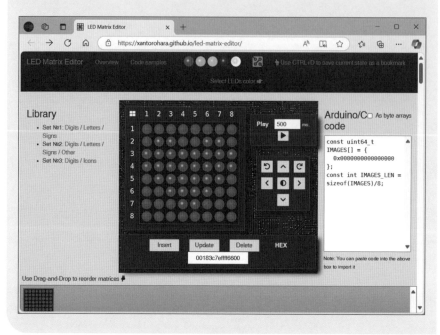

7-8 認識指標（Pointer）

存取變數的資料，除了透過它的名稱之外，還可以透過它的**記憶體位址**。「位址」就是存放資料之處的地址編號。底下是透過「名稱」存取變數值的情況：

```
byte LED = 13;
byte p1 = LED;   // p1的值為13
```

取出值複製給p1

透過「位址」存取變數，需要借助 *（星號）和 & 符號，它們的意義如下：

外型像提把，用於「提取」
資料的記憶體位址。

外型像飛鏢的尾翼，用於
「指向」某位址的資料。

* 和 & 經常合併使用，在底下的範例敘述中，"&LED" 將取得 LED 變數所在的位址，然後存入 pt 變數，在程式用語中，pt 稱為「指向 LED 位址的**指標**（**pointer**）」。

```
byte LED = 13;
byte *pt = &LED;  // 建立指向LED記憶體的捷徑
byte p2 = *pt;    // p2的值為13
```

以上 3 行程式，可以拆解成底下 4 行：

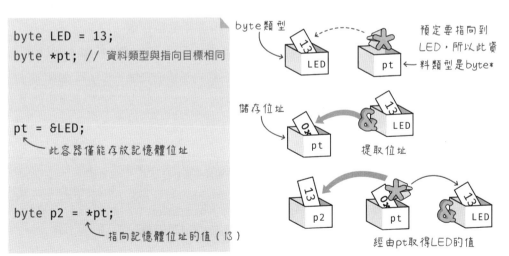

```
byte LED = 13;
byte *pt;  // 資料類型與指向目標相同


pt = &LED;
    此容器僅能存放記憶體位址


byte p2 = *pt;
    指向記憶體位址的值（13）
```

凡是儲存「記憶體位址」的變數，前面都要加上 * 號（註：下圖中的記憶體位址編號是虛構的）：

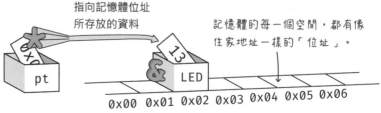

```
byte *pt;
```
也可以寫成：
```
byte* pt;
```
指向存放byte類型
資料的記憶體空間

指向記憶體位址
所存放的資料

記憶體的每一個空間，都有像
住家地址一樣的「位址」。

0x00 0x01 0x02 0x03 0x04 0x05 0x06

參數傳遞：傳值（value）、傳參照（reference）與傳址（pointer）

一般的變數值設定敘述，都是直接傳遞數值，以交換兩個變數值為例，底下敘述執行後，經第三者（temp）助力，a 和 b 值就互換完成：

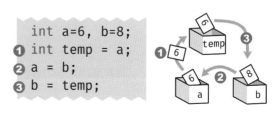

```
int a=6, b=8;
❶ int temp = a;
❷ a = b;
❸ b = temp;
```

但若把以上敘述包裝成自訂函式，情況就不一樣了，因為函式的參數或在其中宣告的變數，都屬「區域」型。

左下圖的 swap() 自訂函式將接收 x 和 y 兩個整數型參數，呼叫此函式傳入並傳遞參數時，資料將被**複製**給函式參數，因而稱作**傳值呼叫（call by value）**。此自訂函式執行完畢，資料僅在其內部達成交換，x, y 和 temp 也會被刪除，所以 a 和 b 變數值並未交換。

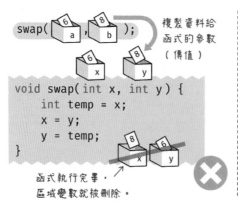

複製資料給
函式的參數
（傳值）

```
void swap(int x, int y) {
    int temp = x;
    x = y;
    y = temp;
}
```

函式執行完畢，
區域變數就被刪除。

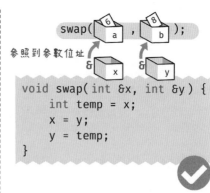

參照到參數位址

```
void swap(int &x, int &y) {
    int temp = x;
    x = y;
    y = temp;
}
```

右上圖的敘述則是**參照到參數的位址**，所以函式處理的資料跟呼叫方是同
一份，這種方式稱作**傳參照呼叫（call by reference）**。

搭配右上角的 swap() 傳址自訂函式，在**序列埠監控窗**顯示交換前後的程式
碼如下（完整程式請參閱範例 swap.ino 檔）：

```
void setup() {
  int a=10, b=20;                  使用"+"連接字串時，第一個字串元素必須先轉型
                                   成String型態，因為"+"是String物件的運算子。
  Serial.begin(9600);        ↓
  Serial.println( String("置換前：") + "\t" + a + "\t" + b );
  swap(a, b);                                  ↑              ↑
  Serial.println( String("置換後：") + "\t" + a + "\t" + b );
}                                            插入退位（Tab）字元

void loop() { }
```

編譯並上傳到 Arduino 控制板（或者在 TinkerCAD 或 Wokwi 線上模擬器測
試，參閱筆者網站的〈Wokwi：免費的 ESP32 開發板 Arduino, MicroPython
線上模擬器〉貼文：https://swf.com.tw/?p=1671），將能在**序列埠監控窗**顯
示交換結果：

輸出	序列埠監控窗 ×			≫ ⊘ ≡ᵥ
訊息 (按Enter鍵將訊息發送到COM5上的Arduino UNO)		沒有斷行字元 ▼	9600鮑率 ▼	

```
置換前：    10    20
置換後：    20    10
```

另有稱為**傳址呼叫（call by address）**或**傳指標呼叫（call by pointer）**的
方式，也是操作同一份資料，但寫法略有不同。

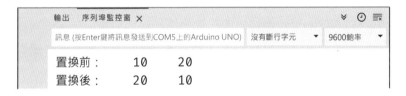

```
void swap(int *x, int *y) {
  int temp = *x;
  *x = *y;
  *y = temp;
}
```

```
void setup() {
  int a = 6;
  int b = 8;
    ：程式碼一樣，故略。
  swap( &a, &b );
    ：程式碼一樣，故略。
}

void loop() { }
```

以上程式也能交換變數 a, b 的值，只是「傳參照」的寫法比較易讀也不容易寫錯。

7-9 將常數保存在「程式記憶體」裡

第 2 章〈常數與程式記憶體〉一節提到，程式啟動時，變數會被保存在主記憶體（SRAM）。可是，微控器的 SRAM 容量不大，對於常數，尤其是大量的 LED 點陣圖像定義，並不會在程式執行期間更動，將它保存在程式（快閃）記憶體就不會占用 SRAM 空間。

例如，如果把 fonts.h 當中的 127 個字元點陣定義，改成 256 個（參閱 fonts_256.h 範例檔）：

```
const byte fonts[256][8] = {
   …定義 256 個字元的點陣資料…
};
```

開發板選擇 UNO R3，在編譯時將出現如下的錯誤訊息，代表全域變數的大小超過微控器主記憶體的容量。把上面的 fonts 定義改成保存在程式（快閃）記憶體，就不會出現錯誤。

如果開發板是採用 RA4M1 或其他同屬於 ARM Cortex-M 架構的 32 位元微控器，如 UNO R4 以及第 1 章提到的 Due 和 MKR 系列開發板，或者 ESP32 系列（非 ARM 架構）開發板，**使用 const 宣告的常數，就會被保存在程式記憶體。**

```
const byte fonts[127][8] = {
   …陣列元素內容…
};
```

但在採用 AVR 架構的 8 位元微控器，如 UNO R3 的 ATmega328，必須
在程式開頭引用 "avr/pgmspace.h" 程式庫，並且在常數宣告敘述中加入
PROGMEM 關鍵字，如下：

```
#include <avr/pgmspace.h>

const byte fonts[127][8] PROGMEM = {
   …陣列元素內容…};
```

上面的程式片段以及底下的程式碼，**僅適用於 UNO R3 或 AVR 架構微控
器的開發板**，告訴編譯器將此陣列保存在**程式記憶體**（快閃記憶體），UNO
R4 開發板沿用之前動手做的程式即可；PROGMEM 關鍵字可放在最前面：

```
PROGMEM byte fonts[127][8] = {
   陣列元素內容....
};
```

筆者將此依照 ASCII 編碼排列的 127 個字元圖像定義，儲存在 fonts_p.h 檔，
它與前一節的 fonts.h 檔的差別在於多了 PROGMEM 宣告：

資料類型　常數名稱　　共127組　　每組8個　　將此資料保存在程式記憶體

```
const byte fonts [127] [8] PROGMEM = {
  { 0x00, 0x00, 0x00, 0x00, 0x00, 0x00, 0x00, 0x00 }, // 0x00
  { 0x7E, 0x81, 0x95, 0xB1, 0xB1, 0x95, 0x81, 0x7E }, // 0x01
  { 0x7E, 0xFF, 0xEB, 0xCF, 0xCF, 0xEB, 0xFF, 0x7E }, // 0x02
        :
  { 0x7C, 0x7E, 0x13, 0x13, 0x7E, 0x7C, 0x00, 0x00 }, // 'A'
  { 0x41, 0x7F, 0x7F, 0x49, 0x49, 0x7F, 0x36, 0x00 }, // 'B'
        :
  { 0x00, 0x00, 0x00, 0x00, 0x00, 0x00, 0x00, 0x00 }, // 0xFF
};
```

按照ASCII規範排列的127個字元

在 UNO R3 開發板上讀取**程式記憶體**的值，稍微麻煩一些，無法直接透過變數的名稱存取，而是要透過**指標**（**pointer**）存取。

非 UNO R3 板的程式，也能在常數定義宣告加入 PROGMEM 關鍵字，但 UNO R4 或 ESP32 等開發板的編譯器，只是為了保持跟 UNO R3 的程式相容而保留 PROGMEM 關鍵字，沒有實質作用，只要用 const 定義即可。

儲存陣列的變數，實際上是記錄了陣列的第一個元素位址。以這個敘述為例：

```
char msg[] = "Arduino ";
```

此陣列的結構可理解成下圖的模樣，並且用加、減位址的方式取得元素值：

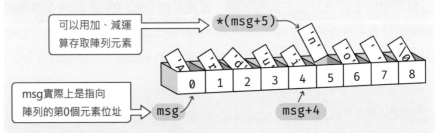

換句話說，msg[0] 可以寫成 *msg：

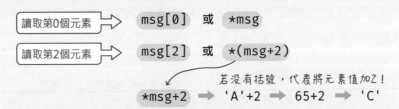

因此，上一節的 loop() 程式碼，可以用指標改寫成：

```
void loop () {
  byte chr;
  for (int i = 0; i < msgSize; i++) {
    chr = *(msg + i);   // 讀取 msg 陣列的元素值
    scroll(chr);
  }
}
```

或者用累加指標的方式，直到指標指向 Null（其值為 0）為止，使用
while 迴圈逐字取出字元：

```
void loop () {
  char *pt = msg;
  char chr;
  while (chr = *pt++) {

    scroll(chr);
  }
}
```

指向msg的
第一個元素

'A' 'r' 'd' 'u' 'i' 'n' 'o' '\0'
0 1 2 3 4 5 6 7 8

先取出目前所在位址
的值，再將位址加1。

如果chr的值為0（Null），
則停止迴圈。

這個寫法，意義不同：

++*pt

代表先將目前所在位址的
內容加1，再傳回值（結果
將是'B'）。

請注意，如果把 while 迴圈改寫成底下的樣子，它將累加**目前所在位置**
的值，再顯示出來，其結果將依序顯示 "BCDEFGH...."（因為此陣列的第
一個元素是 'A'，加 1 之後變成 'B'），而非 "Arduino "。此迴圈將不停地執
行，直到條件式的值變成 0 才停止。

累加*pt值

```
while ( chr = ++*pt ) {
  scroll(chr);
}
```

*pt的初始值

'A' ⇨ 'B' ⇨ 'C' ... ⇨ 'ÿ' ⇨
65 +1 66 +1 67 +1 255 +1 0

因溢位而變成0

字元'A'的10進制編碼值　　字元類型的上限

讀取程式記憶體的常數

讀取**程式記憶體**的值，要使用 pgmspace.h 程式庫提供的函式，並透過**位
址**來存取。例如，讀取一個
位元組的函式叫做 pgm_read_
byte()，語法如右：

```
byte 變數；
變數 = pgm_read_byte (資料位址);
```

底下的範例將取出 fonts 陣列中的第 69 組第 0 行：

```
byte chr;
chr = pgm_read_byte (&fonts [69] [0]);
```

整個敘述代表「提取
第69個字的筆劃0」

提取此資料所在的
「記憶體位址」

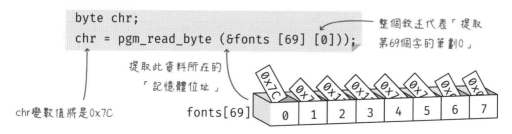

chr變數值將是0x7C

fonts[69]

0x7C 0x 0x 0x 0x 0x 0x 0x
0 1 2 3 4 5 6 7

pgmspace.h 程式庫的原意是 "Program Space Utilities（程式空間工具）"，
此程式庫定義了許多操作「程式記憶體」的函式和資料類型，除了
pgm_read_byte（讀取一個位元組），還有 pgm_read_word（讀取雙位
元組），PSTR（讀取字串）…等等，詳細的表列，請參閱 AVR Lib 網站
上 說 明 文 件（http://www.nongnu.org/avr-libc/user-manual/group__avr__
pgmspace.html）。

逐字捲動程式之二：讀取程式記憶體裡的字元

綜合以上的說明，使用程式記憶體捲動字元的程式碼，和之前的版本，主
要差別在於 scroll() 自訂函式中，取用字元資料的敘述不同。改寫之後的
scroll() 自訂函式如下：

```
void scroll(byte chr) {
  for (byte j = 0; j<8; j++) {
    for (byte i=0; i<7; i++) {
      buffer[i] = buffer[i+1];
      max7219 (i + 1, buffer[i]);
    }
    // 讀取程式記憶體裡的字元資料
    buffer[7] = pgm_read_byte(&fonts[chr][j]);
    max7219 (8, buffer[7]);
    delay(100);
  }
}
```

本單元的完整程式碼，請參閱範例裡的 PROGMEM_scroll.ino 檔。

07

⚡ 再談 SPI 介面與相關程式庫指令

並非所有的 SPI 裝置都像上文的 LED 點陣 IC 一樣,接好腳位再執行 SPI.begin() 指令就能連線。SPI 是一種「同步」序列埠,主機和周邊裝置之間的資料傳遞,都要跟著時脈訊號的起伏一同進行。

時脈訊號就是固定週期(頻率)的高、低電位變化。SPI 介面沒有強制規範時脈訊號的標準,所以不同類型的 SPI 介面晶片,訊號格式可能不太一樣。連線之前要留意下列事項:

1. 資料的位元傳遞順序(bit order):分成高位元先傳(MSBFIRST)和低位元先傳(LSBFIRST)兩種。

2. 裝置所能接受的**時脈最高頻率**。

3. 時脈極性(Clock Polarity):簡稱 CPOL,時脈訊號的電位基準(低電位者其極性為 0)。

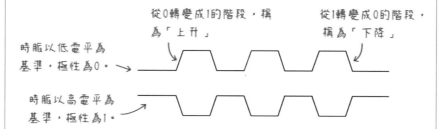

4. 時脈相位(Clock Phase):資料在時脈的上昇階段或者下降階段被讀取。

依據時脈的極性和相位變化,可以分成四種**資料模式**(data mode):

資料模式名稱	時脈極性(CPOL)	時脈相位(CPHA)
SPI_MODE0	0	0(上昇階段)
SPI_MODE1	0	1(下降階段)
SPI_MODE2	1	0
SPI_MODE3	1	1

MAX7219 技術文件指出,其資料從**高位元先傳**、時脈頻率上限為 10MHz、時脈極性(CPOL)為低電位、資料在上昇階段接收,因此工作模式為 SPI_MODE0。

Arduino 開發環境的 SPI 程式庫，具備一個儲存 SPI 參數的 **SPISettings 物件**，語法如下：

```
SPISettings 物件名稱(最高時脈頻率，傳遞順序，資料模式)
```

假設要自訂一個名叫 max7219SPI 的物件，儲存 MAX7219 晶片的 SPI 參數，程式可以這麼寫：

```
SPISettings max7219SPI(10e6, MSBFIRST, SPI_MODE0);
```

自訂的 SPI 參數設定完畢後，要透過 SPI.beginTransaction() 使用自訂的 SPI 參數傳輸訊息，像這樣：

```
SPI.beginTransaction(max7219SPI);  // 用自訂的 SPI 參數傳訊
  :  // 傳輸 SPI 資料的敘述…略
SPI.endTransaction();              // 結束 SPI 通訊
```

或者把自訂 SPI 參數設定的敘述直接寫在 beginTransaction() 呼叫內（不建議，因程式缺乏修改彈性）。

```
SPI.beginTransaction(SPISettings(10e6, MSBFIRST,
    SPI_MODE0));
```

用自訂的 SPI 通訊參數修改上文的 max7219 () 函式，可這樣改寫：

```
// 自訂 SPI 通訊參數
SPISettings max7219SPI(10e6, MSBFIRST, SPI_MODE0);

void max7219 (const byte reg, const byte data) {
  SPI.beginTransaction(max7219SPI);// 用自訂的 SPI 參數傳訊
  digitalWrite (SS, LOW);   // 選定周邊
  SPI.transfer (reg);       // 在 SPI 匯流排傳遞資料
  SPI.transfer (data);      // 在 SPI 匯流排傳遞資料
  digitalWrite (SS, HIGH);
  SPI.endTransaction();     // 結束 SPI 通訊
}
```

CHAPTER

8

類比信號處理與
運算放大器（OPA）

對 UNO（R3 和 R4）開發板而言，所謂的類比資料，通常是指 0V 到 5V 之間的電壓變化值，例如：0.8V, 2.7V, 3.6V, …。微控器內部有個『類比 / 數位』轉換器（簡稱 **A/D 轉換器**或 **ADC**），能將電壓轉換成高、低電位的數位訊號，並且用 0~1023 數字來表示，例如：248, 434, 806,…。

本章一開始先用可變電阻建構一個簡易的「電壓調節」電路，來模擬各種感測器的輸出變化，然後用光線和聲音兩個感測範例，介紹類比資料的處理程式寫法。

8-1 讀取類比值與電阻分壓電路

UNO 板的微控器內建 6 組 **A/D 轉換器**，分別連接到 A0~A5 插孔。這些接腳也具備數位輸出 / 輸入功能：

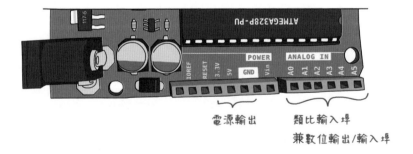

電源輸出　　類比輸入埠
　　　　　　兼數位輸出/輸入埠

讀取類比輸入值的指令格式如下，UNO R3 的**類比可能值介於 0~1023 之**間，byte 類型值存不下（最大值 255），**要採用整數類型（int）**：

```
int val = analogRead(類比腳位);
```
可能值為 0~1023　　　可能值為 A0~A5

類比訊號轉換成數位資料，需要經過取樣和量化處理，以轉換聲音訊號為例，CD 音樂的**取樣頻率（Sampling Rate）**為 44.1KHz，代表將一秒鐘的聲音切割成 44100 個片段。

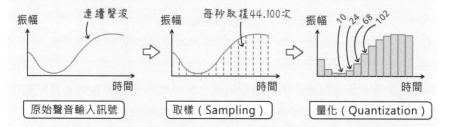

取樣之後，把每個片段的振幅大小轉換成對應的數字，這個過程稱為**量化（Quantization）**。標準 CD 唱片的量化值為 16 位元，因此我們經常可看到數位音樂標示 **16bit、44.1KHz 取樣**。

把類比（Analog）轉換成數位（Digital）資料的電路簡稱 **A/D 轉換器**（ADC），轉換器的量化位元數稱為**解析度**，也就是轉換器**可分辨的最小電壓值**，決定了轉換器可分辨的最小電位差。UNO R3 採用的 ATmega328 微控器的 A/D 轉換器解析度為 10 位元（可表達的數字範圍：0~1023）。類比輸入電壓的範圍是 0~5V，因此其最小電位差為 4.88mV（5V ÷ 1024 ≒ 0.00488V）。

換句話說，若輸入電壓介於 0~4.88mV 之間，Arduino 將傳回 0；若介於 4.88mV~9.76mV 之間，Arduino 將傳回 1。

不過，**類比資料就是 0~5V 之間的電壓變化值的說法不太精確**，因為某些 Arduino 開發板（如：Arduino Mini）的電源採用 3.3V，這種板子的類比資料最大值是 3.3V；換句話說，輸入 3.3V 所得到的數字值是 1023。

電阻分壓電路

微控器無法直接偵測到感測器的阻抗變化。我們必須替它連接電源，再偵測感測器兩端因為阻抗改變而導致的電壓變化。連接這一類「阻抗變化」型感測器，如下文介紹的**可變電阻**或**光敏電阻**，都採用如下的電阻分壓電路來組裝，其中的分配電壓將依 R1 或 R2 而改變，分配電壓公式如下圖右：

$$\text{分配電壓} = V_{CC} \times \frac{R2}{R1 + R2}$$

實際接線時，都會固定其中一個電阻值，分配電壓也會因為固定電阻的位置而改變，假設連接 5V，依據上面的公式，分配電壓的結果如下：

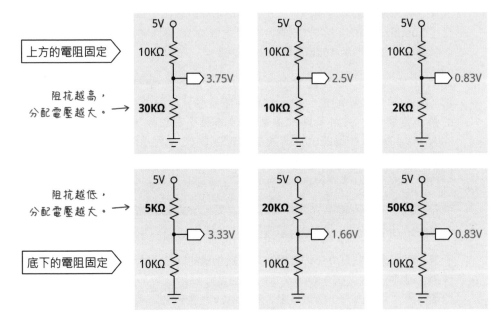

電阻分壓電路的輸出可接 UNO 板的 A0~A5 任一插孔，便可透過 analogRead() 讀取電壓變化。

動手做 8-1　從序列埠讀取「類比輸入」值

實驗說明：使用可變電阻建立一個「電壓調節器」，讓**輸出電壓隨著電阻值的變化而改變**，藉以模擬類比資料。

可變電阻的結構相當於兩個串接的電阻，若往順時針方向旋轉，a, b 接點之間的阻值會變小；b, c 之間的阻值會增大；若逆時針旋轉，a, b 接點之間的阻值會增大；b, c 之間的阻值會減小，所以可變電阻是良好的「電阻分壓電路」基礎實驗元件。

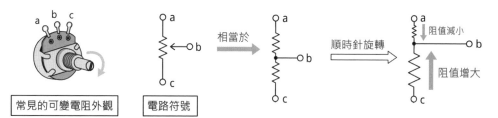

實驗材料：10KΩ 可變電阻一個

實驗電路：請在麵包板上連接像下圖的電路，**A0 腳將接收到可變電阻中間腳**。若 a, b 間電阻值升高，輸出電壓將降低；若降低電阻值，輸出電壓將提高。

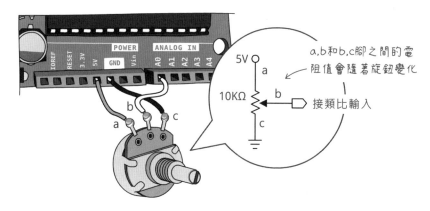

在 Arduino 程式編輯視窗輸入底下的程式碼，它將每隔 0.5 秒，輸出連接在 A0 類比輸入腳的可變電阻分壓值：

```
const byte potPin = A0;

void setup() {
  Serial.begin(9600);   // 以 9600bps 速率初始化序列埠
}
```

```
void loop() {
  // 接收類比輸入值的變數，類型為整數
  int val = analogRead(potPin);
  Serial.println(val);
  delay(500);
}
```

實驗結果：編譯與上傳程式之後，按下**序列埠監控窗**鈕，將能從該視窗觀察到，類比輸入值將隨著類比輸入值可變電阻，在 0~1023 之間變化。

調整 Arduino UNO R4 開發板的類比輸入解析度

UNO R4 採用的 **RA4M1 微控器的類比數位轉換器的解析度是 14 位元**（可表達的數字範圍：0~16384），但為了跟既有的 UNO R3 程式相容，其預設解析度跟 R3 一樣都是 10 位元。如需提高解析度，可執行 **analogReadResolution**（直譯為：類比讀取解析度）函式，設定 10, 12 或 14 位元。測試程式碼如下：

```
const byte potPin = A0;

void setup() {
  Serial.begin(9600);           // 以 9600bps 速率初始化序列埠
  analogReadResolution(14);     // 類比數位轉換器解析度設為 14 位元
}

void loop() {
  int val = analogRead(potPin);  // 讀取並暫存類比輸入值
  Serial.println(val);
  delay(500);
}
```

08

8-2 認識光敏電阻

某些感測元件的特性就像可變電阻，會隨著環境而改變阻值。像簡稱 **CdS** 或 LDR 的**光敏電阻**，它的阻值會隨著照度（亦即，光的亮度）變化。照度越高，阻值越低。光敏電阻的受光面，有鋸齒狀的感光材料。

在光亮的環境測得的阻值，稱為**亮電阻值**；沒有光源的阻值稱為**暗電阻值**。它有不同尺寸和類型，有些類型的「暗電阻值」最高為 1MΩ，有些更高達 100MΩ。

筆者採三用電錶測試手邊的 CdS，用高亮度 LED 手電筒近距離照射時，測得的阻值為 165Ω；使用黑色不透明膠帶遮蓋，測得的阻值大於 2MΩ（超出筆者的三用電錶的量測範圍）。

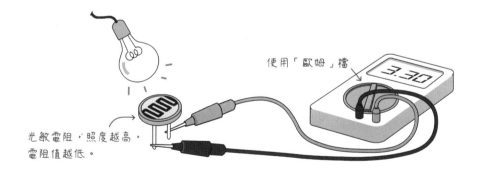

光敏電阻分壓電路

本單元的光敏電阻電路接線如下圖左，其中的電阻 R 通常採用 **10KΩ**（棕黑橙）或 **4.7KΩ**（黃紫紅），這兩個電阻的位置可以互換。假設在一般室內

照度測得的電阻值為 3.3KΩ，根據電阻分壓公式，可以求得其分壓值約為
0.25V。

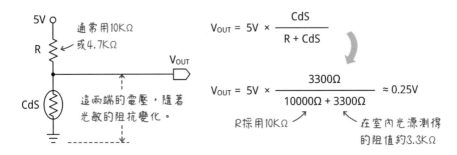

如果降低分壓的電阻值，例如 **1KΩ（棕黑紅）**，那麼，只要稍微降低照度，
分壓的輸出值很快就會超過電源的一半以上（參閱表 8-1）。

表 8-1：採不同分壓電阻的電壓輸出結果

測試條件	CdS 電阻值	10KΩ 分壓值	4.7KΩ 分壓值	1KΩ 分壓值
用高亮度 LED 照射	165Ω	0.08v	0.16v	0.7v
緊急出口指示燈	1KΩ	0.45v	0.87v	2.5v
客廳日光燈	3.3KΩ	1.24v	2.06v	3.83v
室內暗處	18KΩ	3.21v	3.96v	4.73v
用黑色膠布遮蓋	>2MΩ	4.95v	4.98v	4.99v

動手做 8-2　使用光敏電阻製作小夜燈

08

實驗說明：從光敏電阻分壓電路，感應光線變化，在黑夜自動點亮 LED
燈；白晝關閉 LED。

實驗材料：

光敏電阻	1 個
10KΩ（棕黑橙）電阻	1 個

實驗電路：麵包板的組裝示範如下，LED 燈光不要直接照射到光敏電阻，
以免**感測器誤判環境的亮度**。你可以使用黑色吸管、紙張等不透光的材質
套在光敏電阻上。

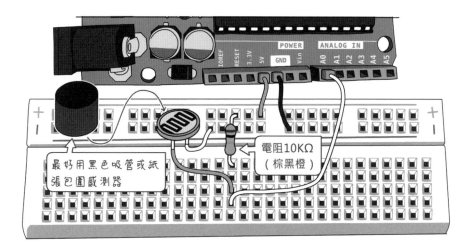

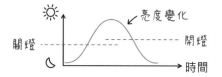

請在 Arduino 程式編輯視窗輸入底下的程式碼：

```
const byte LED = 13;
const byte CdS = A0;

void setup() {
    pinMode(LED, OUTPUT) ;
}
void loop() {
    int val;

    val = analogRead(A0) ;
    if (ans >= 700) {
        digitalWrite(13, HIGH) ;
    } else {
        digitalWrite(13, LOW) ;
    }
}
```

實驗結果：遮住光敏電阻時，Arduino 板子內建的 LED 將會點亮，用光線照射光敏電阻，LED 燈將會熄滅。考慮到環境光線不會一下子變暗或變亮，像清晨或黃昏光線幽微時，光敏電阻檢測值可能會在判斷目標值之間飄移，導致燈光開開關關。

最好替上面的條件式增加一個判斷敘述，待光線檢測降低到某個數值之後，再關閉燈光：

```
if (ans >= 700) {
  digitalWrite(13, HIGH) ;
} else if (ans < 600) {      // 設定低於 600 時，再關閉燈光
  digitalWrite(13, LOW) ;
}
```

8-3 壓力感測器與彎曲感測器

有一種會隨著彎曲程度不同而改變電阻值的元件，稱為**彎曲感測器**（Flex Sensor），平時約 10KΩ，折彎到最大值時約 40KΩ。美國一家玩具製造商 Mattel，曾在 1989 年推出一款用於任天堂遊戲機的 Power Glove（威力手套）控制器，就透過彎曲感測器來感知玩家的手指彎曲程度：

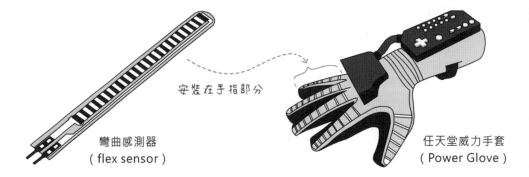

安裝在手指部分

彎曲感測器
（flex sensor）

任天堂威力手套
（Power Glove）

這一款控制器銷售不佳且被批評為操作複雜、不精確，但它在電子 DIY 玩家圈挺出名的。彎曲感測器和 Arduino 板子的接法與程式設計，與光敏電阻相同，如下（左、右兩圖的接法都行）：

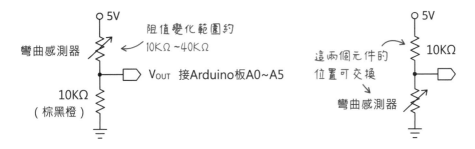

任天堂公司於 2019 年販售一款《健身環大冒險》，這款運動遊戲必須搭配直徑約 30 公分，以聚酯纖維和尼龍製成的彈性「健身環（Ring-Con）」操控；健身環內部具有可感應拉伸和擠壓力道的「**應變片（strain gauges）**」。

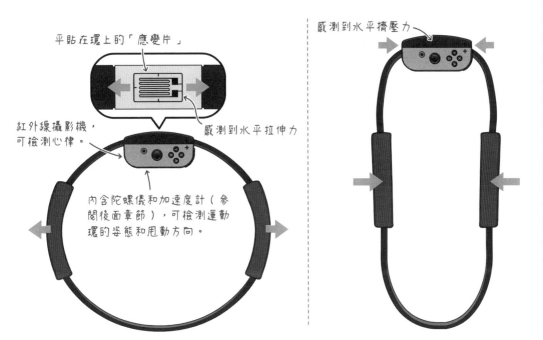

此處的「應變」指的是感測材料受到水平拉伸或擠壓而改變長度；受力變化的長度值非常小，應變的比例值通常以 10^{-6} 為單位。任天堂也曾在 2007 年發售搭配 Wii Fit 健身遊戲使用的「Wii 平衡板（Balance Board）」，它的內部四個角落也安裝了應變片，用以偵測站在板子上面的玩家的站姿。

另外有一種會隨著壓力（或施加重量）而改變阻值的**力敏電阻**（Force Sensitive Resistor，簡稱 FSR），有不同大小尺寸，以及方形和圓形兩種樣式，檢測範圍約 2g~10kg（0.1~100 牛頓）。

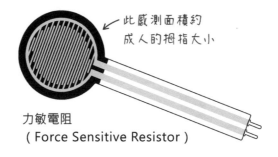

力敏電阻
（Force Sensitive Resistor）

在沒有任何壓力的情況下，它的電阻值大於 1MΩ（可視為無限大或斷路）。感測到輕微壓力時，阻值約 100kΩ；感測到最大壓力時，阻值約 200Ω。

力敏電阻和 Arduino 板子的接法與程式設計，也和光敏電阻相同，如下：

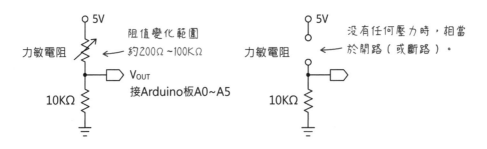

8-4 電容式麥克風元件與運算放大器

麥克風也是一種「感測器」，可讓微處理器偵測外界的聲音變化。有些手機和任天堂 DS 遊戲機的遊戲，也有運用麥克風。例如，iPhone 有一款名叫 Ocarina 的陶笛樂器 App，使用者對著 iPhone 的麥克風吹氣，程式將能從麥克風的音量（即：風量），決定輸出音量的大小。

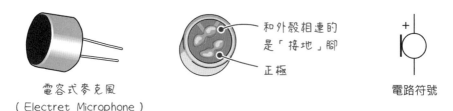

電容式麥克風
（ Electret Microphone ）

和外殼相連的是「接地」腳

正極

電路符號

電子材料行販售的麥克風元件，稱為**電容式麥克風**，它的**兩隻接腳有分正、負極性**，如果元件本身已焊接導線，黑色導線通常是接地。如果沒有接線，可以用目測或者萬用電錶測量接點，和麥克風元件的金屬外殼相連（電阻值為 0）的那個接點，就是接地。

電容式麥克風的輸出訊號約 20 多 mV（約 0.02V），對微處理器而言，這訊號太微弱，必須先經過放大處理。

認識運算放大器

聲音訊號放大電路可以用電晶體（參閱第 10 章說明），也可以用運算放大器（Operational Amplifier，簡稱 op-amp）。運算放大器是一種類比 IC，它具有兩個訊號輸入端，分別標示成**非反相（+，也稱為正相）和反相（-），以及一個輸出端，電路符號如下：**

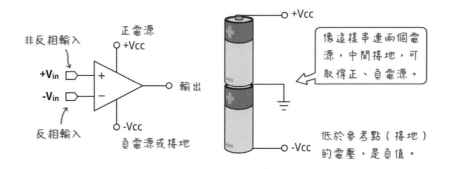

優良的訊號放大器的輸入端阻抗都非常大，代表沒有電流流入訊號端，也就不會造成輸入端的訊號衰減；用醫師的聽診器來比喻訊號放大器，聽診器可以偵聽、放大心跳聲，但是完全不影響心臟運作。相關的電路分析，下文再說。

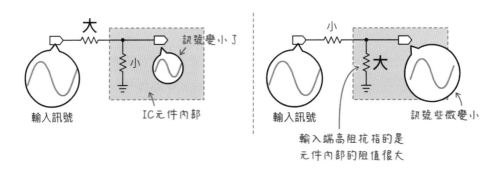

運算放大器可被看待成具備「觸控感應」輸入介面的千斤頂：在輸入端感應到的訊號，即可獲得極大的輸出，而且這個千斤頂有正向和反向兩個輸入：

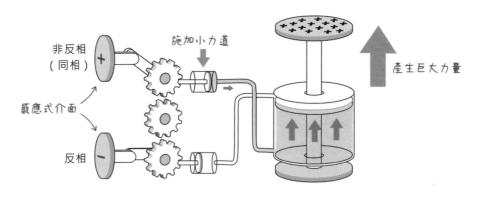

一般的教科書採用如下的簡圖來描述運算放大器的內部結構：

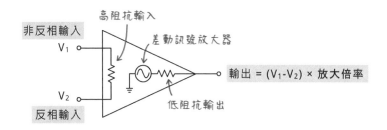

輸出阻抗低，代表輸出訊號可順暢地傳遞出去；內部的差動放大器代表它會放大兩個輸入訊號的電位差（亦即，V_1-V_2）。運算放大器的訊號放大倍率理論上是無限大，實際約 10 萬倍，有些型號可放大百萬倍，但真正的輸出電位不會超過電源電壓。

例如，假設運算放大器的電源電壓是 ±5V，若非反相訊號電壓高於反相，兩者電位差被無限放大後，將輸出約 5V（又稱為「正飽和」電壓）；反之，則輸出 -5V（負飽和電壓）：

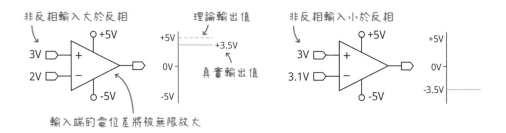

一般的運算放大器的輸出正、負飽和電壓，約只達到電源電壓的 70%，以上圖的例子來說，實際的輸出約 ±3.5V。

負回授訊號

為了避免輸入端的微小訊號變化，都被放大到飽和電壓，放大器電路透過稱為**回授（feedback）的方式**，把**輸出訊號回饋到輸入端**，用以調整**放大倍數**。這相當於在千斤頂的輸出端連接一個機構，將力量回饋成反相端的輸入：

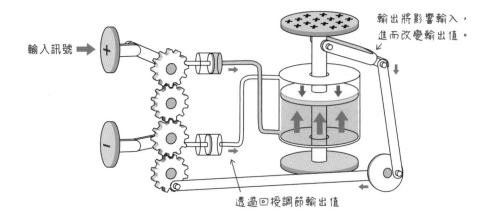

輸入訊號

輸出將影響輸入，
進而改變輸出值。

透過回授調節輸出值

底下是非反相放大和反相放大的回授電路接法，輸出訊號都透過「反相」端調節，因此稱為「負回授」電路。**非反相放大電路的輸出訊號的極性與輸入相同**；反相放大的輸出訊號的極性與輸入相反。

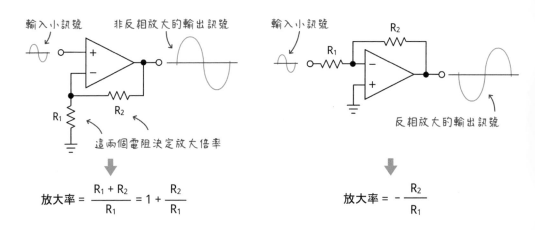

輸入小訊號　非反相放大的輸出訊號

R_1　R_2

這兩個電阻決定放大倍率

輸入小訊號　R_2

R_1

反相放大的輸出訊號

$$放大率 = \frac{R_1 + R_2}{R_1} = 1 + \frac{R_2}{R_1}$$

$$放大率 = - \frac{R_2}{R_1}$$

訊號放大倍率（增益）由 R_1 和 R_2 電阻決定，為了方便計算，R_1 電阻通常選擇 1KΩ（棕黑紅）或 10KΩ（棕黑橙）。

連接回授電路時，運算放大器的兩個輸入端電位，將會自動保持一致；假設非反相端輸入 3V，反相端的電位將會自動調節成 3V。透過這個特性，加上輸入端幾乎沒有電流流入（因為高阻抗），我們可以從回授電路推導訊號增益，以非反相放大器為例：

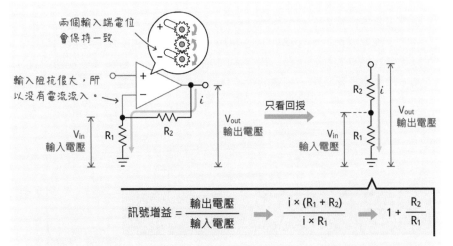

反相放大器的推導方式如下，由於非反相端接地，反相端也將自動調節成接地（稱作「虛擬接地」，輸入電流為 0），所以 i_1 和 i_2 電流在此抵銷，也就是 i_1 和 i_2 相同，只是一正一負；底下的式子把 i_1 和 i_2 寫成 i：

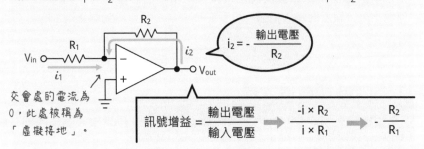

Arduino Uno 控制板歷經 3 次改版，左下圖是 Rev. 2（第 2 版），數位 13 腳的 LED 和微控器之間用一個 1KΩ 電阻串接；Rev. 3（第 3 版）的 LED，中間則有一個運算放大器構成的**電壓隨耦器**（Voltage follower，也叫做**單位增益緩衝器**，Unity-Gain Buffer）：

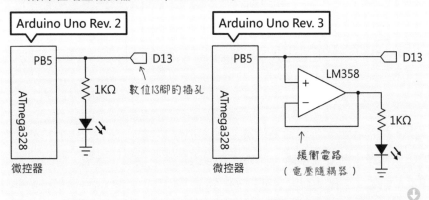

第 2 版的連接方式，會削弱 D13 腳的輸出電流，因為部份電流被 LED 瓜分了；電壓隨耦器宛如接在 D13 腳的「聽筒」，它能偵測 D13 腳的電壓變化並立即反應在輸出端，用它的電流驅動 LED，不會造成微控器的負擔。電壓隨耦器電路，相當於拆掉負回授放大器的電阻，其訊號增益為 1：

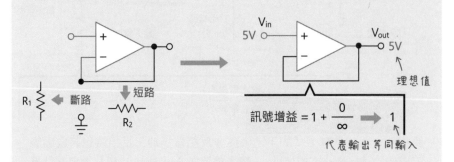

上圖右的電路接法類似**反相輸入**與**接地**不相通，可看成 R₁ 為無限大，而輸出直接與**反相輸入**相通，可看成 R₂ 是 0，所以訊號增益是 1+0=1。

741 與 358 運算放大器

底下是兩種常見的 LM741（內部有一個）和 LM358 運算放大器（內部有兩組）的結構圖。

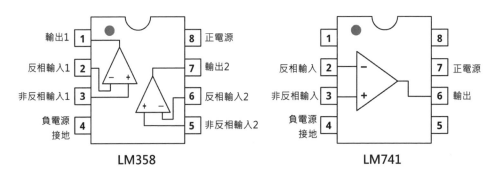

LM741 和 LM358 都採雙電源供電，例如 +5V 和 -5V。放大之後的訊號電壓若超過電源，將會被截斷。此外，若放大電路只接單一電源，將只能輸出正電位訊號（下圖的接腳編號以 741 為例）。

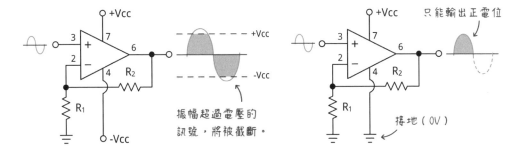

振幅超過電壓的
訊號，將被截斷。

只能輸出正電位

接地（0V）

動手做 8-3　自製麥克風聲音放大器 （拍手控制開關）

實驗說明：製作一個麥克風放大器訊號放大器，若 Arduino 感測到音量
（如：拍手聲）高於我們設定的臨界值，就點亮 LED；若再感測到高於臨界
值的音量，就關閉 LED。亦即：拍一下手開啟燈光、再拍一下手，關閉燈
光。

實驗材料：

電容式麥克風	1 個
LM358 運算放大器	1 個
2.2KΩ 電阻（紅紅紅）	1 個
68KΩ 電阻（藍灰橙）	1 個
1KΩ 電阻（棕黑紅）	1 個
100KΩ 電阻（棕黑黃）	1 個
0.1 電容（104）	1 個

實驗電路：像聲波這種會隨時間變化的訊號，稱為**交流訊號**。放大交流訊
號源時，訊號輸入端要串接一個電容，其作用是濾除雜訊。因此，麥克風
放大器電路由三個部份組成：

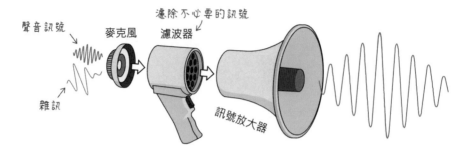

濾波器電路採用電容和電阻構成，底下的接法稱為**高通濾波器**（high-pass filter），代表只允許高頻率信號通過。正如電容器符號中的兩個沒有相接的隔板所示，直流電（變動頻率為 0）無法通過電容，通過的頻率可以透過底下的公式設定：

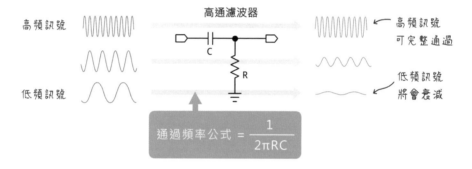

麥克風放大器的實際電路如下，電容式麥克風元件內部有一個 FET 電晶體（參閱第 10 章），因此需要連接電源。麥克風的輸出，連接到使用電容和電阻構成的**高通濾波器**，0.1μF（104）和 68KΩ（藍灰橙）將允許 23Hz 以上的交流聲音訊號通過（註：人耳可聽見的聲音頻率範圍大約是 20Hz~20KHz），讀者可將 68KΩ 換成其他阻值。

08

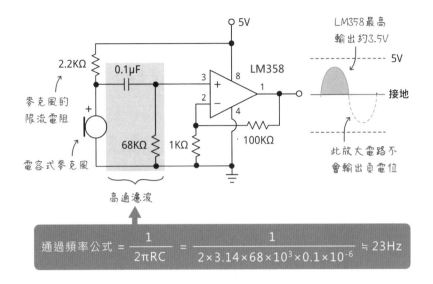

$$通過頻率公式 = \frac{1}{2\pi RC} = \frac{1}{2 \times 3.14 \times 68 \times 10^3 \times 0.1 \times 10^{-6}} \fallingdotseq 23Hz$$

LM358 在 5V 電源的運作情況下，輸出端的電壓最高約僅 3.5V，所以就算把麥克風的 0.02V 放大 200 倍，輸出電壓也不會變成 4V。讀者可將 100KΩ（棕黑黃）換成 100KΩ~200KΩ 之間的任意阻值。

用麵包板組裝麥克風放大器電路，並將聲音輸出連接到 Arduino 的類比 A0 輸入的接線如下：

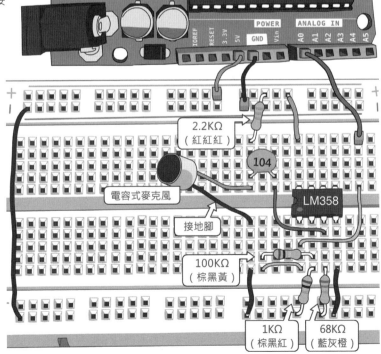

採用現成的聲音放大模組：市售常見的聲音偵測模組可分成「聲音放大」和「聲音檢測」兩大類型，左邊的「聲音放大模組」採用專門放大麥克風聲音訊號的 IC，右邊的「聲音檢測模組」則採用運算放大器構成的「比較器」。

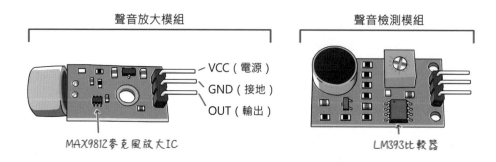

這兩款模組的工作電壓都是 3~5V，**聲音檢測模組**用於偵測「是否」有聲音，當音量高於某個準位（或者說「靈敏度」，可透過模組上的半固定可變電阻調整），它就輸出低電位（有些模組則是輸出高電位，詳請參閱商品規格書）。

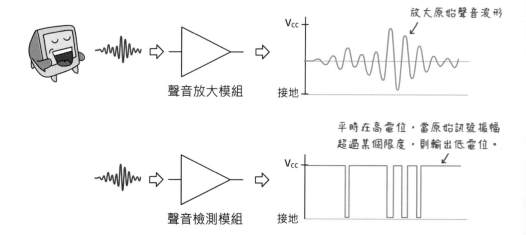

根據廠商提供的規格書指出，採 MAX9812 IC 的聲音放大模組的增益（功率放大倍率）固定在 20dB，也就是 100 倍，底下是聲音的輸入／出功率和分貝的轉換式：

$$10\log\left(\frac{\text{輸出功率}}{\text{輸入功率}}\right) \quad \longrightarrow \quad 10 \times \log(100) = 20$$

10的指數2，等於100。

另有一款採用 MAX9814 IC 的聲音放大模組，可以從模組的電路接線選擇 40, 50 或 60dB 增益，但價格貴許多，本書的範例採用 MAX9812 型號的模組即可。

LM741 和 LM358 都是常見通用型運算放大器，而且在 60 年代末就被開發出來。如果打算製作隨身聽或音響等「發燒」級的麥克風或耳機放大器，建議採用雜訊低且頻率響應佳的類型，像是 LM833, NE5534, OPA2134,... 等等。

此外，LM358 的技術文件指出，它的輸出電流（Output Current）典型值為 40mA，連接一般的小揚聲器或耳機沒問題，但是無法驅動音響的揚聲器。

附帶一提，若想讓單一電源的麥克風放大器輸出完整的弦波，可採用 LM386 聲頻放大 IC，只要外加少許被動元件，即可組成 20~200 倍增益的放大器。放大 200 倍的全波聲頻放大器電路和麵包板組裝示範，請參閱筆者網站的這一篇文章：http://swf.com.tw/?p=1073

實驗程式：我們先偵測一次拍手。本程式採用 **analogRead() 指令**讀取 A0 類比接腳上的麥克風訊號值，根據測試，此放大器最高輸出約 790（十進位）。筆者假設只要音量值高於 500，就算偵測到拍手，位於數位 13 腳的 LED 將被點亮；若再拍一次手，LED 將熄滅。本程式的主迴圈流程如下：

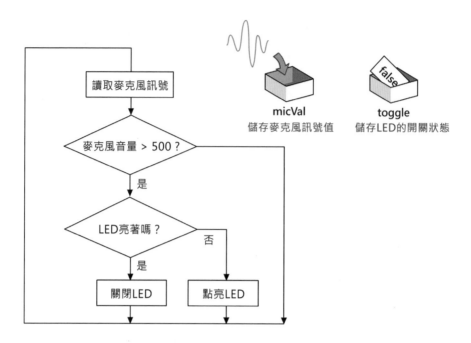

此程式中的兩個主要變數，一個命名成 micVal，用於儲存麥克風的音量，資料類型為 int（整數）；另一個取名 toggle，儲存 LED 的亮（true）或不亮（false）狀態，資料類型為 boolean（布林）。

請在 Arduino 程式編輯器中，輸入底下拍手點亮或關閉 LED 的程式碼（程式碼前面的數字編號不用輸入）：

```
 1: const byte micPin = A0;    // 麥克風訊號輸入腳
 2: int micVal = 0;            // 麥克風音量值
 3: bool toggle = false;       // LED 的狀態，預設為不亮
 4:
 5: void setup() {
 6:   pinMode(LED_BUILTIN, OUTPUT);   // LED 接腳設定為「輸出」
 7:   Serial.begin(9600);
 8: }
 9:
10: void loop() {
11:   // 讀取麥克風的音量，此電路的最高值約 790
12:   micVal = analogRead(micPin);
13:   // 如果音量大於 500 ...
```

```
14:    if (micVal > 500) {
15:      // 顯示音量值
16:      Serial.println(micVal);
17:      // 取 LED 狀態的反值
18:      toggle = !toggle;
19:      // 如果 toggle 的值是 true...
20:      if (toggle) {
21:        digitalWrite(LED_BUILTIN, HIGH);   // LED 點亮
22:      } else {
23:        digitalWrite(LED_BUILTIN, LOW);    // LED 熄滅
24:      }
25:      // 像處理開關一樣，延遲一點時間，避免收到雜音而誤動作
26:      delay(500);
27:    }
28: }
```

程式一開始，toggle 的值是 false（0），經過第 16 行的**取反值**敘述之後變成 true（1），反之亦然。因此，Arduino 將在聽到拍手聲音時，開啟或關閉 LED。

此外，toggle 的值不是 0 就是 1，因此 18~24 行可以簡化成兩行：

```
digitalWrite(LED_BUILTIN, toggle);   // 依 toggle 的值，點滅 LED
delay(500);
```

實驗結果：Arduino 將在聽到拍手聲時，開啟或關閉 LED。

動手做 8-4　拍手控制開關改良版

實驗說明：將上一節的程式稍微改良一下，讓 Arduino 聽到兩次拍手聲時才動作。我們首先要設定「拍兩次手」的條件，也就是説，第一次和第二次拍手之間，要隔多少時間才算是有效的。筆者將間隔時間設定在 0.3~1.5 秒之間。此程式需要額外的三個變數來記錄兩次拍手的時間和次數：

假設使用者在程式啟動後一秒拍手，被 Arduino 偵測到並執行 millis()，它將傳回 1000：

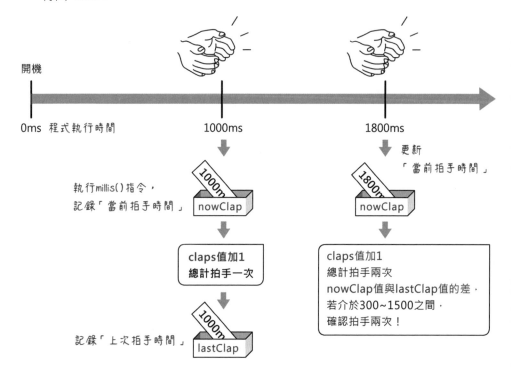

執行millis()指令，
記錄「當前拍手時間」 nowClap

claps值加1
總計拍手一次

記錄「上次拍手時間」 lastClap

更新
「當前拍手時間」 nowClap

claps值加1
總計拍手兩次
nowClap值與lastClap值的差，
若介於300~1500之間，
確認拍手兩次！

如果拍手時間隔太長或太短，則把第二次拍手視為第一次：

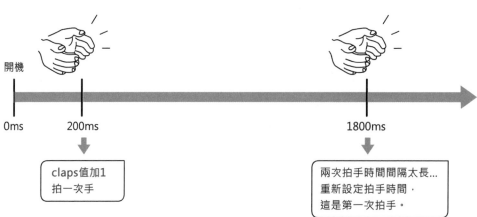

claps值加1
拍一次手

兩次拍手時間間隔太長...
重新設定拍手時間，
這是第一次拍手。

實驗程式：請在 Arduino 程式編輯視窗中，輸入底下偵測拍兩次手的程式
碼：

```
const byte micPin = A0;        // 麥克風訊號輸入腳
int micVal = 0;                // 麥克風音量值
bool toggle = false;           // LED 的狀態，預設為不亮

unsigned long nowClap = 0;  // 當前的拍手時間
unsigned long lastClap = 0; // 上次的拍手時間
unsigned int claps = 0;        // 拍手次數
unsigned long timeDiff = 0; // 拍手時間差

void setup() {
  pinMode(LED_BUILTIN, OUTPUT);  // LED 接腳設定為輸出
  Serial.begin(9600);
}

void loop() {
  // 讀取麥克風的音量，此電路的最高值約 790
  micVal = analogRead(micPin);

  if (micVal > 500) {    // 如果音量大於 500
    nowClap = millis(); // 儲存當前的毫秒數

    claps ++;                   // 拍手次數加 1
    // 顯示拍手次數
    Serial.println(claps);

    if (claps == 2) {  // 若拍了兩次...
      timeDiff = nowClap - lastClap;  // 求取時間差
      // 如果兩次拍手的間隔時間在 0.3~1.5 秒之間...
      if (timeDiff > 300 && timeDiff< 1500) {
        toggle = !toggle;  // 將 LED 的狀態值反相
        claps = 0;         // 重設拍手次數
      } else {
        claps = 1;         // 若第二次拍手間隔太短或太長，就算拍一次
      }
    }
    // 儲存目前時間給下一次比較「時間差」
```

```
    lastClap = nowClap;
  }

  digitalWrite(LED_BUILTIN, toggle);
}
```

實驗結果：Arduino 將在聽到兩次拍手聲之後才會點亮或熄滅 LED。

⚡ 類比參考腳位説明

Arduino 板子上有一個 **AREF**（代表 "**A**nalog **REF**erence"，類比參考）腳位，可以調整類比輸入的參考電壓。

假設我們採用普通的，採 5V 電源的 Arduino 板，但是接在類比腳位的感測器輸入電壓最高只到 3.3V。雖然我們可用預設的 5V 電壓來量化輸入值，但是為了提高精確度和解析度，最好能把類比參考電壓設定成 3.3V。因為 3.3V ÷ 1024 ≒ 0.00322，也就是 3.22mV，比原本用 5V 量化的 4.88mV 解析度還高。

設定成 3.3V 的範例如下，請將 AREF 腳位銜接到板子上的 3.3V 輸出：

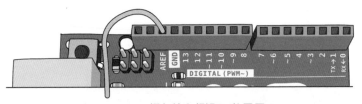

除此之外，請在程式的 setup() 函數中，輸入底下代表啟用**外部**類比參考電壓的指令（註：external 即是「外部」之意）：

```
int val = 0;

void setup() {
  Serial.begin(9600);
  analogReference(EXTERNAL); // 採用 AREF 作為類比參考電壓值
}

void loop() {
  val=analogRead(A0);        // 讀取 A0 腳位值（最高輸入 3.3V）
  Serial.println(val);       // 在序列埠監控窗輸出類比值
                             // (0~1023)

  delay(500);
}
```

若 是 設 定 成 analogReference(DEFAULT)，則 代 表 採 用 晶 片 內 部 的
5V 類 比 參 考 電 壓。若 AREF 腳 位 有 輸 入 參 考 電 壓，請 務 必 執 行
analogReference(EXTERNAL) 來啟用外部參考電壓，而且這道指令一定要
在讀取類比腳位值的 analogRead() 指令之前執行（只需設定一次），否則
可能會損壞 Arduino 微處理器！

■ 使用齊納（Zener）二極體保護 Arduino 的輸入接腳

如果擔心外部訊號的輸入電壓會超過微處理器所能承受的 5V，讀者可
以在 Arduino 的類比或數位腳，和外部電路之間，加入底下的**過電壓保
護電路**：

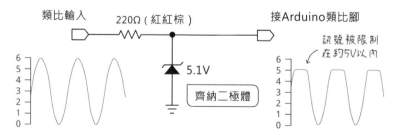

電路裡的**齊納（Zener）二極體**，又稱為**穩壓二極體**，下圖是它的電路
符號，請注意它的接法和普通的二極體相反（亦即，**陽極**接地）。若輸
入電壓低於齊納二極體的規格（稱為**齊納電壓**，此例為 5.1V），二極體
不導通，訊號電流直接進入 Arduino；若電壓高於齊納電壓，電流將急
速流經齊納二極體，使電壓保持在一定的數值。

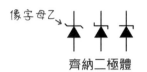
齊納二極體

下圖是普通二極體和齊納二極體的工作曲線圖（常見於技術文件）對比。

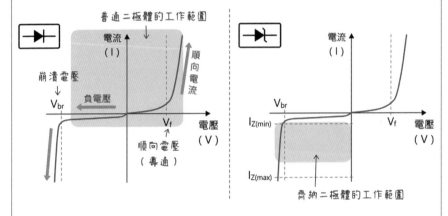

齊納二極體的陰極需要串聯一個電阻，藉以限制流入此二極體的電流量。這個電阻的最小值可透過**輸入電壓**、**齊納電壓**與**齊納穩壓電流**計算出來，底下是一個常見的 1N4733A 的齊納二極體規格：

- 齊納電壓 (V_Z)：5.1V

- 耗電量 (P_Z)：1300mW（通常為 500mW）

- 齊納穩壓電流（I_Z）：178mA

假設訊號電壓為 9V，透過底下的算式可得知電阻的最小值為 22Ω，由於微電腦電路的輸入訊號通常只有數 mA，所以這個電阻值可以設大一點（電阻值越高，限流量越大）。

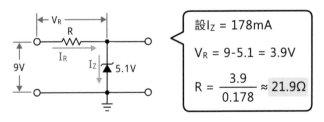

設 I_Z = 178mA

V_R = 9-5.1 = 3.9V

$R = \dfrac{3.9}{0.178} \approx 21.9Ω$

在電子材料行購買齊納二級體時，僅需告知店員 **5.1 伏特**這個規格即可。本書採用的電路和模組都不超過 5V，因此不需要加裝此電路。除了 5.1V，齊納二級體有 2.4V, 2.7V, 3.0V, 3.3V, … 62V 等數十種選擇。

8-5 克希荷夫電路定律

繼續動手做實驗之前，本節先用三個例子説明電路學當中的基本且重要的定律：**克希荷夫電路定律（Kirchhoff's circuit laws）**。這個定律分成電壓和電流兩個定律，用於分析電路的電流以及元件兩端的電位，本文將用三個範例説明它們。

例一：推導 R_1 和 R_2 電阻的並聯值公式。

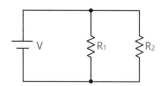

在電子迴路中，進入任何節點的總電流等於離開該節點的總電流，這項法則稱為**克希荷夫電流定律（Kirchhoff's Current Law, 簡稱 KCL）**。

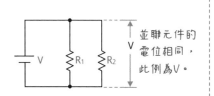

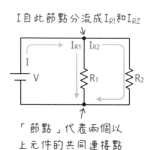

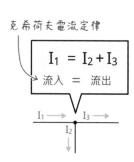

將歐姆定律 I=V/R，帶入克希荷夫電流定律，即可推導出並聯電組公式：

克希荷夫電流定律 　　　歐姆定律
$$I = I_{R1} + I_{R2} \Rightarrow \frac{V}{R} = \frac{V}{R_1} + \frac{V}{R_2} \xrightarrow{\text{消除V}} \frac{1}{R} = \frac{1}{R_1} + \frac{1}{R_2} \xrightarrow{\text{求1/R的倒數}} R = \frac{1}{\dfrac{1}{R_1} + \dfrac{1}{R_2}}$$

迴路的總阻抗

例二： 求底下電路中的 I_2 和 I_3 電流值。

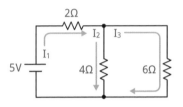

分析這個電路需要用到**克希荷夫電壓定律**
（Kirchhoff's Voltage Law，簡稱 KVL）和
電流定律。克希荷夫電壓定律指出，**環繞
任何封閉迴路的所有電位差（電壓）總和
等於 0**。先瞧瞧底下的電路：

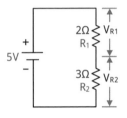

串聯電阻兩端的電位，等於電源電壓。電阻會造成**電壓降**，在算式中是
「負電位」，因為它消耗了電能，所以迴路中的電位差總合為 0。

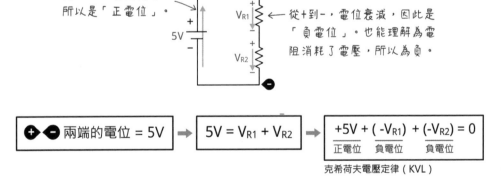

⊕ ⊖ 兩端的電位 = 5V	$5V = V_{R1} + V_{R2}$	$+5V + (-V_{R1}) + (-V_{R2}) = 0$
		正電位　負電位　負電位

克希荷夫電壓定律（KVL）

回到例二開頭的電路，其電流在節點處一分為二，有兩個封閉迴路，我們
要單獨分析每個封閉迴路。

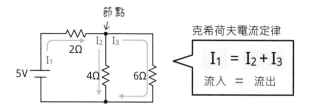

先處理左邊的封閉迴路：

V_{R1} 與 V_{R2} 電位的總和，等於電源 5V，因此：

$$5V = \underline{V_{R1}} + \underline{V_{R2}} \xrightarrow[\text{歐姆定理}]{V = IR} 5V = \underline{2\Omega \times I_1} + \underline{4\Omega \times I_2} \xrightarrow{\text{簡寫}} 5 = \underline{2I_1} + \underline{4I_2}$$

上面的式子有兩個未知數 I_1 和 I_2，因此還無法求出它們的值。現在，分析右側封閉迴路，假設電流在其中以順時針方向流動：

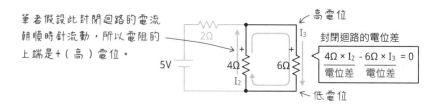

根據克希荷夫電壓定律，可求出 I_2 和 I_3 的關係：

$$4\Omega \times I_2 - 6\Omega \times I_3 = 0 \xrightarrow{\text{簡寫}} 4I_2 = 6I_3 \Longrightarrow I_2 = 1.5I_3$$

以上是「假設電流朝順時針流動」，我們也可以假設電流朝「逆時針」流動，像底下的算法，最終結果相同。

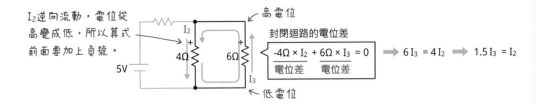

取得 I_2，再回頭看左側的封閉迴路，用 I_2+I_3 取代 I_1：

$$I_1 = I_2 + I_3 \xrightarrow[\text{取代 } I_1]{} 5 = 2(\underline{I_2 + I_3}) + 4I_2$$

$$5 = 2I_2 + 2I_3 + 4I_2$$
$$5 = 6I_2 + 2I_3$$

再用 $1.5\,I_3$ 取代 I_2，便能得知 I_3 約為 0.4545A：

$$5 = 6I_2 + 2I_3 \xrightarrow[\text{取代 } I_2]{} 5 = 6 \times (1.5I_3) + 2I_3 \Longrightarrow 5 = 9I_3 + 2I_3 \Longrightarrow 5 = 11I_3 \Longrightarrow I_3 \approx \mathbf{0.4545}(A)$$

這樣就能算出 I_2 和 I_1 的值：

$$I_2 = 1.5I_3 \Longrightarrow I_2 \approx \mathbf{0.6818}\,(A) \qquad\vdots\qquad I_1 = I_2 + I_3 \Longrightarrow I_1 \approx \mathbf{1.1363}\,(A)$$

例三：驗證問題二的計算結果。首先計算迴路的總電阻值，再藉此求出電流：

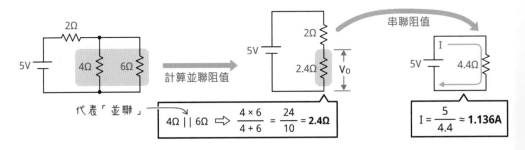

上圖右的計算式求出的電流 I 為 1.136A，跟上一節的 I_1 值一致。從下圖可看出，電流 I_1 在節點 A 分流成 I_2 和 I_3、並於節點 B 匯流成 I_1，因此 I_1 值就是上圖右的 I 值。

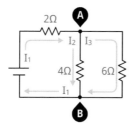

電路裡的 4Ω 和 6Ω 並聯，其等效值為 2.4Ω。在 2Ω 和 2.4Ω 的分壓值 V_O
約為 2.7272V：

$$電阻分壓值 \ V_O = 5 \times \frac{2.4}{2 + 2.4} \approx \mathbf{2.7272}$$

根據歐姆定律 V=IR，帶入上一節求得的 I_2=0.6818，可計算出 4Ω 電阻的電
位差約莫 2.7272V，跟上面的計算結果相同，因此可證明上一節的 I_2 值也
是正確的。

4Ω電阻的電位差 → 4Ω × I_2 → 4 × 0.6818 = 2.7272

輸入阻抗影響訊號的電路分析

元件的輸入阻抗會影響輸入訊號。尚未連接元件時，下圖左的 V_O 分壓為
4V；分別連接輸入阻抗為 1KΩ 和 1MΩ 的元件，分壓 V_O 會不同嗎？

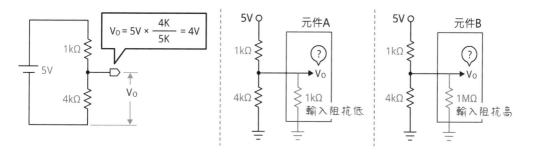

從底下的算式可知，輸入阻抗越低，輸入訊號衰減的越嚴重。微控器的類
比輸入埠的輸入阻抗通常都有好幾 MΩ，所以上文的光敏電阻分壓訊號幾
乎不受影響。

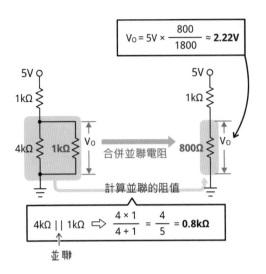

$$V_O = 5V \times \frac{800}{1800} \approx \textbf{2.22V}$$

合併並聯電阻

計算並聯的阻值

$$4k\Omega \parallel 1k\Omega \implies \frac{4 \times 1}{4 + 1} = \frac{4}{5} = \textbf{0.8k}\Omega$$

並聯

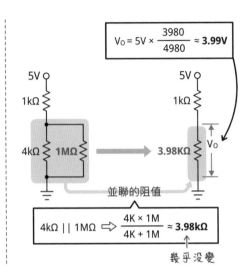

$$V_O = 5V \times \frac{3980}{4980} \approx \textbf{3.99V}$$

並聯的阻值

$$4k\Omega \parallel 1M\Omega \implies \frac{4K \times 1M}{4K + 1M} \approx \textbf{3.98k}\Omega$$

幾乎沒變

8-6 Arduino UNO R4 微控器內建的運算放大器

UNO R4 開發板的 RA4M1 微控器內部有 4 個運算放大器（OPA，編號 0~3），但 R4 板只能用編號 0 的運算放大器。下圖右是用微控器內部的運算放大組成的麥克風放大電路，電路同於〈動手做 8-3〉，但省略 LM358 元件。

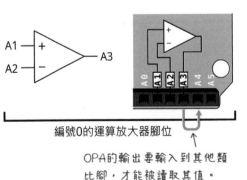

編號0的運算放大器腳位

OPA的輸出要輸入到其他類比腳，才能被讀取其值。

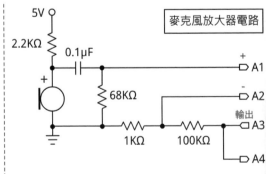

麥克風放大器電路

動手做 8-5　使用 UNO R4 內建的運算放大器製作麥克風放大器

實驗說明：使用 UNO R4 板的內建運算放大器完成跟〈動手做 8-3〉相同的應用，實驗材料幾乎相同，省去 LM358 IC。底下是麵包板示範接線：

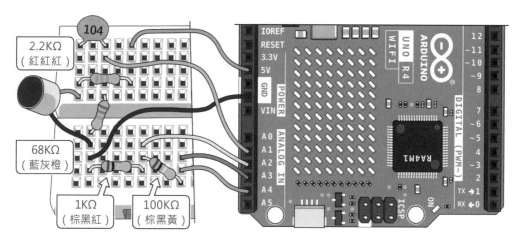

RA4M1 微控器的 OPA 需要透過內建於 UNO R4 開發環境的 OPAMP.h 程式庫啟用（原始碼網址：https://bit.ly/4dmjn05）。這個程式庫定義兩個「速度」常數，速度指的是放大器的輸出對輸入訊號變化的響應速度，也稱為**轉換速率**（**slew rate**），低轉換速率在處理高頻訊號時可能會導致訊號失真，但高轉換率的電源消耗也比較高。對於本單元的音頻放大應用，可採用「低速」模式。

- OPAMP_SPEED_LOWSPEED：低速（低轉換率），適合 40KHz 以內的訊號頻率，消耗功率比較低。

- OPAMP_SPEED_HIGHSPEED：高速（高轉換率），可處理最高 1.7MHz 訊號頻率，消耗功率比較高。

OPAMP.h 程式庫具有下列函式：

- begin(速度)：以指定的響應速度啟動運算放大器

- end()；停用運算放大器

- isRunning(通道編號)：檢查指定通道（預設為通道 0）的運算放大器
  狀態，傳回 true 代表運作中；false 代表未運作。

實驗程式一：底下程式以「低速」啟用內部的運算放大器，並持續讀取 A4
腳類比輸入值：

```cpp
#include <OPAMP.h>    // 要引用這個程式庫

void setup () {
  Serial.begin(9600);
  while (!Serial) ;   // 等待序列埠初始化成功

  if (!OPAMP.begin(OPAMP_SPEED_LOWSPEED)) {//以低速啟用運算放大器
    Serial.println("無法啟用運算放大器！");
    while (true) delay(1000);    // 若無法啟用 OPA，程式將停在這裡
  }

  // 查看通道 0 的運算放大器是否在運作狀態
  bool const running = OPAMP.isRunning(0);
  if (running) {
    Serial.println("通道 0 的運算放大器開工了！");
  } else {
    Serial.println("通道 0 的運算放大器沒有運作…");
  }
}

void loop() {
  int val = analogRead(A4);
  Serial.println(val);
  delay(10);
}
```

實驗結果：編譯上傳程式到 UNO R4 開發板後，開啟**序列埠監控窗**，它將
顯示麥克風放大器的數值變化。

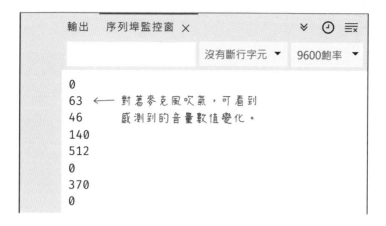

或者開啟**序列繪圖家**（詳閱第 14 章）觀看訊號的動態波形變化：

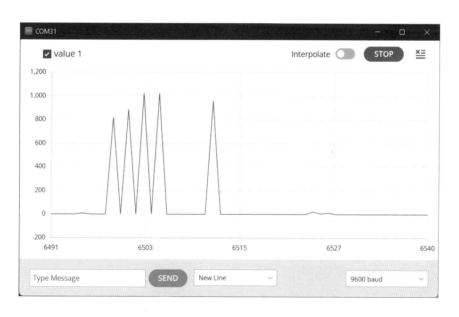

實驗程式二：修改〈動手做 8-4〉的程式，使用 UNO R4 內建的 OPA 偵測兩次拍手動作，開或關腳 13 的 LED。

```
#include <OPAMP.h>

const byte micPin = A4;          // 麥克風訊號輸入腳
bool toggle = false;             // LED 的狀態，預設為不亮。

unsigned long nowClap = 0;    // 當前的拍手時間
unsigned long lastClap = 0;   // 上次的拍手時間
unsigned int claps = 0;          // 拍手次數
unsigned long timeDiff = 0;   // 拍手時間差

void setup() {
  pinMode(LED_BUILTIN, OUTPUT);    // LED 接腳設定為輸出
  Serial.begin(9600);
  while (!Serial) ;

  if (!OPAMP.begin(OPAMP_SPEED_LOWSPEED)) {//以低速啟用運算放大器
    Serial.println("無法啟用運算放大器！");
    while (true) delay(1000);      // 程式將停在這裡
  }

  // 查看通道 0 的運算放大器是否在運作狀態
  bool const running = OPAMP.isRunning(0);
  if (running) {
    Serial.println("通道0的運算放大器開工了！");
  } else {
    Serial.println("通道0的運算放大器沒有運作…");
  }
}

void loop() {
  int micVal = analogRead(micPin);   // 麥克風音量值

  if (micVal > 500) {      // 如果音量大於 500
    nowClap = millis(); // 儲存當前的毫秒數

    claps ++;                          // 拍手次數加 1
    // 顯示拍手次數
    Serial.println(claps);
```

08

```
    if (claps == 2) {    // 若拍了兩次...
      timeDiff = nowClap - lastClap;  // 求取時間差
      // 如果兩次拍手的間隔時間在 0.3~1.5 秒之間...
      if (timeDiff > 300 && timeDiff< 1500) {
        toggle = !toggle;  // 將 LED 的狀態值反相
        claps = 0;       // 重設拍手次數
      } else {
        claps = 1;       // 若第二次拍手間隔太短或太長，就算拍一次
      }
    }
    // 儲存目前時間給下一次比較時間差
    lastClap = nowClap;
  }

  digitalWrite(LED_BUILTIN, toggle);
}
```

實驗結果：Arduino 將在聽到兩次拍手聲之後才會點亮或熄滅 LED。

RA4M1 微控器內建 4 組運算放大器

RA4M1 微控器內部有 4 組運算放大器，但 RA4M1 有 100、64 和 48 支引腳三種封裝型式，它們的內部電路都一樣，只是引腳數不同，導致 64 和 48 腳封裝的版本無法發揮全部功能。R4 板子的 RA4M1 是 64 腳，只有 3 個運算放大器的接腳被引出來。

表 8-2 列舉各個運算放大器在 RA4M1 微控器的腳位（MCU 腳），以及 UNO R4 Minima 板子的對應腳位，編號 0 的 OPA，其 ＋, - 和輸出，分別對應 UNO R4 的 A1, A2 和 A3 腳，而編號 1 的 OPA 的輸出是「空接」，也就是 R4 板子並沒有引用該腳。

表 8-2

編號	UNO 板 OPA + 腳	MCU 腳	UNO 板 OPA - 腳	MCU 腳	UNO 板 OPA 輸出腳	MCU 腳
0	A1	P000/64	A2	P001/63	A3	P002/62
1	RX LED	P013/54	TX LED	P012/55	空接	P003/61
2	空接	P011/58	VREF	P010/59	空接	P004/60
3	無	P005/ 無	無	P006/ 無	無	P007/ 無

底下是 Arduino 官方 R4 WiFi 和 Minima 開發板的部分電路，Minima 板子上的微控器，58, 60 和 61 腳沒有接出來（空接），因此無法使用，而 54 和 55 則分別接到序列埠接收（RX）和傳送（TX）LED 燈。下圖左的電路顯示，WiFi 板的這些腳位都用於控制 LED 點陣，因此 Minima 和 WiFi 兩個板子都只有編號 0 的運算放大器可用。

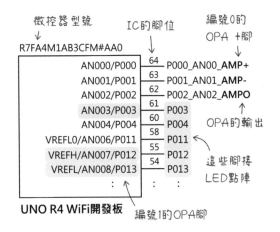

UNO R4 WiFi開發板

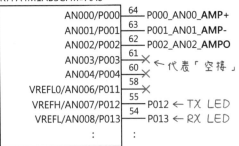

UNO R4 Minima開發板

I²C 序列通訊介面與 LCD 顯示器

本章節將介紹電子愛好者廣泛使用的液晶顯示器（Liquid Crystal Display，以下簡稱 LCD）接線和程式控制方式，並且當做溫濕度感測器以及超音波感測器的顯示介面。

9-1 認識文字型 LCD 顯示模組

電子材料行販售的 LCD 顯示模組，分成「文字模式」和「圖形模式」兩種，文字模式的顯示器只能顯示文、數字和符號，圖形模式的顯示器則可以顯示文字和圖像。本文將介紹文字模式顯示器模組的控制方式。

LCD 模組除了顯示器（或者說「面板」）之外，還包含控制晶片。市面上有不同廠商生產不同款式的 LCD 文字顯示器，但絕大多數的產品都採用同一種晶片來控制，此控制晶片是日立公司生產的 HD44780。因此，LCD 模組通常會強調是 **HD44780 相容**的顯示器。

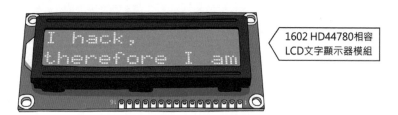

1602 HD44780相容
LCD文字顯示器模組

液晶本身不會發光，因此需要透過反射光源，或者背光模組（目前多採用 LED 發光）提供光源，才能顯示清楚。

手機、電視和電腦螢幕的 LCD，都屬於圖像式，也就是不限於顯示文／數字，整個顯示內容可自由設定。右圖是頗受 DIY 人士歡迎，價格低廉的 OLED 顯示器模組（採用 SSD1306 晶片），相關軟硬體範例可參閱《超圖解 ESP32 深度實作》。

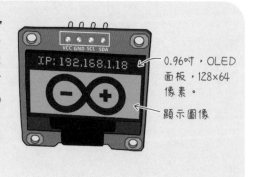

0.96吋，OLED 面板，128×64 像素。

顯示圖像

HD44780 相容的文字顯示器簡介

HD44780 相容顯示器的內部結構如下。控制晶片提供清除畫面、顯示位移、閃動游標…等控制指令，內建 160 個 5×7 的點陣字體（除了英文字母、數字和符號之外，還有日文的片假名），可儲存用戶自訂的 8 個 5×7 點陣符號。

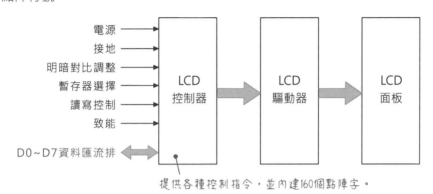

電源
接地
明暗對比調整
暫存器選擇
讀寫控制
致能

D0~D7資料匯流排

LCD 控制器

LCD 驅動器

LCD 面板

提供各種控制指令，並內建160個點陣字。

HD44780 相容的 LCD 顯示器共有 14 隻接腳，若包含背光模組，則有 16 隻腳。顯示器模組的實際腳位，會因廠商而異，但大多數模組都是這樣：

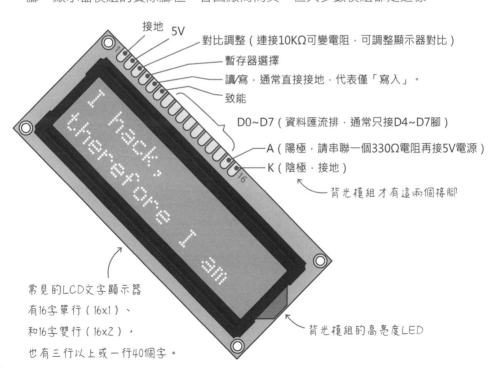

接地 5V

對比調整（連接10KΩ可變電阻，可調整顯示器對比）

暫存器選擇

讀/寫，通常直接接地，代表僅「寫入」。

致能

D0~D7（資料匯流排，通常只接D4~D7腳）

A（陽極，請串聯一個330Ω電阻再接5V電源）

K（陰極，接地）

背光模組才有這兩個接腳

常見的LCD文字顯示器
有16字單行（16x1）、
和16字雙行（16x2），
也有三行以上或一行40個字。

背光模組的高亮度LED

顯示器模組的資料讀／寫方式有 8 位元與 4 位元兩種，若以 8 位元方式進行讀寫，則需要連接 D0~D7 資料腳，**為了減少 LCD 與處理器的連線，我們通常採 4 位元方式連線**，將資料分批傳給 LCD，這種方式只需要連接 D4~D7 資料腳以及「暫存器選擇」和「致能」腳。

動手做 9-1　並列連接 LCD 顯示器

實驗說明：採用 LCD 模組的 4 位元接線模式連結 Arduino 微電腦，並使用 Arduino 開發工具內建的程式庫在 LCD 上顯示一段文字。

實驗材料：

16×2 行（1602）文字 LCD 顯示器模組	1 個
10KΩ 可變電阻	1 個
330Ω 電阻（橙橙棕）	1 個

實驗電路：採用 4 位元模式，連結 LCD 模組與 Arduino 的方式如下圖，其中的電源和接地，請分別接到 Arduino 的 5V 和 GND 腳。

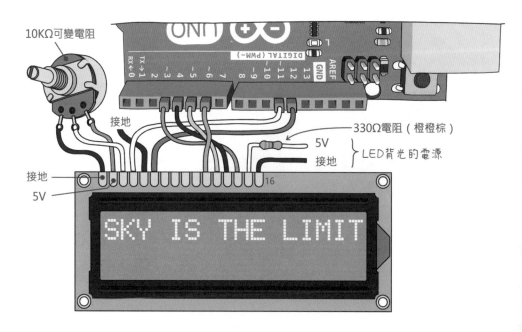

實驗程式：在 Arduino IDE 中，選擇『**檔案 / 範例 /LiquidCrystal/HelloWorld**』。
這個範例程式將能在 LCD 模組的上面列（第 0 列）顯示 "Hello World"，下面
列（第 1 列）顯示程式開始執行到現在所經過的秒數，請直接編譯並上傳
此程式。

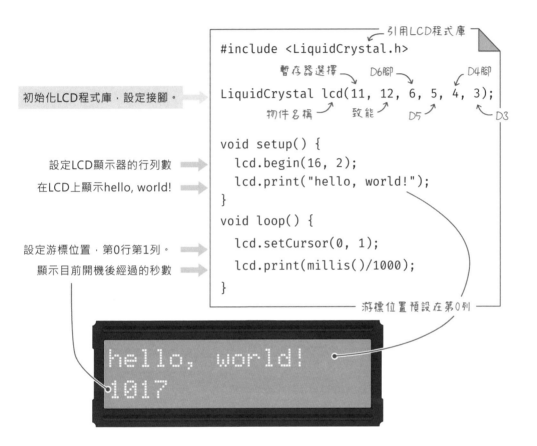

引用LCD程式庫

```
#include <LiquidCrystal.h>
```

暫存器選擇　D6腳　　D4腳

初始化LCD程式庫，設定接腳。
```
LiquidCrystal lcd(11, 12, 6, 5, 4, 3);
```
物件名稱　致能　　D5　　　D3

設定LCD顯示器的行列數
在LCD上顯示hello, world!
```
void setup() {
  lcd.begin(16, 2);
  lcd.print("hello, world!");
}
void loop() {
  lcd.setCursor(0, 1);
  lcd.print(millis()/1000);
}
```
設定游標位置，第0行第1列。
顯示目前開機後經過的秒數

游標位置預設在第0列

hello, world!
1017

使用程式庫驅動 LCD 顯示器

從第 7 章的 LED 矩陣程式，我們可以感受到，讓微處理器和周邊介面溝
通，不僅要配合時序，還要知道晶片內部暫存器位址和資料格式。可以想
見，連結 LCD 控制晶片，勢必也要遵循相關的通訊協定。

幸好，Arduino IDE 內建一個控制 LCD 模組的程式庫以及相關範例程式，幫我們解決了所有惱人的通訊、設定暫存器等細節。**程式庫透過 #include 命令引用，這個敘述要放在程式開頭：**

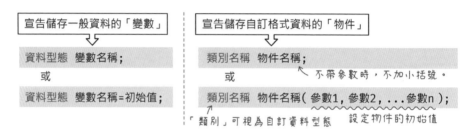

```
#include <程式庫名稱>        #include <LiquidCrystal.h>
```
沒有分號結尾

接著透過右下的語法，建立控制 LCD 顯示器的程式物件，「類別名稱」通常是和程式庫同名。

```
宣告儲存一般資料的「變數」           宣告儲存自訂格式資料的「物件」

資料型態 變數名稱；                 類別名稱  物件名稱；
                                              不帶參數時，不加小括號。
     或                                或
資料型態 變數名稱=初始值；           類別名稱  物件名稱( 參數1, 參數2, ...參數n )；

                      「類別」可視為自訂資料型態    設定物件的初始值
```

控制液晶顯示器的物件名稱習慣上命名成 "lcd"，當然，您將它命名成 "abc" 或其他名稱也行，只是為了程式的可讀性，還是用 "lcd" 比較直接易懂。

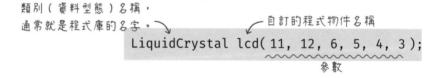

類別（資料型態）名稱，
通常就是程式庫的名字。   自訂的程式物件名稱
```
LiquidCrystal lcd( 11, 12, 6, 5, 4, 3 );
```
                              參數

宣告 LCD 顯示器物件之後，即可透過「物件.方法()」的語法，執行 LCD 物件的控制功能。底下列舉一些方法的名稱和用途，LCD 顯示器的行列編號都是從 0 開始（參閱下圖），而插入文字的位置由**游標（cursor）**決定，一開始它位於顯示器的左上角，也就是**原點（home）**。

09

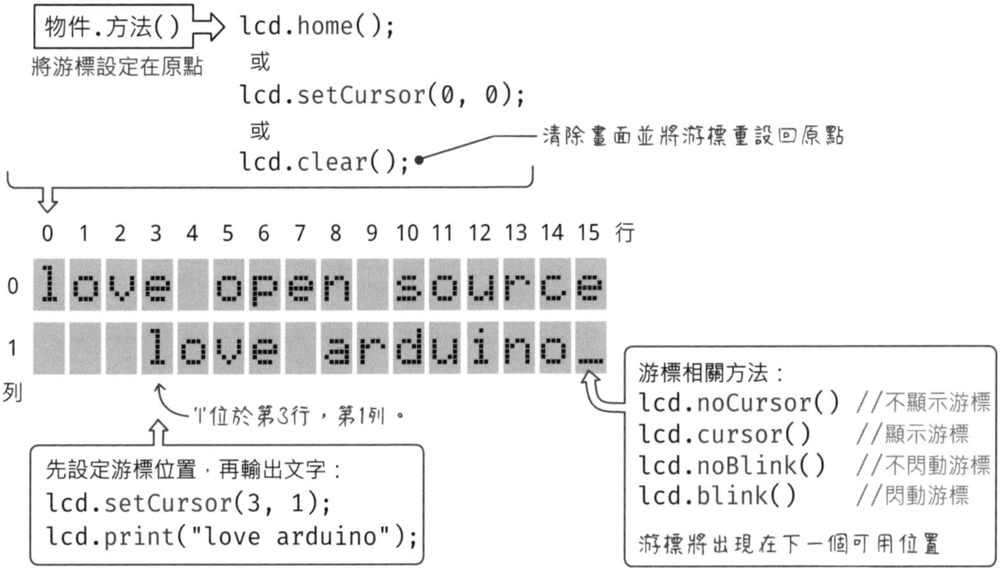

物件.方法() ⟹ `lcd.home();`
將游標設定在原點
　　　　　　　　或
　　　　　　　`lcd.setCursor(0, 0);`
　　　　　　　　或 ────── 清除畫面並將游標重設回原點
　　　　　　　`lcd.clear();`

0 1 2 3 4 5 6 7 8 9 10 11 12 13 14 15 行

0 `love open source`

1 `   love arduino_`

列

'l'位於第3行，第1列。

先設定游標位置，再輸出文字：
`lcd.setCursor(3, 1);`
`lcd.print("love arduino");`

游標相關方法：
`lcd.noCursor()` //不顯示游標
`lcd.cursor()` //顯示游標
`lcd.noBlink()` //不閃動游標
`lcd.blink()` //閃動游標

游標將出現在下一個可用位置

游標的外觀是一條「底線」，預設是隱藏的。執行 LCD 物件的 cursor() 方法即可顯示它，若再執行 blink() 方法，游標位置將呈現閃動的方塊。若要改變文字的輸出位置，請先執行 setCursor() 方法，設定游標（或者說「文字插入點」）的位置，再用 print() 輸出文字。

若要在 LCD 模組顯示上圖的內容，完整的 setup() 和 loop() 函式的程式改寫成：

```
#include <LiquidCrystal.h>
LiquidCrystal lcd(11, 12, 6, 5, 4, 3);

void setup() {
  lcd.begin(16, 2);
  lcd.clear();                     // 清除畫面，此行可省略
  lcd.print("love open source"); // 從「原點」開始輸出文字
  lcd.setCursor(3, 1);             // 改變游標位置到第 3 行、第 1 列
  lcd.print("love arduino");       // 再輸出文字
}
void loop() {
}
```

要注意的是，顯示文字都是暫存在控制晶片的記憶體裡，雖然顯示器一列只能容納 16 個字，但記憶體卻是保存一列 40 個字，而且控制晶片本身並不知道顯示器究竟一列可以顯示多少字。

以輸出 "The quick brown fox jumps over the lazy dog" 為例（共 43 個字），實際的輸出結果如下：

實際顯示16字（視面板而定）　　　　24字隱藏在記憶體裡

每一列的長度是40個字元

假如不重設游標位置，新輸出的文字將接在上一段文字後面。若重設游標位置再輸出，新的文字會蓋過之前的文字，例如，底下 10~14 字元原本顯示 "brown"，後來被 "beige" 取代：

```
lcd.setCursor(10, 0);
lcd.print("beige");
```
重設游標位置，再輸出文字，原本的文字將被替換，其餘內容不變。

0 1 2 3 4 5 6 7 8 9 10 11 12 13 14 15 行

9-2 認識 I²C 與 Qwiic 介面

上文的 LCD 顯示器電路共佔用 6 個 Arduino 控制接腳，Mathias Munk Hansen 先生編寫了一個程式庫（在「程式庫」面板搜尋程式庫名稱即可找到，或者在專案網站下載：https://bit.ly/4fOvHr6，下文說明），搭配如下的 74HC595 序列轉並列控制電路，只用到 3 個 Arduino 數位腳（不一定要接 11~13 腳，由程式指定）。

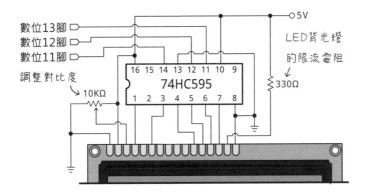

序列式（串連）連接 LCD 顯示器，更普遍的辦法是改用 I2C 序列式介面，可以把接腳縮減成兩個。I²C 介面的原意是 "Inter IC"，也就是「積體電路之間」的意思。它是由飛利浦公司（註：其半導體部門，已獨立成為 NXP 恩智浦半導體公司）在 80 年代初期，為了方便同一個電路板上的各個元件相互通信，而開發出來的兩線式序列通信協定，並且被業界廣泛採用。

> I²C 的正確唸法是 I square C（I 平方 C），在一般文字處理軟體（如：Windows 的記事本）或網頁搜尋欄位上，不方便或者無法輸入平方數字，因此在網頁上大多寫成 I2C。

I²C 也可以串連多個裝置，至少有一個**主控端**（host，通常由微處理器擔任，負責發送**時脈**和**位址**訊號）和一個**從端**（device，或者說「周邊裝置」），所有 I²C 元件的**資料線**（**Serial Data**，簡稱 **SDA**）和**時脈線**（**Serial Clock**，簡稱 **SCL**）都連接在一起，這兩條線都要接**上拉電阻**。

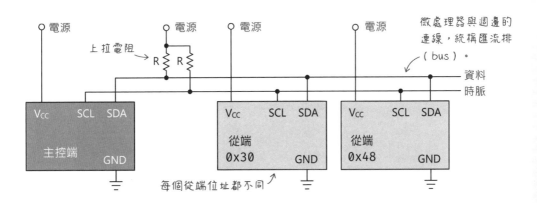

I²C 早期的主控端和從端的英文分別是 "master"（主人）與 "slave"（奴隸），
NXP 恩智浦半導體於 2021 年 10 月起，將他們的技術文件裡的相關詞彙改成
"host"（主控端）和 "target"（受控端），也可以稱它們 "controller"（控制器）和
"peripheral"（周邊）。

為了識別**匯流排（bus）**上的的不同元件，**每個 I²C 從端都有一個唯一的位
址編號**。位址編號長度為 7 位元（另有 10 位元版本），總共可以標示 2^7 個
位址（即：128），但其中有些位址保留用於特殊用途，因此實際可用的從
端位址有 112 個（若採 10 位元位址，則最多可串連 1008 個裝置，詳細規
範請參閱 http://www.i2c-bus.org/addressing/ ）。

I²C 匯流排的上拉電阻值通常介於 1KΩ~10KΩ，微控器內部的上拉電阻值
比較高（約 50KΩ），不適合用於 I²C 匯流排，所以上拉電阻採外接方式。
微控制板通常都有固定的 I²C 接腳，UNO 板的 I²C 腳是 A4 和 A5 以及板子
左上方的 SCL 與 SDA 插孔。

SCL（與A5相連）　SDA（與A4相連）

SDA（資料）　SCL（時脈）

UNO R4 開發板的 SCL 和 SDA 接腳的文字標示底下各有兩個空接的焊接點，
保留給上拉電阻，請不用理會它們，因為外接模組的 I²C 匯流排（接線）
通常都有上拉電阻。

預留的上拉電阻焊接點

09

上拉電阻值越高，I²C 訊號會受到線路之間的寄生電容效應而產生變形，嚴重可能會導致資料解讀錯誤。一般而言，100Kbps 傳輸率以內可以用 10KΩ；400Kbps 傳輸率則採用 4.7KΩ 或 2KΩ。

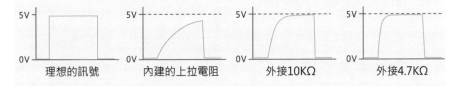

比較 I²C 與 SPI 序列通信介面

I²C 經常被拿來和第 8 章介紹的 SPI 介面相比，筆者將兩者的主要特徵整理在表 9-1。對我們來說，**採用哪一種介面，完全視選用的零件而定**。像 MAX7219 LED 驅動 IC 和乙太網路晶片都採用 SPI 介面，本章的 LCD 模組則採用 I²C 介面。

表 9-1：比較 I²C 與 SPI 介面

介面名稱	I²C	SPI
連接線數量	2 條： 序列資料線（SDA） 序列時脈線（SCL）	4 條： 資料輸入線（SDI / MISO） 資料輸出線（SDO / MOSI） 序列時脈線（SCK） 晶片選擇線（CS）
主控端數量	允許多個	只能一個
定址 （選擇從端）方式	每個從端都有個唯一的地址編號	從端沒有位址，透過「晶片選擇線」選取
同時雙向通訊 （全雙工）	否	可
連線速率	100kbps 標準（standard）模式 400Kbps 快速（fast）模式 3.4Mbps 高速（high speed）模式	1~100Mbps
確認機制	有（亦即，收到資料時， 發出通知確認）	無

SPI 序列介面有一條確保資訊收發兩端步調一致的時脈同步線。第 5 章介紹的 UART 序列線，不需要同步線，因為它們會在資料前後加上「開始」和「結束」訊息，而且主控端和周邊的傳輸速率一致，但是傳輸速率低（UART 傳輸速率上限約 500kbps）。

如同上文提到，I²C 主要用於連接電路板上的積體電路，所以連線距離不長，在標準連線速率（100kbps）下，連線距離約 1 公尺；快速模式約 50 公分，而高速模式僅有幾公分。

⚡ CAN 匯流排

UNO R4 開發板內建 CAN bus（Controller Area Network，控制器區域網路匯流排），它是一種專為在充滿雜訊的惡劣環境中，實現可靠的高速通訊而設計的序列匯流排。CAN 匯流排最初用於連結汽車內部的電子裝置，現已廣泛用於各種交通工具，例如輪船、飛機，以及自動控制領域，如電梯、工具機與工廠自動化設備。詳細的說明與實作案例，請參閱《超圖解 ESP32 應用實作》第 17 章。

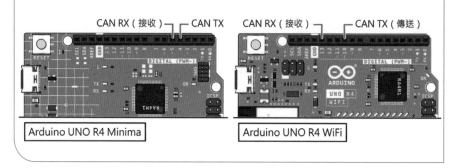

Arduino UNO R4 Minima　　Arduino UNO R4 WiFi

I²C 序列連接 LCD 顯示器

PCF8574 是 **I2C 序列埠轉 8 位元並列輸出／入埠**的 IC，它的位址可透過 A0~A2 腳設定，介於 0x20~0x27 之間。

PCF8574 的技術文件〈Interface Definition（介面定義）〉單元指出，它的位址由晶片裡的一個暫存器當中的 7 個位元值決定；此暫存器的最低有效位元用於設定晶片的讀寫（R/W）模式，1 代表讀取（輸入）、0 代表寫入（輸出）。**若 A0~A2 腳全都接高電位，則此晶片的位址是 0x27。**

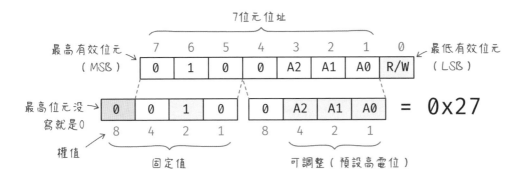

底下是採用 PCF8574 的 I²C 液晶顯示器驅動模組，PCB 板上有 3 個用於設定位址的焊接點，不焊接是 1；焊接起來是 0。

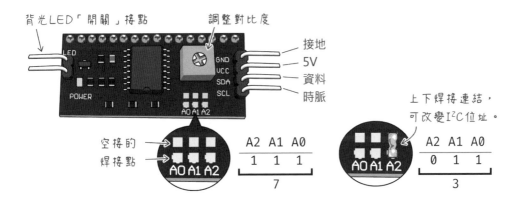

此模組的電路圖如下，從中可以看出 A0~A2 腳預設接在高電位。PCF8547 的 P3 腳連接**電晶體**（相當於電子開關，參閱下一章）控制 LCD 模組的背光開關；背光 LED 的電源有個開路，必須用**跳帽**連接才會導通。

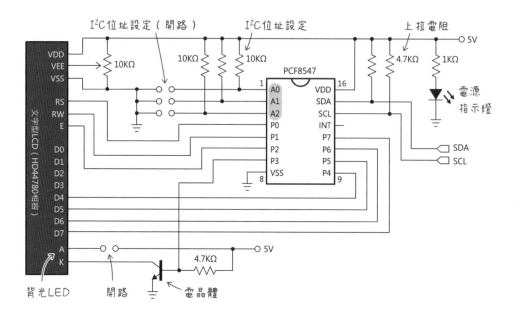

此模組的 I2C 腳（SDA 和 SCL）有接上拉電阻（4.7KΩ）、排針接腳與 LCD
1602 顯示器模組一致，所以像這樣連接即可使用：

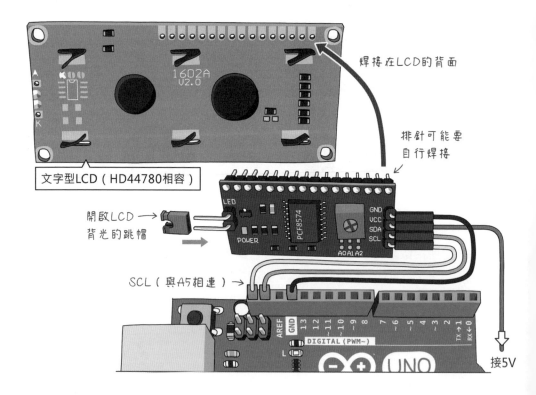

「跳帽」內部有個ㄇ字形導線，可以連接原本是開路的兩個接點。

 等同

特別說明，PCF8574 是 I²C 轉並列輸出／入 IC，不限於連接 LCD 顯示器。2006 年 10 月之前，採用 I²C 通訊協定和商標需要支付權利金，有些廠商開發出相容協定，將它稱為 TWI（Two-Wire Interface，雙線式介面）。I²C 的位址由 NXP 半導體公司分配管理，廠商需要繳費給 NXP 半導體公司以取得唯一的位址；沒有付費的 IC 廠商則提供硬體或軟體方式設定位址，避免位址跟同一 I²C 匯流排的其他元件衝突。

9-3 安裝第三方程式庫

市面上有各式各樣的感測器和控制 IC，許多元件都能找到 Arduino 程式庫，簡化程式開發工作。例如，Matthias Hertel 先生替 PCF8574 序列 LCD 模組寫了 "LiquidCrystal_PCF8574" 程式庫，若不使用程式庫，我們需要先徹底閱讀 PCF8574 的技術文件，才能編寫控制這個 IC 以及 LCD 顯示器的程式碼。

新增程式庫的方式有三種，最簡單直覺的方法是點擊 Arduino IDE 左側面板的**程式庫**，即可搜尋、安裝指定名稱的程式庫。例如，在下圖的**程式庫**面板搜尋 "8574"，可找到跟 "PCF8574" IC 相關的許多程式庫；輸入完整名稱 "LiquidCrystal_PCF8574" 則只會出現一個結果。

1 點擊**程式庫**　　2 輸入程式庫的關鍵字

選擇版本（預設為最新版）、點擊**安裝**。訊息窗格將顯示安裝資訊：

安裝完畢，**程式庫**面板也會顯示「已安裝的版本」，若有需要，可以在此面板移除程式庫。

Arduino 的第三方程式庫預設存放在 " **文件 /Arduino/libraries**" 路徑，例如，你可以在這個路徑看到剛才安裝的 LiquidCrystal_PCF8574 程式庫。

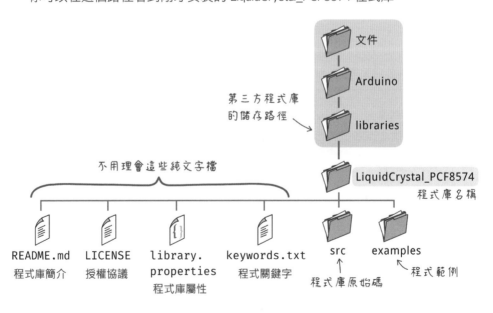

並非所有程式庫都相容於 UNO R3 和 UNO R4 開發板，有些程式庫是為特定微控器開發，Arduino 官方整理並持續測試與更新 UNO R4 板的相同程式庫清單，請參閱 UNO R4 Library Compatibility 網頁：https://bit.ly/4gEQ8Yb。

手動安裝程式庫

有些程式庫在 IDE 的**程式庫**找不到。例如，John Rickman 先生也編寫了一個用 PCF8574 控制 LCD 顯示器的 LiquidCrystal_I2C 程式庫，分享在這個網址：http://bit.ly/2OdFk6P。像這種情況，我們必須自行下載、安裝。然而，不同程式庫的語法可能不相容，例如，底下是 LiquidCrystal_PCF8574 程式庫宣告 LCD 顯示器控制物件的寫法：

採用LiquidCrystal_PCF8574程式庫　　　引用第三方程式庫

```
#include <LiquidCrystal_PCF8574.h>

LiquidCrystal_PCF8574 lcd(0x27);
類別（資料型態）名稱              PCF8574的位址，此程式庫預設為
                               0x27，所以此參數可省略不寫。

lcd.init(16, 2);   // 初始化（啟用）LCD並指定行、列數
```

若要省略 LiquidCrystal_PCF8574 物件的位址參數，宣告 lcd 物件的敘述要改寫成：

```
LiquidCrystal_PCF8574 lcd;   // 採用預設的 0x27 位址
```

底下則是 LiquidCrystal_I2C 程式庫宣告物件的敘述，跟上面不同。因此，本單元仍採用 LiquidCrystal_PCF8574 程式庫。

採用LiquidCrystal_I2C程式庫　　　引用第三方程式庫

```
#include <LiquidCrystal_I2C.h>

LiquidCrystal_I2C lcd(0x27, 16, 2);   // 晶片位址、行、列數
類別（資料型態）名稱        這些參數不可省略

lcd.init();   // 初始化（啟用）LCD模組
```

移植 LCD 模組程式

LiquidCrystal_PCF8574 程式庫裡的 LCD 控制函式（方法）名稱，和 Arduino 內建的 LCD 程式庫一致，因此之前撰寫的 LCD 程式只需要小幅修改，便可直接套用在 I²C 序列模組 LCD：

```
#include <LiquidCrystal_PCF8574.h>
LiquidCrystal_PCF8574 lcd(0x27);

void setup() {
  lcd.begin(16, 2);            // 初始化 LCD（行數，列數）
  lcd.setBacklight(255);   // 設定背光亮度（0~255）
  lcd.clear();
  lcd.print("Stay hungry,");
  lcd.setCursor(0, 1);       // 游標移到 0 行、1 列
  lcd.print("stay foolish.");
}

void loop() {}
```

編譯並上傳程式到 Arduino 之後的執行結果：

動手做 9-2　掃描 I²C 匯流排連接的週邊位址

實驗說明：掃描 I²C 匯流排，查看裝置的位址。本實驗的工作原理：SDA 和 SCL 線平時都處於高電位，傳送資料之前，主控端先從 SDA 輸出低電位，代表即將「開始」傳送訊息，並且從 SCL 輸出高、低震盪的時脈訊號。送出位址之後，該位址的週邊將回應低電位；若指定位址的週邊不存

在（或者週邊忙於工作，無法回應），SDA 將維持在高電位。

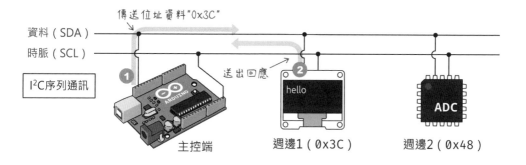

因此，程式只要在 I²C 匯流排送出有效的位址（1~127），再查看是否有週邊回應

Arduino IDE 內建**處理 I2C 通訊的 Wire.h 程式庫**，它提供這些函式：

● begin()：初始化 I²C 序列通訊

● setClock()：設定 I²C 的傳輸速率（單位：Hz），常見值為 100000（100KHz 標準模式，預設值）或 400000（400KHz 快速模式）。實際速率要看微控器和週邊的規格，I²C 週邊的技術文件都會標示傳輸速率上限值。

● beginTransmission()：開始傳送位址

● endTransmission()：結束傳送並釋出 I²C 匯流排，它將傳回下列代表傳送狀態的數字：

  ● 0：成功

  ● 1：資料量太大，緩衝記憶體容納不下。

  ● 2：傳送位址後，收到 NACK（沒有回應，亦即 SDA 線保持在高電位）。

- 3：傳送資料後，收到 NACK。

- 4：其他錯誤

● available()：傳回 I^{2}C 匯流排傳入的資料位元組數

● write()：傳送資料

● read()：讀取資料

● onReceive()：當週邊裝置收到主控端的資料時，觸發執行指定的函式

● onRequest()：當收到來自主控端的資料請求時，觸發執行指定的函式。

實驗程式：掃描 I^{2}C 裝置位址的程式只須執行一次，因此寫在 setup() 函式，完整的程式如下：

```
#include <Wire.h>           // 引用 I2C 通訊程式庫

void setup() {
  byte total, code;         // 暫存 I2C 裝置總數和錯誤代碼

  Wire.begin();             // 初始化 I2C 通訊介面
  Wire.setClock(100000UL);  // 設定時脈速率，此行可省略
  Serial.begin(9600);
  Serial.println("掃描I2C…");

  // 開始掃描（傳送位址）
  for (byte addr = 1; addr < 127; addr++ ) {
    Wire.beginTransmission(addr);
    code = Wire.endTransmission();

    if (code == 0) {   // 有裝置回應，顯示位址
      Serial.print("發現裝置位址: 0x");
      Serial.println(addr, HEX);  // 顯示 16 進位值
      total ++;          // 總數加 1
    } else if (code==4) {
      Serial.println("發生不知名錯誤: 0x");
      Serial.println(addr, HEX);
    }
  }
```

```
  if (total == 0)
    Serial.println("沒發現I2C裝置");
}

void loop() { }
```

設定時脈速率 100000UL 的 UL 代表 "unsigned long"（不帶正負號長整數），
這個數字可以用科學（指數）記號 e 改成比較簡潔且不易打錯的寫法：

```
Wire.setClock(1e5UL); // 設定時脈速率，此行可省略
```

實驗結果：上傳程式碼之後，開啟**序列埠監控窗**，它將顯示連接在 I²C 匯流
排的 LCD 模組位址。

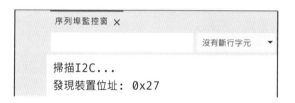

9-4 LCD 顯示器的特殊字元和自訂字元

HD44780 晶片有內建字體，儲存在它內部的 **CGROM**（Character Generator
ROM，字元產生 ROM）。CGROM 有兩個版本，其一是包含日文片假名的版
本（A00 版），另一個則是包含西歐語系的版本（A02 版），在台灣買到的
應該都是包含片假名的版本。完整的 CGROM 字體清單，請參閱 HD44780
晶片技術文件的 17（A00 版）和 18（A02 版）頁。底下是 A00 版的部分
內容：

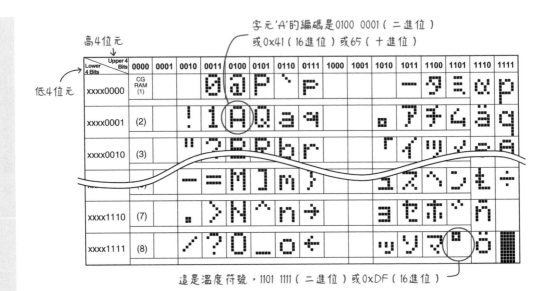

字元'A'的編碼是0100 0001（二進位）
或0x41（16進位）或65（十進位）

高4位元

低4位元

這是溫度符號，1101 1111（二進位）或0xDF（16進位）

從上圖可看出，英文、數字和符號，都是依照 ASCII 編碼排列。輸出文字可以用該**字元的編碼**，例如：

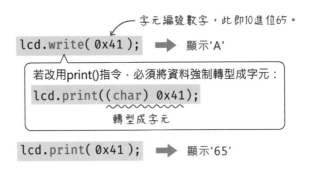

字元編號數字，此即10進位65。

```
lcd.write( 0x41 );
```
➡ 顯示'A'

若改用print()指令，必須將資料強制轉型成字元：
```
lcd.print((char) 0x41);
```
轉型成字元

```
lcd.print( 0x41 );
```
➡ 顯示'65'

若要設定一連串字元編碼，可以將它們存入陣列，例如：

```
1100 1111
高位元 低位元
```
マ イ コ ン ←這四個片假名的意思是「微電腦」
0xCF 0xB2 0xBA 0xDD

```
char str[] = {'8', 'b', 'i', 't', ' ', 0xCF, 0xB2, 0xBA, 0xDD, 0};
                                        マ    イ    コ    ン
lcd.print(str);
```
マ イ コ ン
字串要用NULL結尾

⬇ 顯示
8bit マイコン

動手做 9-3 在 LCD 上顯示自訂字元符號

實驗說明：HD44780 晶片有一塊稱為 **CGRAM** 的記憶體，可儲存 **8 個自訂 5×8 字元**，本單元將示範如何在 LCD 模組上顯示自訂符號。在 LCD 模組顯示新字元的步驟如下：

1 定義儲存字元外觀的陣列

2 執行 createChar() 函式，將新字元載入 LCD 模組。

3 執行 home(), clear() 或 setCursor() 設定游標位置，否則無法顯示自訂字元。

4 使用 write() 或 print() 函式，輸出自訂字元。

建立 LCD 自訂字元的方法，和建立 LED 矩陣圖案類似，只是 **LCD 字元由不同「列」組成**，而非「行」。例如，底下的 sp0 位元組陣列代表左邊的字元外觀：

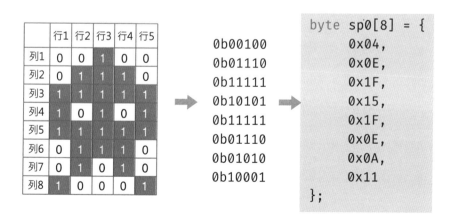

實驗程式：在 LCD 模組顯示自訂字元的完整程式碼如下：

```
#include <LiquidCrystal_PCF8574.h>
LiquidCrystal_PCF8574 lcd( 0x27 );

byte sp0[8] = {0x04, 0x0E, 0x1F, 0x15,
               0x1F, 0x0E, 0x0A, 0x11};

void setup(){
  lcd.begin(16, 2);
  lcd.setBacklight(255);

  lcd.createChar( 0, sp0 );
  lcd.home();
  lcd.write( 0 );
}

void loop(){
}
```

建立自訂字元 → `byte sp0[8] = {0x04, 0x0E, 0x1F, 0x15, 0x1F, 0x0E, 0x0A, 0x11};`

記憶體編號，0~7

將自訂字元載入LCD模組 → `lcd.createChar( 0, sp0 );`

自訂的字元陣列

這一行不可少

顯示指定編號的自訂字元 → `lcd.write( 0 );`

這一行也能寫成：
`lcd.print( (char)0 );`
轉型成字元

> 自訂字元只是暫存在 LCD 模組的 **CGRAM**，斷電或者更換程式，之前程式設定的自訂字元就消失了。LCD 模組內建的字體燒錄在 **CGROM** 裡面，不會消失。

自訂字元動畫

LCD 模組最多可存放 8 個自訂字元，每個字元可以像這樣分開儲存：

```
byte sp0[8] = {B00100, B01110, B11111, B10101,
               B11111, B01110, B01010, B10001};
byte sp1[8] = {B00100, B01110, B11111, B11010,
               B11111, B00100, B01010, B01010};
byte sp2[8] = {B00100, B01110, B11111, B11110,
               B11111, B01110, B00100, B00100};
byte sp3[8] = {B00100, B01110, B11111, B11111,
               B11111, B00100, B01010, B01010};
byte sp4[8] = {B00100, B01110, B11111, B01111,
               B11111, B01110, B00100, B00100};
byte sp5[8] = {B00100, B01110, B11111, B01101,
               B11111, B00100, B01010, B01010};
```

或者一起存入二維陣列：

一共6組　　每組有8筆資料

```
byte sp[6][8] = {
  {B00100, B01110, B11111, B10101, B11111, B01110, B01010, B10001},
  {B00100, B01110, B11111, B11010, B11111, B00100, B01010, B01010},
  {B00100, B01110, B11111, B11110, B11111, B01110, B00100, B00100},
  {B00100, B01110, B11111, B11111, B11111, B00100, B01010, B01010},
  {B00100, B01110, B11111, B01111, B11111, B01110, B00100, B00100},
  {B00100, B01110, B11111, B01101, B11111, B00100, B01010, B01010}
};
```

以操作二維陣列為例，底下的 setup() 程式，將能把這 6 個自訂字元存入 LCD 模組：

```
byte index = 0;   // 字元索引

void setup(){
  lcd.begin(16, 2);
  lcd.setBacklight(255);
  lcd.createChar( 0, sp[0] );
  lcd.createChar( 1, sp[1] );
  lcd.createChar( 2, sp[2] );
  lcd.createChar( 3, sp[3] );
  lcd.createChar( 4, sp[4] );
  lcd.createChar( 5, sp[5] );

  lcd.home();
  lcd.print("Invader");
}
```

這6行程式可以用for迴圈取代：

```
for (byte i=0; i<6; i++) {
  lcd.createChar (i, sp[i]);
}
```

在開頭顯示這7個字元

只要每隔一段短暫的時間，依序將自訂字元顯示在同一個位置，就能看見「太空侵略者（Space Invader）」原地自轉的動畫。主程式迴圈如下：

```
void loop(){
  lcd.setCursor(8, 0);   // 游標固定在第0列中間
  lcd.write(index);

  if ( ++index > 5) {    // 將index值限制在0~5
    index = 0;
  }

  delay(300);            // 等待0.3秒再顯示下一個字元
}
```

index值先加1

動手做 9-4 透過 I²C 介面串連 兩個 Arduino 板

實驗說明：連結兩個 Arduino 板，一個擔任主控端，發出文字訊息給另一個擔任從端的開發板。在複雜的控制應用中，你可以用這個方式串接多個 Arduino 板，讓不同的板子各自負責偵測和控制，並且把資料傳回主控端處理。

實驗材料：

Arduino 開發板	2 塊，不必是相同款式，但要留意開發板容許的訊號電壓（下文説明）
4.7KΩ（黃紫紅）電阻	2 個

實驗電路：I²C 連線上的所有裝置的接地線都要相連。 請將兩個 Arduino 板子的 SDA、SCL 和接地腳連接起來，其中一個板子的 SDA 和 SCL 要各接一個 4.7KΩ 上拉電阻（R）。另外要注意，有些開發板的接腳僅容許最高 3.3V（如 ESP32-S3），若要接入 5V 訊號的匯流排（線路），訊號線之間要使用「電位轉換器」轉換 5V 和 3.3V，如下圖右，相關説明請參閱第 13 章。

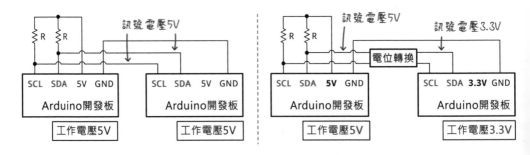

本文採用的 UNO R3 和 R4 都支援 5V 和 3.3V，兩個 UNO 板子的 SDA 和 SCL 腳（A4 和 A5 腳）可直接相連，麵包板接線示範如下：

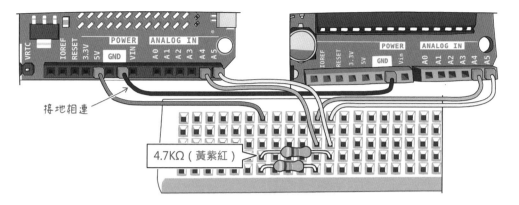

接地相連

4.7KΩ（黃紫紅）

主控端和從端的差別在於從端有設定位址，主控端沒有。Arduino IDE 有內建
處理 I²C 通訊的程式庫 Wire.h。從主控端傳遞訊息給從端的程式流程與相關
指令如下：

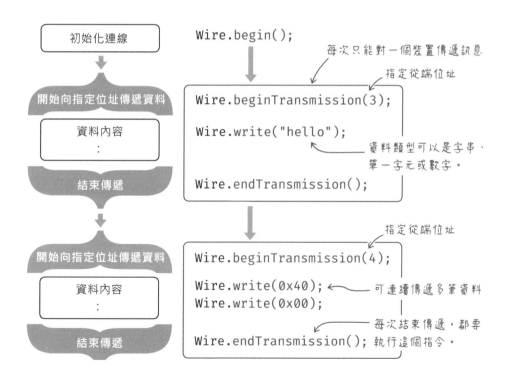

主控端實驗程式：底下的主控端程式將每隔 1 秒，向**位址編號 3 的用戶端**
發出 "hello" 訊息，請將此程式上傳到其中一塊 Arduino 板：

```
#include <Wire.h>  ←── I²C通信程式庫

void setup() {                    ←── 主控端可不設定「位址」參數
    Wire.begin( );    // 啟動I²C連線
}

void loop() {                     ←── 指定和位址編號"3"的裝置連線
    Wire.beginTransmission(3);
    Wire.write("hello\n");        ←── 傳遞的訊息內容，'\n'代表換行。
    Wire.endTransmission();
                                  ←── 代表「結束傳輸」
    delay(1000);
}
```

每次傳遞的訊息，都要包含在這兩個敘述之間。

訊息的內容不一定要加上 "\n" 字元結尾，筆者只是為了讓訊息能自動呈現在新行才加上 "\n"。

每在同一台電腦的 USB 埠插上新的 Arduino 板，電腦將自動指派一個新的序列埠編號給它，上傳程式碼之前，請先確認你有選到正確的板子。

從端實驗程式：位址編號 3 的「從端」，將接收來自主控端的資料，並逐字顯示在**序列埠監控窗**。每次收到新資料，Wire.h 程式庫會**自動執行 onReceive()** 裡的自訂函式。請將底下的程式上傳到另一個 Arduino 板：

```
#include <Wire.h>                          每當收到新訊息,就會執行此自訂
                                           函式,並傳入訊息的位元組數量。
void receiveEvent(int numBytes) {
    while(Wire.available()) {              這裡用不到「收到的位元組數」
        char c = Wire.read();              參數,但仍要寫出來。
        Serial.print(c);
    }                                      讀取收到的字元
}

void setup() {
                                    從端一定要設定「位址」參數
    Wire.begin(3);   // 啟動I²C連線
    Wire.onReceive(receiveEvent);
                                           事件處理函式名稱
    Serial.begin(9600);
}                                          收到訊息時
                                           自動觸發執行

void loop() {
    delay(100);
}
```

實驗結果:編譯與上傳從端的程式之後,開啟**序列埠監控窗**,即可看見如
下的訊息。主控端傳入的訊息有 "\n" 結尾,所以每個訊息都顯示在新行。

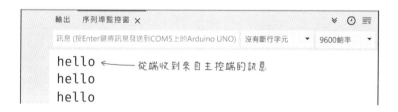

```
輸出    序列埠監控窗 ×                                    ¥  🕐  ☰
訊息 (按Enter鍵將訊息發送到COM5上的Arduino UNO)  沒有斷行字元  ▼  9600鮑率  ▼

hello  ←──── 從端收到來自主控端的訊息
hello
hello
```

動手做 9-5　在 I²C 介面上傳送整數資料

實驗說明:Wire 程式庫的 write() 函式可傳送單一字元或字串,一個字
元(亦即,一個位元組)可傳達的整數範圍是 0~255,但類比輸入值介於
0~1023 之間,至少需要兩個位元組才能容納。

解決的方法是把整數用**除式（/）**和**餘除（%，**亦即：取餘數）拆成兩個位元組，分別存入 b1 和 b2 變數並傳送，然後在接收端重組。

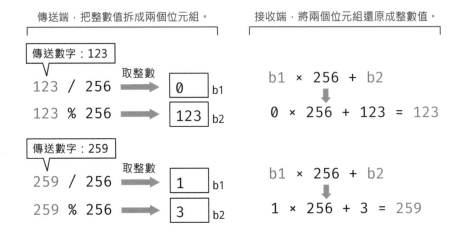

實驗電路：請參閱〈動手做 9-4〉，在 A0 類比腳連接一個 10KΩ 可變電阻。

主控端實驗程式：從主控端（傳送端）把 0~1023 的類比值傳遞給位址編號 3 的 I²C 裝置，程式碼如下：

```
#include <Wire.h>

void setup() {
  Wire.begin();
}

void loop() {
  byte b1, b2;
  int val = analogRead(A0);   // 類比輸入值的範圍：0~1024
  b1 = val / 256;
  b2 = val % 256;
  Wire.beginTransmission(3); // 傳送給地址 3 的裝置
  Wire.write(b1);             // 一次傳送一個位元組
  Wire.write(b2);
  Wire.endTransmission();     // 停止傳送
  delay(1000);
}
```

09

從端實驗程式：從端（接收端）的程式將在接收到兩個位元組之後，將它們重組成整數，並顯示在**序列埠監控窗**：

```
#include <Wire.h>

void setup() {
  Wire.begin(3);              // 啟動連線並設定此從端裝置的位址為 3
  Wire.onReceive(receiveEvent); // 處理「接收訊息」的事件處理程式
  Serial.begin(9600);        // 啟動序列埠通訊（以便在監控視窗顯示資訊）
}

void loop() {
  delay(100);
}

void receiveEvent(int numBytes) {
  while(Wire.available() >= 2) { // 若收到兩個或以上的位元組…
    byte b1 = Wire.read();       // 一次讀取一個位元組
    byte b2 = Wire.read();
    int val = b1 * 256 + b2;     // 還原成整數值

    Serial.println(val);         // 顯示在序列埠監控窗
  }
}
```

9-5 DHT11 數位溫濕度感測器

溫度感測器元件有很多種，像熱敏電阻、DS18B20, TMP36, LM335A⋯等等。本文採用的是能檢測溫度和濕度的 DHT11，它其實是一款結合溫濕度感測器及訊號處理 IC 的感測模組，並透過單一序列資料線連接開發板，其外觀如下：

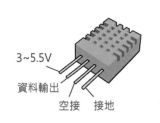

10KΩ（棕黑橙）

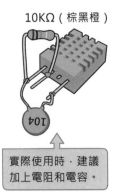

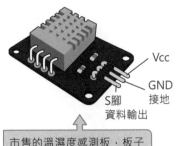

3~5.5V

資料輸出

空接　接地

實際使用時，建議
加上電阻和電容。

市售的溫濕度感測板，板子
有內建電阻和電容。

Vcc

GND
接地

S腳
資料輸出

購買時，選擇上圖左的單一零件即可。連接控制版時，建議在**電源**與**資料輸出腳**連接一個 **10KΩ（棕黑橙）電阻**，**電源**和**接地腳**之間接一個 **0.1μF（104）電容**。不一定要將電容和電阻焊接在感測元件上，用麵包板組裝也行。或者，你也可以購買像上圖右的溫濕度感測板。

DHT11 有個叫做 DHT22 的孿生兄弟，體積比 DHT11 大一點，感測範圍和精確度也比較高，但耗電量比較低，電路連接方式和 DHT11 相同。DHT11 的售價比較低廉，也足敷一般日常環境的檢測場合使用。表 9-2 列舉了這兩個溫濕度感測器的主要規格，其中的取樣週期告訴我們，每次**從 DHT11 讀取資料的時間至少要間隔兩秒才會準確**。

表 9-2

	DHT11	DHT22
工作電壓	3~5.5V	3~5.5V
工作電流	2.5mA（測量時） 150μA（待機）	1.5mA（測量時） 50μA（待機）
溫度範圍	0~50℃ ±2℃	-40~80℃ ±0.5℃
濕度範圍	20~90%±5%	0~100%±2%
取樣週期	> 2 秒	> 2 秒

DHT11 的單線雙向通訊格式（1-Wire）

DHT11 感測器和微控器僅使用**一條接線**交換資料，稱為單線序列介面（1-Wire）。在網路上搜尋 "DHT11 datasheet" 關鍵字，就能找到 DHT11 的技術文件，裡面有記載 DHT11 的通訊協議。

主控端　　　　　　One Wire（單線）　　　（溫濕度檢測）

連接 DHT11 資料腳的控制器接腳，要保持在高電位；每當想要向 DHT11 讀取感測值時，控制器要先送出持續 18 毫秒以上的低電位，後面跟著 20~40 微秒的高電位，告訴 DHT11「請傳資料給我」：

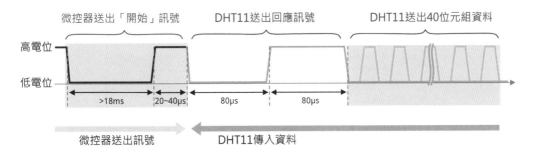

接著，在同一條資料線，微控器將要開始接收 DHT11 的回應和溫濕度數據，這些訊號不是單純的高、低電位變化。

如果只是用低電位代表 0、高電位代表 1，訊號容易受到雜訊干擾而誤判。因此，DHT11 的 0 與 1 訊號，取決於高電位的時間長短，每個訊號間隔 50 微秒；若高電位訊號持續時間不是 70 或 26~28 微秒，則視為雜訊不予理會：

完整 DHT11 訊息格式如下，最後的**校驗碼（checksum）**能讓控制器驗算接收到的資料是否正確。

從技術文件的說明，可以了解裝置的運作細節。但所幸，Arduino 已經有多個現成的程式庫，本文採用美國知名電子零組件供應商 Adafruit 編寫的 DHT11 程式庫。在程式庫管理員搜尋關鍵字 "dht11"，找到並安裝底下這個程式庫：

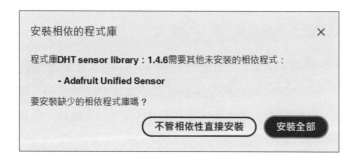

點擊**安裝**之後，它會詢問是否要安裝相依的程式庫，請點擊**安裝全部**。

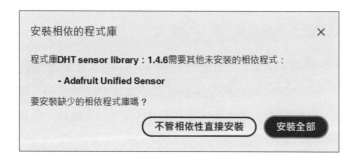

動手做 9-6 製作數位溫濕度顯示器

實驗說明：讀取 DHT11 感測模組的輸出值，顯示在 LCD 顯示器。

實驗材料：

DHT11 溫濕度感測模組	1 個
1602 文字 LCD 顯示器模組	1 個
文字 LCD 顯示器 I^{2}C 序列模組	1 個

實驗電路：用麵包板組裝溫濕度感測器與 LCD 顯示器的方式如下，底下的程式碼將假設 DHT11 的輸出接在 Arduino 板的數位 2 腳：

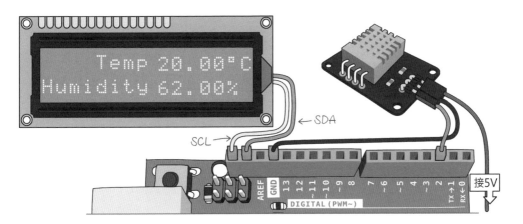

實驗程式：本單元將在 16×2 LCD 文字顯示器上呈現如下的溫濕度值，圖說裡的溫度（20.50）與濕度（62.80）是虛設的數值，需要在程式中替換成 DHT11 傳回的實際值（實際上，DHT11 傳回的感測值是整數，但習慣上，程式都寫成浮點格式，以後若改用精確度較高的 DHT22，主程式碼就不用改）。

在第4行第0列，顯示"Temp"。

```
lcd.setCursor(4, 0);
lcd.print("Temp");
```

```
lcd.setCursor(9, 0);
lcd.print("20.50");    ← 顯示溫度符號
lcd.print((char) 0xDF);
lcd.print("C");
```

0 1 2 3 4 5 6 7 8 9 10 11 12 13 14 15 行

0 　　　　Temp 20.50°C
1 Humidity 62.80%

```
lcd.setCursor(0, 1);
lcd.print("Humidity");
```

```
lcd.setCursor(9, 1);
lcd.print("62.80");
lcd.print("%");
```

DHT11 元件在通電後，**資料輸出腳**將不停地以**序列格式**輸出溫度和濕度值。使用 DHT11 程式庫讀取溫濕度值，首先要宣告一個 DHT 類型的物件：

```
#include <DHT.h>  ←── 引用DHT程式庫

DHT dht(2, DHT11);          DHT11或DHT22

類型名稱  自訂物件名稱(接腳, 元件類型)
```

接著就能透過 DHT 物件的這兩個方法讀取 float（浮點數）類型的溫度和濕度值；如果無法接收到 DHT11 的感測資料，這兩個方法將傳回 **NAN 常數**（代表 Not A Number，不是數字）：

```
dht.begin();                          // 開始感測
float h = dht.readHumidity();         // 讀取濕度
float t = dht.readTemperature();      // 讀取攝氏溫度
```

⬇ 讀取華氏溫度

```
dht.readTemperature( true )
```

C 語言內建的 **isnan() 函式**可確認數值是否為 NAN，如果是 NAN，則傳回 true，否則傳回 false。因此，若 DHT11 感測器沒有正常運作，底下的條件判斷敘述將 LCD 顯示 "Failed to read from DHT sensor!"（無法從 DHT 感測器取值！）。

```
if (isnan(h) || isnan(t)) {     // 若 h 或 t 值是 NAN
  lcd.setCursor(0, 0);          // 在 LCD 顯示錯誤訊息
  lcd.print("Failed to read");
  lcd.setCursor(0, 1);
  lcd.print("from DHT sensor!");
  return;
}
```

在 LCD 顯示溫溼度的完整程式碼：

```
#include <LiquidCrystal_PCF8574.h> // 序列式 LCD 介面程式庫
#include <DHT.h>                    // DHT11 感測器程式庫

LiquidCrystal_PCF8574 lcd(0x27);   // 定義 LCD 程式物件
DHT dht(2, DHT11);                  // 定義 DHT 程式物件
```

```
void setup() {
  dht.begin();                 // 開始感測溫濕度
  lcd.begin(16, 2);            // 初始化 LCD (行數, 列數)
  lcd.setBacklight(255);       // 設定背光亮度 (0~255)
  lcd.clear();
  lcd.setCursor(4, 0);
  lcd.print("Temp");
  lcd.setCursor(0, 1);
  lcd.print("Humidity");
}

void loop() {
  float h = dht.readHumidity();
  float t = dht.readTemperature();

  if (isnan(h) || isnan(t)) {
  lcd.setCursor(0, 0);
    lcd.print("Failed to read");
    lcd.setCursor(0, 1);
    lcd.print("from DHT sensor!");
    return;
  }
  lcd.setCursor(9, 0);         // 顯示溫度
  lcd.print(t, 2);             // 2 代表顯示小數點後兩位
  lcd.print((char) 0xDF);
  lcd.print("C");

  lcd.setCursor(9, 1);         // 顯示濕度
  lcd.print(h, 2);
  lcd.print("%");

  delay(2000);
}
```

9-6 Qwiic 介面

UNO R4 WiFi 開發板有個 Qwiic（發音與 quick「快速」相同）介面，它是美國 SparkFun 電子公司發明的 I²C 簡化介面，它採用 4 針連接器（針腳間距 1mm），可快速輕鬆地串接開發板與各種 I²C 模組，特別適用於快速原型製作和教學。換句話說，Qwiic 本質上就是 I²C，只是它把資料線和電源做成一個接頭。

以連接具有 Qwiic 插座的 I²C LCD 顯示器為例，只要用一條 Qwiic 連接線，而非分別接 4 條線，就能串連 Arduino 和顯示器。第 2 章末提到的 Grove 擴展板，也是 I²C 介面，但連接器跟 Qwiic 不相容。

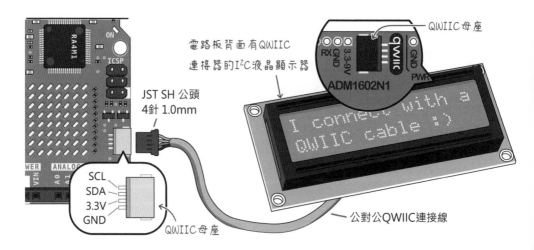

廠商為了擴大 Qwiic 生態，把不具備 I2C 介面的感測器或控制 IC，例如：溫度感測器、類比搖桿、馬達控制器…等，製作成 Qwiic 相容模組，勢必得額外加入 I²C 介面的轉換器。以下圖這款 Qwiic 類比搖桿模組為例，它採用一個 8 位元微控器來讀取搖桿與開關狀態，然後轉換成 I²C 格式資料輸出。這個類比搖桿模組定價美金 11.5 元。

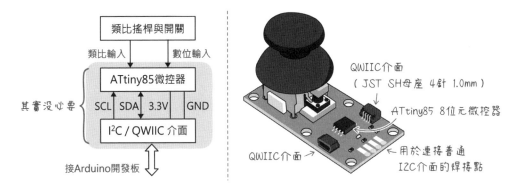

而連接此 Qwiic 類比搖桿模組的 Arduino 程式,也要透過程式庫解析它的 I²C 資料。所以,使用者不必了解電阻分壓和讀取類比輸入的程式,簡單 接線後,透過程式庫就能讀取搖桿值。它也適合類比輸入介面不夠用或者 沒有類比輸入介面的微控器,但這兩個問題也能透過類比轉數位輸入 IC 來 解決。

Qwiic 介面連接 I2C 裝置

Arduino UNO R4 WiFi 有兩條 I2C 匯流排,分別透過 Wire 和 Wire1 物件操 控:

- Wire 物件:操控連接 A4(SDA)和 A5(SCL)腳的 I²C 裝置。
- Wire1 物件:操控連接 27(SDA)和 26(SCL)腳,也就是 Qwiic 介面 的 I²C 裝置。

假設 PCF8574 LCD 驅動板像這樣接在 Qwiic 介面:

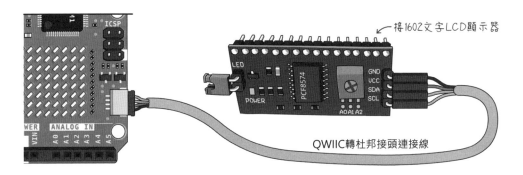

把〈動手做 9-2〉程式改成掃瞄連接在 Qwiic 介面的 I2C 裝置位址，只需將其中的 Wire 物件改成 Wire1，編譯上傳到 R4 WiFi 板，**序列埠監控窗**將顯示 "發現裝置位址：0x27"。

```
#include <Wire.h>       // 引用 I2C 通訊程式庫

void setup() {
  byte total, code;   // 暫存 I2C 裝置總數和錯誤代碼

  Wire1.begin();        // 初始化 Qwiic（I2C）通訊介面
  Wire1.setClock(1e5UL); // 設定 100KHz 時脈速率，此行可省略
  Serial.begin(9600);
  Serial.println("掃描I2C…");

  // 開始掃描（傳送位址）
  for (byte addr = 1; addr < 127; addr++ ) {
    Wire1.beginTransmission(addr);
    code = Wire1.endTransmission();
    ：其餘程式不變，故略。
```

上文〈安裝第三方程式庫〉一節採用的 LiquidCrystal_PCF8574 程式庫，支援操控自訂 I²C 匯流排物件，底下是在 Qwiic 介面的 1602 文字 LCD 顯示器呈現 "hello, world!" 的程式碼：

```
#include <Wire.h>
#include <LiquidCrystal_PCF8574.h>

LiquidCrystal_PCF8574 lcd(0x27); // 宣告lcd 物件

void setup() {
  Wire1.begin();                 // 初始化 Wire1 物件（Qwiic 介面）
  Wire1.setClock(1e5UL);         // 選擇性地設定 I2C 時脈 100kHz
  lcd.begin(16, 2, Wire1);       // 初始化 lcd（行，列，Wire1 物件）
  lcd.setBacklight(255);         // 設定 LCD 背光亮度
  lcd.print("hello, world!"); // 顯示文字 "hello, world!"
}

void loop() { }
```

10

變頻控制 LED 燈光和馬達

馬達是常見的動力輸出裝置，一般家庭裡面，除了電風扇之外，手機裡面有震動馬達、洗衣機裡面也有馬達、電動給水的熱水瓶也需要小馬達抽水，更不用說各種機械動力玩具裡的馬達了。因此，馬達控制是基本且重要的課題。

本章將分成三大部分：

1. 介紹 Arduino 微電腦輸出類比信號，也就是可調整輸出電壓值，而非只是高、低電位的方式，並藉此控制 LED 燈光強弱和馬達的轉速。

2. 介紹數種常見的模型玩具馬達型號和規格，以及常見的馬達驅動和控制電路。

3. 介紹常見的**電晶體**元件，以及電晶體電路的基本應用與設計方式。

10-1 調節電壓變化

在電源輸出端串聯一個電阻，即可降低電壓，因此，像右圖般連接可變電阻，將能調整 LED 的亮度。

若無此限流電阻，當底下的可變電阻調成0時，大電流會直接灌入LED。

驅動小小的 LED，不會耗費太多電力，但如果是馬達或其他消耗大電流的負載，電阻將會浪費許多電力，而且電阻所消耗的電能將轉換成熱能。

筆者在 1980 年代玩遙控模型車時，機械式的變速器上面接了一大塊像牛軋糖般的水泥電阻（外加散熱片，在網路上搜尋 "Mechanical Speed Controllers" 關鍵字，即可找到它的外觀照片），因為遙控車採用的 RS-540 馬達，工作電壓 7.2V，負載時的消耗電流約 13 安培，以公式計算其消耗功率約 94 瓦：

消耗功率 = 電壓 x 電流 ⟹ 7.2V x 13A = 93.6W

一般電子電路採用的電阻為 1/8 瓦，不能用於控制模型馬達（電阻會燒毀），要用高達數十瓦的水泥電阻。市面上也可以買到數百瓦的陶瓷管電阻，它的外型也很碩大，比一般成年人的手臂還粗。

省電節能又環保的 PWM 變頻技術

數位訊號只有高、低電位兩種狀態，如同第 1 章的 LED 閃爍程式，把一只 LED 接上 Arduino 的第 13 隻腳，每隔 0.5 秒切換高低電位，LED 將不停地閃爍。

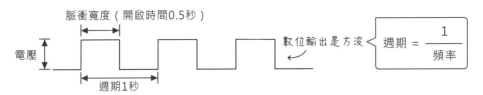

這種以一秒鐘為週期的切換訊號，頻率就是 1Hz。**提高切換頻率（通常指 30Hz 以上），將能模擬類比電壓高低變化的效果。**以下圖的 1KHz（即：1000Hz）為例，若脈衝寬度（開啟時間）為週期的一半（稱為 50% 工作週期），就相當於輸出高電位的一半電壓；10% 工作週期，相當於輸出 0.5V。

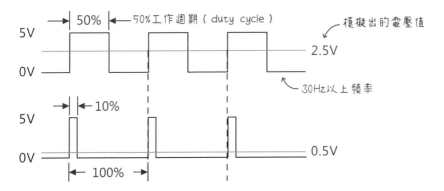

如此，不需採用電阻降低電壓，電能不會在變換的過程被損耗掉。這種在數位系統上「模擬」類比輸出的方式，稱為**脈寬調變**（Pulse Width Modulation，簡稱 PWM）。某些強調省電的變頻式洗衣機和冷氣機等家電，也是運用 PWM 原理來調節機器的運轉速度。

PWM 的電壓輸出計算方式如下：

開啟時間百分比
↓
類比輸出電壓 = 脈衝寬度 × 高電位值　　⟹　　$\dfrac{輸出電壓}{高電位值}$ = 開啟時間百分比

因此，在 5V 電源的情況下輸出 3.3V，從上面的式子可知：

$\dfrac{輸出電壓}{高電位值}$　⟹　$\dfrac{3.3V}{5V}$ = 0.66　⟹　0.66 × 100% = 66%　← 亦即，66%開啟時間

根據計算結果得知，5V 電源的 66% PWM 脈衝寬度就相當於輸出 3.3V。

10-2 類比輸出（PWM）指令和預設頻率

analogWrite（直譯為「類比輸出」）函式，可以控制輸出 PWM 訊號，其語法如下：

可能值：3, 5, 6, 9, 10或11 ⟶　　　⟵ 可能值：0~255
analogWrite(接腳編號, 類比數值);

其中的接腳編號，**在 UNO R3 開發板，必須是 3, 5, 6, 9, 10 或 11 這六個有標示波浪符號的數位腳**；類比數值介於 0~255 之間，代表輸出介於 0~5V 之間的模擬類比電壓值。因此，底下敘述代表在第 5 腳輸出 3.3V：

$\dfrac{3.3V}{5V}$ × 255 = 168.3
analogWrite(5, 168);

此外，**UNO R3** 預設採用 1KHz 和 500Hz 兩組不同 PWM 輸出頻率，控制馬達時，筆者大多採用 1KHz 頻率：

10

● 接腳 5,6：976.5625Hz（約 1kHz）

● 接腳 3, 11 以及 9, 10：490.196Hz（約 500Hz）

UNO R4 的所有 PWM 輸出頻率預設都是 **490Hz**，稍後再說明如何調整頻率。R4 的預設類比輸出值範圍也是 0~255，但可設置成 0~4095，參閱第 11 章說明。筆者把底下的程式上傳到 UNO R4 Minima，然後用電表測量 11 腳的電壓，約 1.169V。

```
void setup() {
  analogWrite(11, 64);  // 1.169v
}

void loop() { }
```

動手做 10-1 調光器

實驗說明：本單元將結合第 9 章〈從序列埠讀取類比輸入值〉一節的類比輸入電路和程式，從可變電阻的輸入訊號變化來調整 LED 的亮度。

實驗材料：

LED（顏色不拘）	1 個
10KΩ 可變電阻	1 個

實驗電路：請按照下圖，在數位 11 腳接上 LED，A0 接可變電阻：

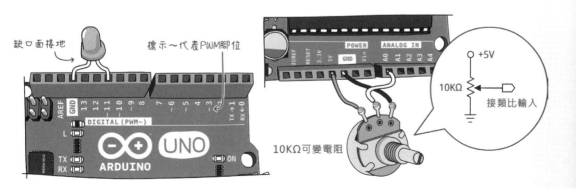

Arduino 的**類比輸入（analogRead）**的範圍值介於 0~1023 之間，而**類比輸出（analogWrite）**則介於 0~255 之間。為了調整數值範圍，我們可以將輸入值除以 4（註：1024÷4=256），或者用 map 函數調整，它的語法與範例如下：

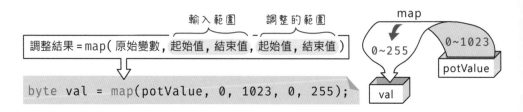

調整結果 = map(原始變數 , 起始值 , 結束值 , 起始值 , 結束值)

輸入範圍　調整的範圍

byte val = map(potValue, 0, 1023, 0, 255);

map

0~255　0~1023

potValue

val

實驗程式：完整的程式碼如下，由於本實驗的 LED 沒有接電阻限流，所以筆者把類比輸出的上限設為 120（約 2.4V，因為 2.4÷5×255=122.4）。

```
const byte POT_PIN = A0;      // 類比輸入腳
const byte LED_PIN = 11;      // LED（PWM 輸出）腳

void setup() {
  pinMode(LED_PIN , OUTPUT);
}

void loop() {
  int potVal = 0;             // 類比輸出值
  byte pwmVal = 0;            // 儲存轉換範圍值

  potVal = analogRead(POT_PIN );      // 讀取類比輸入值
  // 將類比輸入轉換成 0~120 輸出
  pwmVal = map(potVal , 0, 1023, 0, 120);
  analogWrite(LED_PIN , pwmVal );     // 輸出 PWM（約 0~2.4V）
}
```

10

動手做 10-2 隨機數字與燭光效果

實驗說明：**隨機**（**random**，或稱為**亂數**）代表讓電腦從一堆數字中，任意抽取一個數字。本實驗將透過隨機調整接在**數位 11 腳**的 LED 亮度，以及隨機持續時間來模擬燭光效果。

Arduino 語言內建產生隨機數的 **random()** 函式，小括號內的參數用於設定隨機數的範圍，如下：

```
隨機數字 = random(數值範圍)
           ↓
byte rnd = random(200);      ➡  比範圍值小1
                                  從0~199之間挑選一個數字，存入rnd。
```

```
隨機數字 = random(最小值，最大值)
           ↓
byte rnd = random(20, 50);   ➡  比最大值小1
                                  從20~49之間挑選一個數字，存入rnd。
```

然而，Arduino 每次開機挑選的隨機數都是固定的序列。例如，令微控器從 0~127 之間隨機挑選 3 個數字，它始終選出 39, 113 和 89。

```
void setup(){
  Serial.begin(9600);
  Serial.println( random(128) );   // 始終是 39
  Serial.println( random(128) );   // 始終是 113
  Serial.println( random(128) );   // 始終是 89
}

void loop(){ }
```

這是因為電腦的行為是由程式決定的，它不會自己隨機挑選號碼，所以電腦產生的隨機數稱為**偽隨機 (pseudorandom)** 數。random 函式內部有一套選取數字的公式，底下是虛構的簡化運作機制：每次都從第 1 個數字開始，按照既定的規則取字。

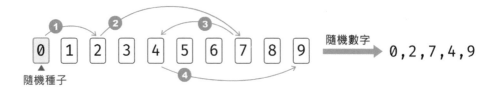

但只要改變起點位置，就能產生不同的「隨機」數字組合，這個起點位置
叫做**隨機種子**（random seed）或簡稱**種子**。

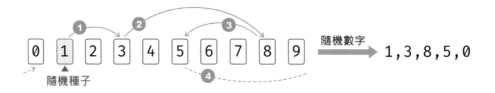

設定隨機種子的函式叫做 randomSeed()，它接受一個非 0 整數參數（種
子），這個參數通常採用一個**空接的類比輸入腳位**的讀取值。空接腳位的讀
值很不穩定（浮動），這次讀取值是 189，下次可能是 73，所以適合當作
種子。底下程式產生的隨機數就不是固定的序列了：

```
void setup(){
  Serial.begin(9600);
  // 執行 random() 之前，先執行一次 randomSeed() 設定種子
  randomSeed( analogRead(A0) );  // 取 A0 腳的狀態當作種子
  Serial.println( random(128) ); // 隨機數
  Serial.println( random(128) ); // 隨機數
  Serial.println( random(128) ); // 隨機數
}

void loop(){ }
```

實驗程式：完整的程式碼如下，將它編譯並傳到 Arduino，即可看見燭光閃
爍效果。

```
const byte LED_PIN = 11;
```
PWM輸出腳不用明定「輸出」模式，但設定模式是好習慣，讓接腳的用途更明確。

```
void setup(){
  pinMode(LED_PIN, OUTPUT);
  randomSeed(analogRead(A5));
}
```
← 設定隨機種子　　← 讀取空接的類比腳的浮動值

```
void loop(){
  analogWrite(LED_PIN, random(111)+120);
  delay(random(200));
}
```
↑ 隨機延遲0~199毫秒

← 產生隨機數字0~110，因此 PWM將介於110~230之間。

UNO R4 開發板的 PWM 訊號與解析度

微控器透過其內部的計時器（timer）產生時脈訊號。UNO R4 使用的 RA4M1 微控器具有 8 個**通用 PWM 計時器**（General PWM Timer，簡稱 **GPT**），可產生多達 16 個 PWM 訊號，呃…這個 GPT 跟 ChatGPT 無關。

但查閱 UNO R4 的電路圖並對照 RA4M1 微控器的技術文件（R4 WiFi 和 R4 Minima 的微控器接腳不同，參閱第 20 章〈UNO R4 的 RA4M1 微控器的輸出入埠〉），可知 UNO R4 板中有 16 個接腳連接 GPT 計時器，也就是這 16 腳都能輸出 PWM 訊號。

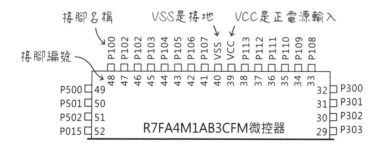

Arduino 官方為了保持 UNO R4 和 R3 的相容性，僅標示腳 3, 5, 6, 9, 10 和 11 具備 PWM 輸出功能。

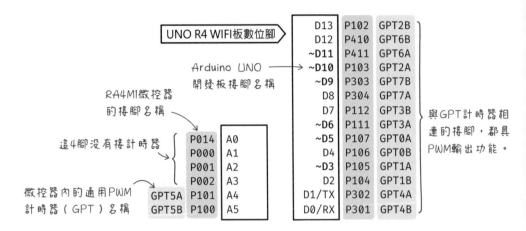

底下循環調亮與調暗 LED 的呼吸燈程式，透過 PWM 調控 UNO R4 腳 13 的
LED，雖然官方沒有標示腳 13 支援 PWM，但呼吸燈效果可正常執行：

```
#define LED_PIN 13     // LED 接腳

int pwmVal = 0;        // PWM 輸出值，預設為 0
int pwmAmount = 5;     // PWM 增加值

void setup() {
  pinMode(LED_PIN, OUTPUT);
}

void loop() {
  analogWrite(LED_PIN, pwmVal);        // 於指定腳輸出 PWM
  pwmVal = pwmVal + pwmAmount;

  if (pwmVal <= 0 || pwmVal => 255) { // 若累增值為負或大於等於 255
    pwmAmount = - pwmAmount;                   // 正、負反轉累增值
  }

  delay(50);
}
```

10-3 使用 Serial 物件的 parseInt() 和 parseFloat 方法解析整數和浮點數

從序列埠讀入的資料是一連串字元，也就是字串，Arduino 序列通訊程式經常需要把字串資料轉換成整數或浮點數，例如，序列輸入的資料是 "128" 字串，而 analogRead() 函式的參數是數字 128。Serial 物件提供兩種把接收到的字串轉成數字的方法：

● parseInt()：從序列緩衝區讀取並解析出整數。

● parseFloat()：從序列緩衝區讀取並解析出浮點數。

Serial.parseInt() 的語法如下：

「跳過字元」參數有三個可能值：

● SKIP_ALL：跳過數字或減號以外的所有字元，此為預設值。

● SKIP_NONE：不跳過任何字元。

● SKIP_WHITESPACE：僅跳過 Tab、空格、'\n' 和 '\r' 等空白字元。

「忽略字元」參數指定在搜尋整數期間要忽略的字元，例如，忽略千位分隔符號（,）。

將底下程式編譯上傳至開發板或者用 TinkerCAD 或 Wokwi 線上模擬器測試：

```
void setup() {
  Serial.begin(9600);
}

void loop() {
  // 持續直到所有序列輸入值都處理完畢
  while (Serial.available()>0) {
    int val = Serial.parseInt();   // 從序列輸入資料解析出整數值
    Serial.println(val);
  }
}
```

在**序列埠監控窗**輸入 "33AB-1,024.5"，將被分別解析成 33, -1, 24 和 5 這幾
個數字：

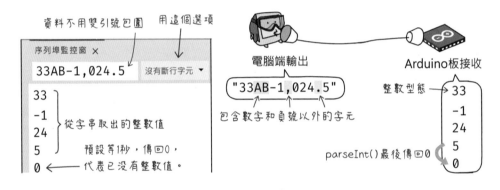

parseInt() 方法會在解析序列緩衝區的全部內容後，等待 1 秒，確認沒有新
進資料才結束並傳回 0。程式可透過 Serial.setTimeout() 方法，設定等待的
毫秒時間值，例如，底下程式把等待時間設成 500 毫秒（即 0.5 秒）：

```
void setup() {
  Serial.begin(9600);
  Serial.setTimeout(500); // 等待時間設為 500 毫秒
}

void loop() {
  // 持續直到所有序列輸入值都處理完畢
  while (Serial.available()>0) {
```

10

```
    // 忽略千位分隔符號 (,)
    int val = Serial.parseInt(SKIP_ALL, ',');
    Serial.println(val);
  }
}
```

這段程式指定忽略千位分隔符號 (,)，執行結果如下，最後等待 0.5 秒並傳回 0：

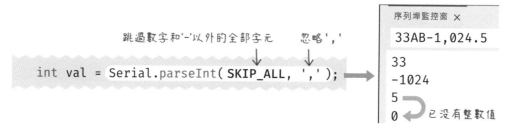

Serial 物件的解析浮點數字的 parseFloat()，語法格式和 parseInt() 相同，只是傳回值為 float 型態值，把上面程式當中的 parseInt() 改成 parseFloat()，重新編譯、上傳後的執行結果：

使用 String 物件的 toInt() 或 toFloat() 把字串轉成整數或浮點數

另一種把字串轉換成整數或浮點數字的方法，是先透過 **Serial. readStringUntil() 方法**（"read string until" 的原意是「讀取字串，直到…」），從序列緩衝區讀取整段字串（此處假設一段字串以 '\n' 字元結尾），再執行 String 物件的 toInt() 或 toFloat() 方法轉換數字。

底下是把序列輸入字串轉換成整數值的範例：

```
void setup() {
  Serial.begin(9600);
}

void loop() {
  if (Serial.available() > 0) {
    // 用 String 型態物件儲存一段序列輸入字串
    String input = Serial.readStringUntil('\n');
    int val = input.toInt();   // 把字串轉換成整數
    Serial.println(val);
  }
}
```

編譯上傳至開發板或者用線上模擬器測試，輸入 "33AB-1,024.5" 將被分別解析成 33 一個整數，當 toInt() 遇到非數字、小數點或正負號時，它就停止解析；若遇到非數字或正負號開頭的字元，它便停止解析並傳回 0。

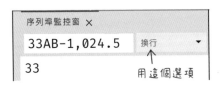

轉換成小數點的 toFloat() 的語法跟 toInt() 一樣，它們都不接收任何參數。底下把上面的程式改成轉換成小數點的例子：

```
String input = Serial.readStringUntil('\n');
float val = input.toFloat();   // 把字串轉換成浮點數字
Serial.println(val, 3);        // 顯示到小數點後 3 位
```

編譯執行的結果如下：

動手做 10-3 透過序列埠調整燈光亮度

實驗說明：第 5 章〈從序列埠控制 LED 開關〉一節介紹了透過序列埠傳送一個字元來開關燈光的程式，本節採用 String 物件的 toInt() 方法，把序列輸入字串轉成整數，並將數值限制在 0~255 之內，改變**接在數位 11 腳**的 LED 亮度。

實驗程式：

```
const byte LED_PIN = 11;           // 設定 LED 接腳

void setup() {
  Serial.begin(9600);
  pinMode(LED_PIN, OUTPUT);        // LED 腳設成「輸出」模式
}

void loop() {
  if (Serial.available() > 0) {   // 若序列埠收到值…
    // 用 String 型態物件儲存序列輸入字串
    String input = Serial.readStringUntil('\n');
    int val = input.toInt();       // 把字串轉換成整數
    int pwm = constrain(val, 0, 255);  // 限制數值範圍，下文說明

    Serial.println(String("VAL: ") + val);
    Serial.println(String("PWM: ") + pwm);
    analogWrite(LED_PIN, pwm);
  }
}
```

Arduino 開發環境內建可限縮數字範圍的 **constrain（意旨「限定」）函式**，其語法如下：

可以是任何數字型態，如：int, float, unsigned int, long, ...

資料型態 受限縮值 = constrain(原始數值, 最低限值, 最高限值)

int pwm = constrain(val, 0, 255); // 把val限制在0~255

實驗結果：上傳程式碼之後，開啟**序列埠監控窗**，輸入資料的**行結尾**設定請選擇「換行」。輸入 255 再按下**傳送**，11 腳的燈光將被調到最亮；輸入 30 再傳送，燈光將變得黯淡。

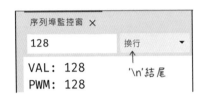

10-4 認識直流馬達

馬達有不同的尺寸和形式，本書採用的小型直流馬達，又稱為模型玩具馬達，可以在文具／玩具店、五金行或者電子材料行買到。下圖是從舊電器和玩具拆下來的直流馬達：

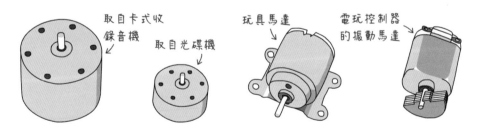

常見於玩具和動力模型的直流馬達，通常是 FA-130, RE-140, RE-260 或 RE-280 型，這些馬達的工作電壓都是 1.5V~3.0V，但是消耗電流、轉速和扭力都不一樣。

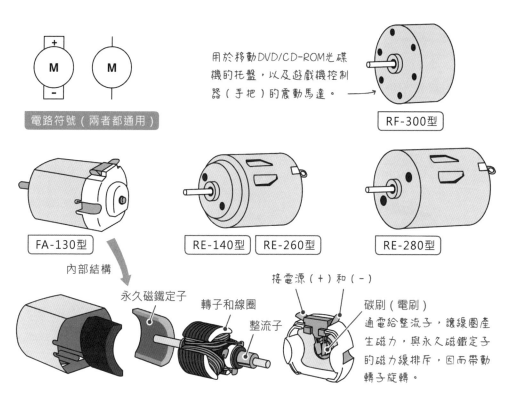

電路符號（兩者都通用）

用於移動DVD/CD-ROM光碟機的托盤，以及遊戲機控制器（手把）的震動馬達。

RF-300型

FA-130型

RE-140型　RE-260型

RE-280型

內部結構

永久磁鐵定子　轉子和線圈

整流子

接電源（＋）和（－）

碳刷（電刷）

通電給整流子，讓線圈產生磁力，與永久磁鐵定子的磁力線排斥，因而帶動轉子旋轉。

直流馬達內部由磁鐵、轉子和碳刷等元件組成，將馬達的 ＋,- 極和電池相連，即可正轉或者逆轉。

這種馬達在運轉時，碳刷和整流子之間會產生火花，進而引發雜訊干擾，影響到微處理器或無線電遙控器的運作。為了消除雜訊，我們通常會在碳刷馬達的 ＋, - 極之間焊接一個 0.01μF~0.1μF 的電容。

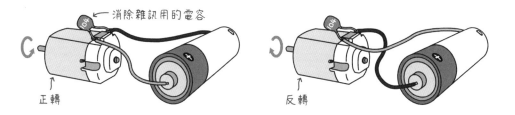

消除雜訊用的電容

正轉

反轉

步進馬達

在電腦光碟機或磁碟機，以及噴墨印表機裡面，可見到另一種稱為**步進馬達**（stepper motor）的動力裝置。

步進馬達是一種易於控制旋轉角度和轉動圈數的馬達，常見於需要精確定位的自動控制系統，像噴墨印表機的噴嘴頭，必須能移動到正確的位置，才能印出文件。步進馬達的外觀：

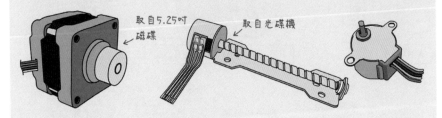

取自5.25吋 磁碟

取自光碟機

光是接上電源，步進馬達是不會轉動的。上圖的步進馬達有四條控制線（和兩條電源線），微處理器從控制線輸入脈衝（即：高、低電位變化）訊號，步進馬達的轉子就會配合脈衝數轉動到對應的角度。

步進馬達的控制器的結構圖如下：

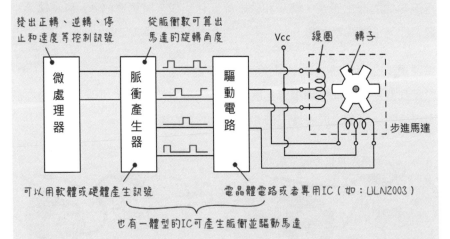

發出正轉、逆轉、停止和速度等控制訊號

從脈衝數可算出馬達的旋轉角度

Vcc　線圈　轉子

微處理器

脈衝產生器

驅動電路

步進馬達

可以用軟體或硬體產生訊號

電晶體電路或者專用IC（如：ULN2003）

也有一體型的IC可產生脈衝並驅動馬達

脈衝產生器發出的訊號，輪流驅使馬達轉動一個角度；**轉動一圈所需要的次數以及每次轉動的角度，分別稱為「步數」和「步進角」。**一個步進角為 1.8 度的步進馬達，旋轉一圈需要 200 個步進數（360 ÷ 1.8=200）。

10

此外，本文介紹的直流馬達，又稱為「碳刷馬達」，因為它透過碳刷將電力傳輸給轉子。碳刷需要清理也會損耗，因此許多電器逐漸改用**無刷馬達**（brushless motor），像是電動機車的輪內馬達、某些電腦裡的散熱風扇，還有比較高檔的遙控模型車 / 飛機，都使用無刷馬達。

無刷馬達的結構以及驅動方式，都和一般碳刷馬達不同，價格也比較昂貴。無刷馬達有三條電源線，驅動方式和上文提到的步進馬達類似，都採用脈衝訊號，因此通常採用專用的驅動 IC 控制。本書的範例並未使用無刷馬達。

直流馬達的規格書

從馬達的規格書所列舉的轉速和扭力參數，可得知該馬達是否符合速度和負重的需求；工作電壓和消耗電流參數，則關係到電源和控制器的配置。

表 10-1、10-2 列舉兩個馬達參數，摘錄自萬寶至馬達有限公司的 RF-300 和 FA-130 的規格書（可在 http://www.mabuchi-motor.co.jp/ 網站下載）。

表 10-1：RF-300 型馬達的主要規格

工作電壓	最大效率（AT MAXIMUM EFFICIENCY）					堵轉（STALL）		
	轉速	電流	扭力		輸出	扭力		電流
1.6V~6.5V	1710 轉/分鐘	0.052A	0.27 mN·m	2.8 g·cm	0.049瓦	1.22 mN·m	12 g·cm	0.18A

單位是 r/min 或 rpm   52mA   180mA

表 10-2：FA-130 型馬達的主要規格

工作電壓	最大效率（AT MAXIMUM EFFICIENCY）					堵轉（STALL）		
	轉速	電流	扭力		輸出	扭力		電流
1.5V~3.0V	6990 轉/分鐘	0.66A	0.59 mN·m	6.0 g·cm	0.43瓦	2.55 mN·m	26 g·cm	2.20A

660mA

設計馬達的電晶體控制電路時，最重要的兩個參數是**工作電壓**和**堵轉**（**stall**，也譯作**失速**）**電流**。**堵轉**代表馬達軸心受到外力卡住而停止，或者達到扭力的極限，此時馬達線圈形同短路狀態，FA-130 型的堵轉電流達2.2A！由此可知，**馬達的負荷越重，轉速會變慢，耗電流也越大，發熱量也增加。**

此外，馬達在啟動時也會消耗較大的電流，此「啟動電流」值通常視同堵轉電流，或者將最大效率時的運轉電流乘上 5~10 倍。

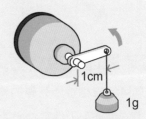

馬達的扭力單位為 g・cm，以 1g・cm 為例，代表馬達在擺臂長度 1cm 情況下，可撐起 1公克的物體；10g.cm 則代表擺臂長度 1cm，可撐起 10 公克的物體。國際標準採用 N・m（牛頓 - 公尺）單位。

1cm
1g

本文列舉的都是日本萬寶至馬達有限公司（Mabuchi Motor，簡體中文網站：http://www.mabuchimotor.cn/zh_CN/index.html）生產的馬達型號，雖然台灣和對岸也有公司生產玩具馬達，不過，萬寶至公司的規格資料比較齊全。在文具、玩具店或電子材料行購買馬達時，也許無法得知馬達的型號和參數，但讀者可從外觀來推測它與萬寶至公司產品的「相容」型號。若是 1/10 比例的遙控車，大多採用 RS-360 或 RS-540 型馬達。

齒輪箱 / 滑輪組和動力模型玩具

除了電風扇、吹風機、電鑽等電器，直接把負載（如：風扇）和馬達相連，多數的動力裝置都會採用齒輪箱、滑輪等裝置來降低馬達的轉速，藉以**改變動力輸出方向、減速**及**增加扭力**。

齒輪組是屬於精密機械，不太容易手動組裝，建議買現成的或者從玩具裡面拆下來。在拍賣網站或某些電子材料行，也可以買到包含小型馬達、齒輪箱和選擇性的輪胎：

10

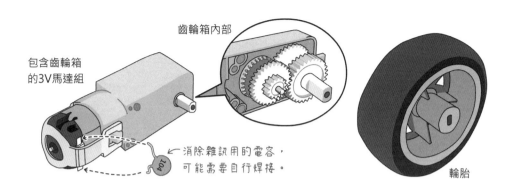

齒輪箱內部

包含齒輪箱
的3V馬達組

消除雜訊用的電容，
可能需要自行焊接。

輪胎

速度和扭力呈現等比例關係變化，假設馬達的每分鐘轉速為 7000，扭力 6.0
g·cm；經減速 1/10 之後，速度降為 700 r/min，扭力將提昇 10 倍為 60 g·cm
（實際情況會受機械摩擦等因素影響）。

也可以買到像右圖包含底盤與支架的「小車
DIY 套件」，玩家可自行加裝
感測器和 Arduino 控制
板，就變成了機器人
或自走車。

此外，讀者也能改造現有的動力玩具，例如，遙控車 / 船、電動吹泡泡
機、電動槍…等，免除組裝機械裝置的困擾並且體驗改造的樂趣。

10-5 認識電晶體元件

人的力氣無法抬起一輛車，但是透過千斤頂就能輕鬆抬起。微處理器的輸
出也很微弱，無法驅動馬達、電燈…等大型負載，所以也需要透過像千斤
頂一樣的「介面（驅動裝置）」來協助。

以控制馬達為例，微控制器和馬達之間要銜接一個控制橋樑（介面），而馬達的電力從外部電源供應。微控制器只需稍微出點力使喚介面即可控制馬達：

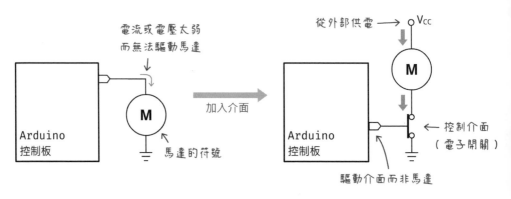

電晶體是最基本的驅動介面，微處理器只需送出微小的訊號，即可透過它控制外部裝置。它很像水管中的閥門，平時處於關閉狀態，但只要稍微施力，就能啟動閥門，讓大量水流通過。

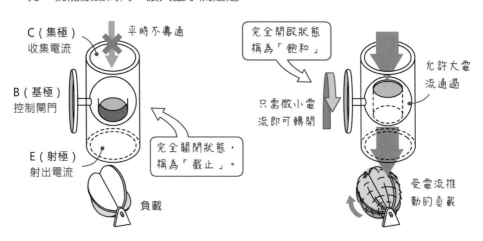

電晶體有三隻接腳，分別叫做 **B（基極）**，**C（集極）**和 **E（射極）**，就字義而言，**集極**（C, Collector）代表**收集電流**，**射極**（E, Emitter）代表**射出電流**，**基極**（B, Base）相當於**主控台**。

電晶體的外觀如下，正面有廠牌、編號，以及廠商對該零件特別加注的文字或編號（詳細特點要查閱規格書）。它的三隻接腳，由左而右，通常是 E, B, C 或者 B, C, E，實際腳位以元件的規格書為準。

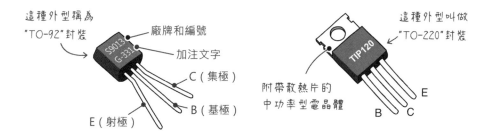

依照它所能推動的負載，電晶體分成不同的**功率**類型，驅動馬達或者音響後級放大器使用的中、大功率型電晶體，通常包含**散熱片**的固定器，甚至整體都是金屬包裝以利散熱。

訊號控制端（B 極）只要提供一點點電流，就能在**輸出端（E 極）**得到大量的輸出，因此電晶體也是一種訊號放大器。

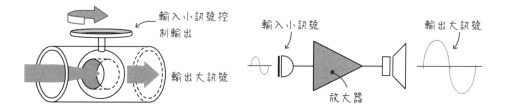

NPN 與 PNP 類型的電晶體

根據製造結構的不同，電晶體分成 NPN 和 PNP 型兩種，它們的符號與運作方式不太一樣。

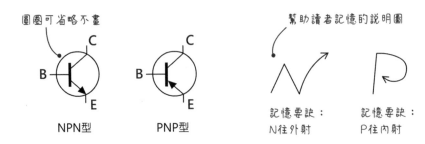

NPN型　　　　PNP型

記憶要訣：　　記憶要訣：
N往外射　　　P往內射

幫助讀者記憶的說明圖

電晶體符號裡的箭頭代表電流的方向，為了幫助記憶這兩種符號，我們可以替英文字母 N 和 P 加上箭頭，如此可知，NPN 是箭頭（電流）朝外的形式；PNP 則是電流朝內的類型。

電晶體的內部結構相當於串接兩個二極體，當 **NPN 型** 電晶體的 B 腳（基極）接上**高電位**時（例如：正電源），電晶體將會導通，驅動負載；相反地，當 **PNP 型** 電晶體的 B 腳（基極）接上**低電位**時（例如：接地），電晶體才會導通。

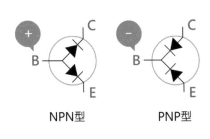

NPN型　　　　PNP型

底下是基本的電晶體開關電路，NPN 型的負載接在電源端；PNP 型的負載接在接地端。

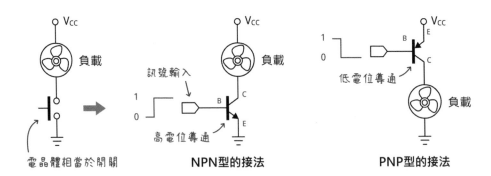

我們通常把高電位（1）當做「導通」，低電位（0）看成「關閉」，NPN 型電晶體的電路比較符合這個邏輯習慣，因此 NPN 型電晶體比較常見。

10

如同發光二極體（LED），電晶體也有允許通過的電壓和電流的上限，因此 B 極需要連接一個限流電阻，此電阻值視電晶體和負載的型式而定（參閱本章末〈如何選用電晶體〉說明）。此外，若 NPN 型的負載接在接地端，將形同水管內有異物，控制端需要加大力道，才能讓電晶體導通：

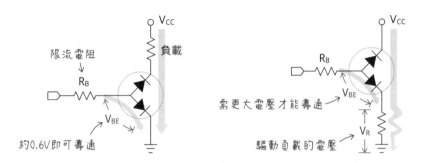

許多 NPN 型電晶體都會有一個特性跟它一模一樣的 PNP 型孿生兄弟，例如 9013 和 9012，差別僅在一個是 NPN，一個是 PNP。

提到「電晶體」時，通常都是指「雙極性接面電晶體（Bipolar Junction Transistor，簡稱 **BJT**）」。另有一種簡稱 FET 或 MOSFET 的**場效（應）電晶體**，其特點是輸入阻抗高（省電）、雜訊低，通常用於音響的擴大機、麥克風放大器和高頻電路，此外，電腦主機板上的電壓調整模組，以及大型積體電路內部的電晶體也通常是 MOSFET，請參閱第 13 章。

電晶體馬達驅動電路與返馳二極體

電路中的馬達相當於**電阻**和**電感**的串聯元件；電感就是把電線捲成圓圈狀的線圈，通電時它把電能轉成磁能；在斷電的瞬間，磁能會釋放出電能，並且與原先加在線圈兩端的電壓相反，稱為**反電動勢（Back EMF）**。

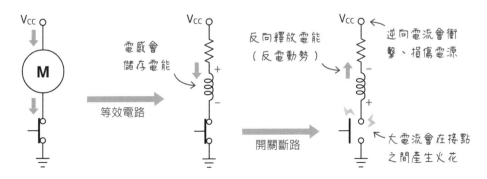

為了避免反電動勢損害電路中的其他元件與電源，可以在馬達並接一個二極體，將反電動勢電流導回馬達，擔任這項任務的二極體統稱為**返馳（flyback）二極體**。二級體的陰極接正電源，所以馬達通電時，電流不會通過此二極體：

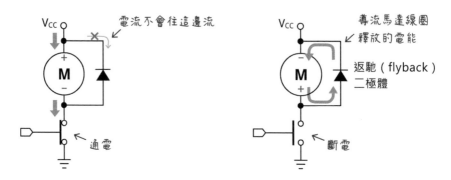

典型的電晶體馬達控制電路如下，其中的 R_B 電阻要隨著馬達以及電晶體的類型而改變；返馳二極體要選擇耐電壓大於外部電源一倍以上，耐電流則大於馬達驅動電流的類型，做實驗時可選用普通功率二極體系列（1N4001~1N4007）。

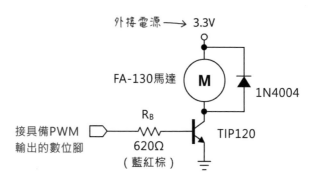

除了耐電壓、電流，二極體元件還有一個**逆向恢復（recovery）**參數，代表該元件從逆向截止狀態切換到導通所需的時間，也就是反應速度。

比較講究的馬達控制電路應該採用**快速逆向恢復（fast recovery）**型式的二極體，以便立即宣洩電感爆發的能量。像第 13 章介紹的 L298N 馬達控制器的技術文件指出，返馳二極體的切換時間建議 ≤200ns（10^{-9} 秒）。常見的選擇為 1N4933 二極體，它的規格書指出其逆向恢復時間為 200ns、逆向峰值（也就是負極限值）電壓 50V、順向電流 1A（峰值達 30A）。

若要反應更迅速的二極體，可選用切換時間短到僅僅數十 ps（10^{-12} 秒）的**蕭特基二極體**（**Schottky**，其電路符號如下圖），例如 1N5817（順向電流 1A、逆向峰值電壓 20V）或 SR360（順向電流 3A、逆向峰值電壓 20V）。

蕭特基二極體

動手做 10-4　電晶體馬達控制與調速器

實驗說明：微處理器接腳的輸出功率有限（最大約 40mA），除非控制微型馬達（像手機裡的震動馬達），否則都要透過電晶體放大電流之後才能驅動。本實驗單元將結合電晶體驅動馬達電路，加上 PWM 變頻控制程式，調整馬達的轉速。

實驗材料：

FA-130 馬達	1 個
TIP120 電晶體	1 個
1N4004 二極體	1 個
620Ω（藍紅棕）電阻	1 個
3V 電池盒（三號電池 ×2）	1 個
10KΩ 可變電阻	1 個

實驗電路：

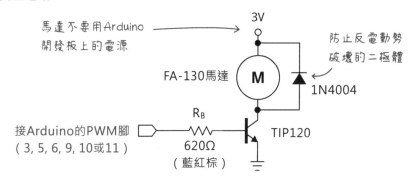

電晶體不一定要用 TIP120，表 10-3 列舉了常見的模型玩具馬達的電晶體及電阻的選用值，詳細的計算方式，請參閱下文〈使用達靈頓電晶體控制馬達的相關計算公式〉說明。

表 10-3：馬達、電晶體與 R_B 對照表

馬達	電晶體型號	R_B
FA-130, RE-140	TIP120	620Ω（藍紅棕）
FA-130, RE-140	2SD560	3KΩ
RE-260	TIP120	500Ω
RE-260	2SD560	3KΩ
RF-300	2N2222	1KΩ

做實驗時，Arduino 板通常接電腦的 USB 埠供電（USB 2.0 埠輸出電流上限約 500mA、USB 3.0 可達 1A 以上），一般模型馬達的工作電流大都是 1A 以上，建議不要將馬達的電源接在 Arduino 板，否則可能會損壞 Arduino 板的電源線路甚至電腦 USB 埠。

電晶體馬達控制器的麵包板組裝方式如下，**馬達電源的接地要和 Arduino 板的接地相連**：

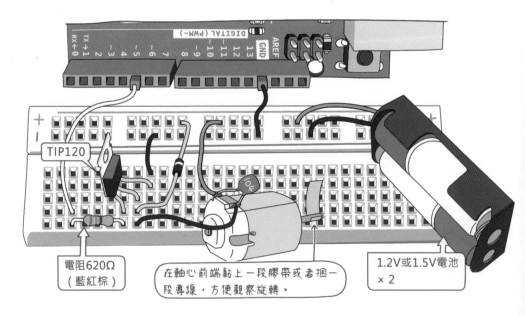

電阻620Ω（藍紅棕）

在軸心前端黏上一段膠帶或者捆一段導線，方便觀察旋轉。

1.2V或1.5V電池 × 2

10

另外，請參考上文〈動手做 10-1：調光器〉單元，**在 A0 類比腳連接一個 10KΩ 可變電阻。**

實驗程式：

```
byte potPin = A0;    // 類比輸入腳位（接 10KΩ 可變電阻）
byte motorPin = 5;   // 類比輸出腳位（接電晶體馬達控制電路）
int potspeed = 0;    // 類比輸出值
byte val = 0;         // 儲存類比範圍轉換值

void setup() {
  pinMode(motorPin, OUTPUT);
}

void loop() {
  potspeed = analogRead(potPin);
  val = map(potspeed, 0, 1023, 0, 255);
  analogWrite(motorPin, val);
}
```

直流降壓板與電路說明

許多麵包板型式的 DC-DC 直流降壓板（5V 轉 3.3V），都採用 1117 這款直流電壓調節 IC（如：AMS1117、LD1117 或 NCP1117，前面的英文代表製造商），市面也容易買到像下圖般的直流降壓板，由於這款 IC 的**輸出電流上限僅 800mA**，因此只適合在實驗時驅動小玩具馬達；馬達轉動時，**請不要試圖抓住馬達的軸心停止它**，因為馬達產生的堵轉電流可能會損壞電源模組。

輸出電流上限800mA
可驅動控制板、IC、LED
不適合驅動玩具馬達

輸出 3.3V

輸入 4.5V~7V

Arduino UNO R3 也使用 1117 把外部電源轉換成 5V，這部分的電路如下：

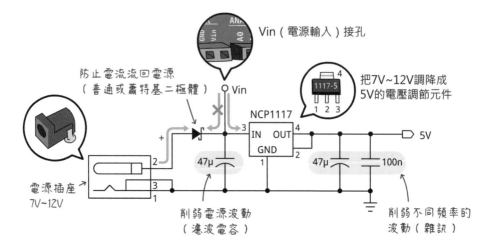

這個電路使用蕭特基二極體，主因是它的順向電壓僅 0.45V（1N5817 型號），假設輸入電壓是 7V，經過**蕭特基二極體**之後的電壓將降為 6.55V。若採用普通的整流二極體，電壓將降為 6.3V。**輸入 1117 的電壓至少需 6.5V，才能穩定輸出 5V**，所以不建議使用普通的整流二極體。

補充說明，1117 元件的電源輸入和輸出端，都要**並聯 10μF 以上的電容**，過濾（平穩）可能的電壓波動，有時同一側會並聯兩個甚至更多不同數值的電容，以便過濾不同頻率的波動。

此外，1117 元件有不同電壓調節版本，例如，降成 5V 版本通稱 1117-5V，降成 3.3V 的通稱 1117-3.3V，購買元件或模組時要留意它的電壓輸出規格。

若要驅動直流馬達，請選購輸出 2A 以上的直流轉換板。輸出的電流量跟輸入的電壓及電流息息相關；根據廠商提供的實驗數據，有些直流轉換板在輸入 4.9V/2.2A 時，可輸出 3.3V/3A。

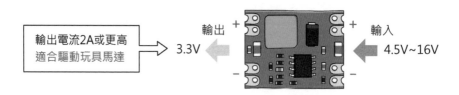

實際接線範例如下，一個 5V 電源可同時供給 5V 給微控制板及 DC-DC 轉換板，再供應 3.3V 給馬達或馬達驅動板（參閱第 13 章介紹）。

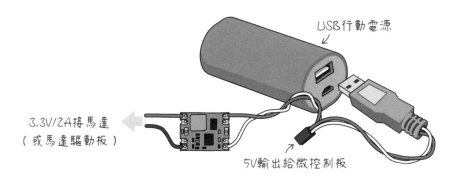

為何不用電阻分壓電路調降電源電壓

之前的光敏電阻實驗的時候，採用電阻分壓電路調降電壓，像右圖的電路可以從 5V 分出 3V 給馬達：

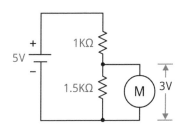

早期的遙控汽車變速器，就是採類似的方法，把 R2 換成可變電阻構成「無段式調速器」。假設馬達的驅動電流是 1A，則 R1 和 R2 電阻的瓦數至少是 2W 和 3W（實際最好採一倍，4W 和 6W），電能將變成熱能被平白消耗，所以分壓電路不適合當作電源降壓器。

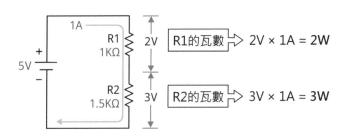

10-6 調整 PWM 的工作頻率

PWM 的工作頻率可透過調整處理器內部的計時器來修改。控制 LED 燈的 PWM 頻率若太低，肉眼會感覺到閃爍，若是控制馬達，馬達會震動；頻率若設太高，被控制對象可能反應不及，而始終處於「高電位」狀態導致發熱。

人耳可以感受到 20KHz 以內的頻率，因此有些 PWM 調變系統的頻率設定在 20KHz 以上，例如 24KHz，避免人耳聽見馬達的震動音。

調整 UNO R3 板的 PWM 頻率

analogWrite() 無法變更 PWM 頻率，UNO R3 板可使用 atmelino 編寫的 PWM 程式庫（網址：https://bit.ly/4730oFh）調整 PWM 頻率。以下是 PWM 函式庫中常用的幾個函式。

● InitTimers()：初始化所有計時器給 PWM 使用。

● InitTimersSafe()：初始化不影響計時功能的計時器給 PWM 使用，下文再說明。

● pwmWrite(uint8_t pin, uint8_t val)：輸出 8 位元 PWM 值（0~255）給指定腳。

● SetPinFrequency(int8_t pin, uint32_tFrequency)：設置指定腳的 PWM 頻率，單位是 Hz，有效範圍介於 1Hz~2MHz，即 1~2000000。

● SetPinFrequencySafe(int8_t pin, uint32_tFrequency)：設置指定腳的 PWM 頻率，而不影響計時器。

補充說明，UNO R3 的 ATmega328 內部有三個計時器（Timer0, Timer1 和 Timer2），與它們相連腳位如下：

● Timer0 計時器：腳 5 和 6。

● Timer1 計時器：腳 9 和 10。

● Timer2 計時器：腳 3 和 11。

這些計時器用於各種功能，包括產生 PWM 訊號和追蹤時間。例如，**millis() 和 micros() 函式依賴 Timer0 來追蹤自 Arduino 開機以來經過的時間**。如果將 Timer0 重新配置給 PWM 使用，可能會影響這些計時功能。**InitTimersSafe()** 函式確保僅 Timer1 和 Timer2 用於 PWM，所以 PWM 相關功能不會影響 millis() 和 micros() 的精確度。

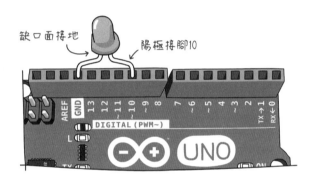

實際測試，此程式只對腳 3, 9 和 10 有效。

```
#include <PWM.h>
#define PWM_PIN 10

int pwmVal = 0;        // PWM 輸出值，預設為 0
int pwmAmount = 5;     // PWM 增加值
long freq = 100000L;   // PWM 工作頻率設為 100KHz

void setup() {
  InitTimersSafe();    // 初始化 PWM 計時器，不影響其他計時功能

  // 設置指定腳的 PWM 頻率
  bool ok = SetPinFrequencySafe(PWM_PIN, freq);
```

```
  if(ok) {   // 若 PWM 設置成功，點亮腳 13 的 LED
    pinMode(13, OUTPUT);
    digitalWrite(13, HIGH);
  }
}

void loop() {
  pwmWrite(PWM_PIN, pwmVal);   // 於指定腳輸出 PWM
  pwmVal = pwmVal + pwmAmount;

  if (pwmVal <= 0 || pwmVal > 190) {
    pwmAmount = - pwmAmount;
  }

  delay(50);
}
```

調整 UNO R4 板的 PWM 頻率

在 UNO R4 板使用 analogWrite() 輸出的 PWM 訊號頻率都是 490 Hz。Arduino
開發環境內建包含可調整 PWM 輸出頻率功能的 pwm.h 程式庫（原始檔位
於這個路徑：https://bit.ly/47JQmsS，不用自行安裝），其 PwmOut 類別允許
以 Hz 頻率、毫秒（ms）或微秒（µs）設定 PWM 訊號頻率或週期。

假設要設置腳 9 的 PWM 頻率，首先引用 pwm.h 程式庫，並替該接腳宣告
PwmOut 類型物件：

```
#include <pwm.h> // 引用此程式庫

PwmOut pwm9(9);   // 宣告 PwmOut 物件，自訂 pwm9 名稱，對應腳9
```

然後透過 PwmOut 類別的下列方法設置和調整輸出頻率或週期：

● **begin()**：初始化 PWM 物件，但不設定頻率和工作週期。先複習一下
  PWM 訊號，假設 PWM 的頻率是 20KHz、25% 工作週期，則此訊號的模
  樣如下：

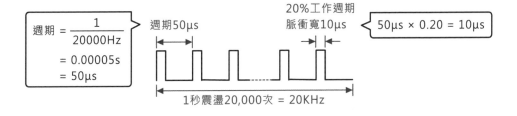

- begin(頻率 , 工作週期百分比)：初始化 PWM 物件和訊號，**頻率（Hz）**和**工作週期百分比**參數都是 **float（浮點）型態**，若初始化成功，將傳回 true，否則傳回 false。底下的敘述將把 pwm9 物件（腳 9）的 PWM 訊號初始化成 20KHz，20% 工作週期：

```
pwm9.begin(20000.0, 20.0); // 在參數後面加上 .0，代表是浮點型態資料
```

- begin(週期 , 脈衝寬)：初始化 PWM 物件和訊號，**週期和脈衝寬**參數都是 **uint32_t（無號 32 位元整數）型態的微秒數**，若初始化成功，將傳回 true，否則傳回 false。底下的敘述同樣把 pwm9 物件初始化成 20KHz，20% 工作週期：

```
pwm9.begin(50, 10); // 週期 50us = 20kHz；脈衝寬 10us = 20%
```

- period(毫秒整數)：以毫秒為單位設定 PWM 訊號的週期。

- period_us(微秒整數)：微秒單位的 PWM 週期設置。

- pulseWidth(毫秒整數)：以毫秒為單位設定脈衝寬度。

- pulseWidth_us(微秒整數)：微秒單位的脈衝寬度設置。

- pulse_perc(工作週期百分比)：以百分比值（float 型態）設置工作週期。

- suspend()：暫停 PWM 輸出

- resume()：重新輸出 PWM

- end()：結束輸出 PWM

底下是使用 pwm.h 程式庫，在腳 9, 10, 11 分別輸出不同 PWM 頻率和工作週期的程式範例：

```
#include <pwm.h>          // 引用此程式庫

PwmOut pwm9(9);           // 宣告 PwmOut 物件，名叫 pwm9，對應接腳 9
PwmOut pwm10(10);
PwmOut pwm11(11);

void setup() {
  pwm9.begin(50, 10); // 週期 50us = 20kHz、脈衝寬 10us = 20%
  pwm10.begin(10000.0, 25.0); // 10kHz 頻率、25% 工作週期
  pwm11.begin(1000.0, 0.0);    // 1kHz 頻率、0% 工作週期
  pwm11.pulse_perc(50.0);      // 工作週期改成 50%
}

void loop() {}
```

如何選用電晶體

不同型號的電晶體有不同的參數，我們要依照電路需求來決定選用的型號。例如 2N2222 和 2N3904，這兩個電晶體的主要差異是**耐電流不同**。驅動 LED 這種小型元件，兩種電晶體都能勝任，但若要驅動馬達，2N3904 就不適合了。

因為普通模型玩具用的小型直流馬達，消耗電流從數百 mA 到數安培，而 2N3904 的最大耐電流僅 200mA。**為了安全起見，在實作上通常取最大耐電流值的一半**，也就是 100mA，而 2N2222 最大耐電流為 1A（取一半為 500mA）。

電晶體的詳細規格，可在網路上搜尋它的型號，例如，輸入關鍵字 "2N2222 datasheet"，即可找到 2N2222 電晶體的完整規格書。規格書詳載了元件的各項特性，本書的內容只需用到表 10-6 當中的幾項。

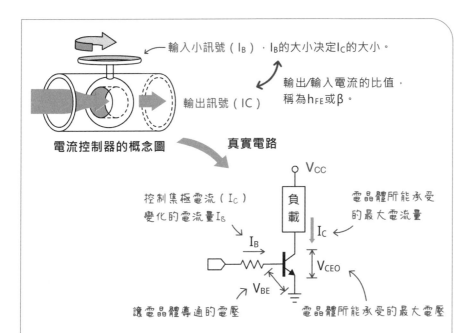

輸入小訊號（I_B），I_B的大小決定I_C的大小。

輸出/輸入電流的比值，稱為h_{FE}或β。

輸出訊號（IC）

電流控制器的概念圖　　　真實電路

控制集極電流（I_C）變化的電流量I_B

讓電晶體導通的電壓

電晶體所能承受的最大電流量

電晶體所能承受的最大電壓

V_{CC}

負載

I_C

I_B

V_{CEO}

V_{BE}

表 10-6：常用 NPN 電晶體的重要參數

型號	V_{CEO}（集極和射極之間容許電壓）	I_C（流入集極的電流）	V_{BE} (sat)（讓電晶體飽和的基極和射極電壓）	h_{FE}（直流電流放大率）	配對的 PNP 型號
9013	20V	500mA	0.91V	40~202，典型值為 120	9012
2N2222	40V	1A	0.6V	35~300	2N2907
2N3904	40V	200mA	0.65V	40~300	2N3906
8050	25V	1.5A	1.2V	45~300	8550

■ 電晶體電路的基本計算方式

電晶體最重要的兩參數是 I_C 和 h_{FE}，透過它們可以計算出連接基極（B）的電阻值。**IC 和 IB 變化的比值，稱為「直流電流放大係數」或「電流增益」，簡稱 hFE 或 β**。亦即：

$$h_{FE} = \frac{I_C}{I_B} \quad \Rightarrow \quad I_C = h_{FE} \times I_B \quad \Rightarrow \quad I_B = \frac{I_C}{h_{FE}}$$

假如我們要用電晶體控制 LED，而 LED 的消耗電流約 10mA，也就是説，流經 LED 的電流大約是 10mA。上一節列舉的電晶體的電流增益（h_{FE}）都能達到 100，為了計算方便，我們假設要將電流放大 100 倍，而目標值為 10mA：

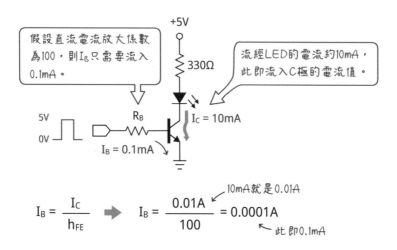

$$I_B = \frac{I_C}{h_{FE}} \implies I_B = \frac{0.01A}{100} = 0.0001A$$

10mA就是0.01A

此即0.1mA

從上面的算式得知，流入 B 極的 I_B 電流僅需 0.1mA。根據「歐姆定律」可求得 R_B 的阻值：

2N2222的V_{BE}飽和電壓降約0.6V

$$R_B = \frac{訊號電壓 - V_{BE}}{I_B} \implies R_B = \frac{5V}{0.0001A}$$
$$= 50000Ω$$

使用小功率電晶體當作開關時，因V_{BE}電位差小，且實作上取一半的R_B值，所以通常省略計算V_{BE}。

實作上取一半值，即25KΩ

在訊號控制的輸入迴路中，為了確保電晶體完全導通（相當於用力把水閘門轉開到最大，進入「飽和」狀態），通常**取阻值計算結果的一半，藉以增加 IB 電流值**。因此，R_B 電阻的建議值為 25KB。

■ 同時點亮多個發光二極體

上一節的電晶體電路，只需要從基極（B）輸入 0.1mA 電流，即可讓電晶體導通。實際上，如果只要點亮一個 LED，根本無需使用電晶體，因為 Arduino 的接腳足以驅動 LED。

但是，如果要同時在一個接腳點亮四個或更多 LED，Arduino 恐怕會吃不消（註：市售的一個 LED 省電燈泡裡面其實包含許多 LED 晶片，瓦數和亮度越高，晶片越多）。這個時候，就要透過電晶體來驅動了：

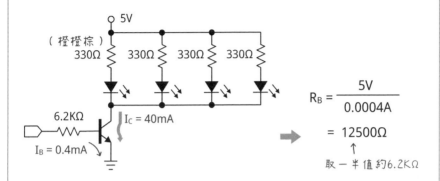

$$R_B = \frac{5V}{0.0004A}$$

$$= 12500\Omega$$

取一半值約6.2KΩ

附帶一提，上圖的 4 個 LED 限流電阻（330Ω），可以改用一個電阻代替，但電阻值和瓦數要重新計算。假設用 5V 供電，建議採用 1/4W, 75Ω 的電阻：

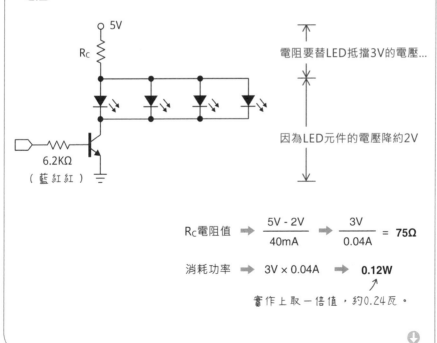

電阻要替LED抵擋3V的電壓...

因為LED元件的電壓降約2V

R_C電阻值 $\Rightarrow \dfrac{5V - 2V}{40mA} \Rightarrow \dfrac{3V}{0.04A} = \mathbf{75\Omega}$

消耗功率 $\Rightarrow 3V \times 0.04A \Rightarrow \mathbf{0.12W}$

實作上取一倍值，約0.24瓦。

■ 使用達靈頓電晶體控制馬達的相關計算公式

從表 10-1 列舉的馬達規格可得知，RF-300 型馬達的消耗電流通常在 100mA 以內，而 FA-130 型馬達大約是 1A。選擇控制負載（如：馬達）的電晶體時，最重要的兩個參數是 I_C（**集極電流，最大耐電流**）和 V_{CEO}（**最大耐電壓**）。

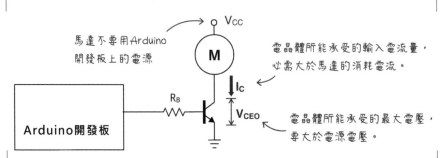

2N2222 最大耐電流為 1A（為了安全考量，實作上通常取一半為 500mA），控制 RF-300 型馬達沒問題，但是它無法駕馭 FA-130 型馬達。

控制 FA-130 型馬達，最好選擇**集極電流（I_C）3A** 或更高的電晶體，例如 TIP31，或者 **TIP120** 或日系的 **2SD560**。後兩種電晶體又稱為**達靈頓（Darlington）電晶體**，因為它們的內部包含兩個電晶體組成所謂的達靈頓配對（Darlington Pair），其電流增益（h_{FE}）是兩個電晶體電流增益的乘積。

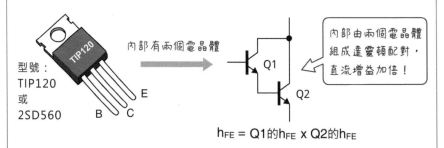

假設一個電晶體的電流增益是 100，達靈頓配對的增益將是 100 x 100 = 10000；2SD560 電晶體的典型 h_{FE} 值為 6000。TIP31, TIP120 和 2SD560 的一些參數請參閱表 10-7（規格書收錄在下載的範例檔中）。

表 10-7：TIP120 和 2SD560 的參數

型號	V_{CEO} （集極和射極之 間容許電壓）	I_C （流入集極 的電流）	V_{BE} (sat) （讓電晶體飽和的 基極和射極電壓）	h_{FE} （直流電流 放大率）	配對的 PNP 型號
TIP120	60V	5A	2.5V	1000	TIP125
2SD560	100V	5A	1.6V	500~15000， 典型值為 6000。	2SB601
TIP31C	100V	3A	1.8V	10~50	TIP32C

■ 電晶體馬達控制電路

採用 TIP120 電晶體控制 FA-130 馬達的電路如下，如果讀者採用其他馬達或者電晶體，需要重新計算 R_B 電阻值。

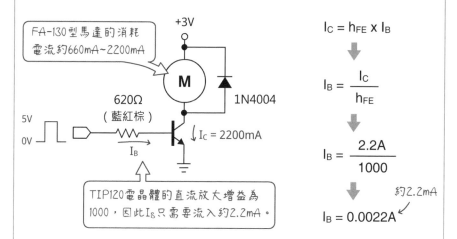

根據以上的計算式求出 I_B 的理論值為 2.2mA。然而，為了確保電晶體 C 和 E 腳確實導通（完全飽和），**在實作上，I_B 通常取兩倍或更高的數值**，通過電路中的電流可以比預期的多，電子零件會自行取用它所需要的量，因此筆者將 R_B 的電阻值設為 620Ω。

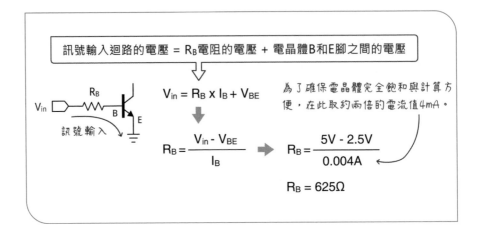

訊號輸入迴路的電壓 = R_B電阻的電壓 + 電晶體B和E腳之間的電壓

$V_{in} = R_B \times I_B + V_{BE}$

為了確保電晶體完全飽和與計算方便，在此取約兩倍的電流值4mA。

$R_B = \dfrac{V_{in} - V_{BE}}{I_B}$

$R_B = \dfrac{5V - 2.5V}{0.004A}$

$R_B = 625\Omega$

發音體、數位類比
轉換器（DAC）

11-1 發音體和聲音

電子裝置常見的**發音體**（或稱為**發聲裝置**）有**揚聲器**（喇叭，speaker）和
蜂鳴器（piezo transducer）兩大類。聲音的品質和發音體的材質、厚薄、尺
寸、空間設計…等因素有很大的關連，蜂鳴器比較小巧，音質（頻率響應
範圍）雖然比較差，但是在產生警告聲或提示音等用途，已經夠用了；小
型揚聲器採用塑料或紙膜震動，音質比較好，適合用在電子琴或其他發聲
玩具。

揚聲器　　　　　蜂鳴器

蜂鳴器內部的蜂鳴片

蜂鳴片（piezo element）是一個薄薄的銅片加上中間白色部份的**壓電感應**
（piezoelectric）物質。電子材料行有單獨販售蜂鳴片，也能用於本章的實作
單元。蜂鳴器和蜂鳴片的規格主要是直徑尺寸和電壓，請選用 5V 規格。

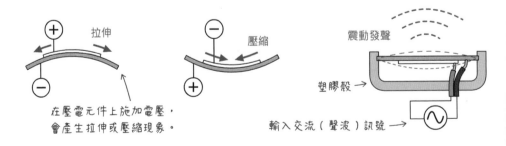

＋　　拉伸　　　　　－　　壓縮　　　　震動發聲

－　　　　　　　　　＋　　　　　　　　塑膠殼→

在壓電元件上施加電壓，
會產生拉伸或壓縮現象。　　　　　　輸入交流（聲波）訊號→

聲音是由震動產生，其震動的頻率稱為「音頻」，不管是哪一種發聲裝置，
只要通過斷續的電流，讓裝置內的薄膜產生震動，即可擠壓空氣而產生聲
音。音頻的範圍介於 20Hz~200KHz 之間，普通人可聽見聲音的頻率範圍約

為 20Hz~20KHz（即：20000Hz），20KHz 以上頻率的聲音，稱為「超音波」（請參閱第 12 章）。

震動頻率越高，聲音越高亢，反之越低沉。

振幅越大，音量也越大。

從 Arduino 數位腳輸出的訊號，是震幅固定的方波，音質稱不上優美。

實際撰寫音樂程式之前，我們先複習一下基本的音樂常識。

音高與節拍

聲音的頻率（音頻）高低稱為**音高（pitch）**。在音樂上，我們用 Do, Re, Mi... 等唱名或者 A, B, C, ... 等音名來代表不同頻率的音高，鋼琴鍵盤就是依照聲音頻率的高低階級（音階）順序來排列。每個音高和高八度的下一個音高，其頻率比正好是兩倍。請參閱底下的鍵盤，從中音 Do 向右數到第 8 個白鍵，就是比中音 Do 高八度的高音 DO：

A, B, C, D, ... 是「音名」
Do, Re, Mi, ... 是「唱名」

每段音階分成 12 個半音，其中每個音的頻率是前一個的 1.05946 倍（即：$\sqrt[12]{2}$ 或 $2^{\frac{1}{12}}$）。

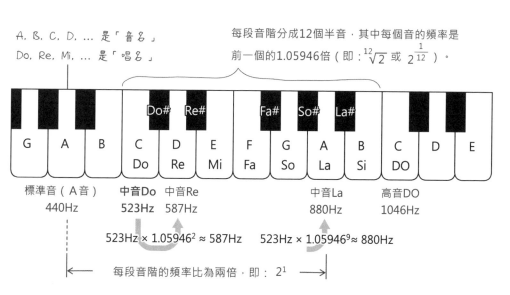

標準音（A 音）
440Hz

中音 Do
523Hz

中音 Re
587Hz

中音 La
880Hz

高音 DO
1046Hz

$523\text{Hz} \times 1.05946^2 \approx 587\text{Hz}$　　$523\text{Hz} \times 1.05946^9 \approx 880\text{Hz}$

每段音階的頻率比為兩倍，即：2^1

根據上圖，我們可從 440Hz 標準音推導出其他聲音的頻率值（參閱表 11-1）。正規的鍵盤樂器（如：電鋼琴）有 88 鍵，音調範圍從 A0（28Hz）到 C8（4186Hz）。用於電子樂器的 MIDI（Musical Instrument Digital Interface，音樂數位介面）也定義了音高編號，有效值介於 0~128。

表 11-1：聲音頻率（音高）對照表（單位：Hz）

頻率　　MIDI編號　　　　　　　　　位於鍵盤中間的中央C音（C4）　　　88鍵樂器的最高音

	0		1		2		3		4		5		6		7		8	
C	16	12	33	24	65	36	131	48	262	60	523	72	1046	84	2093	96	4186	108
C#	17	13	35	25	69	37	139	49	277	61	554	73	1109	85	2217	97	4435	109
D	18	14	37	26	73	38	147	50	294	62	587	74	1175	86	2349	98	4699	110
D#	19	15	39	27	78	39	156	51	311	63	622	75	1245	87	2489	99	4978	111
E	21	16	41	28	82	40	165	52	330	64	659	76	1319	88	2637	100	5274	112
F	22	17	44	29	87	41	175	53	349	65	698	77	1397	89	2794	101	5588	113
F#	23	18	46	30	93	42	185	54	370	66	740	78	1480	90	2960	102	5920	114
G	25	19	49	31	98	43	196	55	392	67	784	79	1568	91	3136	103	6272	115
G#	26	20	52	32	104	44	208	56	415	68	831	80	1661	92	3322	104	6645	116
A	28	21	55	33	110	45	220	57	440	69	880	81	1760	93	3520	105	7040	117
A#	29	22	58	34	117	46	233	58	466	70	932	82	1864	94	3729	106	7459	118
B	31	23	62	35	123	47	247	59	493	71	988	83	1976	95	3951	107	7902	119

88鍵樂器的最低音　　　　　　標準音（A4，用於調校樂器，有些採442Hz）

每個音的頻率可透過 MIDI 編號和底下公式推導出來：

$$音頻 = 440 \times 2^{(MIDI編號 - 69)/12}$$

440Hz的編號是69

以C4音為例

$$440 \times 2^{(60 - 69)/12} \approx 261.625\ Hz$$

C4的編號是60

底下是五線譜內的音符與琴鍵位置的對照圖：

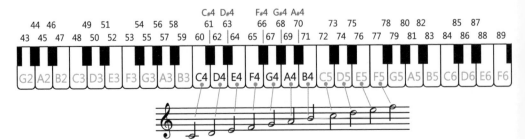

除了音高，構成旋律的另一個要素是**節拍**（beat），它決定了各個音的快慢速度。假設 1 拍為 0.5 秒，那麼，1/2 拍就是 0.25 秒，1/4 拍則是 0.125 秒…以此類推。樂譜的左上角通常會標示該旋律的節拍速度（tempo），底下是超級瑪利兄弟主題曲（Super Mario Bros Overworld）當中的小一段，其節拍速度是一分鐘內有 200 個二分音符。

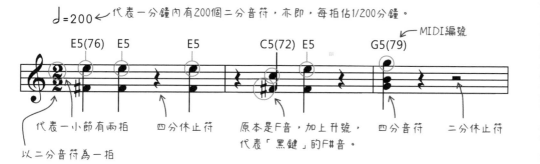

此樂譜以二分音符為一拍，每一拍 1/200 分鐘，即 0.3 秒。因此，一個四分音符佔 0.15 秒（或 150 毫秒）。表 11-2 列舉一些常見的音符和休止符：

表 11-2

全音符	二分音符	四分音符	八分音符	十六分音符	全休止符	二分休止符	四分休止符	八分休止符	十六分休止符

假設每分鐘 120 拍，全音符的持續時間（毫秒單位）可透過底下的方式計算出來，如此即可推算其他音符的持續時間，例如，全音符時間 ÷4，可得到四分音符的時間。

這個算式可寫成底下的敘述，節拍（tempo），也就是每分鐘的拍數（beats per minute，簡稱 BPM）以及「一拍的音符」寫成變數，方便隨樂譜改寫。

```
int tempo = 200;  // 節拍
int beatNote = 2; // 一拍的音符，2 代表二分音符；4 代表四分音符
```

請注意，計算式中的 (60 * 1000) 在 **UNO R3** 板的計算結果是 -5536 而非 60000，因為在程式編譯階段，**編譯器會將 60 和 1000 暫存成 int 整數型態**，而 R3 板採用的 ATmega328 微控器的 int 為 2 位元組，數值範圍介於 -32767~32768，計算結果超過儲存範圍因而造成溢位，所以其中一個數字後面要加上 L，讓編譯器將它看待成 long（32 位元長整數），或直接寫成 60000。在 UNO R4 板上編譯 (60 * 1000) 算式則沒問題，因它的 int 型態為 4 位元組。

轉型成long，或寫成：(long)6

```
int wholenote = ( 60L * 1000 * beatNote ) / tempo;   // 全音符的持續時間（毫秒）
```

編譯器自動以long
型態儲存數值

或寫成 ↓

(60000 * beatNote)

11-2 使用 tone() 函數發出聲音

Arduino 編輯器內建一個稱為 "Tone"（音調）的程式庫，可以輸出指定頻率的聲音，但同一時間只能輸出一個音（註：瑪莉歐的主旋律，一次通常要彈出兩、三個音，筆者選擇只演奏最高的那一個音）。Tone 程式庫有個 tone() 指令，其語法格式如下：

採用AVR微控器的板子，如：UNO，
有效頻率值介於31Hz~65535Hz。

tone(輸出腳位, 頻率, 持續時間)

這個參數可省略

若不指定持續時間，Arduino 將持續發聲，直到執行 noTone() 為止：

```
noTone(輸出腳位);    // 停止發聲
```

動手做 11-1　演奏一段瑪莉歐旋律

實驗說明：組裝蜂鳴器，撰寫演奏一段瑪莉歐旋律的程式碼。

實驗材料：

5V 蜂鳴器或 8Ω, 0.5W 揚聲器	1 個
470Ω（黃紫棕）電阻	1 個
8050 電晶體	1 個

實驗電路：蜂鳴器可以接在 UNO 開發板的任何腳位，此例接在第 11 腳：

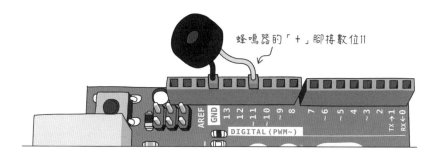

蜂鳴器的「+」腳接數位11

UNO R4 的輸出電流比較小，所以蜂鳴器的輸出音量小，可用電晶體驅動蜂鳴器。

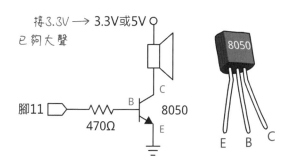

接 3.3V → 3.3V或5V
已夠大聲

腳11　470Ω　B　8050　C　E

8050　E　B　C

UNO R4 麵包板示範接線：

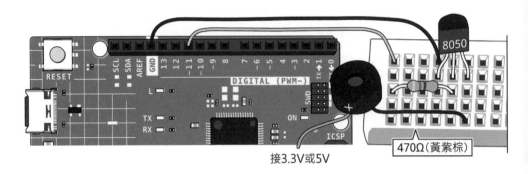

接3.3V或5V

470Ω(黃紫棕)

8050

實驗程式：回顧簡化的超級瑪利兄弟主題旋律：

我們有幾種方式，把樂譜組織成方便程式取用的資料。首先是預先定義幾個音高頻率的常數，比起直接在程式中編寫頻率值，如此可增加程式碼的可讀性，也能減少輸入錯誤。

```
#define E5 659   // 定義音高名稱和頻率
#define C5 523
#define G5 784
```

樂譜包含一系列相同性質的資料，所以很自然地應該用「陣列」來儲存。例如，用兩個陣列儲存每個音的音高和持續時間，筆者用音高 0 代表「休止符」：

```
// 每個音的音高
int melody[] = {E5, E5, 0, E5, 0, C5, E5, 0, G5, 0, 0};
// 每個音的音符類型
int rhythm[] = {4, 4, 4, 4, 4, 4, 4, 4, 4, 4, 2};
```

如此，逐一讀取 melody（音高）和 rhythm（時間）陣列元素，即可播完整首曲子。然而，編輯和閱讀上面的樂譜資料時，有時很難把兩個資料關聯在一起，也容易輸入錯誤（如：遺漏一個音的持續時間）。我們不妨將兩筆資料合併在一個陣列，前一個元素是音高，後一個持續時間，像這樣：

```
int melody[] = {  // 音高和時間
  E5, 4, E5, 4, 0, 4, E5, 4, 0, 4, C5, 4,
  E5, 4, 0, 4, G5, 4, 0, 4, 0, 2};
```

我認為更好的方法是用二維陣列，明確地表達每個音有兩個元素：

「組數」可省略不寫　　每組包含兩個元素

```
int melody[][2] = {
  {E5,4}, {E5,4}, {0,4}, {E5,4}, {0,4}, {C5,4}, {E5,4},
  {0,4}, {G5,4}, {0,4}, {0,2}
};
```

底下兩個敘述可分別取出第一個音的音高和持續時間：

第0組

```
int note = melody[0][0];          int duration = wholenote / melody[0][1];
```
實際的延遲時間：全音符時間÷此音的音符

底下是演奏超級瑪利兄弟主題的完整程式碼：

```
#define E5 659      // 定義音名和頻率
#define C5 523
#define G5 784
#define SP_PIN 11   // 定義蜂鳴器的接腳

int tempo = 200;    // 節拍
int beatNote = 2;   // 一拍的音符
// 全音符的持續時間（毫秒）
long wholenote = (60000 * beatNote) / tempo;

int melody[][2] = {  // 旋律資料
```

```
  {E5, 4}, {E5, 4}, {0, 4}, {E5, 4}, {0, 4}, {C5, 4},
  {E5, 4}, {0, 4}, {G5, 4}, {0, 4}, {0, 2}
};

// 旋律的音符總數
int noteTotal = sizeof(melody) / sizeof(melody[0]);
int noteIndex = 0;   // 旋律陣列的索引，從 0 開始

void setup() {
  pinMode (SP_PIN, OUTPUT);
}

void loop() {
  int noteFreq = melody[noteIndex][0];   // 音高 (Hz 頻率)
  // 持續時間（毫秒）
  int noteDuration = wholenote / melody[noteIndex][1];

  if (noteFreq!= 0) {              // 若音高不是 0…
    tone(SP_PIN, noteFreq);       // 發出音頻
    delay(noteDuration * 0.9);    // 播放 90% 的持續時間，下文說明
    noTone(SP_PIN);              // 停止發聲
    delay(noteDuration * 0.1);    // 停止 10% 的持續時間
  } else {              // 休止符
    noTone(SP_PIN);
    delay(noteDuration);
  }

  noteIndex++;         // 旋律索引值 +1

  if (noteIndex == noteTotal) {   // 若索引值等於旋律的音符數…
    noteIndex = 0;   // 索引值歸 0
    noTone(SP_PIN); // 停止發聲
    delay(1000);
  }
}
```

彈奏每個音之間，必須有短暫的靜音，否則像底下連續彈奏兩個音，聽起來等同持續彈奏一個音。

```
tone(SP_PIN, E5); // 發出E5頻率          tone(SP_PIN, E5); // 發出E5頻率
delay(500);                              delay(1000);
tone(SP_PIN, E5); // 發出E5頻率  等同
delay(500);
```

解決辦法是用 90% 的持續時間彈奏一個音，然後停頓（靜音）10% 的持續時間，相當於彈琴時按著琴鍵，然後放開，所以上面的程式把發聲的持續時間乘以 0.9。

使用 .h 標頭檔分割程式碼

上一節的程式使用 #define 定義音高代碼和頻率，提昇了程式的可讀性。然而，如果要在程式中定義上百個音高代碼，程式碼將變得冗長，而且假若每一個不同演奏音樂的程式開頭，都要重複定義相同的代碼，也很麻煩。

幸好，C/C++ 語言程式可以拆開成不同的原始檔，以演奏音樂的程式為例，我們可以把 88 鍵聲音頻率定義單獨存成一個檔案，方便所有音樂相關程式引用此定義檔。外部程式檔的副檔名為 ".h"（h 代表 header，「標頭」或「檔頭」之意）。

引用或載入外部程式的巨集指令叫做 #include，引用的檔案名稱要用**雙引號**包圍：

刪除原本的音名和頻率定義
↓
#include指令將匯入pitches.h檔

```
#include "pitches.h"
#define SP_PIN 11

int tempo = 200;
int beatNote = 2;
long wholenote = (60000 * bpm) /
                 tempo;

int melody[][2] = {
  {NOTE_E5, 4}, {NOTE_E5, 4}, {0, 4},
  {NOTE_E5, 4}, {0, 4}, {NOTE_C5, 4},
  {NOTE_E5, 4}, {0, 4}, {NOTE_G5, 4},
  {0, 4}, {0, 2}
};
    : 略
```

```
#define NOTE_A0    28
#define NOTE_AS0   29
#define NOTE_B0    31
#define NOTE_C1    33
#define NOTE_C
        _GS7  3322
#define NOTE_A7    3520
#define NOTE_AS7   3729
#define NOTE_B7    3951
#define NOTE_C8    4186
```

定義88鍵音調頻率的pitches.h檔

引用pitches.h檔定義的音高，
常數名稱與之前定義的不同。

上面的程式將在編譯之前，先載入（#include）與替換（#define）資料，最後再編譯。建立 .h 標頭檔的步驟如下：

① 按下此鈕，選擇「新索引標籤」指令

② 輸入檔名，然後按下「確定」。

1 在 pitches.h 檔輸入聲音頻率定義之後，選擇『**檔案 / 儲存**』指令。

2 回到演奏樂曲的原始檔，在第一行輸入引用 pitches.h 檔的敘述。

① 輸入音調定義並存檔　② 切換到演奏樂曲的原始檔

引用pitches.h檔

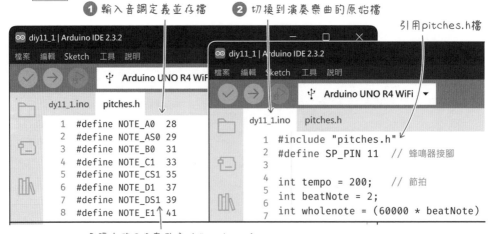

名稱中的S代表升音（#，sharp）

在之前的單元中，引用程式庫檔案時，都是透過底下的語法（如：第 7 章的 SPI 介面）：

```
#include <SPI.h>
```
← 檔名前後用小於和大於符號包圍

引用系統或程式編輯器**內建的程式庫**時，程式庫名稱用小於和大於包圍。引用位於主程式**相同路徑裡的自訂程式庫**，則使用雙引號包圍：

```
#include "pitches.h"
```
← 檔名前後用雙引號包圍

⚡ 合成器以及 R2-D2 機器人音效

Arduino 內建的 tone 程式庫或許有些單調，如果你需要產生複合音效（polyphony），或者像合成樂器一樣調整正弦波、方波、鋸齒波或自訂波形的頻率、振幅和延遲效果，製作出有趣、豐富的音效，有許多程式庫可供選擇，底下列舉兩個，除了揚聲器或耳機插座之外，它們都不需要特殊硬體：

- Mozzi：功能強大的合成音效產生器，官網（bit.ly/2Plfy2a）有範例音效可試聽，Gallery 頁面有許多採用此程式庫的互動音效作品展示。

- Volume 系列：可產生複合音效的程式庫（Volume1~Volume3），僅支援 ATmega 系列微控器，它的範例程式包含口哨聲和星際大戰 R2-D2 機器人等音效

以 Volume3 程式庫（bit.ly/385iDe9）為例，選擇『**草稿碼／匯入程式庫／加入 ZIP 程式庫**』，安裝下載的 arduino-volume3-master.zip 檔。程式庫安裝完畢後，選擇『**檔案／範例／ Volume 3 ／ test_sounds**』，開啟測試音效範例。

沿用〈動手做 11-1〉的電路，揚聲器接腳的定義值改成 11：

```
#define speakerPin 11
```

上傳程式碼到 UNO 板之後，就能聽到 Game Boy 開機聲、口哨聲和 R2-D2 音效了。

11-3 UNO R4 的 DAC

RA4M1 微控器內建 12 位元的數位類比轉換器（digital to analog converter，簡稱 DAC 或 D/A 轉換器），其輸出接在 UNO R4 板的 A0 腳。

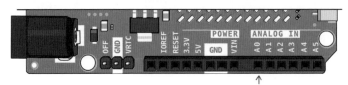

DAC輸出腳，可透過DAC或A0常數名稱引用

相較於 PWM，DAC 的輸出是真正的類比值，對於需要精確類比輸出的應用場合（如：播放音訊）至關重要，下文會比較 PWM 和 DAC 的輸出訊號。

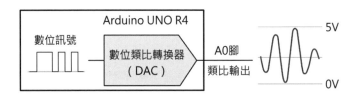

數位和類比訊號在轉換過程之間會產生誤差，影響轉換精確度的主要兩個因素為**取樣頻率**和**量化位元數**。取樣頻率就是擷取資料的時間間隔，相當於水平切割資料的數量，間隔越長，誤差越大。UNO R4 DAC 的取樣頻率約 30kHz，取樣時間（週期）為「1/ 頻率」，約 33.33ms。

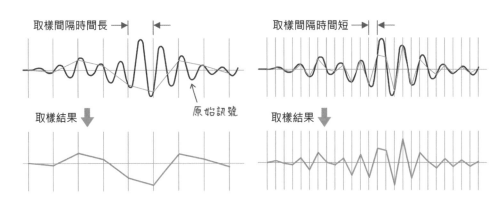

量化位元數則代表數值範圍的大小，也就是取樣點的數位值或解析度，相當於垂直切割資料的數量。像下圖是將取樣值劃分成 5 和 10 個單位的比較，由此可見，量化數字範圍越大越精確。DAC 的量化位元數預設是 8 位元，有效值介於 0~255，最高可設成 12 位元。

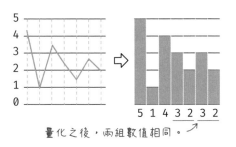

量化之後，兩組數值相同。

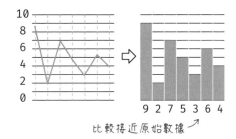

比較接近原始數據

比較 PWM 與 DAC 的類比輸出訊號

執行 **analogWrite(A0, 數值)** 或 **analogWrite(DAC, 數值)** 敘述，即可從 DAC 輸出類比訊號；直接用底下的程式比較 PWM 以及 DAC 的類比輸出，64 即 256 的 1/4，因此理論上，腳 11 和 A0 將輸出 5÷4 = 1.25V 電壓。用電表測量的實際結果分別是 1.169V 和 1.173V。

```
void setup() {
  analogWrite(11, 64);   // 腳 11 的 PWM 輸出，1.169V
  analogWrite(A0, 64);   // 腳 A0 的 DAC 輸出，1.173V
}

void loop() { }
```

但重點不在於些微的電壓差，而是訊號類型。用示波器（用於顯示訊號波形的儀器，類似醫院裡的心電圖機）檢測兩者的輸出訊號，可看見實際的差異：

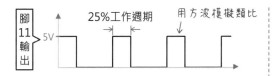

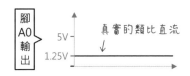

UNO R4 的 DAC 解析度，可透過 analogWriteResolution() 函式調整：

```
void setup() {
  // 設 DAC 解析度為 12 位元，有效值介於 0~4097
  analogWriteResolution(12);
  analogWrite(A0, 2048);        // 理論輸出約 2.5V
}

void loop() { }
```

輸出正弦波訊號

弦波是構成聲音的基本單位，多數自然界的聲音都是由許多不同頻率和振幅的弦波疊加而成。本單元程式將令 DAC 輸出如下圖右的正弦波，正弦波訊號的中心值是 4096 的一半、上下振幅 ±1000：

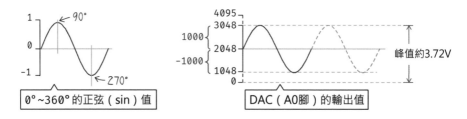

Arduino 語言的三角函式使用的角度單位都是**弧度**；假設半徑為 1 的圓中心切出的夾角（中心角）所對應的弧長是 "n"，這個夾角稱為「n 弧度」；中心角繞成一個圓等於 360°，對應的弧長就是圓周長，可換算出 1° 等於 π/180 弧度：

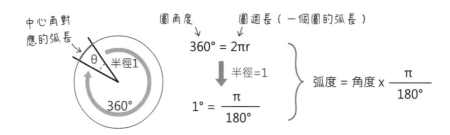

假設角度值儲存在 deg 變數，deg 值在 0~360 之間變化，底下的敘述將產生振幅介於 1048~3048 的正弦波：

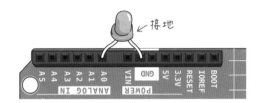

資料型態轉換成整數　　　　　　C 語言的常數 π

```
analogWrite( A0, int( 2048+ 1000 ★ sin( deg★PI/180 ) ));
```

可寫成 DAC　　　　　　　　　　數值範圍：0~± 1000

在 A0 腳連接一個 LED，因此例的輸出電壓上限約 3.7V，短時間實驗不用接電阻：

←接地

完整的範例程式如下，LED 的亮度將反覆逐漸增強、減弱。

```
void setup() {
  analogWriteResolution(12);   // 設 DAC 解析度為 12 位元
}

void loop() {
  static int deg=0;
  analogWrite(A0, int(2048 + 1000*sin(deg * PI/180)));
  deg++;
  if (deg > 360) deg=0;
  delay(20);      // 設定輸出訊號的週期時間：20ms × 360
}
```

動手做 11-2 電音蝌蚪

實驗說明：日本玩具製造商明和電機有一款音符外觀的 Otamatone（電音蝌蚪）電子樂器，演奏時，一手按壓桿上的黑色帶狀區域控制音高，另一手握住頭部，並可按壓臉頰改變音量。本單元將製作一個簡易版的電音蝌蚪。

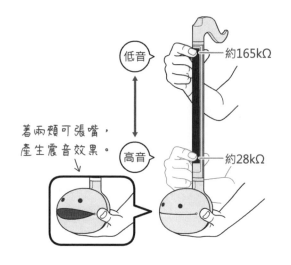

實驗材料：

UNO R4 板	1 個
滑動式或旋鈕式 10K 可變電阻	1 個
電阻 100Ω（棕黑棕）、470Ω（黃紫棕）、10KΩ（棕黑橙）	各一
電容 1μF，耐壓 10V 或更高	1 個
電晶體 8050	1 個
蜂鳴器	1 個

實驗電路：電音蝌蚪上的黑色帶狀元件相當於可變電阻，筆者拆開「電音蝌蚪」本體，用電表的歐姆檔測量黑色帶狀元件的兩條導線，其阻值約莫介於 28KΩ~165KΩ。本單元將透過底下的電路，用可變電阻、微觸開關和蜂鳴器元件，組裝一個類似功能的樂器。

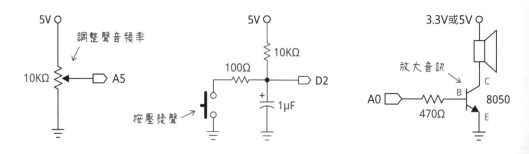

為了接近電音蝌蚪的操縱感，可變電阻選用滑動式。滑動式可變電阻的背後有 6 個接點，也就是有兩組接點，但這兩組的用途都一樣，你可以選擇下圖左或右的接法；電阻接腳不分極性，因此電源和接地腳可互換。

滑動式可變電阻的接腳不相容於麵包板或 PCB 洞洞板，市面上有販售已焊接、引出三條接線的模組，或者，用普通的旋轉式可變電阻替代。

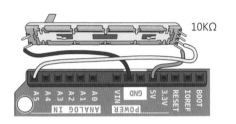
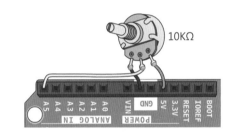

蜂鳴器輸出接 A0（DAC）腳，建議用電晶體放大聲音訊號，麵包板示範接線：

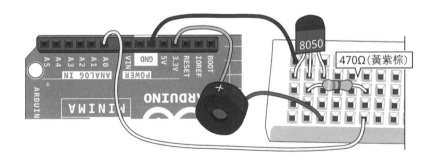

腳 2 連接消除彈跳的開關電路，接線跟〈動手做 4-4〉相同。

使用 analogWave 程式庫調控 DAC 產生訊號

Arduino IDE 內建操控 UNO R4 數位類比轉換器的 analogWave.h 程式庫，可產生指定頻率的**正弦波（sine）**、**方波（square）**和**鋸齒波（saw）**。以產生 440Hz 頻率的波形為例，首先在程式開頭引用程式庫，然後宣告 DAC 控制物件：

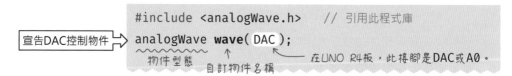

接著在 setup() 函式裡面呼叫物件的 sine(), square() 或 saw() 方法，即可產生指定頻率的波形。

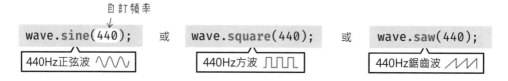

若 UNO R4 板的 A0 腳連接了蜂鳴器，它將發出 440Hz 的聲音。執行 stop() 或 start() 方法，可停止或開始輸出訊號。

```
wave.stop();      // 停止輸出訊號
wave.start();     // 開始輸出訊號
```

執行 freq() 方法（意指 "frequency"，頻率），可調整輸出波形的頻率並隨即輸出訊號，例如：

```
wave.freq(567);   // 輸出頻率改成 567Hz
```

此動手做的程式碼如下，編譯上傳程式後，滑動或旋轉可變電阻調整頻率、按著開關不放，可發出聲音。

```
#include <analogWave.h>   // 引用此程式庫
#define BTN_PIN 2         // 定義開關接腳
```

```
analogWave wave(DAC);        // 建立 analogWave 物件，使用 DAC 腳

int freq = 10;              // 定義儲存頻率值（Hz 單位）的變數

void setup() {
  Serial.begin(9600);
  pinMode(BTN_PIN, INPUT);
  wave.sine(freq);   // 以初設頻率產生正弦波
  wave.stop();       // 停止輸出訊號
}

void loop() {
  // 讀取 A5 腳的類比值並將它對應成 200~2.5kHz 頻率值
  freq = map(analogRead(A5), 0, 1023, 200, 2500);
  Serial.println(String(freq) + " Hz");  // 顯示目前的頻率值

  bool sw = digitalRead(BTN_PIN);            // 讀取腳 2 的開關狀態
  if (sw == 0) {       // 若開關被按下…
    wave.freq(freq);   // 設置 DAC 輸出頻率
  } else {
    wave.stop();       // 停止輸出訊號
  }
}
```

筆者把本動手做實驗電路焊接在 PCB 板，一般來說，蜂鳴器元件上面的貼紙應該要撕掉，我將它保留，除了可降低音量，跟揚聲器相比，蜂鳴器不是優秀的發聲元件，使用 Tuner 之類的調音 App 測量音高發現，在蜂鳴器的發聲口貼上貼紙，音頻比較準確。

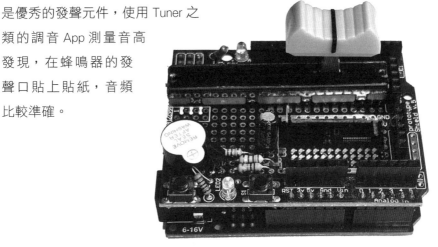

使用 DAC 彈奏音樂

本單元示範用 analogWave 程式庫驅動 DAC 彈奏星際大戰主題曲，這首曲子的樂譜如下，每一節四拍：

三個相連的四分音符，代表把 1/4 音長分成三等份彈奏三個音：

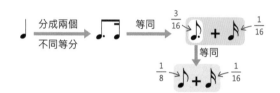

音符旁邊的小黑點，代表聲音延長 1.5 倍，例如，八分音符加小黑點，代表音長為 1/8＋1/16。

同樣把樂譜資料整理成二維陣列格式，音名（頻率）改用 MIDI 編號：

```
int melody[][2] = {
  {65, 2}, {72, 2}, {71, 12}, {69, 12}, {67, 12}, {77, 2},
  {72, 4}, {71, 12}, {69, 12}, {67, 12}, {77, 2}, {72, 4},
  {71, 12}, {69, 12}, {71, 12}, {67, 2}, {60, 8*1.5}, {60, 16}
};
```

頻率值可透過底下的敘述求得：

$$440 \times 2^{(\text{MIDI編號} - 69)/12}$$

```
440 * pow(2, ((MIDI編號 - 69) / 12.0))
```

加上小數點，令除式傳回浮點型態

完整的程式碼如下，節拍設成每分鐘 120 拍，編譯上傳到 UNO R4 板，即可彈出星際大戰主題旋律。書本範例的 mario_bro_dac.ino 檔是改用 DAC 發聲的超級瑪利兄弟版本。

```
#include <analogWave.h>
analogWave wave(DAC);

int melody[][2] = { …旋律資料…};
int tempo = 120;    // 節拍
int beatNote = 4;   // 一拍的音符
int wholenote = (60000 * beatNote) / tempo;

int noteTotal = sizeof(melody) / sizeof(melody[0]);
int noteIndex = 0;

void setup() {
  wave.sine(10);
  wave.stop();
}

void loop() {
  int currentNote = melody[noteIndex][0];   // 取出一個音
  // 求出音符的頻率
  float noteFreq =  440 * pow(2, ((currentNote - 69) /
                  12.0));
  int noteDuration = wholenote / melody[noteIndex][1];

  wave.freq(noteFreq);
  delay(noteDuration * 0.9);
  wave.stop();
  delay(noteDuration * 0.1);

  noteIndex++;
  if (noteIndex > noteTotal) {
    noteIndex = 0;
    wave.stop();
    delay(1000);
  }
}
```

 M E M O

超音波距離感測、
物件導向程式設計
與自製程式庫

12-1 認識超音波

高於人耳可聽見的最高頻率以上的聲波，稱為**超音波**。自然界的海豚透過超音波傳達訊息，蝙蝠則是運用超音波來定位、迴避障礙物。超音波可以用來探測距離，其原理和雷達類似：從發射超音波到接收反射波所需的時間，可求出被測物體的距離。

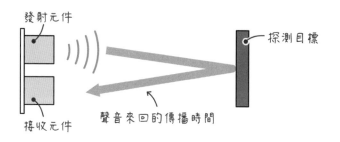

可**在空氣中傳播**的超音波頻率，大約介於 20KHz~200KHz 之間，但其衰減程度與頻率成正比（亦即，頻率越高，傳波距離越短），市售的超音波元件通常採用 38KHz、40KHz 或 42KHz（有些用於清洗機的超音波元件，震動頻率高達 3MHz）。

在室溫 20 度的環境中，聲波的傳輸速度約為 344m/s（註：聲音在水中傳播的速度比在空氣快 60 倍），因此，假設超音波**往返的時間**為 600μs（微秒，即 10^{-6} 秒），從底下的公式可求得被測物的距離為 10.3 公分：

$$距離 = 344公尺/秒 \times \frac{傳播時間}{2}$$

聲波在室溫下，
空氣中的傳播速度

$$距離 = 344公尺/秒 \times \frac{600 \times 10^{-6}}{2}$$

$$距離 = 344公尺/秒 \times 0.0003 \implies 0.1032公尺$$

從聲音的傳播速度和傳播時間，可求出距離，而物體的實際距離是傳播時間的一半，從此可求得 **1 公分距離的聲波傳遞時間約為 58μs（微秒）**：

距離 = 344公尺/秒 × $\dfrac{傳播時間}{2}$

↑
聲波在室溫下，
空氣中的傳播速度

計算聲波前進1公分所需的時間

⮕ 0.01公尺 = 時間 × 172公尺/秒

⮕ 時間 = $\dfrac{0.01公尺}{172公尺/秒}$

⮕ 時間 ≈ 58.1 × 10^{-6} 秒 ⟵ 前進1公分所需的時間
（單趟）：58.1μs

⚡ 空氣密度與聲音傳播速度的關係

空氣的密度會影響聲音的傳播速度，空氣的密度越高，聲音的傳播速度就越快，而空氣的密度又與溫度密切相關。在需要精確測量距離的場合，就要考量到溫度所可能造成的影響。考量溫度變化的聲音傳播速度的近似公式如下：

速度 = 331.5公尺/秒+0.6×溫度 ⮕ 331.5公尺/秒+0.6×20 ⮕ 343.5公尺/秒

聲音在0℃時的傳播速度　　　　　　　　　　　　　　聲音在20℃時的傳播速度

此外，物體的形狀和材質會影響超音波探測器的效果和準確度，探測表面平整的牆壁和玻璃時，聲波將會按照入射角度反射回來；表面粗造的物體，像是細石或海綿，聲音將被散射或被吸收，測量效果不佳。

入射波　　反射波　　　　　　入射波　　反射波　　大於聲音波長 1/4的坑洞

不過，只要物體表面的坑洞尺寸小於聲音波長的 1/4，即可視為平整表面。以 40Khz 超音波為例，它將無視小於 2 公釐左右的坑洞，波長的計算方式如下：

音速約344 m/s，此為mm單位。

波長 = $\dfrac{相位速度}{頻率}$ ⮕ $\dfrac{344000 公釐/秒}{40000\ Hz}$ = 8.6公釐 ⮕ 2.15公釐

取1/4

最後，假如超音波的發射和接收元件分別放在感測器的兩側，那麼，聲音的傳播途徑就不是直線，求取距離時也要把感測器造成的夾角納入考量，像這樣：

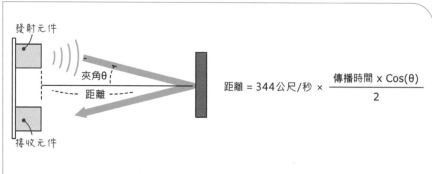

$$距離 = 344公尺/秒 \times \frac{傳播時間 \times Cos(\theta)}{2}$$

由於一般的微電腦專案並不需要精密的距離判別功能,所以直接把傳播時間除 2 已足敷使用。

超音波感測器元件簡介

超音波感測器模組上面通常有兩個超音波元件,一個用於發射,一個用於接收。也有發射和接收一體成形的超音波元件,模組體積比較小。

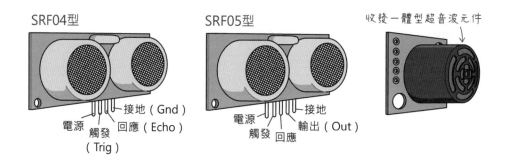

SRF04 和 SRF05 的差別是接腳數量和精確度,電路的接法則相同。SRF05 的接腳分別是 **VCC(正電源)**、**Trig(觸發)**、**Echo(回應)**、**OUT(輸出)** 和 **GND(接地)**,OUT 不用接。根據廠商提供的技術文件指出,SRF04 和 SRF05 模組的主要參數如下:

● 工作電壓與電流:5V, 15mA

● 感測距離:2cm~400cm

● 感測角度:不大於 15 度

● 精確度：2mm（SRF05）或 3mm（SRF04）

● 被測物的面積不要小於 50cm2 並且盡量平整

在超音波模組的觸發腳位輸入 10 微秒以上的高電位，即可發射超音波；發射超音波之後，與接收到傳回的超音波之前，回應腳位將呈現高電位。因此，程式可從回應腳位的高電位脈衝持續時間，換算出被測物的距離。

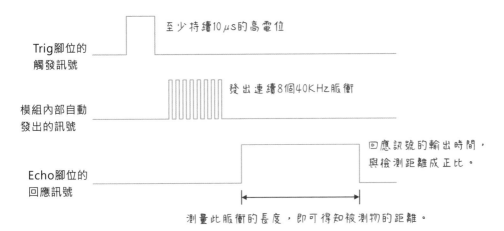

動手做 12-1　使用超音波感測器　製作數位量尺

實驗說明：使用超音波感測與障礙物之間的距離，顯示在**序列埠監控窗**或 LCD 模組。

實驗材料：

超音波感測器模組	1 個

實驗電路：

麵包板的組裝示範如下，讀者可以加入並列或串列 LCD 模組電路，測試程式請參閱下文〈測量距離的程式碼〉一節。

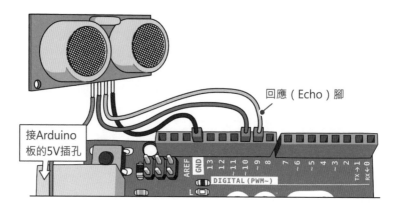

回應（Echo）腳

接Arduino
板的5V插孔

AREF GND 13 12 11 ~10 ~9 8　7 ~6 ~5 ~4 ~3 2 TX▶1 RX◀0

DIGITAL (PWM~)

L

測量脈衝持續時間的 pulseIn() 函數：Arduino 提供一個**測量脈衝時間長度**的
pulseIn() 函數，語法格式如下：

HIGH或LOW；指定測量高準位 　　　　　　　在此時間內等待訊號出現，預設
或低準位訊號的脈衝時間。 　　　　　　　等待1,000,000微秒（1秒）。

pulseIn(接腳編號, 訊號準位, 等待截止時間)

此函數將傳回**微秒單位**的脈衝時間，建議用 unsigned long（正長整數）型
態的變數來存放。例如，底下的兩個敘述分別代表測量第 9 腳的**高脈衝**和
低脈衝的微秒數：

開始計時　　　　停止計時

```
// 將第9腳的高脈衝時間存入變數d
unsigned long d = pulseIn(9, HIGH);
```

1
0　高脈衝時間

```
// 將第9腳的低脈衝時間存入變數d
unsigned long d = pulseIn(9, LOW);
```

低脈衝時間

1
0

pulseIn() 函數會等待脈衝出現再開始計時，假如脈衝信號未在等待時間內
出現，pulseIn() 將傳回 0。假如有需要，可在 pulseIn() 函數的第 3 個參數，
指定 10 微秒～ 3 分鐘的等待截止時間。以超音波 SRF05 模組測距最遠
400cm 為例，回應訊號最多只要等待 23200 微秒：

400公分聲波移動時間 ⟹ 58μs × 400 = 23200μs

超過這段時間，代表

```
unsigned long d = pulseIn(9, HIGH, 23200);
```
← 超出量測距離。

實驗程式：我們將利用前面說過的 parseln() 函數，將**觸發超音波發射**，以及**測量接收脈衝時間**的程式，寫成一個自訂函數 ping()：

```
const byte trigPin = 10;   // 超音波模組的觸發腳
const int echoPin = 9;     // 超音波模組的接收腳
unsigned long d;           // 儲存高脈衝的持續時間

// 自訂 ping() 函數將傳回 unsigned long 類型的數值
unsigned long ping() {
  digitalWrite(trigPin, HIGH);   // 觸發腳設定成高電位
  delayMicroseconds(10);         // 持續 10 微秒
  digitalWrite(trigPin, LOW);    // 觸發腳設定成低電位

  return pulseIn(echoPin, HIGH, 23200); // 傳回高脈衝的持續時間
}
```

主程式碼如下：

```
void setup() {
  pinMode(trigPin, OUTPUT);   // 觸發腳設定成輸出
  pinMode(echoPin, INPUT);    // 接收腳設定成輸入
  Serial.begin(9600);         // 初始化序列埠
}

void loop(){
  d = ping() / 58;       // 把高脈衝時間值換算成公分單位
  Serial.println(String("") + d + "cm");   // 顯示距離
  delay(1000);           // 等待一秒鐘（每隔一秒測量一次）
}
```

實驗結果：編譯並上傳程式碼之後，開啟**序列埠監控窗**，即可透過超音波感應器檢測前方物體的距離（或者放在頭頂測量身高）。

12-2 物件導向程式設計：
自己寫程式庫

當一個程式功能要求增加時，程式碼也會變得冗長，如果同一個程式檔摻雜了實現各種功能所需的變數和函式，會導致程式不易閱讀和維護，也需要加入一堆註解才能知道哪些內容是相關用途。這種程式寫法又稱**「義大利麵條式」程式碼**（Spaghetti code），因為不同用途的程式敘述全糾結在一個檔案裡。

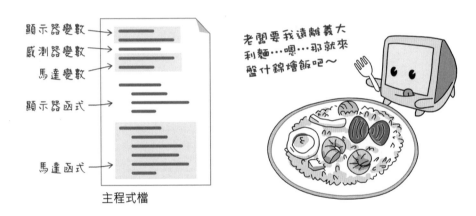

主程式檔

老闆要我遠離義大利麵…嗯…那就來盤什錦燴飯吧～

相反地，把各項程式功能拆分成獨立的「模組」，哪個部份出錯或者需要增加功能，就直接修改模組的程式檔，模組也能讓其他程式檔使用，第 8 章使用的 LCD 程式庫，就是一例。

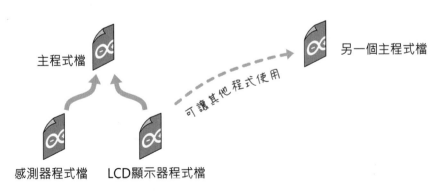

主程式檔

另一個主程式檔

可讓其他程式使用

感測器程式檔　　LCD顯示器程式檔

把一組相關變數／常數和函式組織在一起的程式碼，叫做「**類別（class）**」，也被稱為「程式物件的規劃藍圖」。我們可以把類別看待成「依照功能把程式碼分門別類、個別儲存」的一種程式寫法。**類別裡的變數稱為「屬性」、函式則叫做「方法（method）」**。以第 8 章的 LCD 程式庫為例，LiquidCrystal_I2C 是類別名稱，打開背光的 backlight() 則是「方法」。

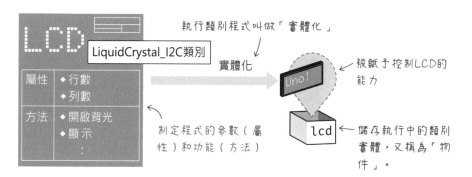

回顧一下操控 LCD 的程式，首先要建立 LCD 物件，再透過該物件控制 LCD：

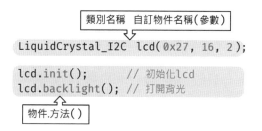

像這種透過操作物件來完成目標的程式寫法，稱為**物件導向程式設計**（**Object Oriented Programming**，簡稱 **OOP**）。

> C++ 是 C 語言的改進版，在 C 語言的基礎上增加一些功能，但兩者的語法相容，最顯著的差別是 C++ 具備物件導向程式設計語法，而 C 語言沒有。

自製超音波類別程式

本單元將把超音波程式寫成類別形式，這個類別包含兩個屬性和一個方法：

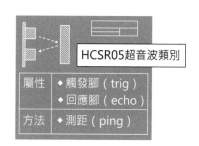

自訂類別的宣告以 class 開始，基本語法如下，類別裡的變數和函式統稱
成員（member）。

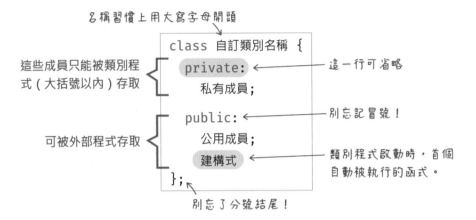

為了避免類別以外的程式在存取類別資料時，錯誤地修改某些資料，程式
語言對類別的成員提供了不同程度的保護及存取權限設置；存取修飾子
（access modifier）：

● 公有的（public），可供類別外部程式自由存取。

● 保護的（protected），僅供類別內部或者擴充此類別的程式存取。

● 私有的（private），僅限類別內部程式存取。

用通訊軟體來比喻，公眾人物的帳號可以設置粉絲官方帳號，所有人都能
存取其中的訊息，但帳號裡的私人筆記，就只有本人能存取；唯有受邀
進入群組的人，才能在其中交流訊息。 本書的類別程式只用到 private 和
public 兩種權限。

那些**不是寫在 public 底下的成員，都屬於 private**。至於哪些成員該屬於私有，哪些該屬於公有，習慣上，類別程式應該被外界視為黑盒子，不用管它的內部運作，也不要直接修改它的內部資料，所以儘可能將成員設定成私有。

建構式相當於 Arduino 程式的 setup() 函式，用於設定類別物件的初值，像是指定超音波模組的接腳編號。筆者把這個類別用超音波模組的名稱命名成 HCSR05，完整的程式碼如下：

放在public:以外的變數
和函式定義，都是私
有成員。

類別裡的變數，稱為「屬
性」；有些人習慣在私有成
員名稱前面加上底線。

建構式和類別同名

類別裡的函式稱為
「方法（method）」

```cpp
class HCSR05 {
  byte trig;
  byte echo;

  public:
    HCSR05( byte trigPin, byte echoPin ) {
      trig = trigPin;
      echo = echoPin;

      pinMode( trig, OUTPUT );
      pinMode( echo, INPUT );
    }

    float ping() {          // 超音波感測程式
      unsigned long d;
      digitalWrite(trig, HIGH);
      delayMicroseconds(10);
      digitalWrite(trig, LOW);
      d = pulseIn(echo, HIGH, 23200);

      return d/58.0;
    }
};
```

類別定義可以直接附加在使用此類別的程式碼開頭，執行此 HCSR05 類別程式之前，需要建立一個物件並傳遞超音波元件的接腳編號給它，隨後的程式便能透過**物件 . 方法 ()** 執行該類別提供的功能，或者**物件 . 屬性**存取該物件的資料。

自訂類別定義 →

```
class HCSR05 {
    :
};
```

類別名稱　物件名稱( ) →

自訂類別物件的語法 ↗

```
float distance;
HCSR05 sr05(10, 9);  // 自訂類別物件

void setup() {
    Serial.begin(9600);
}

void loop() {
    distance = sr05.ping();
    Serial.print(distance);
    Serial.println("cm");
    delay(1000);
}
```

執行物件的方法 ↙

物件.方法( ) →

編譯並上傳程式碼,其執行結果與〈動手做 11-2〉相同。

若建構式或方法的參數與類別屬性同名,可在屬性名稱前面加上 this->(**箭號運算子**,用減號和大於符號組成,中間不可有空格),代表存取類別成員;**this** 是內定的指標名稱,代表指向**目前這個**物件。例如:

```
class HCSR05 {
    byte trig;
    byte echo;

public:
    HCSR05(byte trig, byte echo) {
        this->trig = trig;
        this->echo = echo;
        :
```

類別成員(屬性)

參數跟屬性同名

"this->"代表存取「這個類別物件的」成員 →

📊 類別的 getter 和 setter 函式

這個類別定義了兩個儲存接腳編號的私有屬性,若嘗試透過此類別物件存取其值,將發生錯誤:

```
sr05.trig = 10;  // 修改trig值
```

↓ 錯誤訊息

```
'byte HCSR05::trig' is private within this context
```

HCSR05類別的trig屬性是私有的

如果把兩個私有屬性挪到 public 修飾子底下，類別程式仍可正常運作，屬性值也能自由存取。

```
class HCSR05 {
  public:
    byte trig;            ⎫ 公有屬性
    byte echo;            ⎭
    HCSR05( byte trigPin, byte echoPin ) {
        :
```

```
    :
sr05.trig = 10;  // 設定trig值
    :
```

就超音波模組的類別來說，這樣的寫法沒什麼不妥，但若是不小心在程式其他地方修改了腳位編號，這個超音波程式物件就無法正確運作了，所以有必要限制讀寫。讀取**私有屬性**的辦法是寫一個**公有函式**來傳回該屬性值，這種函式通稱 **getter 函式**（"get" 代表「取得」），函式名稱習慣上用 get 開頭。以讀取私有的 trig 屬性為例：

```
class HCSR05 {
  byte trig;              ⎫ 私有屬性
  byte echo;              ⎭
  public:
    byte getTrig() {               取得trig值 →    byte pin = sr05.getTrig();
      return trig;
    }
        :
```

設定私有屬性的公有函式，習慣用 set 開頭（代表「設定」），通稱 **setter 函式**，改用函式來設定私有屬性的好處是可以驗證資料，像底下的設定 setTrig() 函式，若輸入值超過 13 則不處理。

```
void setTrig( byte pin ) {
  if ( pin > 13 )
    return;                    設定trig值 →    sr05.setTrig(13);
  trig = pin;
}
```

建立程式模組

超音波類別程式可以單獨存成一個 .h 檔，方便分享給其他使用超音波模組的專案程式，步驟如下：

1 選擇**新增標籤**指令：

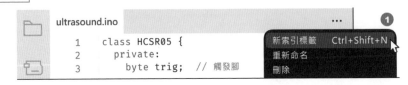

2 將新檔案命名成 hcsr05.h：

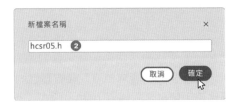

習慣上，Arduino（C++ 語言）的類別程式檔名和類別名稱相同，檔名通常全部用小寫，但這些並非強制規定。

3 整個 HCSR05 類別定義剪貼到 hcsr05.h 檔；Arduino 主程式檔（.ino 檔）的第一行，加上 #include 敘述引用此外部程式（.h 檔）：

```
class HCSR05 {                      hcsr05.h檔
  byte trig;
  byte echo;

  public:
    HCSR05(byte trigPin, byte echoPin) {
      trig = trigPin;
      echo = echoPin;

      pinMode(trig, OUTPUT);
      pinMode(echo, INPUT);
    }
        :
};
```

用雙引號包圍外部程式檔名

```
#include "hcsr05.h"

HCSR05 sr05(10, 9 );
float distance;

void setup() {
  Serial.begin(9600);
}

void loop() {
    :
}
```

編譯並上傳程式碼，其執行結果與〈動手做 11-2〉相同。

分割 .h 標頭檔和 .cpp 原始檔：巨集指令與 Arduino.h

一個 Arduino 的程式模組通常分成 .h 和 .cpp 兩個檔案，cpp 是 C Plus Plus（也就是 C++）的縮寫，用於儲存 C++ 程式原始碼；標頭檔用於宣告 .cpp 的屬性和方法（變數和函式）。用書本來比喻，**標頭檔相當於目錄大綱，實際內容寫在 .cpp 檔。**

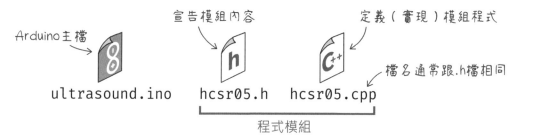

一個專案程式可以引用不同的外部程式，而外部程式也能引用其他程式檔；若專案程式重複引用相同的程式檔，會造成「重複定義」錯誤，就像在程式中間分別定義兩個同名的變數，第 2 個變數定義敘述會導致錯誤：

```
int x = 10;
  :
int x = 30;    // 重複定義 x！
```

類別程式透過前置處理器設定**識別名稱**來避免這種錯誤。設定識別名稱其實是**定義一個唯一名稱**，通常都是**用全部大寫的模組檔名，把「點」改成底線**（因為前置處理器中的識別名稱不能包含點），例如，hcsr05.h 檔的識別名稱可寫成 HCSR05_H。

再透過 **#ifndef**（代表 if not defined，若未定義）...**#endif**（結束 if 區塊）**巨集指令**判斷此模組是否已經被引用，實際寫法如下，用 #ifndef...#endif 包圍整個自訂類別：

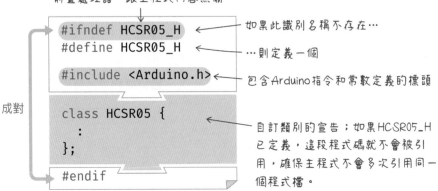

這個"HCSR05_H"識別名稱僅用於
前置處理器,跟主程式內容無關。

如果此識別名稱不存在…

… 則定義一個

包含Arduino指令和常數定義的標頭

自訂類別的宣告;如果HCSR05_H
已定義,這段程式碼就不會被引
用,確保主程式不會多次引用同一
個程式檔。

Arduino.h 是 Arduino 開發環境內建的標頭檔,裡面宣告了所有 Arduino 語言的常數和指令,像 byte, OUTPUT, pinMode(), digitalWrite()…等,不同於 .ino 主程式檔,如果 .cpp 檔沒有引用 Arduino.h,編譯器就無法理解這些指令,會在編譯程式碼時發生錯誤。

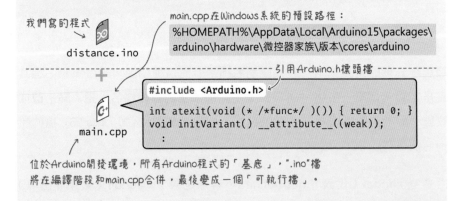

.ino 程式檔不需要引用 Arduino.h,因為這個檔案最終會與開發工具底層的 main.cpp 合併,而 main.cpp 已經引用 Arduino.h。外部程式模組,如:*.h 和 *.cpp 檔,不會和 main.cpp 合併,所以需要引用 Arduino.h。

main.cpp 預設路徑中的「微控器家族」,Arduino 官方開發板有三種家族系列:

- **avr**：泛指 ATmega 系列微控器，如 UNO R3 開發板的 ATmega328。

- **renesas_uno**：代表用於 UNO R4 開發板的瑞薩電子 RA4M1 微控器。

- **sam**；泛指 Atmel 公司的 32 位元微控器，例如用於 Due 開發板的 SAM3X8E。

hcsr05.h 標頭檔只負責宣告這個模組的「大綱」，也就是函式或方法的**原型**，程式碼開頭建議加上註解說明此程式的用途、作者和版本資訊，完整程式碼如下：

```
/*
控制 HC-SR05 或 HC-SR04 超音波模組，傳回公分單位的距離。
作者：小趙
版本：1.0.0
*/
#ifndef HCSR05_H
#define HCSR05_H
#include <Arduino.h>

class HCSR05 {
  private:
    byte trig;  // 觸發腳
    byte echo;  // 接收腳

  public:
    HCSR05(byte trigPin, byte echoPin);
    float ping();
};

#endif
```

外部模組的實際內容程式寫在 .cpp 檔，請選擇**新增標籤**：

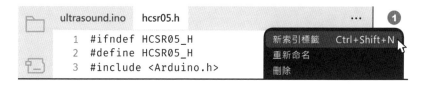

新增一個 hcsr05.cpp（檔名通
常跟 .h 檔相同，但非強制規
定）：

.cpp 檔的第一行要引用標頭檔，類別的建構式和方法名稱前面都要加上
類別名稱，以及**雙冒號（::）**。":" 是 C++ 語言的**範圍解析運算子**（scope-
resolution operator），"HCSR05::ping()" 敘述指出 "ping()" 隸屬於 HCSR05 類別。

```
#include "hcsr05.h"

類別::建構式  ⟶  HCSR05::HCSR05( byte trigPin, byte echoPin ) {
  trig = trigPin;
    :
  pinMode(echo, INPUT);
}
float HCSR05::ping() {
  unsigned long d;
    :
  return d / 58.0;
}                                    hcsr05.cpp檔
```

如果 ping() 前面沒有加上 HCSR05::，代表定義一個全域函式 ping()。例如，
假設 .h 和 .cpp 檔都新增宣告與定義 ping() 函式，底下的變數 y 值將是 168：

```
float HCSR05::ping() {
  unsigned long d;
    :
  return d / 58.0;
}                      執行物件的方法  ⟶  float x = sr05.ping();
                                                    物件名稱
int ping() {
  return 168;
}                      執行函式  ⟶  int y = ping();
```

編譯並上傳程式碼，執行結果與〈動手做 11-2〉相同。

建立程式庫

在程式專案中使用自製模組的方式有兩種：

- 把程式模組（如：hcsr05.h 和 hcsr05.cpp）複製到 .ino 檔所在資料夾。
- 把程式模組挪到 Arduino 預設的程式庫路徑（即：文件 \Arduino\ libraries）。

存入預設的程式庫路徑顯然是最好的辦法，如此，其他 Arduino 程式檔也都能取用，這樣就不需要每個需要用到的地方都複製同一份程式庫檔案，而且如果需要修改程式庫，也只要修改放到程式庫路徑的這一份就可以了。

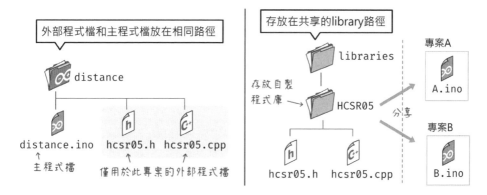

請在 libraries 資料夾裡面新增一個資料夾，命名成 "HCSR05"，在裡面存入 hcsr05.h 和 hcsr05.cpp，就這樣，自製程式庫完成了！不過，除了必要的程式模組檔案，最好加上範例以及 keywords.txt 純文字檔。

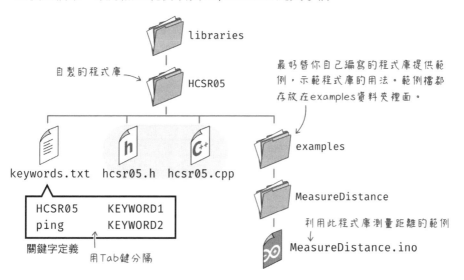

keyword.txt 用於告知 Arduino IDE，這個程式庫包含哪些以及何種關鍵字，以便在程式編輯器中為它們標色，表 12-1 列舉了 Arduino IDE 設定的 5 種關鍵字分類。

表 12-1

分類名稱	用途	呈現樣式
KEYWORD1	類別、資料類型和 C++ 語言關鍵字	橙色、粗體字
KEYWORD2	函式和方法	橙色、一般樣式
KEYWORD3	setup, loop 以及保留字	墨綠色、一般樣式
LITERAL1	常數	藍色、一般樣式
LITERAL2	尚未使用	藍色、一般樣式

在 keyword.txt 檔案中，每個關鍵字分開寫成一行，關鍵字名稱和分類名稱之間用一個 Tab 字元分隔。這個元件庫程式只有兩個關鍵字：資料類型（HCSR05）與方法（ping）。

自製程式庫安裝完畢後，就能在所有 Arduino 程式引用它：

```
#include <hcsr05.h>          ← 用 < 和 > 包圍程式庫名稱
HCSR05 sr05(10, 9);
void setup() {
  Serial.begin(9600);
}
void loop() {
  float distance = sr05.ping(); // 讀取障礙物的距離
  Serial.println( String("距離：") + distance + "cm" );
  delay(1000);
}
```

資料類型關鍵字呈現橙色、粗體。（指向 HCSR05）

函式關鍵字標示為橙色（指向 ping()）

CHAPTER

13

馬達控制板、自走車與 MOSFET 電晶體應用

延續第 10 章的電晶體馬達控制電路，本章將說明如何用電晶體控制馬達的正反轉，以及 MOSFET 電晶體在 UNO R3 和 R4 開發板上的電源控制應用。

13-1 控制馬達正反轉的 H 橋式馬達控制電路

第 10 章的「電晶體馬達控制電路」只能控制馬達的開、關和轉速，無法讓馬達反轉。許多自動控制的場合都需要控制馬達的正、反轉，以底下的履帶車為例，若兩個馬達都正轉，車子將往前進；若左馬達正轉、右馬達反轉，履帶車將在原地向右迴轉。

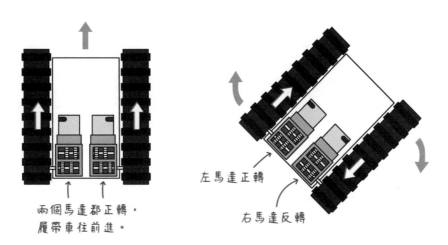

兩個馬達都正轉，
履帶車往前進。

左馬達正轉

右馬達反轉

控制馬達正反轉的電路稱為 **H 橋式（H-bridge）馬達控制電路**，因為開關和馬達組成的線路就像英文字母 H 而得名。當開關 A 和 D 閉合（ON）時，電流將往指示方向流過馬達；當開關 B 與 C 閉合（ON）時，電流將從另一個方向通過馬達：

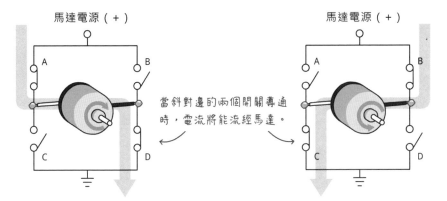

▲ 橋式電路示意圖

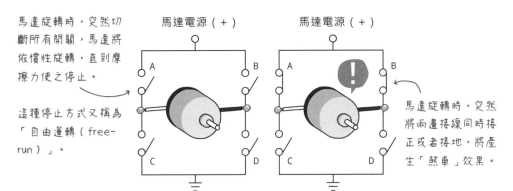

需要留意的是 A, C 或者
B, D 這兩組開關絕對不能
同時開啟，否則將導致
短路！

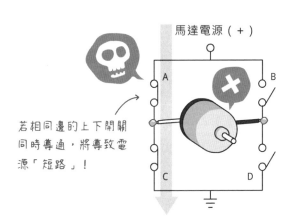

電路示意圖裡的開關，可以替換成電晶體。底下是用四個 NPN 型電晶體構
成的 H 橋式控制電路（註：電路裡的電晶體代號通常用字母 Q 開頭）：

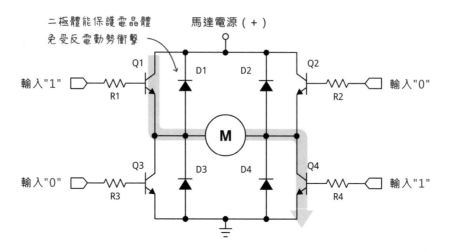

下圖是比較常見的 H 橋式控制電路,採用 NPN 和 PNP 電晶體配對,電晶體的 Q1, Q3 以及 Q2, Q4 的基極個別相連,因為 NPN 電晶體是在「高電位」導通,PNP 則是在「低電位」導通:

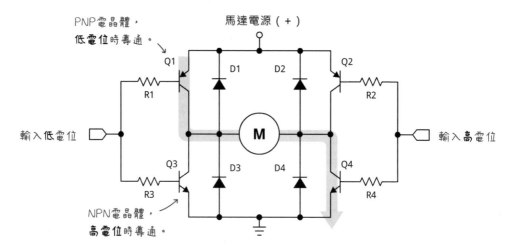

使用專用 IC(TB6612FNG 與 L298N)控制馬達

除了用電晶體自行組裝 H 橋式電路,市面上也有許多馬達專用驅動和控制 IC,例如 DRV8833, L298N 和 TB6612FNG。TB6612FNG 是東芝生產的馬達驅動與控制 IC,和另一款常見的 L298N 一樣,IC 內部包含兩組 H 橋式電路,可驅動和控制兩個小型直流馬達。這兩個馬達控制板的主要規格比較如

下，TB6612FNG 控制板比較嬌小、不用散熱片，而且晶片的工作電壓有支

援 3.3V，所以本文選用 TB6612FNG：

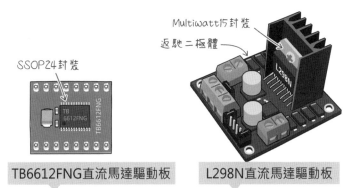

	TB6612FNG直流馬達驅動板	L298N直流馬達驅動板
馬達工作電壓	2.5V~13.5V	4.5V~46V
晶片工作電壓	2.7V~5.5V	4.5V~7V
單一通道輸出電流	1.2A（極限3.2A）	2A（極限3A）
H橋式電路元件	MOSFET	BJT電晶體
返馳二極體	晶片內建	外接
高溫保護電路	有	有
效率	91.74%	39.06%

馬達供電6V情況下，輸出功率與輸入功率的比值。

底下是一款常見，也是最精簡的 TB6612FNG 直流馬達驅動模組：

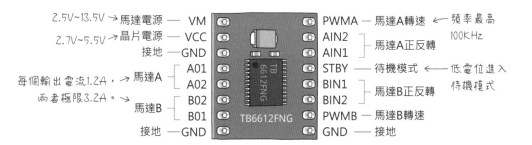

L298N 馬達驅動模組也有多種款式，這是常見的一種：

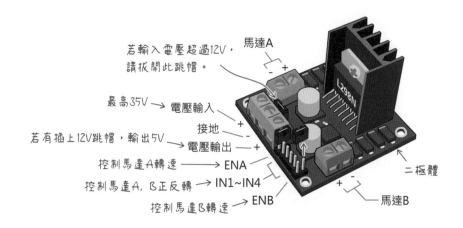

若輸入電壓超過12V，
請拔開此跳帽。

馬達A

最高35V → 電壓輸入

接地

若有插上12V跳帽，輸出5V → 電壓輸出

控制馬達A轉速 ——→ ENA

控制馬達A, B正反轉 → IN1~IN4

控制馬達B轉速 → ENB

二極體

馬達B

TB6612FNG 模組和 L298N 模組的連接和操控方式相同。一組馬達都有三個控制接腳，用以控制轉速和正反轉。表 12-1 列舉控制「馬達 A」的輸入和輸出關係，1 代表高電位，0 代表低電位：

表 13-1

輸入			輸出		模式說明	
AIN1	AIN2	PWMA	A01	A02	TB6612FNG模組	
IN1	IN2	ENA	A+	A-	L298N模組	
1	1	1	0	0	煞車 (brake)	← 急停
0	1	PWM	0	1	逆時針方向旋轉	
1	0	PWM	1	0	順時針方向旋轉	在移動的狀態下，突然停止
0	0	0	0	0	停止 (stop)	供電，物體將維持移動慣性，藉摩擦力停止。

L298N 模組與 UNO 板的接線示範如下，ENA 和 ENB 腳可接 UNO 板任一具備 PWM 功能的數位腳。

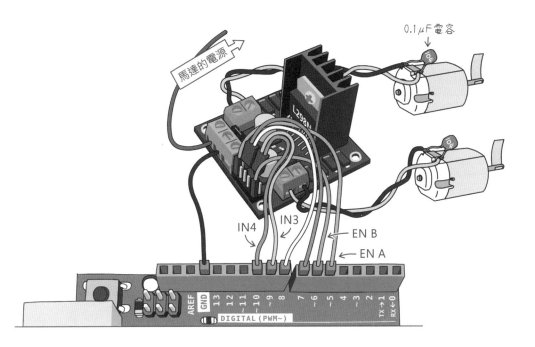

動手做 13-1　編寫馬達驅動程式模組

實驗說明：編寫一個驅動 L298N 和 TB6612FNG 板的類別，取名為 "Motor"，
達成下列功能：

● 設置接腳

● 建立一個 drive 方法，設定兩個馬達的轉速（預設為 0），以及前進、後
退、左轉、右轉和停止等功能。

● 紀錄馬達目前的驅動狀態（如：前進中或者正在右轉）

馬達的正、反轉，由驅動板的 IN1~IN4 的輸入狀態決定；對照表 13-1，可
以規劃出如下的馬達驅動流程：

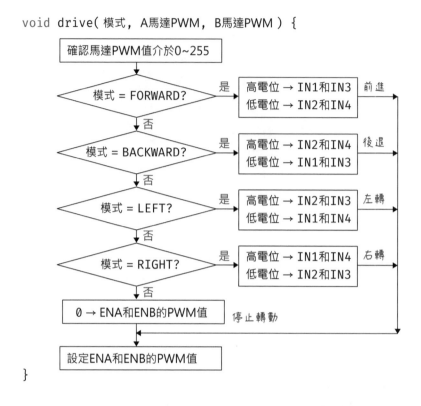

```
void drive( 模式, A馬達PWM, B馬達PWM ) {
```

確認馬達PWM值介於0~255

模式 = FORWARD?　是　高電位 → IN1和IN3　前進
　　　　　　　　　　低電位 → IN2和IN4

否

模式 = BACKWARD?　是　高電位 → IN2和IN4　後退
　　　　　　　　　　低電位 → IN1和IN3

否

模式 = LEFT?　是　高電位 → IN2和IN3　左轉
　　　　　　　　低電位 → IN1和IN4

否

模式 = RIGHT?　是　高電位 → IN1和IN4　右轉
　　　　　　　　低電位 → IN2和IN3

否

0 → ENA和ENB的PWM值　停止轉動

設定ENA和ENB的PWM值

```
}
```

使用 enum 定義常數數字的集合：依據傳入的參數來控制雙馬達的正反轉或停止，比較直白的寫法是用字串值，例如，參數 "left" 代表左轉、"right" 代表右轉…等等。假設接收「模式」的參數叫做 mode，左下的寫法是錯的，因為 Arduino 語言的 switch…case 無法比較字串值。

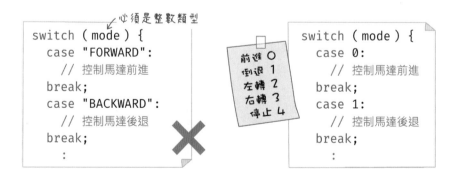

必須是整數類型

```
switch ( mode ) {
  case "FORWARD":
    // 控制馬達前進
  break;
  case "BACKWARD":
    // 控制馬達後退
  break;
    :
```

前進 0
倒退 1
左轉 2
右轉 3
停止 4

```
switch ( mode ) {
  case 0:
    // 控制馬達前進
  break;
  case 1:
    // 控制馬達後退
  break;
    :
```

右上的程式寫法改用數字代號來表示不同的模式，但這麼一來，程式的可讀性就降低了。等等…在程式開頭定義常數不就解決了嗎？

```
#define FORWARD    0          switch ( mode ) {
#define BACKWARD   1            case FORWARD:
#define LEFT       2              // 控制馬達前進
#define RIGHT      3          break;
#define STOP       4            case BACKWARD:
                                 // 控制馬達後退
                                 :
```

在程式開頭定義常數

程式可讀性確實提昇了，但還有更好的寫法：**用 enum 指令定義一組數字常數**。enum 代表**列舉**（enumeration），**資料值預設從 0 開始**，其後的每個元素值自動增加 1；也可以用等號個別指定元素的數字值：

enum 識別名稱 { 逗號分隔的常數列表 }

```
enum mode_t {                        enum mode_t {
  FORWARD,   // 前進 0    預設從0開始    FORWARD = 5,  // 5
  BACKWARD,  // 倒退 1    指定起始編號    BACKWARD,     // 6
  LEFT,      // 左轉 2                  LEFT,         // 7
  RIGHT,     // 右轉 3                  RIGHT = 10,   // 10
  STOP       // 停止 4                  STOP          // 11
};                                   };
```

以上的 enum 敘述定義了名叫 modes、包含 5 個常數值的集合。enum 敘述可以寫成單行：

```
enum mode_t { FORWARD, BACKWARD, LEFT, RIGHT, STOP };
```

若要在某個變數中儲存以上定義的常數，假設此變數叫做 mode，寫法如下，C++ 中 enum 就跟 class（類別）一樣會直接定義新的型別。

C語言語法

等於4

```
enum mode_t mode = STOP;
```
變數的資料類型　　變數名稱

C++語言語法

```
mode_t mode = STOP;
```
資料類型

馬達驅動板的 OOP 程式以及類別屬性：筆者把馬達驅動程式類別的原始檔分別命名成 motor.h 和 motor.cpp，底下是標頭檔的原始碼：

```
#ifndef MOTOR_H   // 確認此模組只會被引用一次
#define MOTOR_H
#include <Arduino.h>

enum mode_t {    // 定義馬達運作模式的全域常數
  FORWARD, BACKWARD, LEFT, RIGHT, STOP
};

class Motor {
  byte ENA, ENB, IN1, IN2, IN3, IN4;   // 儲存控制板的接腳編號

  public:
    mode_t mode = STOP;                 // 紀錄目前的驅動模式

    Motor (byte ENA, byte ENB, byte IN1, byte IN2,
           byte IN3, byte IN4);
    void drive(mode_t mode, int pwmA, int pwmB);
};
#endif
```

底下是 motor.cpp 程式原始碼，drive() 方法中加入一個判斷條件式，若輸入的模式參數值與目前的不同，則先暫停馬達 0.2 秒，再改變模式。此舉是為了避免頻繁地切換馬達正、反轉而影響馬達的壽命。

```
#include "motor.h"

Motor::Motor (byte ENA, byte ENB, byte IN1, byte IN2,
              byte IN3, byte IN4) {
  this->ENA = ENA;   // 儲存接腳
  this->ENB = ENB;
  this->IN1 = IN1;
  this->IN2 = IN2;
  this->IN3 = IN3;
  this->IN4 = IN4;
```

```
  pinMode(ENA, OUTPUT);   // 全部接腳都設成輸出模式
  pinMode(ENB, OUTPUT);
  pinMode(IN1, OUTPUT);
  pinMode(IN2, OUTPUT);
  pinMode(IN3, OUTPUT);
  pinMode(IN4, OUTPUT);
}

void Motor::drive(mode_t mode, int pwmA = 0, int pwmB = 0) {
  byte _pwmA = constrain(pwmA, 0, 255);
  byte _pwmB = constrain(pwmB, 0, 255);

  // 如果模式跟之前不同，先暫停馬達…
  if (this->mode != mode) {
    this->mode = mode;    // 更新模式值
    analogWrite(ENA, 0);  // 停止馬達
    analogWrite(ENB, 0);
    delay(200);     // 暫停 0.2 秒
  }

  switch (mode) {
    case FORWARD:  // 前進
      digitalWrite(IN1, HIGH);
      digitalWrite(IN2, LOW);
      digitalWrite(IN3, HIGH);
      digitalWrite(IN4, LOW);
      break;
    case BACKWARD: // 倒退
      digitalWrite(IN1, LOW);
      digitalWrite(IN2, HIGH);
      digitalWrite(IN3, LOW);
      digitalWrite(IN4, HIGH);
      break;
    case LEFT:     // 左轉
      digitalWrite(IN1, LOW);
      digitalWrite(IN2, HIGH);
      digitalWrite(IN3, HIGH);
      digitalWrite(IN4, LOW);
      break;
    case RIGHT:    // 右轉
```

```
    digitalWrite(IN1, HIGH);
    digitalWrite(IN2, LOW);
    digitalWrite(IN3, LOW);
    digitalWrite(IN4, HIGH);
    break;
  case STOP:    // 停止
  default:      // 預設模式也是停止
    _pwmA = 0;
    _pwmB = 0;
    break;
  }

  analogWrite(ENA, _pwmA);  // 驅動馬達
  analogWrite(ENB, _pwmB);
}
```

筆者把驅動馬達的程式模組
存入 Motor 資料夾,方便分
享給其他專案程式。

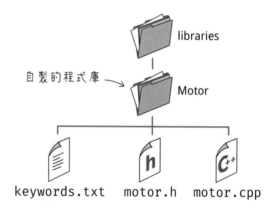

C++ 語言可以透過 strcmp 函式 (原意是 string compare) 比較使用字元
陣列表達的字串,若兩個字串相等,就傳回 0,底下是搭配 if...else 條件
判斷式構成的字串比較程式片段:

```
char str[]= "RIGHT";
                              比較字串,若相等則傳回0
if ( strcmp(str, "LEFT") == 0) {
  Serial.println("左轉");
} else if ( strcmp(str, "RIGHT") == 0) {
  Serial.println("右轉");
}
```

String 型態字串則可用 "==" 比對，但會占用稍多記憶體空間，執行效率也稍微差一些，不過，對於本章的小應用，基本沒有差別。

```
String str = "RIGHT";
if ( str == "LEFT" ) {          ← 比較字串，若相等則傳回1
  Serial.println("左轉");
} else if ( str == "RIGHT" ) {
  Serial.println("右轉");
}
```

動手做 13-2　自動迴避障礙物的自走車

實驗說明：本節採用一個 L298 或 TB6612FNG 控制板以及超音波檢測器，製作一個遇到前方有障礙物時，能自動轉向的自走車。

實驗材料：

超音波感測器模組	1 個
L298N 或 TB6612FNG 馬達控制板	1 個
採用雙馬達驅動的模型玩具或 DIY 小車套件	1 個

實驗電路：底下是 L298N 馬達驅動板和 Uno 板的接線示範：

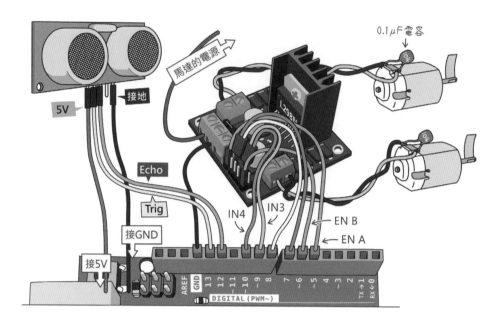

TB6612FNG 馬達驅動板和 Uno 板的接線示範：

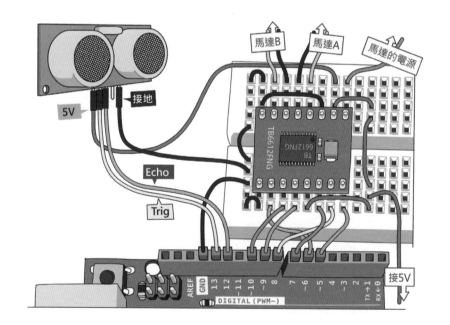

實驗程式：自動迴避障礙物的程式，主要考量如下圖所示。當自走車偵測到前方 10cm 以內有障礙物時，就右轉，直到 10cm 內沒有障礙物再前進。讀者可以嘗試結合隨機指令，讓它遇到障礙物時，隨機決定向左或向右轉。

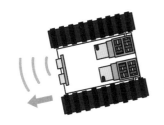

前方10cm有障礙物

引用自製的超音波偵測程式庫和馬達驅動程式庫寫成的自走車程式碼
如下：

```
#include <hcsr05.h>
#include <motor.h>

HCSR05 sr05(13, 12);          // trig, echo
Motor motor(5, 6, 7, 8, 10, 9);

const byte pwm = 200;         // 馬達的 PWM 輸出值
int thresh = 10;              // 距離上限 10cm
long distance;                // 偵測距離

void setup() { }

void loop() {
  distance = sr05.ping();     // 讀取障礙物的距離

  if (distance > thresh) {    // 如果距離大於 10cm...
    motor.drive(FORWARD, pwm, pwm);  // 前進
  } else {
    motor.drive(RIGHT, pwm, pwm);    // 右轉
  }
  delay(500);
}
```

實驗結果：編譯與上傳程式碼之後，自走車將開始前進；若前方 10 公分有
障礙物，它將右轉，然後再前行。

13-2 認識 MOSFET

MOSFET 元件是電晶體的一種，中文全名是「金屬氧化物半導體場效電晶體」。它和 9013, 2N2222 等雙極性（BJT）電晶體最大的不同之處在於，**BJT 電晶體是用「電流」控制開關；MOSFET 則是用「電壓」控制。**

MOSFET 也分成 N 通道和 P 通道兩種，底下是兩種常見的 2N7000 和 30N06L 外觀和電路符號，它們都屬於 N 通道（實際的分類名稱是「增強型 N 通道」）：

電路符號暗示，G極沒有和其他兩腳相連，也就是「絕緣」，沒有電流通過。

MOSFET 有**閘極（Gate）、汲集（Drain）**和**源集（Source）**三個接腳。不接電時，D 和 S 腳處在「高阻抗」的絕緣狀態；當 G 腳接正電源（實際電壓值依元件型號而不同）D 和 S 腳之間的阻抗將急遽下滑，形成「導通」狀態。

上圖兩種 MOFET 的 D 和 S 腳內部有個二極體相連，其作用是避免 MOSFET 元件遭**靜電放電**(Electrostatic Discharge，簡稱 **ESD**) 破壞，在下文的邏輯電位轉換電路中，它也扮演關鍵角色。

2N7000 適合用於低電流裝置開關，如：LED 和小型繼電器（電磁式開關，參閱 18 章），以及邏輯電位轉換，底下是 2N7000 開關 LED 的電路。**讓 MOSFET 導通的關鍵因素 V_{GS}，稱為臨界（Threshold）電壓，**2N7000 和 30N06L 的臨界電壓都小於 3.3V，因此可直接透過 Arduino 驅動。

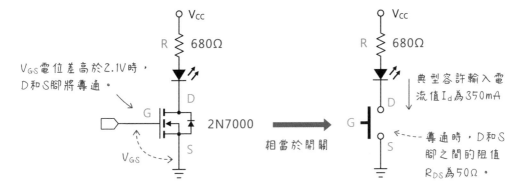

V_{GS}電位差高於2.1V時，D和S腳將導通。

G

V_{GS}

D

S

2N7000

相當於開關

典型容許輸入電流值I_d為350mA

G

D

S

導通時，D和S腳之間的阻值R_{DS}為50Ω。

底下是 2N7000 型的重點規格，詳細規格請參閱技術文件（搜尋 "2N7000 datasheet" 關鍵字）：

● 典型的 **V_{GS} 臨界電壓**：2.1V，最大可承受 ±18V。

● D 和 S 腳之間的**耐電壓 V_{DS}**：60V

● 連續**耐電流量（I_D）**：350mA

● 最大**可承受瞬間電流量（I_D）**：1.4A

30N06L 為中功率型 MOSFET，連續**耐電流量（I_D）**達 32A，適合用於大電流開關和驅動直流馬達。

在實際應用中，G 腳通常連接一個 10KΩ 電阻接地（有人接 4.7KΩ 甚至 1MΩ），以確保在沒有訊號輸入或者浮接狀態下，將 G 腳維持在低電位。因為某些 MOSFET 的 **V_{GS}** 臨界電壓很低，浮動訊號可能讓它導通。右圖是採用 2N7000 控制 LED 且連接 10KΩ 電阻的例子：

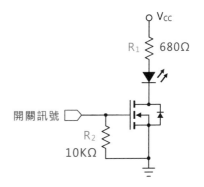

MOSFET 和普通的 BJT 型電晶體，都能當作電子開關，但是大多 DIY 專案都選用 BJT 電晶體元件。成本價格是主因，筆者住家附近的電子材料行，9013 電晶體一個 2 元，2N7000 一個 7 元。然而，MOSFET 比較省電且製造面積也比較小，因此 IC 內部的邏輯開關元件通常是 MOSFET。

Arduino UNO R3 電路板上的 MOSFET 元件

UNO R3 開發板的電源電路使用
MOSFET 元件,作為 USB 和外部
電源輸入的自動切換開關。

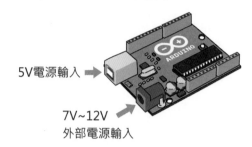

底下是 UNO R3 的電源電路簡圖。負責切換 USB 與外部電源供電的是電壓
比較器,以及 P 通道 MOSFET 電晶體。P 通道 MOSFET 相當於「反相」邏
輯閘,若它的閘極(Gate)輸入低電位,MOSFET 將會導通,讓來自 USB
的 5V 電源流入 Arduino:

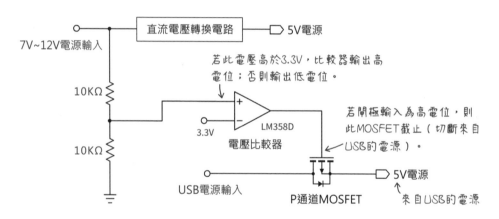

若有大約 7V 以上的外部電源輸入(經過電阻分壓後,變成 3.5V),電壓比
較器電路將輸出高電位,導致 P 通道 MOSFET 截止,因而切斷來自 USB 的
供電。

Arduino UNO R4 WiFi 開發板上的 MOSFET 電壓轉換電路

底下是 UNO R4 WiFi 開發板的電源電路簡圖,RA4M1 微控器以 5V 電壓運
作,而負責 WiFi 和藍牙通訊的 ESP32-S3 晶片的工作電壓則是 3.3V,如果
ESP32-S3 的接腳輸入電壓超過 3.6V,將會損壞。

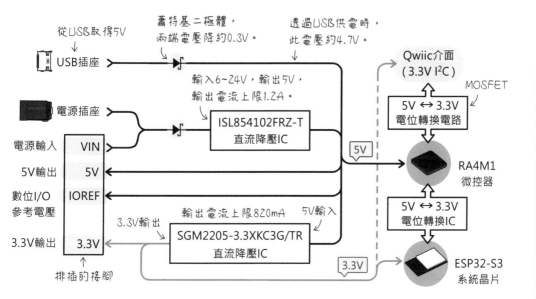

由於工作電壓不同，RA4M1 和 ESP32-S3 的連線之間，必須加入「5V ←→ 3.3V 電位轉換」電路，這個電路採用 TXB0108 8 位元雙向電位轉換器 IC，8 位元代表可同時轉換 8 個數位腳的電位，也稱為 8 通道。

開發板上的 Qwiic 介面的邏輯高電位是 3.3V，也跟 RA4M1 微控器不同，為了保護採用 3.3V 的 I²C 周邊裝置，Qwiic 的 SDA（序列資料）和 SCL（序列時脈）線，採用 MOSFET 元件（型號：2N7002）轉換電位。

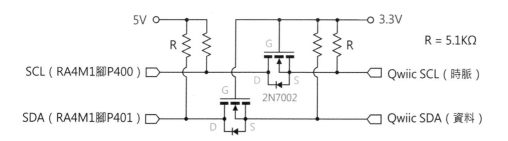

下圖左是 2N7000 的 3.3V 轉 5V 電路，由於 G 腳固定在 3.3V，所以當 S 腳輸入低電位，D 和 S 腳就會導通，令輸出端呈現低電位；若 S 腳輸入 3.3V，V_{GS} 電位差為 0，所以 MOSFET 不導通，輸出端將產生高電位：

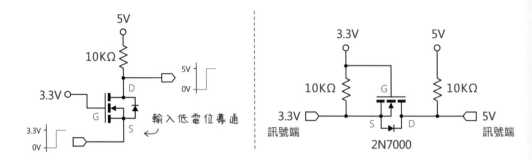

上圖右則是 3.3V 和 5V 雙向電位轉換電路，其運作原理請參閱下圖，左、右圖分別代表從 3.3V 端輸出 0 和 1 的情況，為了便於解說，MOSFET 及其內部的二極體用兩個開關代表：

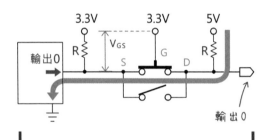

3.3V訊號端輸出0，V$_{GS}$電位差3.3V，MOSFET導通；5V訊號端的電流將流入D腳，因此5V端的訊號為0。

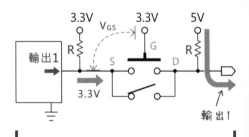

3.3V訊號端輸出1，V$_{GS}$電位差0，MOSFET截止；5V訊號端也將呈現高電位。

下圖則分別是從 5V 端輸出 0 和 1 訊號的情況：

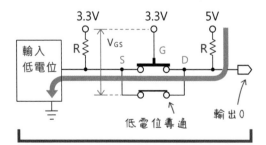

5V訊號端輸出0，MOSFET內部的二極體將導通，連帶使得V$_{GS}$電位差3.3V，進而讓MOSFET導通，因此3.3V端的訊號也降為0。

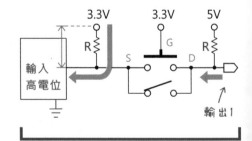

5V訊號端輸出1，V$_{GS}$電位差0，MOSFET截止；3.3V訊號端也將呈現高電位。

由於微處理所能接受的電流量有限，因此電路中的電阻 R 值不宜太低，通常都是用 10KΩ，UNO R4 WiFi 板的 2N7002 採用 5.1KΩ。

使用電阻分壓轉換邏輯電位的問題

電阻分壓電路也可以轉換邏輯電位，在理想情況下，降壓之後的訊號會與 5V 原始訊號同步變化（如下圖左，上方是 5V 原始訊號，底下是經電阻分壓後的 3.3V 輸出）。

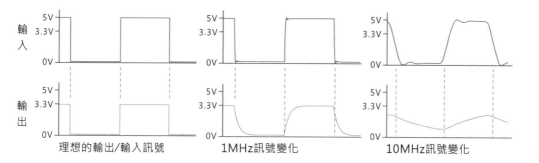

若用示波器（註：檢視訊號波形變化的儀器）觀察，輸入訊號頻率越高，3.3V 輸出訊號的失真度也越高。像上圖右，輸入 10MHz 頻率訊號，輸出訊號完全不像方波，因此無法正確表達高、低訊號。

造成訊號失真的因素之一，是因為電路導線、電路板的佈線和元件本身，都可能產生意料之外的電容效應（稱為「**寄生電容**」）。電容和電阻結合，構成 **RC 低通濾波**電路，導致高頻率訊號被濾除掉。

普通的 USART 串列訊號頻率只有幾 KHz（如：9600bps，也就是 9.6Kbps），可以使用電阻分壓電路；對於 I²C, SPI 這些高速傳輸介面，就得採用 MOSFET 或者專用的邏輯電平轉換 IC 來處理（註：搜尋關鍵字 "voltage level translator IC"，即可找到相關的 IC 資料，例如 74LVC245）。

MEMO

CHAPTER

14

伺服馬達、數位濾波、資料排序、EEPROM 與體感控制機械雲台

14-1 認識伺服馬達

伺服馬達（servo）是個可以**控制旋轉角度**的動力輸出裝置，"servo" 有接受並執行命令的意含。伺服馬達是由普通的直流馬達，再加上偵測馬達旋轉角度的電路，以及一組減速齒輪所構成；

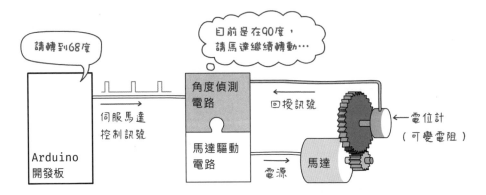

微控制器先送出旋轉角度的 PWM 訊號，若馬達未轉到指定的角度，它將旋轉並帶動電位計；從電位計的電壓變化，控制電路可得知當前的轉動角度；馬達將持續轉動，直到轉到設定的角度。

自動機械和機器人 DIY 的愛好者，大多採用遙控模型用的伺服馬達，因為容易取得，有各種尺寸（最小只有數公克重）、速度（從 0.6~0.05 秒完成 60 度角位移，一般約 0.2 秒）和扭力（有些高達 115 kg·cm）等選項，而且不論廠牌和型號，控制方式都一樣簡單。下圖是遙控模型用的伺服馬達外觀：

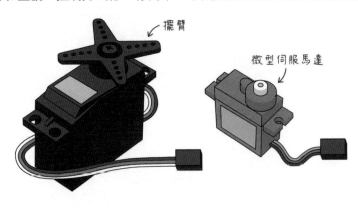

伺服馬達有三條接線，分別是正電源、接地和控制訊號線，每一條導線的顏色都不同，大多數的廠商，都採用**紅色**和**黑色**來標示**電源**和**接地**線，**訊號線**則可能是**白**、**黃**或**橙**色。電源大都介於 4.8V~6V 之間，少數特殊規格採 12V 或 24V。典型的伺服器構造：

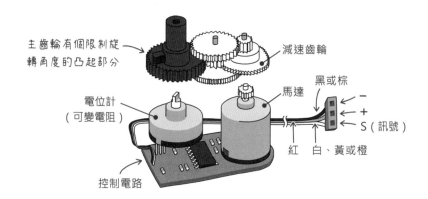

遙控模型用的伺服馬達的旋轉角度，大都限制在 0°~180°，因為調整汽車、船或者飛機的方向舵，180° 綽綽有餘。

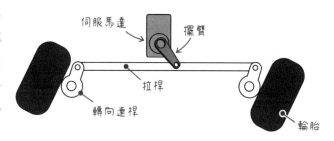

不過，驅動某些機械手臂或者將它連接輪胎，取代一般馬達的場合，需要讓伺服馬達連續旋轉 360°。因此有些廠商有推出可連續旋轉的伺服馬達。

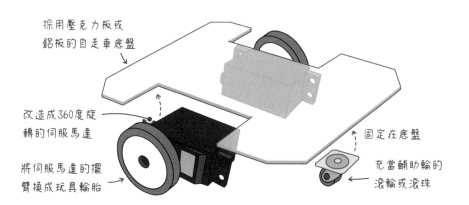

360° 連續旋轉型伺服馬達的內部沒有角度偵測功能，代表我們無法控制它的旋轉角度，即便如此，和普通的直流馬達相比，它有下列幾項優點：

● 內建減速齒輪，不用額外安裝齒輪箱便能驅動輪胎。

● 電路簡單，無需電晶體之類的驅動電路。

● 程式簡單，透過改變 PWM 訊號即可控制正、反轉、停止和轉速。

認識伺服馬達規格

所有遙控模型的伺服馬達都接受 PWM 訊號來指揮它的轉動角度；伺服馬達的 PWM 訊號週期約 20ms（亦即，處理器每秒約送出 50 次指令），而一個指令週期裡的前 1~2ms 脈衝寬度（實際值依伺服馬達型號而定，需查閱規格書），代表轉動角度。

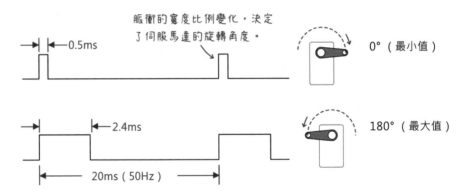

以重量僅 9 公克的 **SG90 微型伺服馬達**為例，其主要參數如下：

● 操作電壓：4.2~6V

● 消耗電流：80mA（接 5V 運轉時）；650mA（堵轉時）

● 操作速度：0.12 秒 /60°（無負載，接 4.8V 時）

● PWM 脈衝寬度：0.5~2.4ms（註：實測為 0.5~2.5ms）

● 堵轉扭力（stall torque）：1.80 kg-cm

● 死區頻寬（dead bandwidth）：10μs

SG90 馬達的脈衝寬度與旋轉角度變化對照如下（為了方便說明，此圖假設脈衝最大寬度值為 2.5ms）：

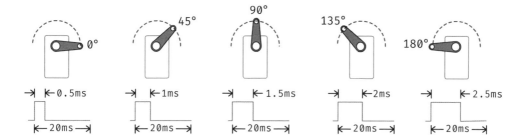

死區頻寬代表「伺服馬達忽略訊號變化的範圍」，也就是說，只有當脈衝訊號變化超過 ±10μs，伺服馬達才會改變角度。假設目前的 PWM 訊號寬度為 1.5ms，若 PWM 訊號變化小於 1.5ms±10μs，伺服馬達將維持在目前的角度。**操作速度**則代表轉動到指定角度所需要的時間。

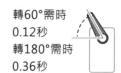

轉60°需時 0.12秒
轉180°需時 0.36秒

控制伺服馬達的 Servo 類別

Arduino 內建控制伺服馬達的程式庫 Servo.h，其 Servo 類別最常用的兩個方法是：

● attach()：設定伺服馬達的接腳、最小脈衝（預設 544μs）和最大脈衝（預設 2400μs）。

● write()：設定伺服馬達的旋轉角度 0~180，90 將轉到中間；若是**連續旋轉型伺服馬達**，90 將令馬達停止，越接近 0 或 180，轉速越快但轉向不同。

控制伺服馬達的程式都包含下列四行敘述，上文提到 SG90 伺服馬達的脈衝寬度為 0.5~2.4ms（500~2400μs），底下的 attach() 參數可讓 SG90 得以轉到最小和最大角度。

```
1 #include <Servo.h>    // 引用Servo.h程式庫

2 Servo servo;          // 宣告Servo類型物件

3 servo.attach( 8, 500, 2400 );  ⟸ 連接( 接腳，最小脈衝寬，最大脈衝寬 )

4 servo.write( 120 );   ⟸ 旋轉( 角度 )
```

完整的 Servo 方法指令列表，請參閱 Arduino 官網的 Servo 參考文件：
http://bit.ly/2S0xwZC

動手做 14-1　吃錢幣存錢筒

實驗說明：日本玩具公司 Tomy 在 70 年代推出名叫 "Robie" 的黃色機器人
外觀的電動存錢筒，它會把放在它手上的硬幣吃下肚。日後陸續有不同廠
商推出各種款式的「吃硬幣」存錢筒，像下圖左的「無臉男存錢筒」就是
一例。本單元將使用伺服馬達以及一個微觸開關，來模擬吃硬幣存錢筒的
機構。

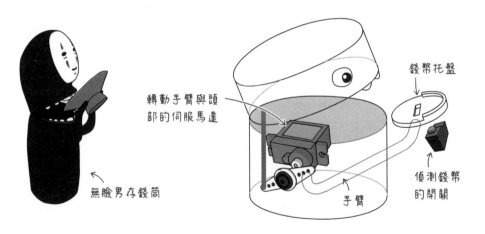

轉動手臂與頭
部的伺服馬達

錢幣托盤

偵測錢幣
的開關

無臉男存錢筒

手臂

實驗材料：

微觸開關	1 個
伺服馬達	1 個

實驗電路：為了簡化接線，本實驗的開關電路啟用微控器內部的上拉電阻；**伺服馬達訊號輸入端子**可接在 Arduino 的數位腳 2~13，此範例接在**數位腳 8**。

在麵包板組裝電路的示範：

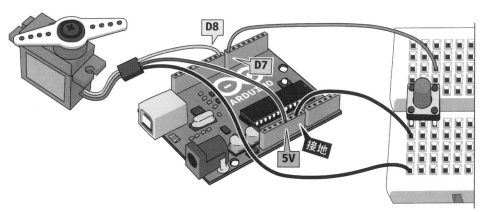

實驗程式：本程式採用上個單元的 Servo 類別來控制伺服馬達。整個程式的運作流程如下：每當偵測到硬幣托盤的開關接通時，將伺服馬達轉到 150 度，然後停止 2 秒，代表舉起手臂吃錢；接著放下手臂、暫停 1 秒後再偵測。

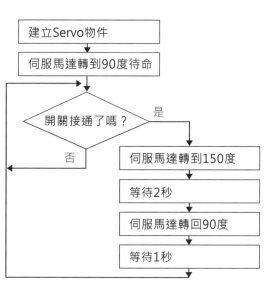

完整的程式碼如下：

```cpp
#include <Servo.h>
#define SW_PIN 7          // 開關接腳
#define SERVO_PIN 8       // 伺服馬達接腳

Servo servo;              // 宣告伺服馬達物件

void setup() {
  pinMode(SW_PIN, INPUT_PULLUP);          // 啟用開關接腳的上拉電阻
  servo.attach(SERVO_PIN, 500, 2400);     // 設定伺服馬達物件
  servo.write(90);                        // 伺服馬達轉到 90 度
}

void loop() {
  bool sw = digitalRead(SW_PIN);          // 讀取按鍵輸入

  if (sw == 0) {        // 若開關被按下…
    servo.write(150);
    delay(2000);
    servo.write(90);
    delay(1000);
  }
}
```

實驗結果：在終端機輸入程式後，按一下開關，伺服馬達將轉到 150 度、暫停 2 秒，最後轉回 90 度。

動手做 14-2　自製伺服馬達雲台

使用兩個伺服馬達，加上容易取得的支撐材料，如：瓦楞紙板、壓克力板、收納盒…等素材，來製作一個底部可左右擺動，上面的馬達可上下旋轉的「雲台」結構，也可以購買現成的微型伺服馬達的雲台（**搜尋關鍵字：舵機雲台**）。下圖是從塑膠空盒裁切兩塊塑膠，組裝成的雲台：

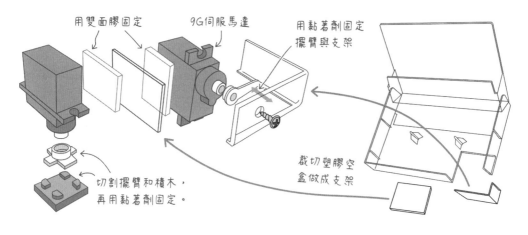

用雙面膠固定

9G伺服馬達

用黏著劑固定擺臂與支架

裁切塑膠空盒做成支架

切割擺臂和積木，再用黏著劑固定。

實驗材料：

SG90 伺服馬達	2 個
類比搖桿模組	1 個（或 2 個 10KΩ 可變電阻）

本單元將採用電玩類比搖桿來控制自製機械手臂。類比搖桿內部由**兩個 10KΩ 可變電阻**組成；若沒有類比搖桿，可用兩個 10KΩ 可變電阻代替。

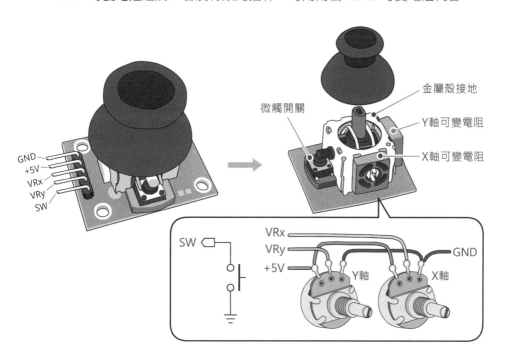

實驗電路：類比搖桿的 X, Y 軸控制器，分別接在 Arduino 的類比 A0 和 A1
腳：

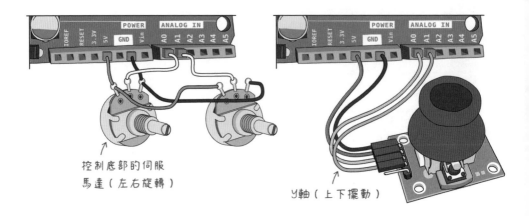

控制底部的伺服
馬達（左右旋轉）

Y軸（上下擺動）

伺服馬達訊號輸入端子接在**數位腳 8 和 9**。

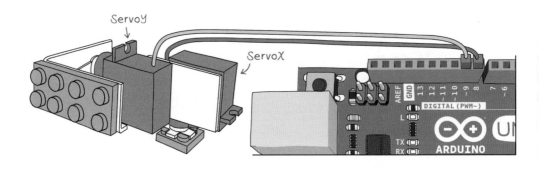

Servoy

ServoX

原廠 UNO R3 開發板的 5V 直流電壓轉換 IC 是 NCP1117ST50T3G，能提供最大 1A
的輸出電流，而 R4 板則是採用 ISL854102FRZ-T 這個 IC，最大輸出電流 1.2A。
若開發板接電腦的 USB 2.0 介面，約可提供 500mA。

實驗程式：使用類比搖桿（兩個可變電阻）操控機械手臂的程式碼如下：

```
#include <Servo.h>

Servo servoX, servoY;      // 宣告兩個伺服馬達程式物件

const byte pinX = A0;      // 宣告可變電阻的輸入端子
const byte pinY = A1;

int valX, posX;            // 暫存類比輸入值的變數
int valY, posY;

void setup() {
  servoX.attach(8, 500, 2400);    // 設定伺服馬達的接腳
  servoY.attach(9, 500, 2400);
}

void loop() {
  valX = analogRead(pinX);        // 讀取可變電阻（搖桿）的輸入值
  valY = analogRead(pinY);

  // 將類比輸入值 0~1023，對應成伺服馬達的 0~180 度
  posX = map(valX, 0, 1023, 0, 180);
  posY = map(valY, 0, 1023, 0, 180);

  servoX.write(posX);   // 設定伺服馬達的旋轉角度
  servoY.write(posY);

  delay(15);            // 延遲一段時間，讓伺服馬達轉到定位
}
```

實驗結果：拉動搖桿（或轉動旋鈕）可轉動伺服馬達，但有時可能會出現
沒有移動搖桿，但伺服馬達卻在顫動的情況。這可能是因為操作時的手部
抖動、感測器太靈敏、電路雜訊、接觸不良…等因素，造成輸入訊號不停
地跳動，導致伺服馬達跟著顫動。解決的方法是用**濾波器（filter）**讓輸入
訊號變得平穩。

14-2 簡易數位濾波以及資料排序演算法

從原始訊號中篩選出某一部份訊號，稱為濾波。像〈動手做 8-3〉的麥克風放大器電路，就透過電阻和電容構成的 RC 高通濾波器，屬於「類比濾波器」。微控器內部的類比數位轉換器（ADC），將讀入的 0~5V 電壓變化轉換成數位訊號 0~1023。透過程式從 0~1023 數字中篩選取特定範圍的值，則是「數位濾波」。取**平均值（average）**和取**中數值（median）**是兩種常見的簡易數位濾波方式。

平均值代表將連續讀入的幾個訊號加總、平均；中數值代表將連續讀入訊號（通常是奇數個資料，例如 5 個，或偶數個資料的中間兩個平均）排序之後，取出中間值。下圖的黑線代表取輸入訊號中間值的結果，由於需要先讀取幾個原始訊號，才能得到中間值，所以輸出訊號會有些微遲滯現象：

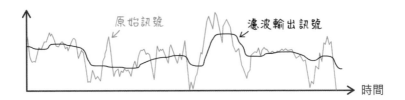

比較原始與濾波後的訊號，可以看出濾波輸出訊號平穩多了。下圖用柱狀圖來呈現數據，其中若產生劇烈變化（在應該平穩的訊號中出現這種情況，就是雜訊），整體的平均就會提高或壓低；取排序之後的中位數，亂入的雜訊就被忽略／過濾掉了。

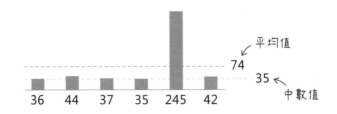

看看另一個例子，若訊號包含正常的波動，取平均數的波形比較趨近原始訊號，也較為平滑：

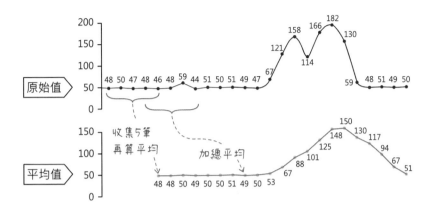

底下是取中數值的結果：

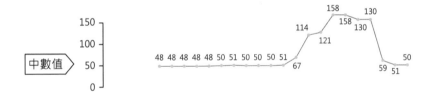

〈動手做 14-2〉單元的例子比較適合用中數值過濾雜訊，實際編寫濾波程式之前，先來認識常見的兩個資料排序演算法：**氣泡排序**（bubble sort）和**快速排序**（quick sort）。

氣泡排序原理與實作

氣泡排序是最簡單的資料排列演算法，以排列 4 個元素值為例，排序步驟如下：

1	比較相鄰的兩個元素，若前面的元素比較大就進行交換。
2	重複步驟 1 直到最後，最後一個元素將會是最大值。
3	重複步驟 1 和 2，每次都比較到上一輪的最後一個元素。

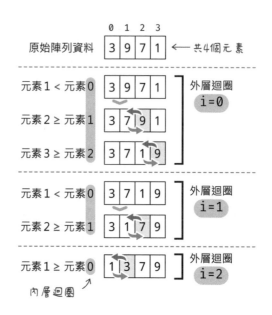

因為資料像泡泡從水底往上浮動，所以叫氣泡排序法，而所謂的「演算法」則是解決問題的步驟。根據上面的步驟，我們可以寫成這樣的氣泡排序自訂函式：

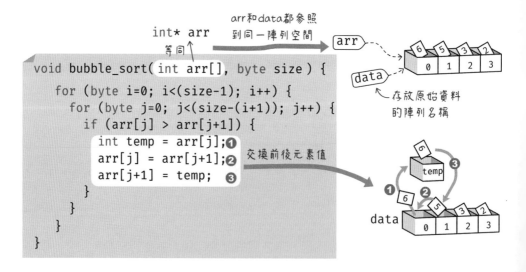

```
void bubble_sort( int arr[], byte size ) {
    for (byte i=0; i<(size-1); i++) {
        for (byte j=0; j<(size-(i+1)); j++) {
            if (arr[j] > arr[j+1]) {
                int temp = arr[j];    ❶
                arr[j] = arr[j+1];    ❷
                arr[j+1] = temp;      ❸
            }
        }
    }
}
```

此函式接收兩個參數，第一個是排序資料（陣列），第 2 個是陣列的大小。實際執行氣泡排序的範例程式如下，原始資料存入名叫 data 的陣列：

```
int data[] = { 6, 5, 3, 2, 7, 4, 8, 10, 9, 1 };

void setup(){
  Serial.begin(9600);
  // 求取陣列大小，參閱第 4 章
  byte size = sizeof(data) / sizeof(int);
  Serial.print("陣列大小：");
  Serial.println(size);                  // 顯示陣列大小

  bubble_sort(data, size);               // 執行氣泡排序

  Serial.print("排序後的陣列：");   // 顯示排序後的陣列元素
  for(byte i=0; i<size; i++) {
      Serial.print(data[i]);
      Serial.print(",");
  }
  Serial.println("");
}

void loop() { }
```

編譯並上傳到 Arduino 開發板的執行結果：

快速排序原理與實作

氣泡排序法的效率低，實務上很少使用它。快速排序法採用分割與擊破（Divide and Conquer）的手法，首先從原始資料隨機挑選一個數字（越接近整體的中間值越好），底下的說明都是挑選最後面的數字；這個數字稱為**基準值**（pivot）。

接著，其他所有數字依基準值分割成「大於基準」和「小於基準」兩組，再各自挑選基準值並再次分類，直到每一組數字都剩下一個時停止。

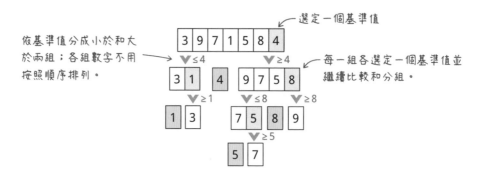

C 語言內建快速排序法的函式，叫做 qsort()，執行時需要傳入 4 個參數：

> qsort(被排序陣列的第一個元素位址， 陣列元素量， 元素大小， 比較函式)

第 7 章的〈將常數保存在程式記憶體〉單元提到，**傳遞陣列給另一個變數，
就是傳遞陣列的第一個元素位址**。底下程式將資料陣列命名為 data，我們
將執行 qsort() 將元素依升冪排序（從小到大排列）：

```
int data[] = {32, 170, 6, 85, 24};   // 要被排序的資料陣列
byte size = sizeof(data)/sizeof(int); // 陣列的元素數量（此處為 5）
byte middle = size / 2;               // 陣列的中間元素
```

設定 qsort() 排序方式的**比較函式**需要自行編寫，筆者將它命名成 cmp（代
表 "compare"，比較）。底下的比較函式會讓數字由小到大排列（請將此函
式寫法當成「公式」看待，實際的運作說明請參閱下文），qsort() 要求比較
函式必須接收兩個**任意類型元素**的位址：

```
可指向任何類型的資料          不可改變指向的資料內容
int cmp (const void * a, const void * b) {
    return ( *(int*)a - *(int*)b );
}
          升冪（從小排到大）
```

如果要改成降冪（從大到小排列），只要將 return 敘述裡的 a 和 b 互調位
置。比較函式必須依照比較結果，傳回三種可能值，讓 qsort() 決定參數的
排列順序：

- 若 a>b，則傳回大於 0 的值，sort() 將把 b 值排在前面。

- 若 a=b，則傳回 0，a 和 b 值的位置保持不變。

- 若 a<b，則傳回小於 0 的值，b 值會排在後面。

上面的比較函式等同底下寫法：

```
int cmp (const void * a, const void * b) {
    int x = *(int *)a;
    int y = *(int *)b;
    if (x < y) { return -1; }       // a < b，傳回 -1
    else if (x == y) { return 0; } // a = b，傳回 0
    else return 1;                  // a > b，傳回 1
}
```

資料前面的小括號用於**轉變資料類型**，左下角的變數 a 為整數型，存入 b 之前先透過小括號轉換成字元型：

同樣地，右上角的 a 原本指向整數類型的資料，存入 b 之前，先將指向的資料轉成字元類型。如果在**序列埠監控窗**輸出 b 值，將呈現字元 'A'：

Serial.println(String("b is: ") + b); ➡ "b is: A"

測試快速排序的主程式如下：

```
void setup() {
    byte n;

    Serial.begin(9600);
```

```
    Serial.println("排序前：");
    for( n = 0 ; n < 5; n++ ) {
        // 每個資料前面加上兩個空格
        Serial.print(String("  ") + data[n]);
    }

    qsort(data, size, sizeof(int), cmp);  // 執行快速排序

    Serial.println("\n排序後：");
    for( n = 0 ; n < 5; n++ ) {
      Serial.print(String("  ") + data[n]);
    }

    Serial.println(String("\中間值：") + data[middle]);
}

void loop() { }
```

上傳程式到 Arduino 板，**序列埠監控窗**將呈現如下的排序結果：

加入數位濾波的伺服馬達雲台程式

修改〈動手做 14-2〉的伺服馬達控制程式，把讀入的 X, Y 軸可變電阻分壓
類比值存入陣列，再透過 qsort() 函式排序取中間值（達成訊號濾波效果）
控制伺服馬達。

```
#include <Servo.h>
#define size 5          // 資料陣列元素數量
#define middle size/2   // 資料陣列中間索引
#define IN_X A0         // 可變電阻 X（水平搖桿）的輸入腳
```

```
#define IN_Y A1          // 可變電阻 Y（垂直搖桿）的輸入腳
#define OUT_X 5          // 伺服馬達 X 的輸出腳
#define OUT_Y 6          // 伺服馬達 Y 的輸出腳

Servo servoX, servoY;   // 宣告兩個伺服馬達程式物件

int valX[size] = {0, 0, 0, 0, 0};  // X 軸資料陣列
int valY[size] = {0, 0, 0, 0, 0};  // Y 軸資料陣列

int cmp (const void * a, const void * b) {
    return ( *(int*)a - *(int*)b );
}
```

筆者把讀取類比資料和排序（資料處理）的程式寫成 filter 自訂函式：

```
void filter() {
  static byte i = 0;  // 陣列索引

  valX[i] = analogRead(IN_X);  // 水平（X）搖桿的輸入值
  valY[i] = analogRead(IN_Y);  // 垂直（Y）搖桿的輸入值

  qsort( valX, size, sizeof(int), cmp );
  qsort( valY, size, sizeof(int), cmp );

  if ( ++i % size == 0 ) i = 0;
}
```

先累加1

判斷i是否數到5

這一行等同底下三行：

```
if ( ++i % size == 0 ) {
  i = 0;
}
```

filter() 函式裡的 if 條件式透過餘除（%）運算子，達到「每 5 個一數」，讓陣列索引歸零，所以搖桿的新輸入值都會依序存入陣列：

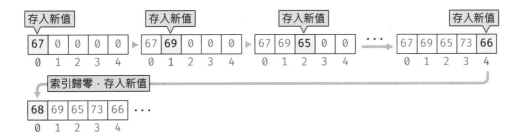

控制伺服馬達的程式寫成 control 自訂函式：

```
void control() {
    int posX, posY;          // 暫存伺服馬達轉動值

    posX = map( valX[middle], 0, 1023, 0, 180 );
    posY = map( valY[middle], 0, 1023, 0, 180 );

    servoX.write(posX);      // 轉動伺服馬達
    servoY.write(posY);

    delay(15);               // 等伺服馬達轉到定位
}
```

取出陣列
中間元素

最後加上主程式碼：

```
void setup() {
  servoX.attach(OUT_X, 500, 2400); // 設定伺服馬達的接腳
  servoY.attach(OUT_Y, 500, 2400);
}

void loop() {
    filter();       // 讀取搖桿值，存入陣列
    control();      // 取陣列中間值控制伺服馬達
}
```

14-3 使用陀螺儀和加速度計模組控制伺服馬達雲台

智慧型手機有個方便且人們早就習以為常的功能：螢幕顯示方向隨著握持手機的角度改變。這得歸功於智慧型手機裡面一個「姿態檢測」晶片，在 iPhone 之前，手機畫面的轉向必須手動調整。

「姿態檢測」晶片內部包含陀螺儀和加速度計，感測姿態以及加速度都是基於運動定律，以測量加速度為例，假設用彈簧連接物體，放在一個箱子裡面，若有外力推拉此箱子，裡面的物體將產生相對的位移：

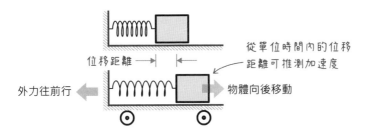

測量物體在3度空間中的姿態和加速度的感測器，統稱為**慣性測量單元**（Inertial Measurement Unit，簡稱 **IMU**）；為了把感測運動的機械塞進微小的 3C 產品裡面，IMU 製造商採用半導體製程，在以微米（10^{-6} 公尺，μm）到毫米（10^{-3} 公尺，mm）為單位的矽晶片上蝕刻出機械構造，並且整合處理訊號的電子電路。這種整合機械和電子的微型元件，統稱**微機電系統**（Microelectromechanical Systems，簡稱 **MEMS**）。例如，加速度計晶片的內部具有類似下圖的結構，它的處理電路透過檢測機構移動導致的電阻或電容值變化，換算成加速度值。

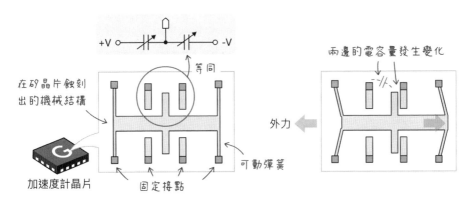

認識 MPU-6050 陀螺儀和加速度感測器模組

某些開發板有內建 IMU 晶片，例如：Arduino Nano 33 IOT 和 BBC Micro:Bit。下圖是一款常見的，採用 InvenSense 公司生產的 MPU-6050 IMU 晶片的陀螺儀和加速度計模組：

MPU-6050 晶片 ←————→ 陀螺儀X,Y軸的標示

排針可能要自行焊接 →

MPU-6050 晶片的基本規格如下：

● **工作電壓範圍**：2.375V~3.46V

● **陀螺儀檢測範圍**：可透過程式設定 ±250, ±500, ±1000 或 ±2000°/s，檢測範圍越大，精確度越低。

● **加速度檢測範圍**：可透過程式設定 ±2, ±4, ±8 或 ±16G。

● **內建溫度感測器**：用於測量晶片溫度。

● **內建 16 位元類比 / 數位轉換器**：把感測器的電壓訊號轉變成數位資料。

● **採 I²C 介面**：支援 400kHz 快速模式；I²C 位址透過晶片的 ADO 腳設定，可以是 0x68 或 0x69。

● **附帶另一組 I²C 介面**：可外接其他感測器（如：磁力計）。

有些 IMU 模組的商品標題標示 **3 軸**（**axis**）、**6 軸**或 **9 軸**感測器，有些則是用**自由度**（degrees of freedom，簡稱 DOF）單位，例如：6DOF 或 9DOF 模組。其實感測器只能分辨立體空間的 X, Y, Z 方向的 3 軸變化，而 MPU-6050 內含陀螺儀和加速度計，所以模組廠商將它們合稱 6 軸，加上磁力計，則稱為 9 軸。

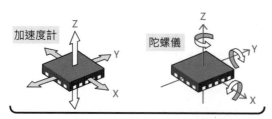

MPU-6050晶片內部有加速度計和陀螺儀

MPU-6050可外接

沿 X, Y, Z 軸方向滾動的行為，也分別叫做翻滾（Roll）、俯仰（Pitch）和偏擺（Yaw）。

下圖是 MPU-6050 模組電路的主要構成部份：

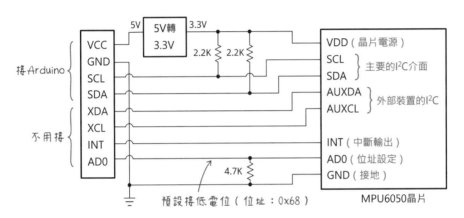

此模組有 5V 轉 3.3V 降壓電路，所以可接 5V 電源。此晶片的原廠規格書並沒有標示 I/O 腳的耐電壓，但是在 21 頁有提到 VDD（電源）上限是6V。經過實驗，此模組的 I²C 可與 Uno 板（5V 邏輯電位）直接相連。

模組的 I²C 介面已接上拉電阻，I²C 位址預設是 0x68：

● AD0 接地：位址是 0x68

● AD0 接高電位：位址是 0x69

「中斷輸出」接腳用於通知開發板有新的數據可以向感測器提取，本文的程式碼用不到。關於「中斷」的說明，請參閱第 20 章。

從陀螺儀和加速度計取得角度

陀螺儀傳回的感測資料是「角速度」值，也就是角度隨時間的變化率（例如：自上一秒以來，轉動了 5 度），單位是 "°/s"（度 / 秒）。如果要取得從最初狀態（原點）到現在的角度變化，我們必須自行把這一段時間之內的所有角度變化加總起來。例如，假設以 5°/秒角速度持續 1 秒，再以 15°/秒持續 2 秒，加總這些數據起便可得知 3 秒鐘內移動了 35 度；從表 14-1 的虛構數據可知，此裝置在 6 秒時又轉動回最初的角度。

表 14-1

角速度	持續時間	旋轉角度加總
5°/秒	1 秒	5°
15°/秒	2 秒	35°
-10°/秒	2 秒	15°
-15°/秒	1 秒	0°

將角速度轉換成角度的公式如下，每隔一段時間讀取角速度值（例如，每隔 1 秒「取樣」50 次），再加總起來：

角度，初始為0。　　角速度值　　目前時間 – 前次測量時間

$$angle = angle + gyro * dt$$

時間差

融合角速度和加速度的互補濾波演算法（Complementary Filter）

就像其他感測器，陀螺儀的感測值也有誤差，就算只有 0.0001 度的微量誤差，它將隨著時間不斷累計擴大，導致加總的角度值逐漸偏離真實值，這種情況稱為**漂移（drift）**。從底下〈動手做 14-3〉實驗可以看到，即便在靜置狀態下，陀螺儀和加速度計的輸出值仍將不停地產生微量變化，而非平穩、固定不變。

此外，假設 IMU 感測器被放置在一個水平面上，它的加速度計將在 Z 軸測量到往下 1G 的地表加速度（地心引力），X 和 Y 軸方向的加速度值都是 0；若要以非水平面當作「基準點」，例如，以 5° 傾角為基準，程式就得扣除這個傾角產生的偏差值（英文稱為 offset 或 bias）。

Z = 1G

陀螺儀和加速度計都很容易受到振動干擾，從 MPU-6050 的方塊圖（技術文件第 24 頁）可知，此晶片內部有低通濾波器，可過濾高頻振動雜訊（例如，飛行器的引擎振動），但我們的程式仍需自行校正和過濾資料值。

上文〈簡易數位濾波以及資料排序演算法〉提到，濾波需要事先蒐集一段資料再處理，所以濾波後的數據和原始數據會有時間上的落差，也就是無法立即反應感測值的變化，這在某些應用會引發嚴重的後果。以秒速 3400 公尺的巡弋飛彈為例，每差個 0.001 秒，飛行距離就偏差了 3.4 公尺。

在實際應用中，程式通常會融合來自不同感測器的數據，以導航為例，它會融合陀螺儀、加速度計、磁力計和 GPS 衛星定位訊號，來推測目前的航向角度，不會只依賴單一感測值。

融合感測器值的演算法，常見的有**卡爾曼濾波**（Kalman Filter）和**互補濾波**（Complementary Filter），卡爾曼濾波的算式比較複雜，會增加處理器負荷，所以 Arduino 的 MPU-6050 程式大多採用互補濾波。底下是用互補濾波計算出當前角度的算式，也就是：**「取部份比例的陀螺儀感測值」加上「部份比例的加速度計值」**：

0~1之間的小數，如：0.98

$$angle = b * (angle + gyro * dt) + (1-b) * acc\_angle$$

陀螺儀的角度值　　　　　　　加速度計的角度值

從加速度計取得角度，請參閱下文〈使用三角函數從移動距離求出角度〉單元。〈動手做 14-3〉採用的程式庫就是採用互補濾波來演算角度，在比例調配上，它採 98% 的陀螺儀值（以上面的算式來說，b 值為 0.98），加上 2%（也就是 0.02）的加速度計值，我們也可以自行測試、調整這個比例值。

有些感測器模組內建融合演算法（搜尋關鍵字："角度姿態傳感器 卡爾曼濾波"），這種模組包含執行卡爾曼濾波器程式的微控器，所以單價比起普通的 MPU-6050 模組貴了數倍。

執行卡爾曼濾波的微控器

UART介面　　　　　I²C介面

伺服馬達、數位濾波、資料排序、EEPROM 與體感控制機械雲台

📈 使用三角函數從移動距離求出角度

加速度計的感測值是 X, Y, Z 軸方向的加速度值，這些加速度值可換算成感測器的旋轉角度。以物體在 X, Y 軸平面移動為例，若 Y 軸的增量為 0，X 軸持續增加，代表該物體延 X 軸方向水平移動；若 X 和 Y 方向各增加了 X′ 和 Y′ 距離，可透過三角函數計算出它的移動角度。

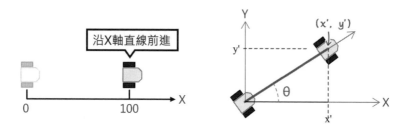

從三角函數的定義可知，若物體朝 θ 角移動了距離 C，透過餘弦函數（cos）和正弦函數（sin）可分別求出目的座標（x′, y′）：

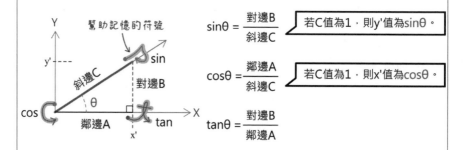

$$\sin\theta = \frac{對邊B}{斜邊C}$$

> 若C值為1，則y'值為sinθ。

$$\cos\theta = \frac{鄰邊A}{斜邊C}$$

> 若C值為1，則x'值為cosθ。

$$\tan\theta = \frac{對邊B}{鄰邊A}$$

相反地，若已知水平（x′）和垂直（y′）的移動距離，可透過反正切函數（$\tan^{-1}$）求得角度：

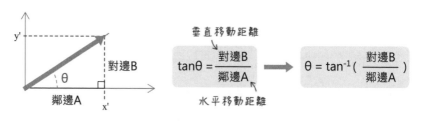

垂直移動距離

$$\tan\theta = \frac{對邊B}{鄰邊A} \quad\Longrightarrow\quad \theta = \tan^{-1}\left(\frac{對邊B}{鄰邊A}\right)$$

水平移動距離

表 14-2 列舉 C 語言的部份三角函式，它們使用的角度單位都是**弧度**。

表 14-2

函式	說明	函式	說明
sin(r)	傳回 r（弧度）的正弦值	asin(x)	傳回 x 的反正弦（弧度）
cos(r)	傳回 r（弧度）的餘弦值	acos(x)	傳回 x 的反餘弦（弧度）
tan(r)	傳回 r（弧度）的正切值	atan2(y, x)	傳回 y / x 的反正切（弧度）

第 11 章提到，1° 等於 π/180 弧度，因此，三角函式傳回值乘上 180/π 才是角度值。假設水平和垂直移動距離分別是 80 和 50，則角度約為 32°：

PI是Arduino語言內建的圓周率常數

$$atan2(\underset{y}{50}, \underset{x}{80}) * \underset{\text{弧度轉角度}}{180/PI} \fallingdotseq 32°$$

加速度計有 X, Y 和 Z 三個方向的「單位時間移動距離」值，本文使用的 MPU6050 程式庫（MPU6050_tockn）透過底下的敘述將它們轉換成 X 和 Y 軸的角度：

加速度計的感測值　　取絕對值　　弧度換算成角度

```
angleAccX = atan2(accY, accZ + abs(accX)) * 360/2.0/PI;   // X軸角度
angleAccY = atan2(accX, accZ + abs(accY)) * 360/-2.0/PI;  // Y軸角度
```

另有程式庫採用底下的算法，若有興趣了解這些方程式的推導過程，可參閱半導體製造商飛思卡爾（Freescale）公司的〈Tilt Sensing Using a Three-Axis Accelerometer〉感測器應用設計文件（http://bit.ly/2ScMPOz）第 10 頁。

```
angleAccX = atan2(accY, accZ) * 180/PI;
angleAccY = atan2(-accX, sqrt(accY*accY + accZ*accZ)) * 180/PI;
```

$$\tan^{-1}\left(\frac{-accX}{\sqrt{accY^2 + accZ^2}}\right)$$

平方根

安裝 MPU-6050 程式庫

在 Arduino 軟體中選擇『**草稿碼 / 匯入程式庫 / 管理程式庫**』,搜尋關鍵字 "mpu6050",可找到數個程式庫,本書採用的是 "MPU6050_tockn"。

MPU6050_tockn 程式庫提供這些這些函式:

- calcGyroOffsets():計算偏移量(相當於執行校正作業),提供偏移值給下列取得感測器資料的方法使用。

- update():更新感測數據

- getRawGyroX ():傳回陀螺儀 X 軸方向的**原始角速度**值

- getGyroX():傳回轉換成物理單位(° / 秒)的 X 軸方向的**角速度**值

- getGyroAngleX():傳回陀螺儀 X 軸方向的**角度**值

- getRawAccX():傳回加速度計 X 軸方向的**原始加速度**值

- getAccX():傳回轉成物理單位(g)的 X 軸方向的**加速度**值

- getAccAngleX():傳回加速度計 X 軸方向的**角度**值

- getAngleX():**融合陀螺儀和加速度計**的 X 軸方向的**角度**值

動手做 14-3　讀取 IMU 數據並繪圖顯示

實驗說明:讀取並分別顯示 MPU-6050 模組的陀螺儀、加速度計以及融合兩個感測器的 X 角度值。

實驗材料：

MPU-6050	1 個

實驗電路：MPU-6050 模組採 I²C 介面，麵包板接線示範：

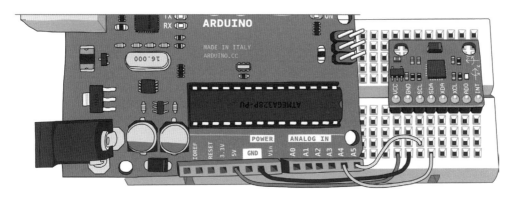

實驗程式：透過 MPU6050_tockn 程式庫讀取感測器資料的流程如下：

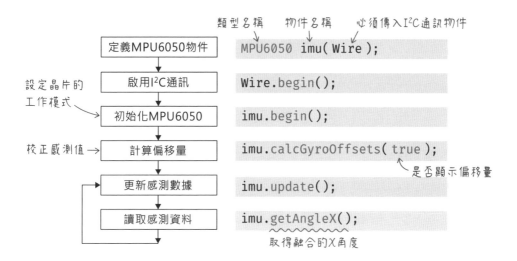

此程式庫初始化 MPU6050 部份，包含設定陀螺儀和加速度計的測量範圍，固定採 ±250°/s 及 ±2G，I2C 位址也固定在 0x68，若要改用其他數值，必須修改程式庫原始碼。另一個由 Adafruit 公司開發的程式庫，有提供完整的 MPU-6050 設定功能，但是沒有提供角度計算和融合濾波等功能。

讀取 X 軸角度的程式碼如下：

```
#include <MPU6050_tockn.h>          // 引用 MPU6050 程式庫
#include <Wire.h>

MPU6050 imu(Wire);

void setup() {
  Serial.begin(9600);
  while (!Serial);
  Wire.begin();   // 啟用 I2C 通訊
  imu.begin();      // 初始化 MPU6050 晶片
  imu.calcGyroOffsets(true);   // 計算偏移量並顯示偏移值
}

void loop() {
  imu.update();   // 更新感測數據
  Serial.print("陀螺儀X軸:");
  Serial.print(imu.getGyroAngleX());   // 顯示陀螺儀測量的 X 角度
  Serial.print("\t加速度計X軸:");
  Serial.print(imu.getAccAngleX());    // 顯示加速度計測量的 X 角度
  Serial.print("\t融合的X軸:");
  Serial.println(imu.getAngleX());     // 顯示融合測量的 X 角度
}
```

實驗結果：上傳程式碼之後，不要動到 MPU6050 模組，開啟**序列埠監控窗**，它將首先呈現校正訊息，3 秒鐘之後啟動程式時，**序列埠監控窗**將開始顯示感測器傳回的 X 角度值。

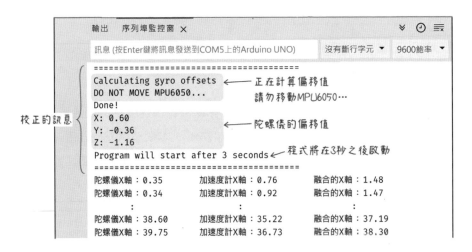

X 軸和 Y 軸角度值
介於 -180~180：

往上轉動時的X軸 ⟶ − 角度值：0~-180

X ↻ −0°

＋ 往下轉動時的X軸 角度值：0~180

動手做 14-4　透過「序列埠繪圖家」呈現訊號波型

實驗說明：上一個實驗直接把數據顯示在**序列埠監控窗**，畫面捲動太快難以閱讀，本單元改以線條圖呈現各個感測值，讓人一目了然。本單元的實驗材料和電路與〈動手做 14-3〉相同。

實驗程式：Arduino IDE 具有把輸出到序列埠的數據以線條圖方式呈現的**序列繪圖家**工具。輸出資料必須用新行字元（\n 或 r\n）結尾，一筆資料可包含多個數值，每個數值之間用逗號分隔，像這樣：

"資料1,資料2,...資料x\n"　　　或　　　"資料1,資料2,...資料x\r\n"

為了提升資料的辨識度，每個資料前面可以加上識別名稱並且用冒號區隔，像這樣：

"識別名稱1:資料1,識別名稱2:資料2,...識別名稱x:資料x\n"

半形冒號　　　半形逗號

請修改〈動手做 14-3〉程式的 setup() 函式，讓它不要顯示校正感測器的訊息，因為跟顯示資料無關的序列埠訊息會干擾**序列繪圖家**。

```
void setup() {
  Serial.begin(9600);
  Wire.begin();
  imu.begin();
  imu.calcGyroOffsets(false); // 校正感測器，但不要顯示訊息
}
```

接著把輸出到序列埠的資料用逗號分隔：

```
void loop() {
  imu.update();
  Serial.print(String("陀螺儀X:") + imu.getGyroAngleX());
  Serial.print(",");
  Serial.print(String("加速度計X:") + imu.getAccAngleX());
  Serial.print(",");
  Serial.println(String("融合的X:") + imu.getAngleX());
}
```

最後一筆資料要用新行字元結尾

輸出

資料值

"陀螺儀X:○○○,加速度計X:○○○,融合的X:○○○\n"

用逗號分隔資料

實驗結果：上傳程式碼之後，選擇『**工具 / 序列繪圖家**』，開啟如下的視窗。請靜置 IMU 感測器模組，等程式完成感測器校正之後，線條圖就會開始出現。**序列繪圖家**會自動替每種數據指定一個色彩，線條圖左上角的色塊依照數據出現的先後順序排列，第一個是陀螺儀測量的 X 角度、第二個是加速度計測量的 X 角度。右上角的 **Interpolate**（插值）鈕，用於選擇是否平滑資料線。

插值（平滑）鈕   停止/啟動鈕

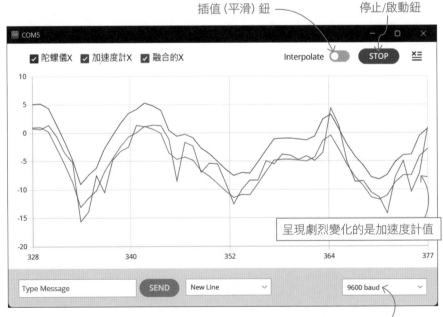

呈現劇烈變化的是加速度計值

速率設定要和程式碼裡的設定一致

從線條圖可清楚地看出，晃動 IMU 感測器時，加速度計的資料會出現大幅震盪。由於加速度計值只佔融合角度值的 2%，所以融合角度值不會呈現劇烈變化。

存取 EEPROM 記憶體

ATmega328 微 控 器（UNO R3） 內 部 的 EEPROM 大小為 1KB，RA4M1 微控器（UNO R4）則是 8KB。EEPROM 的資料，透過指定**位址**的方式存取，右圖是 ATmega328 微控器 EEPROM 的示意圖，位址的有效範圍：0~1023（0x03FF），資料值預設是 0xFF（十進位 255）。

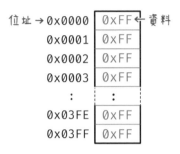

Arduino 開發環境內建存取 EEPROM 的 EEPROM.h 程式庫，它提供下列函式：

● EEPROM.read(位址)：從指定的 EEPROM 位址讀取**一個位元組**。

● EEPROM.write(位址 , 值)：將**一個位元組**寫入指定的 EEPROM 位址。

● EEPROM.update(位址 , 值)：將**一個位元組**寫入指定的 EEPROM 位址，但前提是該值與目前值不同，這種選擇性寫入有助於延長 EEPROM 的壽命，下文再説。

● EEPROM.put(位址 , 值)：將**任何資料型態**（如 float、int、struct）存入 EEPROM。

● EEPROM.get(位址 , 變數)：從 EEPROM 讀取資料，藉由參照存入變數。

● EEPROM.length()：傳 回 EEPROM 的 位 元 組 容 量 大 小，ATmega328（UNO R3）為 1024 位元組（1KB）；RA4M1（UNO R4）為 8192 位元組（8KB）。

除了 put（存入）和 get（取得）函式，存取資料都是以「位元組」為單位。因此，寫入 byte 或 char 型態的單一位元組資料時，只要指定寫入的位址和資料值，位址可以是有效範圍內的任意值，例如，底下的敘述將在位址 27（或寫成 16 進位的 0x1B）存入 5：

```
byte data = 5;              // 資料值
EEPROM.update(27, data);    // 將位址 27 的資料更新為 5
```

寫入資料的敘述可改用 **EEPROM.write(27, data)**，差別在於 write() 會無條件將資料寫入指定位址，而 update() 會先確認該位址的既有資料，若與將寫入的資料值相同，就不寫入。由於 EEPROM 有寫入壽命（通常都大於 10 萬次），所以避免寫入的操作可延長 EEPROM 的壽命。

存取多位元組資料：以 int 型態為例

8 位元微控器的 int 型態佔 2 位元組大小，假設要在 UNO R3 的 EEPROM 寫入整數 1234，必須先拆解它的兩個位元組。如下圖所示，高位元組透過右移 8 位元操作取得；低位元組則透過位元 AND 0xFF 取得。為了方便理解，下圖用 2 進位值解說：

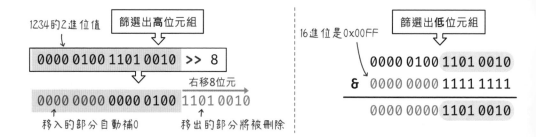

讀取資料時，要先把**高位元組資料左移 8 位元**，再和低位元組值相加：

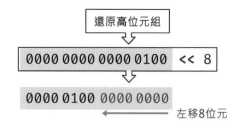

實際的程式碼如下，編譯上傳到開發板，**序列監控視窗**將顯示存入
EEPROM 的整數值 1234。

```
#include <EEPROM.h>   // 引用此程式庫

void setup() {
  Serial.begin(9600);

  int addr = 0;        // 起始位址
  int data = 1234;     // 整數型態資料

  // 更新 EEPROM 內容
  EEPROM.update(addr, data >> 8);        // 寫入高位元組
  EEPROM.update(addr + 1, data & 0xFF);  // 寫入低位元組

  // 讀取 EEPROM 內容
  int val = (EEPROM.read(addr) << 8) + EEPROM.read(addr + 1);
  Serial.println(String("資料值：") + val);
}

void loop() { }
```

動手做 14-5　在 EEPROM 儲存陀螺儀偏移值

實驗說明：在初次執行 IMU 程式或者將 13 腳接地時，執行 IMU 校正模式，
然後把陀螺儀的 X, Y, Z 軸偏移值寫入 EEPROM。日後（13 腳未接地），程
式將自動讀取並套用存在 EEPROM 的偏移值。

實驗材料：同〈動手做 14-3〉，外加一條導線。

實驗電路：MPU6050 接線與〈動手做 14-3〉相同，增加一條相連腳 13 和
接地的連線。

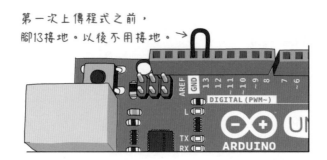

第一次上傳程式之前,
腳13接地。以後不用接地。→

實驗程式:

```cpp
#include <MPU6050_tockn.h>    // 引用 MPU6050 程式庫
#include <Wire.h>
#include <EEPROM.h>            // 引用此程式庫

#define CAL_PIN 13             // 校正接腳

MPU6050 imu(Wire);

float gyroOffsetX;            // 儲存陀螺儀 X 軸偏移值
float gyroOffsetY;            // 儲存陀螺儀 Y 軸偏移值
float gyroOffsetZ;            // 儲存陀螺儀 Z 軸偏移值

// 把 X, Y, Z 軸偏移值存入 EEPROM 的自訂函式
void saveIMU_CAL() {
  int addrX = 0;   // X 軸偏移值的儲存位址,不一定要從 0 開始
  int addrY = addrX + sizeof(float);    // Y 軸偏移值的儲存位址
  int addrZ = addrY + sizeof(float);    // Z 軸偏移值的儲存位址

  gyroOffsetX = imu.getGyroXoffset();  // 取得 X 軸偏移值
  gyroOffsetY = imu.getGyroYoffset();  // 取得 Y 軸偏移值
  gyroOffsetZ = imu.getGyroZoffset();  // 取得 Z 軸偏移值

  EEPROM.put(addrX, gyroOffsetX);       // X 軸偏移值存入 EEPROM
  EEPROM.put(addrY, gyroOffsetY);
  EEPROM.put(addrZ, gyroOffsetZ);
```

```
  Serial.print("\n陀螺儀X, Y, Z軸的偏移值：");
  Serial.println(String(gyroOffsetX) + ", " + gyroOffsetY
                 + ", " + gyroOffsetZ);
}

void readIMU_CAL() {    // 讀取 EEPROM 裡的偏移值
  int addrX =0;
  int addrY = addrX + sizeof(float);
  int addrZ = addrY + sizeof(float);

  EEPROM.get(addrX, gyroOffsetX);
  EEPROM.get(addrY, gyroOffsetY);
  EEPROM.get(addrZ, gyroOffsetZ);

  Serial.print("X, Y, Z軸的偏移值：");
  Serial.println(String(gyroOffsetX) + ", " + gyroOffsetY
                 + ", " + gyroOffsetZ);
}

void setup() {
  Serial.begin(9600);
  while (!Serial);    // 等待序列埠就緒
  pinMode(CAL_PIN, INPUT_PULLUP);  // 啟用上拉電阻
  Wire.begin();                    // 啟用 I2C 通訊
  imu.begin();                     // 初始化 MPU6050 晶片

  EEPROM.get(0, gyroOffsetX);    // 嘗試讀取存於位址 0 的 X 偏移值

  if (digitalRead(CAL_PIN) == LOW || isnan(gyroOffsetX)) {
    imu.calcGyroOffsets(true);  // 計算偏移量並顯示偏移值

    saveIMU_CAL();  // 寫入陀螺儀偏移值
  } else {
    readIMU_CAL();  // 讀取陀螺儀偏移值
  }

  // 套用偏移值
  imu.setGyroOffsets(gyroOffsetX, gyroOffsetY, gyroOffsetZ);
  Serial.println("已套用陀螺儀偏移值");
```

```
}

void loop() {
  imu.update();   // 更新感測數據
  Serial.print("陀螺儀X軸：");
  Serial.print(imu.getGyroAngleX()); // 顯示陀螺儀測量的 X 角度
  Serial.print("\t加速度計X軸：");
  Serial.print(imu.getAccAngleX());   // 顯示加速度計測量的 X 角度
  Serial.print("\t融合的X軸：");
  Serial.println(imu.getAngleX());    // 顯示融合測量的 X 角度
}
```

setup() 函式裡的這個敘述將從位址 0 取出 X 偏移值：

```
EEPROM.get(0, gyroOffsetX);    // 嘗試讀取存於位址 0 的 X 偏移值
```

若程式之前未曾把 float（浮點）型態的 X 偏移值寫入 EEPROM，那麼，從
EEPROM 取出的偏移浮點值將是 **NaN（not a number，非數字值）**，因為
EEPROM 內每個位元組預設的值都是 0xFF，而浮點數的四個位元組若都是
0xFF，並不是合法的浮點數。C++ 程式語言有提供判斷數值是否為 NaN 的
isnan() 函式，若是則傳回 true，因此，底下的條件式代表「**如果腳 13 是低
電位，或者 X 軸偏移值是 NaN（非數字）**」：

```
if (digitalRead(CAL_PIN) == LOW || isnan(gyroOffsetX)) {
  ：略
}
```

實驗結果：腳 13 請先接地，再編譯上傳程式，讓它校正陀螺儀並把偏移值
存入 EEPROM。日後，**除非必要，腳 13 就不需要接地**；因腳 13 啟用上拉
電阻而處於高電位，所以該腳的 LED 會被點亮。

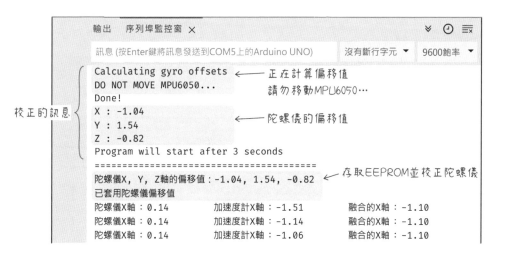

動手做 14-6　使用 IMU 感測器控制伺服馬達

實驗說明：透過 IMU 感測器的融合 X 和 Z 軸角度，控制伺服馬達雲台。結合〈動手做 14-5〉的 EEPROM 程式，儲存並套用偏移值。

實驗材料：

9G 伺服馬達	2 個
伺服馬達雲台	1 個
MPU-6050 模組	1 個

實驗電路：請參閱〈動手做 14-2〉組裝伺服馬達雲台和接線，以及〈動手做 14-3〉的 MPU-6050 接線。

實驗程式：底下程式透過 map() 函式，取 IMU 感測器的 X 和 Z 軸的 –150~150 範圍，對應成伺服馬達旋轉角度 0~180。你也可以改用較大的檢測值範圍，例如：–180~180，但相對的，轉動感測器時的幅度也要變大。

```
#include <MPU6050_tockn.h>   // 引用 MPU6050 程式庫
#include <Servo.h>
#include <Wire.h>
#include <EEPROM.h>

#define CAL_PIN 13        // 校正接腳
#define SERVO_X_PIN 8   // 伺服馬達 X 接腳
#define SERVO_Y_PIN 9   // 伺服馬達 Y 接腳

MPU6050 imu(Wire);
Servo servoX, servoY;   // 宣告兩個伺服馬達物件

int valX, posX;
int valZ, posZ;          // 暫存 IMU 模組的 Z 軸值

float gyroOffsetX;
float gyroOffsetY;
float gyroOffsetZ;

void saveIMU_CAL() {
  int addrX = EEPROM.begin();
  int addrY = addrX + sizeof(float);
  int addrZ = addrY + sizeof(float);

  gyroOffsetX = imu.getGyroXoffset();
  gyroOffsetY = imu.getGyroYoffset();
  gyroOffsetZ = imu.getGyroZoffset();

  EEPROM.put(addrX, gyroOffsetX);
  EEPROM.put(addrY, gyroOffsetY);
  EEPROM.put(addrZ, gyroOffsetZ);

  Serial.print("\n陀螺儀X, Y, Z軸的偏移值：");
  Serial.println(String(gyroOffsetX) + ", " + gyroOffsetY
                 + ", " + gyroOffsetZ);
}

void readIMU_CAL() {
  int addrX = EEPROM.begin();
```

```arduino
  int addrY = addrX + sizeof(float);
  int addrZ = addrY + sizeof(float);

  EEPROM.get(addrX, gyroOffsetX);
  EEPROM.get(addrY, gyroOffsetY);
  EEPROM.get(addrZ, gyroOffsetZ);

  Serial.print("X, Y, Z軸的偏移值:");
  Serial.println(String(gyroOffsetX) + ", " + gyroOffsetY
                 + ", " + gyroOffsetZ);
}

void setup() {
  Serial.begin(9600);
  while (!Serial);

  servoX.attach(SERVO_X_PIN);        // 設定伺服馬達的接腳
  servoY.attach(SERVO_Y_PIN);

  Serial.println(String("\nEEPROM大小:") + EEPROM.length());
  pinMode(CAL_PIN, INPUT_PULLUP);  // 啟用上拉電阻
  Wire.begin();                     // 啟用 I2C 通訊
  imu.begin();                      // 初始化 MPU6050 晶片

  EEPROM.get(0, gyroOffsetX);       // 嘗試讀取 X 偏移植

  if (digitalRead(CAL_PIN) == LOW || isnan(gyroOffsetX)) {
    imu.calcGyroOffsets(true);      // 計算偏移量並顯示偏移值

    saveIMU_CAL();  // 儲存偏移值
  } else {
    readIMU_CAL();  // 讀取偏移值
  }

  // 套用偏移值
  imu.setGyroOffsets(gyroOffsetX, gyroOffsetY, gyroOffsetZ);
  Serial.println("已套用陀螺儀偏移值");
}
```

```
void loop() {
  imu.update();
  valX = imu.getAngleX();
  valZ = imu.getAngleZ();    // 讀取 Z 軸的融合角度值

  posX = map(valX, -150, 150, 0, 180);
  posZ = map(valZ, -150, 150, 0, 180);
  servoX.write(posX);
  servoY.write(posZ);        // 用 Z 軸值設定伺服馬達的角度
  delay(15);
}
```

實驗結果：上傳程式碼，等感測器校正完畢，轉動感測器模組，伺服馬達
也會跟著轉動。

CHAPTER

15

紅外線遙控、施密特
觸發器與循跡自走車

紅外線是最基本且廉價的無線通訊媒介，家裡面的電視、音響、冷氣等遙控器，絕大多數都是紅外線遙控器，當你按下電視遙控器上的電源按鈕，就相當於透過它告訴電視機，請開機或關機。紅外線也常用於人體感應、障礙物檢測以及感測距離的遠近，會追蹤熱源的飛彈，也是一種紅外線感測器的應用。

15-1 認識紅外線

可見光、紅外線和電波，都是電磁波的一種，但是它們的頻率和波長不一樣，可見光和紅外線光通常不標示頻率。

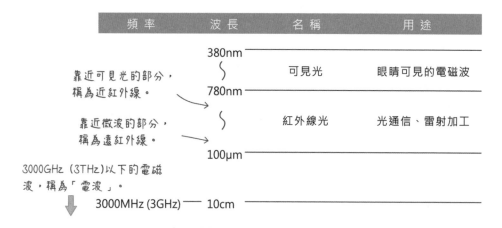

靠近電磁波部分的**遠紅外線**，是一種熱能，換句話説，凡是會產生熱能的物體，都會散發紅外線，例如，溫水、燭火、鎢絲燈泡、人體、被陽光照射的行道磚…等等，溫度不同，「波長」也不一樣，**人體在常溫下所釋放的紅外線波長約 10μm（微米）**。

靠近可見光部分的**近紅外線**，幾乎不會散發熱能，通常用於紅外線通訊、遙控和距離感測器。

紅外線遙控

我們生活周遭的物品都會散發程度不一的紅外線，為了避免受到其他的紅外線來源的干擾，內建在電視、音響等家電的紅外線遙控接收器，都只對特定的頻率信號（正確的名稱叫做**載波**，通常是 **36KHz** 或 **38KHz**，這是指切換紅外光開關的頻率，不是紅外光本身的電磁波頻率）和「通關密語」有反應。

> **載波**相當於訊號（訊息）的載體，若把訊息比喻成「貨物」，載波就相當於「運輸工具」，而調變則可看待成「固定貨物」。使用載波傳送訊號的原因：
>
> - 增加傳輸距離：高頻率的載波更容易在空間中傳播。
>
> - 提高傳輸效率：多個訊息可疊加在一個載波上，有效利用頻譜資源。
>
> - 提升抵抗雜訊干擾能力。

這個「通關密語」稱為**協定**（protocol）。每個家電廠商都會為旗下的紅外線遙控產品，制定專屬的協定，知名的紅外線遙控協定有 NEC、Sony 的 SIRC 以及飛利浦的 RC-5 和 RC-6，因此，不同廠牌的紅外線遙控器無法共用。

認識紅外線遙控訊號格式

下圖是飛利浦 RC-5 遙控協定的內容（這種格式最簡單易懂，所以用它做說明），因為 Arduino 有現成的程式庫能幫忙我們把真正的訊息從中抽離出來，讀者只要稍微認識一下就好。

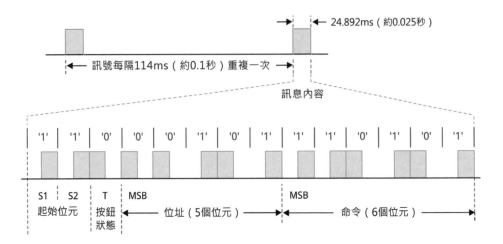

當使用者持續按著遙控器上的按鍵，遙控器將每隔約 0.1 秒送出一段訊息。每個訊息的長度約佔 0.025 秒，其中包含 14 個位元的資料，前兩個位元始終是 1，代表訊號的開始，第 3 個「按鈕狀態」用來區別用戶究竟是持續按著某個按鍵不放，或者分別按了多次。

「位址」代表不同的裝置，例如位址 0 和 1 都是指「電視機」、20 代表 CD 唱盤；**「資料」則是按鍵碼**，例如，16 代表調高音量，17 則是降低音量。讀者只要搜尋 "Philips RC-5 protocol" 關鍵字，就能找到相關資料。

紅外線遙控接收元件

紅外線**遙控接收**元件，它的內部包含**紅外線接收元件以及訊號處理 IC**。常見的型號是 TSOP48**36** 和 TSOP48**38**（後面兩個數字代表載波頻率），外觀如下：

另一種 TSOP22 ○○ 和 TSOP24 ○○系列元件（○○代表載波頻率編號），功能一樣，但是電源與接地腳位不同，一般電子材料販售的零件多半是 TSOP48 ○○系列。TSOP48 ○○和 TSOP24 ○○系列的抗雜訊能力

較強（雜訊來源包含 LED 燈和 LCD 變頻螢幕的光源干擾）。表 15-1 列舉
TSOP48 ○○系列的頻率和對應的遙控器廠牌。

表 15-1

元件型號	載波頻率	廠牌
TSOP4836	36KHz	飛利浦
TSOP4838	38KHz	NEC, Panasonic, Pioneer, 夏普、三菱 , JVC, Nikon, 三星 , LG
TSOP4840	40Khz	Sony
TSOP4856	56KHz	RCA

普通的紅外線接收元件的外觀長像如同一般的 LED，通常用在障礙物檢
測及距離感測。

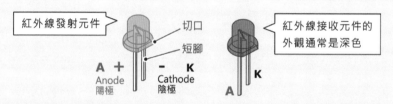

這種紅外線接收元件不含訊號處理 IC，其主要規格是感應的**紅外線波長
範圍**。假設紅外線發射元件的波長是 850nm，那麼，接收元件也要採
用對應的 850nm 規格。電子材料行裡面販售的紅外線發射和接收元件，
大多是成對、相同波長的產品，所以讀者不用擔心買到無法匹配的元件
（實際上，有些電子材料行也不知道他們引進的是哪一種波長，只有外
型大小的區別）。

動手做 15-1　使用 IRremote 程式庫解析紅外線遙控值

實驗說明：本單元將組裝一個 Arduino 萬用紅外線遙控接收器，並透過
Ken Shirriff 先生寫的一個 IRremote 程式庫（網址：https://github.com/shirriff/
Arduino-IRremote），讀取各大廠牌的紅外線遙控器訊號。

本例採用 IRremote 程式庫，能夠分辨並解析 Sony、飛利浦、NEC 和其他廠牌的遙控器訊號。對於不知名廠牌的遙控器，我們仍能取得其「原始（raw）」格式的資料（請參閱下一節說明），因此讀者可以用家裡的任何遙控器來測試，筆者採用的是一款攝影機遙控器：

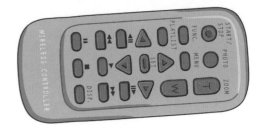

實驗材料：

紅外線遙控器	1 個
紅外遙控接收元件，請參閱表 15-1，依照你的遙控器廠牌選購接收器，若不清楚廠牌，建議挑選 TSOP4838（38KHz）	1 個

實驗電路：根據原廠的技術文件，TSOP48○○接收器的建議電路接法如下，電容可濾除電源端的雜訊：

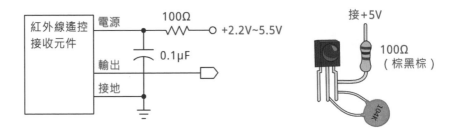

在實驗階段，電阻和電容可以省略，讓紅外線遙控接收元件直接與 Arduino 相連。訊號輸出端可接數位 2~13 腳的任一接腳，此例接 11 腳：

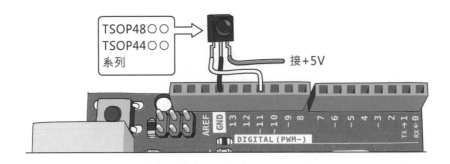

實驗程式：請先把 IRremote 程式庫資料夾複製到 Arduino 的 libraries 資料夾，再開啟 Arduino 程式編輯器。

在 Arduino 編輯器中選擇『**檔案 / 範例 /IRremote/IRrecvDemo**』開啟如下的接收紅外線訊號範例程式：

```
#include <IRremote.h>    ← 引用IRemote程式庫

int RECV_PIN = 11;

IRrecv irrecv(RECV_PIN);    宣告一個紅外線接收物件，名叫
                            irrecv，接收腳位是11
decode_results results;     宣告一個儲存接收值的變數，名叫results

void setup() {
  Serial.begin(9600);
  irrecv.enableIRIn();    ← 啟動紅外線接收功能
}
                          解析紅外線接收值，若decode()傳回
void loop() {             true，代表有收到新的資料。
  if (irrecv.decode(&results)) {
                                  儲存接收值的變數
    Serial.println(results.value, HEX);

    irrecv.resume();    讀取解析後的數值，並以16進位格式輸出。
  }
}                       準備進行接收下一筆資料
```

實驗結果：編譯並上傳程式碼之後，開啟**序列埠監控窗**，再將遙控器對著紅外線感測器按下按鈕，即可看見按鍵所代表的 16 進位碼：

底下是筆者測試幾個按鍵的數值：

開始 / 停止錄影	C1C7C03F
左方向鍵	C1C7C43B
右方向鍵	C1C744BB

讀取紅外線原始（raw）格式

IRremote 程式庫提供另一個 IRrecvDump 範例程式，能辨別並顯示紅外線遙控訊號的格式名稱（如：NEC 或 Sony），並輸出接收器所收到的原始資料，有助於我們在 Arduino 上「複製」遙控器訊號並發射。

請選擇『**檔案 / 範例 /IRremote/IRrecvDump**』範例檔，並將它編譯後上傳到 Arduino 板（硬體設置與上文相同）。

接著開啟**序列埠監控窗**，它將顯示您目前按下遙控器按鈕的格式名稱和數值：

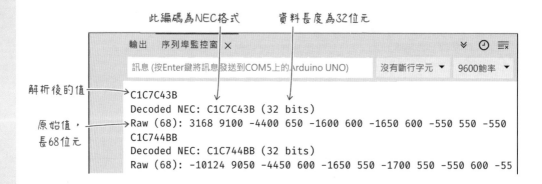

假如 IRremote 程式庫無法辨別您的遙控器訊號格式，它會顯示 "Unknow"（代表「未知」），但仍會列出原始格式碼。從解析的結果可得知，筆者的攝影機遙控器採用 NEC 遙控格式（註：蘋果的 Apple TV 遙控器也是）。

動手做 15-2 使用紅外線遙控器 控制伺服馬達

實驗說明：取得紅外線遙控器的控制碼之後，你就可以用遙控器來來控制 Arduino。本單元將示範透過紅外線遙控伺服馬達。

實驗材料：

紅外線遙控器	1 個
紅外遙控接收元件，規格同上一個實作單元。	1 個
SG90 伺服馬達	1 個

實驗電路：請在之前的電路加裝一個伺服馬達，伺服馬達的電源可接 Arduino 板。

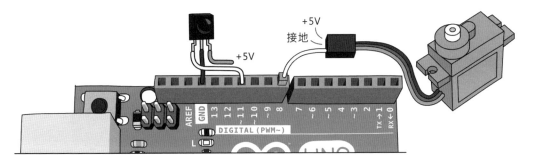

實驗程式：底下的程式碼將依據遙控器的左、右方向鍵，調整伺服馬達的旋轉角度，以及「錄影」按鍵開啟或關閉板子上第 13 腳的 LED：

```
#include <IRremote.h>
#include <Servo.h>
#define RECV_PIN 11      // 紅外線接收腳
#define SERVO_PIN 8      // 伺服器接腳


Servo servo;
```

```arduino
boolean sw = false;              // 開關狀態，預設為關
byte servoPos = 90;              // 伺服器角度，預設為 90 度
IRrecv irrecv(RECV_PIN);         // 初始化紅外線接收器
decode_results results;          // 儲存紅外線碼解析值

void setup() {
  irrecv.enableIRIn();           // 啟動紅外線接收器
  pinMode(LED_BUILTIN, OUTPUT);  // LED 腳位設定成輸出
  servo.attach(SERVO_PIN);       // 連接伺服器
  servo.write(servoPos);         // 設定伺服器的旋轉角度
}


void loop() {
  if (irrecv.decode(&results)) {// 如果收到紅外線遙控訊號…
    switch (results.value) {     // 讀取解析之後的數值，並且比較…
      case 0xC1C7C03F:           // 若此數值等於「錄影」…
        sw = !sw;                // 將開關變數值予以反相
        // 依據「開關」值，設定 LED 燈
        digitalWrite(LED_BUILTIN, sw);
        break;
      case 0xC1C7C43B:           // 若此數值等於「左方向鍵」…
        if (servoPos > 10) {     // 若伺服器旋轉角度大於 10…
          servoPos -= 10;        // 減少旋轉角度 10 度
          servo.write(servoPos);
        }
        break;
      case 0xC1C744BB:           // 若此數值等於「右方向鍵」…
        if (servoPos < 170) {    // 若伺服器旋轉角度小於 170…
          servoPos += 10;        // 增加旋轉角度 10 度
          servo.write(servoPos);
        }
        break;
    }

    irrecv.resume();             // 準備接收下一筆資料
  }
}
```

15

動手做 15-3 從 Arduino 發射紅外線
遙控電器

實驗說明：IRremote 程式庫也具備發射紅外線遙控訊號的功能，本單元將組裝一個 Arduino 紅外線遙控發射器，並從**序列埠監控窗**指揮它來遙控家電（例如，在電腦上按下空白鍵，就開啟電視機）。

實驗材料：

330Ω 電阻	1 個
紅外線發射 LED，如果可以挑選波長，請選擇 940 nm 規格。	1 個

實驗電路：根據 IRremote 程式庫的設定，紅外線發射 LED 必須接在第 3 腳，而且最好先串連一個 330Ω 電阻保護 LED：

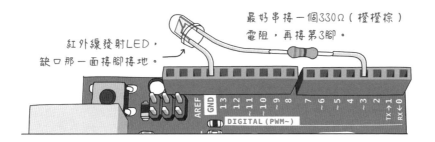

實驗程式：使用 IRremote 程式庫發射紅外線訊號之前，必須先宣告一個 IRsend 類型的程式物件，例如，底下的程式敘述將此物件命名為 irsend：

```
IRsend irsend;
```

接著，程式將能透過此物件發射指定格式的訊號，以發出 NEC 紅外線訊號為例，指令語法如下（其他廠商格式請參閱下文說明）：

```
irsend.sendNEC(紅外線編碼, 位元數);   // 送出 NEC 格式的訊號
```

從上文〈讀取紅外線原始（raw）格式〉一節的範例程式得知，筆者採用的遙控器為 NEC 訊號格式，長度為 32 位元，例如：

```
Decoded NEC: C1C7C03F (32 bits)
```

底下的程式碼將使得 Arduino 的序列埠收到任何字元時，發射紅外線上面的訊號：

```
#include <IRremote.h>
IRsend irsend;  ←──── 宣告一個傳送紅外線訊號的程式物件

void setup(){
  Serial.begin(9600);
}

void loop() {            代表「如果序列埠收到任何字元…」
  if (Serial.read() != -1) {
                                      32位元長度
    irsend.sendNEC(0xC1C7C03F, 32);
    Serial.println("Action!");
                              傳送NEC格式的16進位值
  }
}                其他支援的格式指令：
```

```
irsend.sendSony(紅外線編碼, 位元數);      // 送出Sony格式的訊號
irsend.sendRC5(紅外線編碼, 位元數);       // 送出RC-5格式的訊號
irsend.sendRC6(紅外線編碼, 位元數);       // 送出RC-6格式的訊號
irsend.sendRaw(遙控原始碼, 長度, 頻率);   // 送出原始格式的訊號
```

轉換並發射原始格式（Raw）的紅外線訊號

若 IRremote 程式庫無法辨別遙控器的編碼格式，我們仍可透過 sendRaw() 函數發射原始訊號。

不過，使用上文〈讀取紅外線原始（raw）格式〉一節收到的原始格式之前，必須經過底下三個步驟，將它轉換成**僅包含正整數，每個數字都用逗號分隔**的格式：

代表一共有68個數字

Raw (68): 5✕74 9100 -4450 600 -1600 600 -1650 600 -550 550
-550 600 -550 600 -550 550 -550 600 -1650 600 -1650 550 -1650
600 -550 600 -550 600 -500 600 -1650 600 -1650 550 -1650 600
-1650 600 -1650 600 -500 600 -550 600 -550 550 -550 600 -550
600 -550 550 -550 600 -550 600 -1600 600 -1650 600 -1650 600
-1650 550 -1650 600 -1650 600

1. 刪除第一個數字（變成67個數字）
2. 刪除所有負號
3. 空格改成逗號

9100,4450,600,1600,600,1650,600,550,550,550,600,550,600,550,
550,550,600,1650,600,1650,550,1650,600,550,600,550,600,500,
600,1650,600,1650,550,1650,600,1650,600,1650,600,500,600,
550,600,550,550,550,600,550,600,550,550,550,600,550,600,1600,
600,1650,600,1650,600,1650,550,1650,600,1650,600

我們不需要手動把空格改成逗號，只要用文字處理軟體（如：**記事本**）的
「取代」功能即可輕鬆完成：

1 請選取 Arduino **序列埠監控窗**裡的紅外線原始碼數字，並按下
Ctrl + C 鍵複製，再貼入**記事本**軟體。接著，在**記事本**中，選
擇『**編輯 / 取代**』指令，把所有空格「全部取代」成逗號：

在「尋找目標」欄位輸入一個空白

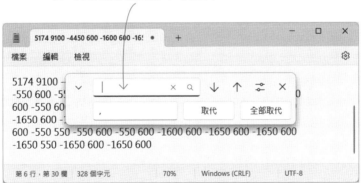

用**取代**功能刪除所有負號：

輸入"-"

取代為欄位不用輸入任何字

處理後的遙控原始碼要存入 **unsigned int**（無正負號整數）類型的陣列變數，例如，底下的程式片段儲存兩組遙控原始碼：

```
#include <IRremote.h>
IRsend irsend;
                ← 紅外線原始碼必須存入「無正負號整數」的陣列
unsigned int btnRec[] = {9100,4450,600,1600,600,1650,600,550,
550,550,600,550,600,550,550,550,600,1650,600,1650,550,1650,
600,550,600,550,600,500,600,1650,600,1650,550,1650,600,1650,
600,1650,600,500,600,550,600,550,550,550,600,550,600,550,550,
550,600,550,600,1600,600,1650,600,1650,600,1650,550,1650,600,
1650,600};

unsigned int btnLeft[] = {9100,4400,650,1600,600,1650,600,550,
550,550,600,550,550,600,550,550,600,1650,550,1700,550,1650,600,
550,550,600,550,550,600,1650,550,1700,550,1700,550,1650,550,
1700,550,600,550,550,550,600,550,1650,600,550,550,600,550,550,
600,550,550,1700,550,1650,600,1650,550,600,550,1700,550,1650,
550};
```

主程式透過 **sendRaw()** **函數**傳遞遙控原始碼，當用戶按下 'a' 鍵，透過序列埠傳給 Arduino 時，它將發射一個紅外線訊號，按下 'b' 鍵，則發射另一個訊號：

```
void setup(){
  Serial.begin(9600);
}

void loop() {
  if (Serial.available()) {
    char val = Serial.read();          ← 儲存接收到的字元

    switch (val) {          陣列名稱（資料值）
      case 'a':                              頻率（38KHz）
        irsend.sendRaw(btnRec, 67, 38);
        Serial.println("REC button.");   資料元素總數
        break;
      case 'b':
        irsend.sendRaw(btnLeft, 67, 38);
        Serial.println("LEFT button");
        break;
    }
  }
}
```

15-2 認識反射型與遮光型光電開關

反射型光電開關，又稱為**反射型感測器**，由一個**紅外線發射 LED** 以及一個**光電晶體**（紅外線接收器）所組成，它們的外觀和一般的 LED 一樣。本文採用的是把發射和接收元件組裝在一個塑膠模組的**反射型光電開關**TCRT5000：

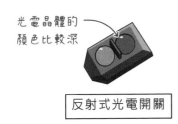

光電晶體的
顏色比較深

反射式光電開關

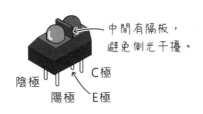

中間有隔板，
避免側光干擾。

陰極　　C極
　　陽極　E極

感測器裡的 LED 能發射紅外線光，若感測器前方有高反射的物體（如：白紙），紅外線光將被**折射給光電晶體接收**，而電晶體射極（E）將輸出**高電位**；相反地，若前方沒有物體或者是低反射的物體（如：黑紙），光電晶體將**收不到紅外線光**，因而**輸出低電位**。

這種元件可應用在檢測**條碼**，或者像上圖一樣，在一個圓盤上繪製黑色條紋（稱為「圓盤編碼器」），安裝在馬達或其他驅動機械上，可以檢測物體的旋轉角度或者轉動圈數。反射型光電開關和被感測物體的距離，應介於 1mm~8mm 之間，**2.5mm 的效果最好**。

另一種稱為**遮光型光電開關**的感測器，也常見於微電腦自動控制裝置。

早期的滑鼠底部是一個滾球，不像現在用紅外線或雷射感應器，滑鼠移動時，滾球將帶動其內部，齒輪模樣的圓盤編碼器，透過遮光型感測器得知滑鼠滾動的方向和距離：

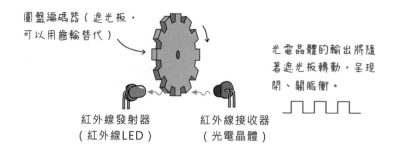

TCRT5000 反射型光電開關元件

左下是 TCRT5000 元件的基本電路，右邊兩張圖表取自此元件規格書第 3 頁和第 4 頁。中間的圖表顯示**紅外線二極體**順向電流（I_F）和**光電晶體**集極電流（I_C）的對比，在反射距離不變的情況下，紅外光越強、光電晶體的集極電流越大。

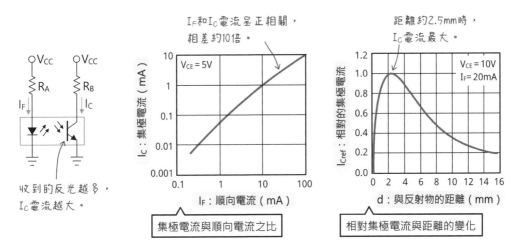

集極電流與順向電流之比

相對集極電流與距離的變化

右上圖表則顯示感測器和檢測物的最佳距離約 2.5mm。規格書有記載元件的特性，包括光二極體的這兩項參數：

- I_F 順向電流（極限值）：60mA
- V_F 順向電壓：1.25V（最大 1.5V）

R_A 電阻值通常採 100Ω～330Ω，從底下的式子推導出 100Ω 和 220Ω 的 I_F 值各約 37mA 或 17mA，都在極限值之內（超過極限值，元件容易損壞），I_F 值越低、光度越黯淡，檢測距離也越短。

$$\frac{5V - 1.25V}{100Ω} = 0.0375A \qquad \frac{5V - 1.25V}{220Ω} ≒ 0.017A$$

順向電壓 V_F 1.25V

R_A電阻

37.5mA

17mA

動手做 15-4 光電子琴製作

實驗說明：採用紅外線感測器當做「琴鍵」，透過感應紙張上的黑白條紋，讓 Arduino 發出對應的音調。

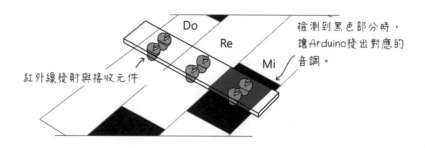

檢測到黑色部分時，讓Arduino發出對應的音調。

紅外線發射與接收元件

實驗材料：

蜂鳴器	1 個
反射型光電開關（型號 TCRT5000）	3 個
220Ω（紅紅棕）電阻	3 個
10KΩ（紅黑橙）電阻	3 個
B5 大小白色紙張（像月曆那種會反光的銅版紙，效果最好）	1 張
黑色膠帶	1 卷

實驗電路：反射型光電開關有兩種接法：

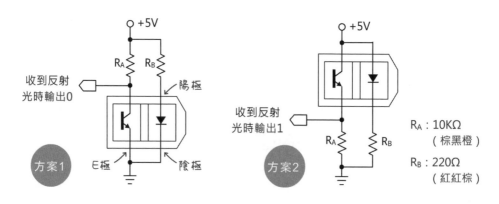

R_A：10KΩ（棕黑橙）

R_B：220Ω（紅紅棕）

筆者採用「方案 1」，接觸白色**收到反射光時輸出 0**，也就是**接觸到黑色輸出 1** 的形式，並將它們並接成 3 組（讀者可以增加更多組，三組以上，建議採用外部電源供電）：

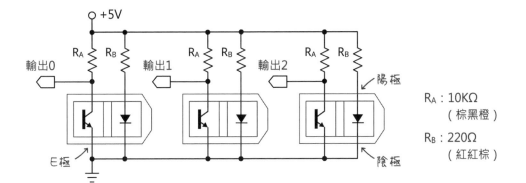

RA：10KΩ
（棕黑橙）

RB：220Ω
（紅紅棕）

分辨黑、白色的感測器可用底下電路代替，光敏電阻的電壓分壓輸出接 Arduino 的類比輸入腳。然而，光敏電阻比較容易受到各種光源干擾，不像光電晶體只會對特定波長的紅外線有反應。

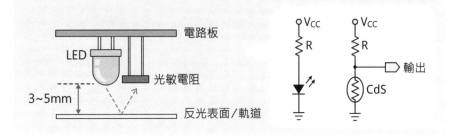

在麵包板上的接線方式如下：

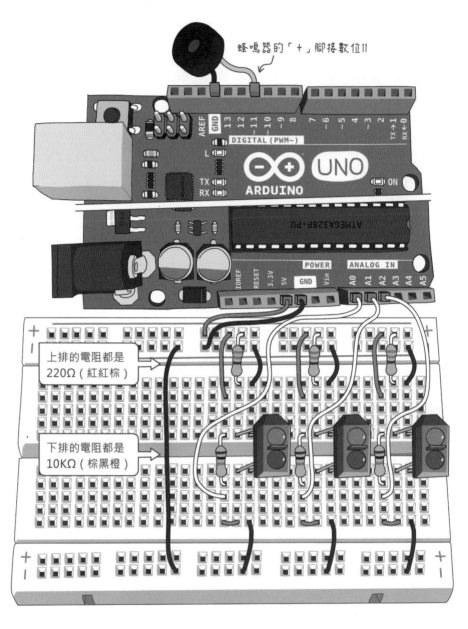

蜂鳴器的「+」腳接數位11

上排的電阻都是 220Ω（紅紅棕）

下排的電阻都是 10KΩ（棕黑橙）

光電開關的輸出可以接在 Arduino 的數位腳或者類比腳。由於感應器的傳回值會隨著紙張材質和顏色深淺而產生不同的結果（請參閱下文註解），建議讀者將它們**銜接在類比腳**。另外，請在 Arduino 數位第 11 腳銜接一個蜂鳴器。

讀者可以用底下的圖像測試，或者用**黑色膠帶**黏貼在白色紙張上（註：用印表機印列的效果不佳，因為紅外線會穿透墨水），再將感測器貼近紙張測試。

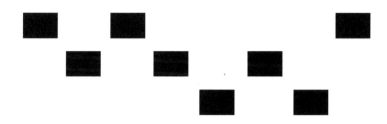

實驗程式：配合光電開關發出音調的完整程式碼如下：

```
const byte sndPin = 11;           // 蜂鳴器的接腳
const byte sPins[] = {A0, A1, A2};      // 光電感測器的接腳編號
const int tons[] = {659, 523, 784};     // 聲音的頻率

void setup() {
  pinMode (sndPin, OUTPUT);      // 蜂鳴器接腳設定成「輸出」
}

void loop() {
  int n = -1;

  for (byte i=0; i<3; i++) {    // 依次讀取三個接腳的數值
    int val = analogRead(sPins[i]);
    if (val > 500) {            // 如果類比值大於 500，代表碰到黑色
      n = i;                   // 記錄接腳的索引編號
      break;                   // 終止迴圈
    }
  }

  if (n != -1) {          // 只要 n 變數值不是 -1，代表有接腳感測到黑色
    tone(sndPin, tons[n]);      // 根據該腳的索引值，發出對應的聲音
  } else {                // 否則…（所有感測器都讀取到白色）
    noTone(sndPin);   // 停止發聲
  }
}
```

光電開關的輸出，並非壁壘分明的高、低電位，而是隨著感測物距離、顏色深淺，呈現連續電壓變化。為了比較光電開關接在 Arduino 的類比與數位腳位的輸出值，筆者將一個光電開關輸出接在數位腳 8，另一個接在類比 A0，並透過底下的測試程式碼，在**序列埠監控窗**顯示感測值：

```
byte s1Pin = 8;    // 數位腳 8
byte s2Pin = A0;   // 類比腳 A0
int s1Val = 0;
int s2Val = 0;

void setup() {
  pinMode(s1Pin, INPUT);        // 數位腳設定成「輸入」狀態
  Serial.begin(9600);
}

void loop() {
  s1Val = digitalRead(s1Pin);   // 讀取數位輸入值
  s2Val = analogRead(s2Pin);    // 讀取類比輸入值
  Serial.print("s1: ");
  Serial.println(s1Val);
  Serial.print("s2: ");
  Serial.println(s2Val);
  delay(500);
}
```

結果如下：

- 數位輸出：1（黑色）或 0（白色）

- 類比輸出：980（黑色）或 190（白色）

上面列舉的類比輸出只是約略值，傳回值實際上會不停地跳動，但是感應黑色時的輸出值都在 800 以上。

15-3 紅外線循跡／避障模組與施密特觸發器

下文將製作可沿著地上的黑線移動的循跡自走車，偵測黑線的元件同樣採用反射型光電開關。

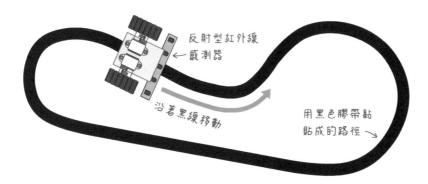

在電子材料行或網路商店，很容易可以買到採 TCRT5000 元件製作的感測器模組，搜尋關鍵字是 "TCRT5000 模塊" 或 " 紅外線 循跡 "，底下是兩款常見的「紅外線循跡、避障」模組：

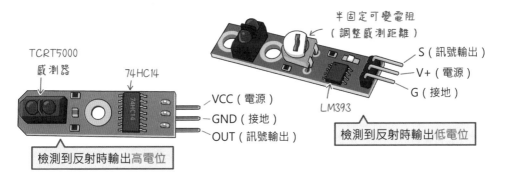

跟單純使用 TCRT5000 元件的差別在於，這兩種模組都連接訊號處理 IC，直接輸出高、低電位訊號，但 IC 電路不一樣，所以檢測到反射（白色表面）時的輸出電位也相反。循跡感測器不一定要使用 TCRT5000 元件，像下圖這種紅外線距離感測模組也可行。

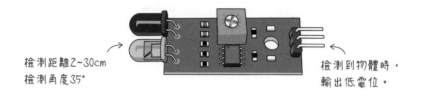

檢測距離2~30cm
檢測角度35°

檢測到物體時，
輸出低電位。

為了讓讀者認識這些紅外線避障模組的電路原理，下文將介紹模組採用的
訊號處理 IC，74HC14（施密特觸發器）以及 LM393（電壓比較器）。

認識施密特觸發器

第 9 章介紹的 RC 低通濾波電路
的輸出波形是「類比訊號」，直
接將它輸出給數位裝置，可能會
造成一些問題。以 TTL 數位邏輯
IC 對於高、低電位的定義為例：

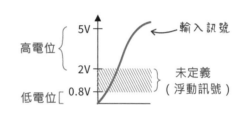

若輸入訊號高於 2V，將被視為高電位；低於 0.8V，將被當作低電位；0.8V
和 2V 之間的電位屬於「未定義」，數位 IC 無法正確判讀，容易發生誤動作
（亦即，輸出訊號在 0 與 1 之間震盪）。

為了避免誤動作，某些數位輸入訊號電路（如：可能包含彈跳雜訊的開
關）通常會加上**施密特觸發器（Schmitt Trigger）**。施密特觸發器又稱為
「方波整形電路」；數位邏輯中的「未定義」訊號，在此稱為「遲滯電壓」：

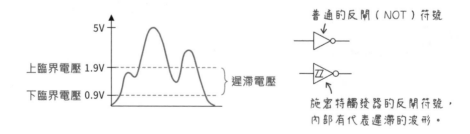

「遲滯」相當於「保持」；若輸入值介於「遲滯電壓」範圍，輸出訊號將維
持在上一個狀態，因此不會有誤動作：

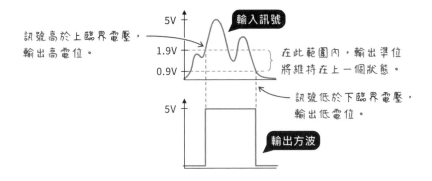

訊號高於上臨界電壓，輸出高電位。

5V

輸入訊號

1.9V

0.9V

在此範圍內，輸出準位將維持在上一個狀態。

訊號低於下臨界電壓，輸出低電位。

5V

輸出方波

使用施密特觸發器消除彈跳雜訊

74HC14 是一個包含 6 組施密特反閘的 IC，配合 RC 電路組成的消除開關彈跳雜訊的電路如下，像這樣的電路可確保微控器收到乾淨的數位訊號，缺點是成本增加、電路板體積變大。

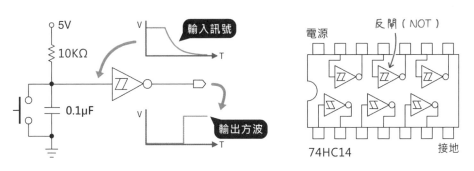

5V

10KΩ

輸入訊號

0.1μF

輸出方波

反閘（NOT）

電源

74HC14

接地

麵包板接線範例：

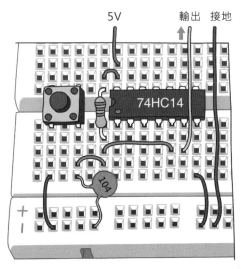

5V　　　　輸出　接地

74HC14

104

使用施密特觸發器的紅外線循跡模組

底下是採 74HC14 IC 的紅外線循跡電路，當光電晶體導通時，施密特反閘輸入低電位，所以輸出值是高電位：

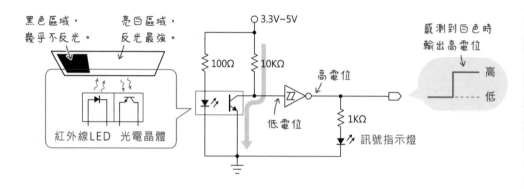

黑色區域，幾乎不反光。

亮白區域，反光最強。

3.3V~5V

100Ω　　10KΩ

高電位

低電位

1KΩ

訊號指示燈

紅外線LED　光電晶體

感測到白色時輸出高電位

高

低

15-4 認識電壓比較器

另一種紅外線循跡模組電路，採用的是 **LM393 電壓比較器** IC。電壓比較器是一種運算放大器電路；一般的運算放大器電路會將輸入端的類比訊號放大，而電壓比較器則是**比較「非反相」和「反相」端的輸入訊號大小，決定輸出高電位或低電位訊號（數位訊號）**。

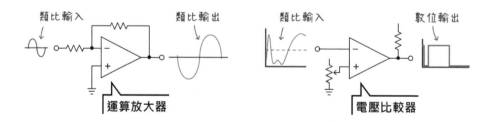

類比輸入　　　　類比輸出

運算放大器

類比輸入　　　　數位輸出

電壓比較器

以上圖右為例，若反相輸入電壓大於非反相，則輸出低電位，反之則輸出高電位。因此，電壓比較器也算是施密特觸發器：高於某個準位的訊號將變成高電位輸出；低於準位的訊號變成低電位輸出。

電壓比較器電路可以用普通
的運算放大器（如：741）
製作，但通常會使用專用的
電壓比較器 IC，最常見的是
LM393。LM393 包含兩個電
壓比較器：

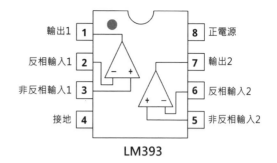

典型的電壓比較器會在其中一個輸入端，用兩個電阻或一個可變電阻構成
偏壓電路，來設定參考電壓的比較基準；如果將其中一端直接接地，輸入
訊號將跟接地（0V）比較；LM393 的輸出端是**開集極（open collector）**，
所以要加上一個上拉電阻（通常用 10KΩ）。

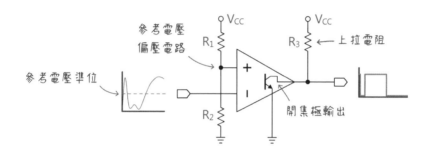

開集極代表晶片內部電晶體的集極腳直連到外部（註：若晶片內部是
MOSFET 電晶體，則稱為**開汲極**，open drain），一般的數位輸出／入電
路採**推挽式**（push-pull 或 totem-pole）設計：

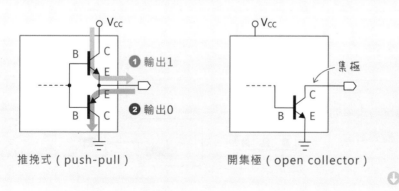

若把電晶體假想成開關，開關的一邊必須連接電阻和電源，才能輸出訊號，因為開關不會從無中產生電壓。第8章介紹的 I²C 介面需要外加上拉電阻，也是因為這種介面的 IC 採用「開集極」電路設計。

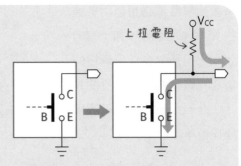

更多關於 LM393 上拉電阻的說明，請參閱筆者網站的〈使用 TinkerCAD 電路模擬器測試 LM393 自動小夜燈電路〉貼文，網址：https://swf.com.tw/?p=2018

底下是採 LM393 比較器的紅外線循跡電路，當光電晶體導通時，比較器**非反向（＋）**輸入的電位低於**反向（-）**輸入，所以輸出值是低電位：

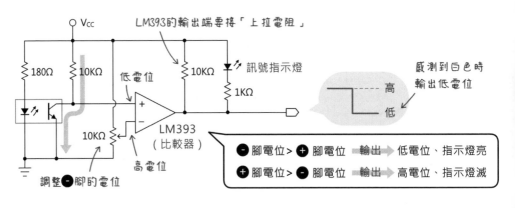

15-5 製作循跡自走車

循跡自走車的結構如右：

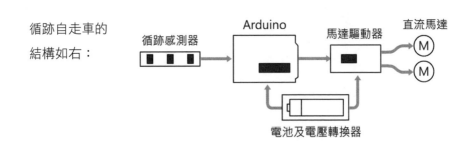

循跡感測器中的光電感測元件，最少只需要一個，建議至少兩個，筆者採用五個中的其中三個；感測器裝在車體前方，配置範例如下：

只有一個感測器的話，當感測器超出黑線時，車體必須往左或往右旋轉來找尋黑線；為了避免車體駛離黑線太遠，行進速度要緩慢，就像摸黑走路要小心翼翼。

若有兩、三個感測器，可加快移動速度；感測器越多，相當於鏡頭的解析度越高，路線看得更清楚。本文的自走車採用三個光電感測器，車體將依據感測到的路況，直行、小幅轉彎或大幅轉彎。

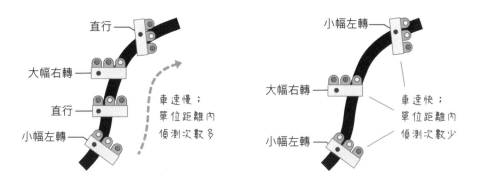

動手做 15-5 組裝循跡自走車

實驗材料：

Arduino 板	1 個
循跡感測器模組（至少 3 組 TCRT5000 感測器）	1 個
雙 H 橋直流馬達驅動板（如：TB6612FNG 或 L298N）	1 個
採用雙馬達驅動的 DIY 小車套件	1 個
5V 行動電源或 18650 鋰電池座擴展板	1 個

筆者採用的是包含 5 個 TCRT5000 感測器的循跡模組（搜尋關鍵字：**5 路循跡感測器**），工作電壓可以是 5V 或 3.3V，我只用到其中的 3 個訊號輸出。

15

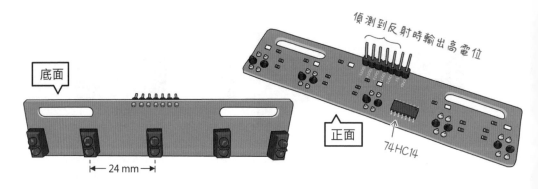

偵測到反射時輸出高電位

底面

正面

74HC14

←24 mm→

實驗電路：小車的馬達驅動沿用第 12 章的 TB6612FNG 或 L298N 模組的接線，左、中、右循跡感測器的輸出分別接在 Arduino 的數位 13, 11 和 12 腳。

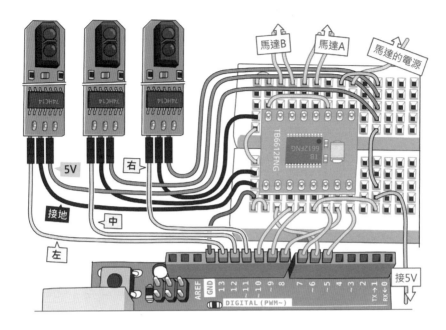

若用 5 路循跡感測器，則改用如下方式接線：

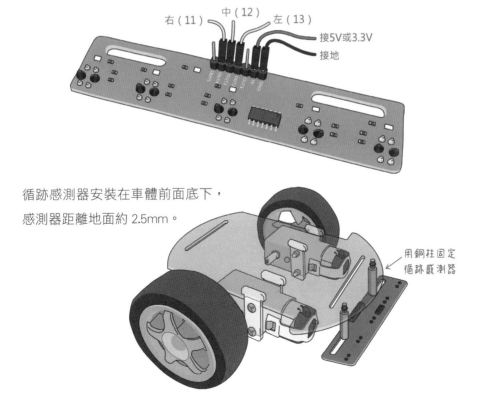

循跡感測器安裝在車體前面底下，
感測器距離地面約 2.5mm。

用銅柱固定
循跡感測器

除了可用套件製作循跡車，也能用 PCB（印刷電路板）當作底盤，從行動電源拆下「充電與電壓轉換」模組，加上其他零件拼裝成循跡自走車，如下圖所示。由於車體較小，所以採用小型的 Wemos Mini D1 控制板（ESP8266，參閱〈附錄 B〉），但程式和本文的 UNO R3 開發板相容，馬達驅動 IC 是 TB6612FNG，馬達型號是附帶 1:50 減速齒輪箱的 N20。

循跡自走車的程式

編寫程式之前，首先要釐清路徑、感測值以及車體行徑方式（行為）的對應關係，筆者將它們整理成表 15-2，表中的「十進制值」欄位請參閱下文說明。

表 15-2

路徑							
感測值	0 0 0	0 0 1	0 1 1	1 0 0	1 0 1	1 1 0	1 1 1
10進制值	0	1	3	4	5	6	7
行為	直行	小幅左轉	大幅左轉	小幅右轉	直行	大幅右轉	前次行為

雙馬達驅動「直行」時，車體並不會筆直地行走，因為在相同電源條件之下，不同馬達的轉速不會一致，元件難免都會有誤差。影響車體行徑方向的因素包括馬達內部線圈纏繞、轉軸的摩擦阻力、齒輪精密度、輪胎尺寸的些微差異、路況…等等。再加上筆者採用的循跡模組的感測器間距比較大（24mm，參閱下文），所以會出現右下圖，全部感測器都偵測不到黑線的情況，程式可忽略這種情況，讓車體延續上一次的感測狀態移動。

把全部循跡感測資料編寫成一個 2 進制值

依據表 15-2，程式可以透過如下的判斷流程，讀取三個感測器值再決定行為：

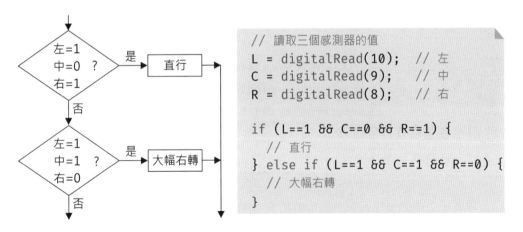

```
// 讀取三個感測器的值
L = digitalRead(10);   // 左
C = digitalRead(9);    // 中
R = digitalRead(8);    // 右

if (L==1 && C==0 && R==1) {
  // 直行
} else if (L==1 && C==1 && R==0) {
  // 大幅右轉
}
```

另一個思考方向是把全部感測值看待成一個 2 進制數字，例如，底下的
1, 0, 1 數字排列相當於 10 進制的 5，也可以直接用 2 進制寫成 **0b101** 或
B101。

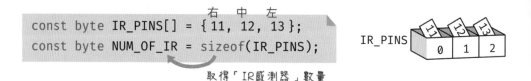

$$\underset{2^2}{\overset{左}{1}}\ \underset{2^1}{\overset{中}{0}}\ \underset{2^0}{\overset{右}{1}} \Rightarrow 1 \times 4 + 0 \times 2 + 1 \times 1 = 5 \Rightarrow 直行$$

為了便於程式操作，筆者把感測器接腳以陣列型式存入 IR_PINS 變數，並
透過 sizeof() 函式取得陣列的元素數量。如此，假設將來把感測器數量從 3
個增加到 5 個，只要將接腳編號輸入 IR_PINS 陣列。

右　中　左
```
const byte IR_PINS[] = { 11, 12, 13 };
const byte NUM_OF_IR = sizeof(IR_PINS);
```

取得「IR感測器」數量

IR_PINS

| 11 | 12 | 13 |
| 0 | 1 | 2 |

把所有循跡感測資料合成一個 2 進制值的方法如下：透過**左移運算子**
(**<<**)，將資料移到指定的位數，再用**位元或** (**|**) 合併：

位元「或」
運算子

|　　1 左移0位 ← digitalRead(IR_PINS[0]) << 0; // 右
|　0 ← 左移1位 ← digitalRead(IR_PINS[1]) << 1; // 中
|　1 ← 左移2位 ← digitalRead(IR_PINS[2]) << 2; // 左

讀取感測值、左移2位。

```
| 00000000
  00000101
```

筆者把上面的操作寫成一個自訂函式 checkIR()，其中的敘述用 for 迴圈逐一
讀取每個感測器接腳的輸入值，將它左移之後跟 IR 變數做**位元或**運算，最
後傳回合併所有感測器的 2 進制值。

15

傳回byte類型值
↓

```
byte checkIR() {
  byte IR = 0;
                        感測器數量
  for (byte i=0; i<NUM_OF_IR; i++) {         讀取感測值後，左移i位。
    byte val = digitalRead( IR_PINS[i] ) << i;
    IR = IR | val;
  }
  return IR; 位元「或」
}
```

上面兩行可簡寫成一行：
IR |= digitalRead(IR_PINS[i]) << i;

根據循跡感測資料改變自走車行為

透過調整自走車兩輪的轉速或轉向，可改變移動方向，下圖的 S_R 和 S_L 代表右輪和左輪的行駛距離；轉速越高，單位時間內的移動距離越長。

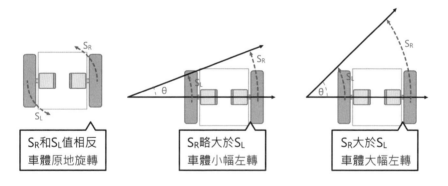

S_R和S_L值相反
車體原地旋轉

S_R略大於S_L
車體小幅左轉

S_R大於S_L
車體大幅左轉

從下圖可看出，S_R 與 S_L 的差距越大，過彎的角度也越大；若差距為 0，車子將往前直行。

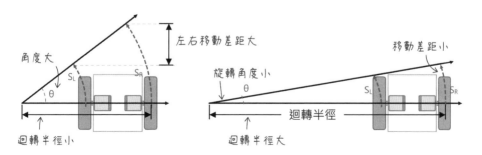

角度大

左右移動差距大

迴轉半徑小

旋轉角度小

移動差距小

迴轉半徑

迴轉半徑大

本單元程式採用底下的 PWM 輸出比率值，讀者可自行測試不同數值；若 PWM 比率值太低，例如 10%，馬達將因為電壓太低而無法驅動。

表 15-3

	左馬達輸出	右馬達輸出
直行	40%	40%
小幅左轉	30%	60%
大幅左轉	25%	90%
小幅右轉	60%	30%
大幅右轉	90%	25%

循跡自走車的完整程式碼如下：

```
#include <motor.h>

const byte IR_PINS[] = {11, 12, 13}; // 右中左
const byte NUM_OF_IR = sizeof(IR_PINS);

// Motor (ENA, ENB, IN1, IN2, IN3, IN4)
Motor motor(5, 6, 7, 8, 10, 9);

// 之前的感測狀態
byte prevIR = 0;

byte checkIR() {
  byte IR = 0;

  for (byte i = 0; i < NUM_OF_IR; i++) {
    byte val = digitalRead(IR_PINS[i]) << i;
    IR = IR | val;
  }
  return IR;
}


void setup() {
  // 所有循跡感測器接腳都設成「輸入」模式
```

```
  for (byte i = 0; i < NUM_OF_IR; i++) {
    pinMode(IR_PINS[i], INPUT);
  }
}

void loop() {
  byte IR = checkIR();

  switch (IR) {
    case 0:
    case 5: // 直行
      motor.drive(FORWARD, 40, 40);
      break;
    case 1: // 小幅左轉，右 60 左 30
      motor.drive(LEFT, 60, 30);
      break;
    case 3: // 大幅左轉，右 90 左 25
      motor.drive(LEFT, 90, 25);
      break;
    case 4: // 小幅右轉，右 30 左 60
      motor.drive(RIGHT, 30, 60);
      break;
    case 6: // 大幅右轉，右 25 左 90
      motor.drive(RIGHT, 25, 90);
      break;
  }
}
```

MEMO

CHAPTER

16

手機藍牙遙控
機器人製作

「藍牙」可説是行動裝置（筆電、手機和平板）的無線通訊標準配備，通常用於連結無線耳機、鍵盤和滑鼠，也是連結 Arduino 控制板的好方法。本章將介紹藍牙無線通訊技術，並採用 Google Android 系統平台上的免費且簡易的「積木式」程式開發環境，叫做 App Inventor，來開發藍牙遙控 App，讓你透過 Android 手機或平板來遙控 Arduino。

16-1 電波、頻段和無線傳輸簡介

無線傳輸是指不使用線材，利用電波或紅外線來傳輸資料。可見光、紅外線和電波，都是一種電磁波，而電波是頻率在 3KHz ～ 3000GHz 的電磁波。日常生活中有許多運用電波通訊的裝置，像是手機、收音機、電視、藍牙、Wi-Fi 基地台…等等。

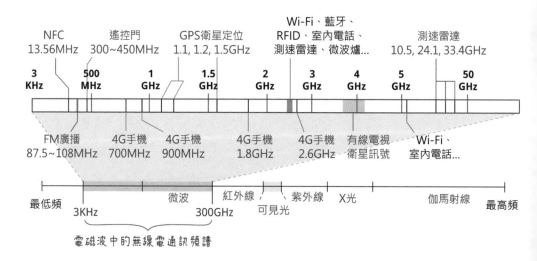

電磁波中的無線電通訊頻譜

電波的可用頻率範圍就像道路的寬度，是有限的，因此必須有計劃地分配。此外，某些電波的發射範圍涵蓋全世界，像衛星電視和衛星定位訊號（GPS），所以必須有國際性的規範。如果不遵守規範，任意發射相同或相近的頻率，就會造成互相干擾，例如，若住家附近有未經申請設立的「地

下電台」，原本位於相同頻率的電台就會被「蓋台」（亦即，相同頻率下，功率較強的電波會覆蓋較微弱的電波），附近的住戶只能聽到地下電台的廣播。

再者，有些頻率用於警察和急難救助，如果遭到干擾，就像行人和機車任意在快車道亂竄一樣，不僅會造成其他用路人的困擾，也可能發生危險。因此，世界各國對於電波的使用單位，無論是電視、廣播或者業餘無線電通訊人士（俗稱「火腿族」），都有一定的規範，並給予使用執照同時進行監督。

並非所有的頻段和無線電裝置都需要使用執照，世界各國都有保留某些給**工業**（Industrial）、**科學研究**（Scientific）和**醫療**（Medical）方面的頻段，簡稱 **ISM 頻段**，只要不干擾其他頻段、發射功率不大（通常低於1W），不需使用執照即可使用。

室內無線電話、藍牙、Wi-Fi 無線網路和 NFC 等無線通訊設備，都是採用ISM 頻段。**2.4GHz 是世界各國共通的 ISM 頻段**，因此市面上許多無線通訊產品都採 2.4GHz。為了讓不同的電子裝置都能在 2.4GHz 頻段內運作，彼此不相互干擾，有賴於不同的通訊協定（相當於不同的語言）以及跳頻（讓訊號分散在 2.4GHz~2.5GHz 之間傳送，降低「碰撞」的機率）等技術，避免影響訊號傳輸。

市面上標示採用 2.4GHz 頻段的鍵盤和滑鼠，並不是藍牙，只是運作的頻段和藍牙相同。這些鍵盤和滑鼠有專屬的無線發射接收器，因為不需支付藍牙的權利金，售價通常比藍牙鍵盤滑鼠便宜。有鑑於 2.4GHz 頻段上的無線訊號過於擁擠、干擾源多，影響到傳輸效能，越來越多人採用在 5GHz 頻段運作的 Wi-Fi 無線分享器，讓無線資料傳輸更穩定。

16-2 認識藍牙（Bluetooth）

藍牙（註：Bluetooth 早期譯作「藍芽」，2006 年之後全球中文統一譯作「藍牙」）是一種近距離無線數據傳輸技術，主要用於取代線材和紅外線傳輸。和紅外線技術相比，藍牙的優點包括：採電波技術（2.4GHz 頻段），所以兩個通訊設備不需要直線對齊，電波也可以穿透牆壁和公事包等屏障。通訊距離也比較長（紅外線傳輸距離通常只有幾公尺）。

藍牙裝置分成**主控（master）**和**從端（slave）**兩大類型，像電腦和手機的藍牙，可以「探索」並與其他藍牙周邊裝置「配對」的就是主控端。從端則是被動地等待被連結，像藍牙滑鼠／鍵盤、藍牙耳機、藍牙遙控玩具…等等。

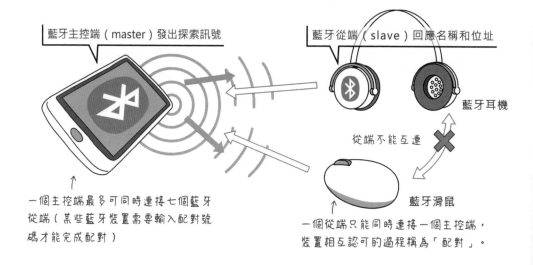

藍牙主控端（master）發出探索訊號

藍牙從端（slave）回應名稱和位址

藍牙耳機

從端不能互連

藍牙滑鼠

一個主控端最多可同時連接七個藍牙從端（某些藍牙裝置需要輸入配對號碼才能完成配對）

一個從端只能同時連接一個主控端，裝置相互認可的過程稱為「配對」。

藍牙 2.0 SPP 序列傳輸規範

為了確保藍牙設備間的互通性，制定與推動藍牙技術的跨國組織「藍牙技術聯盟（Bluetooth Special Interest Group，簡稱 SIG）」，定義了多種**藍牙規範**（Profile，或譯作「協議」），底下列舉四個規範：

● HID：制定滑鼠、鍵盤和搖桿等人機介面裝置（Human Interface Device）
所要遵循的規範。

● HFP：泛指用於行動裝置，支援語音撥號和重撥等功能的免持聽筒
（Hands-Free）裝置。

● A2DP：原意是 "Advance Audio Distribution Profile（進階音訊傳輸規範）"，
可傳輸 16 位元、44.1KHz 取樣頻率的高品質立體聲音樂，主要用於隨身
聽和影音設備。相較之下，僅支援 HFP 規範的裝置，只能傳輸 8 位元、
8 kHz 的低品質聲音。

● SPP：用於取代有線序列埠的藍牙裝置規範。

> UNO R4 WiFi 開發板搭載的 ESP32-S3 支援藍牙 5.0，其通訊協定原理以及程式都
> 比較複雜，而且需要前端（如：手機 App 或網頁程式）配合，《超圖解 ESP32
> 深度實作》有四個章節詳細介紹。

HC-05 與 HC-06 藍牙序列埠通訊模組

支援 SPP 規範，取代「有線」序列連線，讓 Arduino 控制板透過「無線」
序列連結電腦、手機或其他控制板的藍牙序列通訊模組，市面上常見的有
兩種：

● HC-05：主 / 從（master/slave）一體型，出廠預設通常是「從端」模
式。

● HC-06：主控端或從端模式，出廠前就設定好，不能更改；市面上販售
的通常是「從端」模式。

一般的 Arduino 藍牙遙控和通訊實驗，也都是用「從端」模式，所以 HC-06
模組足以應付大多數需求。但如果 HC-05 和 HC-06 模組的價格差不多，那
就買 HC-05。不管是 HC-05 還是 HC-06，對 Arduino 都沒有影響，控制程式
都一樣。

Arduino控制板 + 藍牙序列通訊模組 無線序列通訊 穿戴裝置 手機 電腦

HC-05 和 HC-06 都採用英國劍橋的 CSR 公司的 BC417143 晶片，支援藍牙 2.1＋EDR（Enhanced Data Rate，意指「增強資料速率」達 3Mbps）規範，只是晶片內部的韌體不同（此韌體可更新，參閱筆者網站〈更新 HC-05 與 HC-06 藍牙模組韌體〉貼文：https://swf.com.tw/?p=1698）。市售的藍牙模組通常附帶直流電壓轉換 IC 的底板，方便連接 3.6V~6V 電源，HC-05 藍牙模組的外觀如下：

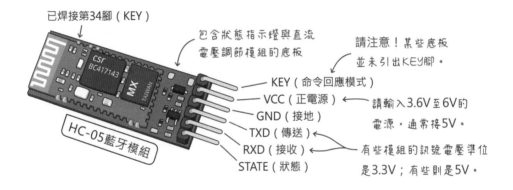

已焊接第34腳（KEY）

包含狀態指示燈與直流電壓調節模組的底板

請注意！某些底板並未引出KEY腳。

KEY（命令回應模式）
VCC（正電源） ← 請輸入3.6V至6V的電源，通常接5V。
GND（接地）
TXD（傳送） ←
RXD（接收） ← 有些模組的訊號電壓準位是3.3V；有些則是5V。
STATE（狀態）

HC-05藍牙模組

「命令回應模式」接腳（通常標示成 "KEY" 或 "EN"），用於啟動 AT 命令模式（參閱下文說明）。附帶底板的 HC-06 藍牙模組的外觀與接腳：

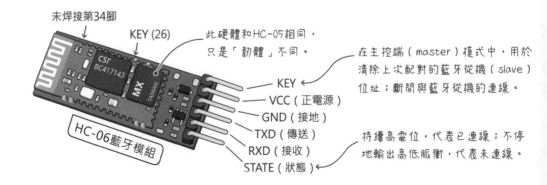

未焊接第34腳

KEY (26)

此硬體和HC-05相同，只是「韌體」不同。

在主控端（master）模式中，用於清除上次配對的藍牙從機（slave）位址；斷開與藍牙從機的連線。

KEY ←
VCC（正電源）
GND（接地）
TXD（傳送）
RXD（接收）
STATE（狀態） ← 持續高電位，代表已連線；不停地輸出高低脈衝，代表未連線。

HC-06藍牙模組

電腦用的 USB 藍牙介面卡，無法直接用在 Arduino，主要原因是 Arduino 的 USB 介面是 **USB Client（客戶端 USB）**形式，必須像電腦一樣的 **USB Host（主控端 USB）**形式才能連接 USB 藍牙模組，而且 Arduino 也需要相應的驅動程式才能使用它。

> 藍牙模組上面有一個連線狀態 LED 指示燈，尚未配對時，此燈號會迅速閃爍；配對完成並連線時，它將轉為低速閃爍。這個狀態指示燈在程式除錯時很有用，因為有時候你會分不清楚，究竟是程式出了問題，或者藍牙連線已經中斷。

藍牙 4.0/BLE 與 HM-10 模組

除了不同裝置的規範，藍牙技術組織也持續在改善耗電量、資料傳輸速率和安全性等問題，並陸續推出 1.1~5.1 等不同規範版本。從 4.0 開始，藍牙分成兩個標準：

● **Bluetooth Classic**：經典或傳統藍牙，向下相容 3.0 和 2.0 規範。

● **Bluetooth Low Energy**：藍牙低功耗（簡稱 BLE），適合應用在以電池驅動的裝置、傳輸少量資料的場合，像運動手環、防丟器、心律監測器。

藍牙 4.0 晶片也分成支援兩種標準的**雙模**（dual mode），以及僅支援低功耗規範的**單模**（single mode）。這是常見的一款低功耗藍牙模組 HM-10：

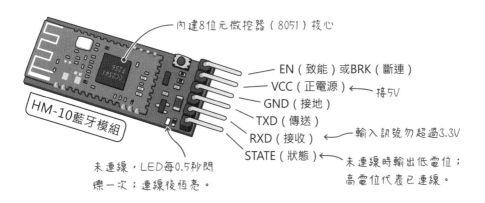

BLE 的通訊協定不同於經典藍牙,只有使用雙模晶片的藍牙 4.0 模組才能跟 HC-05/06 模組互連;在耗電量方面,HC-05/06 經典藍牙模組在傳送或接收 訊息時約消耗 20mA;HM-10 低功耗藍牙則消耗約 9.1mA。

HM-10 採用德州儀器(TI)的 CC2541 系統單晶片,它僅支援單模,**只能跟 BLE 型藍牙相連**;行動裝置從 iOS 5 和 Android 4.3 開始支援 BLE。此外,藍 牙技術聯盟並沒有定義 BLE 的序列通訊規範,由廠商自訂和實作。**HM-10 的韌體有支援序列通訊,連接 Arduino 的方式也和 HC-05/06 模組相同。**

16-3 5V 和 3.3V 電壓準位轉換

控制板和週邊相連時,首要考量的是兩者的電壓是否相容。包含 Arduino 官方在內,有許多控制板和週邊 IC 都採用 3.3V 低電壓運作。底下列舉三 種控制板與週邊的連接情況:

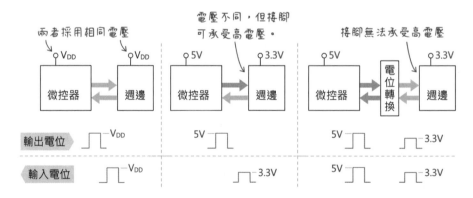

若控制板與週邊的電壓不同,而兩者都能承受 5V 高電位(註:IC 的技術 文件都有標示接腳可承受的電壓上限),可直接相連;若控制器或週邊的 電壓不同,且其中一方無法承受 5V,它們之間就必須加上**電位轉換**電路。

最基本的電位轉換方式是採用**電阻分壓**電路。UNO 板的高電位是 5V,**多數 HC-05/06 及 HM-10 模組的高電位是 3.3V**,為了避免 5V 電壓損壞藍牙模 組,可用兩個電阻構成分壓電路,把輸入的 5V 訊號電壓降為 3.3V:

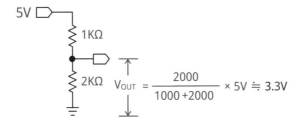

$$V_{OUT} = \frac{2000}{1000+2000} \times 5V \fallingdotseq 3.3V$$

實際的電阻值不一定要用 1KΩ 和 2KΩ，只要約莫 1:2 的數值即可，例如：
3.2KΩ 和 6.4KΩ。

連接 Arduino 和藍牙序列通訊模組

藍牙序列通訊模組透過接收和傳送腳與 Arduino 板相連，要注意的是，一
邊的傳送腳要接另一邊的接收腳。

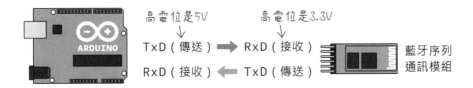

由於藍牙通訊晶片的接腳不能承受 5V 電壓，所以藍牙模組的訊號輸入接
腳（RxD），必須連接電位轉換電路，下圖左採用電阻分壓方案；另一個方
法是串接一個 1KΩ ～ 2.2KΩ 電阻，但是這種接法只適合用在短時間實驗
階段，長期使用時，建議用方案一：

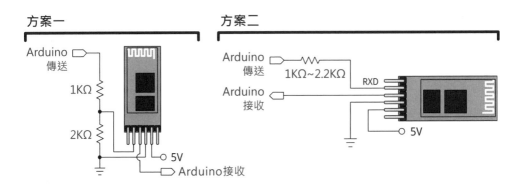

藍牙模組的傳送腳（TxD）可直接與 Arduino 板相連，一般而言，只要訊號的電壓準位高於 IC 電壓的一半（以 Arduino 而言，高於 2.5V），就是「高電位」，因此，Arduino Uno 不會誤判藍牙模組的 3.3V 訊號。

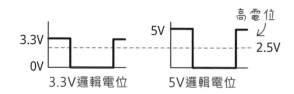

動手做 16-1　使用軟體序列埠（SoftwareSerial）連接 Arduino 與藍牙模組

實驗說明：在電腦上透過藍牙與 Arduino 板連線，控制 13 腳上的 LED。

HC-05 或 HC-06 模組透過 UART 序列埠和 Arduino 板連線，不過，UNO R3 板只有一個 UART 序列埠，預設用於上傳程式和**序列埠監控窗**，本單元將透過 **SoftwareSerial**（直譯為「軟體序列埠」）程式庫，把其他接腳變成 UART 序列埠給藍牙模組使用。

實驗材料：

UNO R3 板	1 片
HC-05/HC-06 或 HM-10 藍牙模組	1 個
電阻 1KΩ~2.2KΩ	1 個
智慧型手機或具備藍牙介面的個人電腦	1 台

實驗電路：數位 0 和 1 腳是 Arduino 內建的序列埠接腳，我們可以用底下的方式連結藍牙模組：

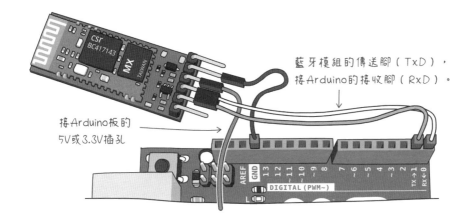

藍牙模組的傳送腳（TxD），
接Arduino的接收腳（RxD）。

接Arduino板的
5V或3.3V插孔

但是上圖的接法會佔用 UNO R3 板的唯一 UART 序列埠，應該避免使用。
請依照下圖，把藍牙模組的序列輸出（TxD）和輸入（RxD）腳，接在
Arduino 的 9 和 10 腳（或 0 和 1 以外的其他接腳）：

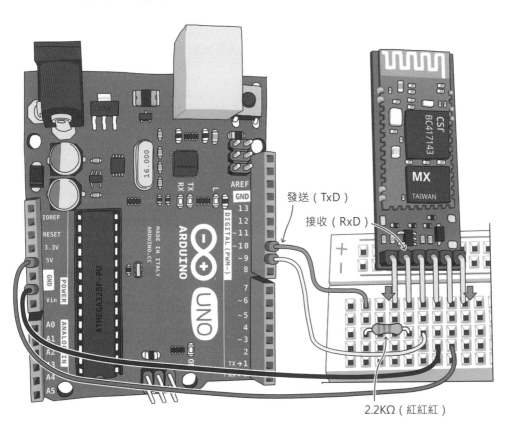

發送（TxD）

接收（RxD）

2.2KΩ（紅紅紅）

實驗程式：Arduino IDE 內建了 SoftwareSerial（直譯為軟體序列埠）程式庫，
能讓我們指定任意兩個接腳充當序列埠，本例使用數位 9 和 10 腳。簡易
的藍牙 LED 開關測試程式如下，請先在程式開頭引用定義軟體序列埠的自
訂物件：

```
#include <SoftwareSerial.h>     ←引用「軟體序列
SoftwareSerial  BT(9, 10);          埠程式庫」
```

資料類型名稱 →

自訂的程式物件名稱　　接收腳　　傳送腳

接下來的程式碼就和第 5 章介紹的序列埠程式類似，只是原本的 Serial 物
件改成自訂的軟體序列物件 BT：

```
char val;              // 儲存接收資料的變數，採字元類型

void setup() {
  pinMode(LED_BUILTIN, OUTPUT); // 將 LED 接腳設定為輸出
  /* 初始化序列埠，請依照你的藍牙模組設定連線速率，
  筆者的模組採用 9600bps 速率連線。   */
  BT.begin(9600);
  BT.print("BT is ready!");   // 連線成功後，發佈「準備好了」訊息
}
void loop() {
  if( BT.available() ) {       // 如果有資料進來…
    // delay(2);       // 選擇性地暫停 2 毫秒，讓微控器接收資料
    val = BT.read();
    switch (val) {
      case '0':      // 若接收到 '0'
        digitalWrite(LED_BUILTIN, LOW);     // 關閉 LED
          break;
      case '1':      // 若接收到 '1'
        digitalWrite(LED_BUILTIN, HIGH);    // 點亮 LED
        break;
    }
  }
}
```

實驗結果：請先編譯並上傳此程式碼，接下來設定手機和 Arduino 的藍牙模
組之間的連線。

16

動手做 16-2 　UNO R4 板的 Serial1 物件

實驗說明：第 5 章的〈UNO R4 開發板的 UART 通訊介面〉單元提到，RA4M1 微控器內建 USB 和 UART 介面，上傳程式碼的 USB 序列埠（Serial 物件），以及 UART 序列通訊的 TX, RX 接腳是各自獨立運作。因此在 UNO R4 板連接 UART 介面的裝置（如：藍牙），不需要透過 SoftwareUART 額外建立軟體序列通訊埠，可直接使用 TX 和 RX 腳：

實驗材料：跟〈動手做 16-1-1〉相同，只是開發板換成 UNO R4，藍牙模組的 RX 腳也要串聯一個 1KΩ~2.2KΩ 的電阻。

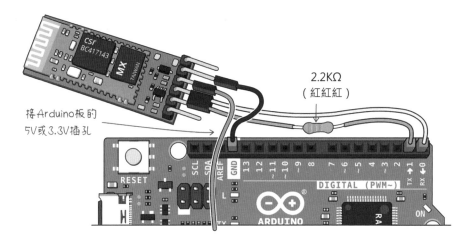

UNO R4 的 UART 程式物件是 **Serial1**，其操控方式和 Serial 物件一模一樣，讀取與接收 UART 埠介面（此例為藍牙裝置）訊息的完整程式如下，請編譯並上傳到 UNO R4 板備用。

```
void setup() {
  pinMode(LED_BUILTIN, OUTPUT);   // 將 LED 接腳設定為輸出
  Serial1.begin(9600);            // 初始化 UART 序列埠 (Serial1)
  // 連線成功後，發佈「準備好了」訊息
  Serial1.println("BT is ready!");
}
```

```
void loop() {
  if (Serial1.available()) {      // 如果有資料進來…
    // delay(2);      // 選擇性地暫停 2 毫秒，讓微控器接收資料
    char val = Serial1.read();  // 接收 UART 傳入的字元資料
    switch (val) {
      case '0':                               // 若接收到 '0'
        digitalWrite(LED_BUILTIN, LOW);  // 關閉 LED
        break;
      case '1':                               // 若接收到 '1'
        digitalWrite(LED_BUILTIN, HIGH); // 點亮 LED
        break;
    }
  }
}
```

16-4 使用 Serial Bluetooth Terminal 連接藍牙

蘋果 iOS 和 Google Android 智慧型手機都支援藍牙通訊，本節採用 Android
系統的 **Serial Bluetooth Terminal**（直譯為「序列藍牙終端機」）連接
Arduino 的藍牙模組，請在 Google Play 搜尋此 App 的名字並安裝它。iOS 的
使用者請搜尋 "Bluetooth Terminal" 關鍵字下載相關 App。

首先請將 Android 手機和藍牙模組配對，操作步驟如下：

1 　點擊手機的『**設定 / 連接 / 藍牙**』選擇**開啟**，手機將開始掃描藍
　　牙裝置。底下的畫面分別顯示掃描到 HC-06 和 HMSoft（HM-10 模
　　組）：

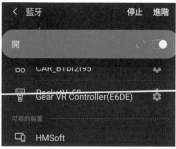

2 點擊**可用的裝置**裡的藍牙設備，HC-05/06 和 HM-10 模組的配對密碼分別是 1234 和 000000；若配對密碼不正確，請洽詢店家。同一個手機與藍牙模組只需要配對一次。

配對完畢後，開啟 Serial Bluetooth Terminal 程式，點擊左上角三條線的選單，選擇 Devices（裝置）：

HC-05/06 裝置列舉在 **CLASSIC** 窗格；HM-10 裝置列舉在 **LE** 窗格。

▲ 典型藍牙裝置列表

▲ 低功耗藍牙裝置列表

點擊 HC-05/06 或 HMSoft 之後，Terminal（終端機）畫面將顯示 Connected（已連線）訊息，你就可以在底下的欄位輸入 1 或 0 測試開、關燈：

已連線到藍牙模組 →

在此輸入 1 或 0 →

動手做 16-3 用 Android 手機 藍牙遙控機器人

實驗說明：本單元的遙控機器採用 Android 手機藍牙控制，架構圖如下：

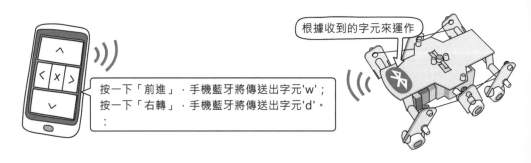

根據收到的字元來運作

按一下「前進」，手機藍牙將傳送出字元'w'；
按一下「右轉」，手機藍牙將傳送出字元'd'。
　　：

控制原理是從手機藍牙傳遞字元給機器人，機器人的控制板將依照收到的 'w', 'a',... 等字元，執行前進和轉彎等動作。

實驗材料：

具備藍牙的 Android 智慧型手機 （或平板電腦）	1 支
採用兩個碳刷馬達的 模型動力玩具	1 台，筆者選用田宮模型的線控六足昆 蟲，其動力來源是兩個 RF-140 型馬達， 具備前進、後退和左、右轉功能。也可 選用第 12 章介紹的「小車」套件
馬達驅動板 L298N 或 TB6612FNG	1 塊
藍牙序列埠模組	1 塊
可裝 4 個三號充電電池的電池盒	1 個

實驗電路：延伸第 12 章介紹過的 L298N 馬達控制板，我們可以在 Arduino
第 2 和 3 數位腳，連接藍牙序列埠模組：

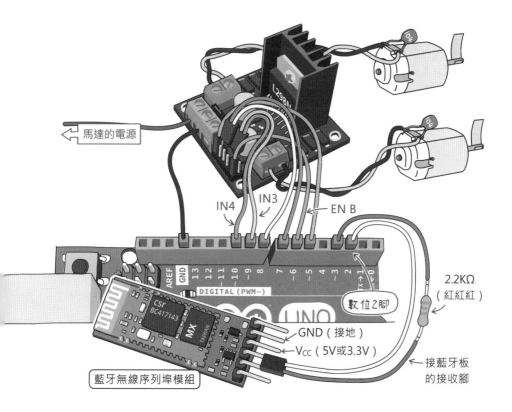

有些玩具模型或者機械動力裝置容不下 Arduino 板和馬達控制板,你可能需要採用微型的 Arduino Nano 板,或者自製 Arduino 板。下圖是改裝田宮模型的六腳機械昆蟲線控玩具的示範,筆者剪掉它的線控器,將馬達電源改焊接杜邦線,最後裝上藍牙模組、Arduino 板和馬達控制板。為了方便拆裝各個零件,筆者在馬達控制板及電池盒底部,都黏上樂高積木。

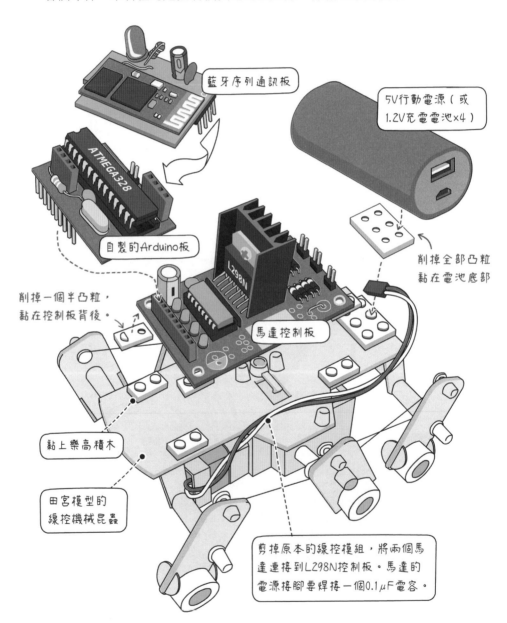

藍牙序列通訊板

5V行動電源(或 1.2V充電電池x4)

ATMEGA328

自製的Arduino板

削掉全部凸粒 黏在電池底部

削掉一個半凸粒, 黏在控制板背後。

馬達控制板

黏上樂高積木

田宮模型的 線控機械昆蟲

剪掉原本的線控模組,將兩個馬達連接到L298N控制板。馬達的電源接腳要焊接一個0.1μF電容。

電池盒的電源線可能需要自行
焊接：

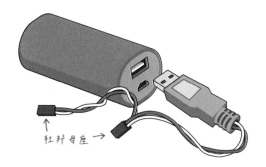

杜邦母座 →

實驗程式：藍牙機器人依照序列埠輸入的指令，前進、後退、左、右轉和
停止，完整的程式碼：

```
#include <SoftwareSerial.h>        // 引用「軟體序列埠」程式庫
#include <motor.h>

SoftwareSerial BT(3, 2);           // 設定軟體序列埠（接收腳, 傳送腳）
Motor motor(5, 6, 7, 8, 10, 9); // 設定馬達

char command;               // 接收序列埠值的變數
// 設定 PWM 輸出值（註：FA-130 馬達供電不要超過 3v）
// 計算方式：(3v / 5v) X 255 = 153，最高不要超過 153
const byte pwm = 130;

void setup() {
  BT.begin(9600);          // 啟動軟體序列埠
  motor.drive(STOP);
}

void loop() {
  if (BT.available() > 0) {
    command = BT.read();

    switch (command) {
    case  'w' :             // 接收到 'w'，前進
      motor.drive(FORWARD, pwm, pwm);
      break;
    case  'x' :             // 接收到 'x'，後退
      motor.drive(BACKWARD, pwm, pwm);
      break;
```

```
    case  'a' :        // 接收到 'a', 左轉
      motor.drive(LEFT, pwm, pwm);
      break;
    case  'd' :        // 接收到 'd', 右轉
      motor.drive(RIGHT, pwm, pwm);
      break;
    case  's' :        // 接收到 's', 停止馬達
    default:
      motor.drive(STOP);
    }
  }
}
```

請將以上程式編譯並上傳到 Arduino 控制板，接下來要在 Android 上安裝、執行機器人控制 App。

安裝 Android 手機的藍牙機器昆蟲控制程式：本單元的 Android 手機控制程式 BTRobotControl.apk 檔，收錄在下載的範例檔，請將此 .apk 檔複製到手機的 SD 記憶體，然後在手機的**檔案管理員**中開啟此 .apk 檔進行安裝（註：各廠牌手機的**檔案管理員**程式名稱都不太一樣，在筆者的手機上，它叫做**我的檔案**）。

安裝 BTRobotControl.apk 時，手機可能會出現如右的「禁止安裝」訊息，請點擊**設定**：

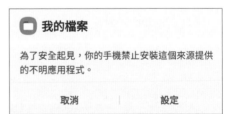

點擊**允許此來源的應用程式**：

返回到「檔案管理員」畫面，即可安裝 BTRobotControl.apk 檔。

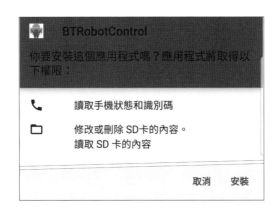

執行 Android 手機的藍牙機器昆蟲控制程式：手機和藍牙模組配對完成後，
請開啟 BTRobotControl APP，讀者將看到連結藍牙畫面，請依照底下步驟選
擇事先配對好的藍牙序列埠模組：

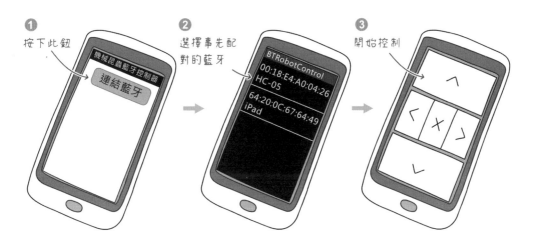

選擇藍牙模組之後，軟體將切換到「方向箭」控制畫面，讓你遙控機械昆
蟲。

如果想瞭解 Android 手機的藍牙機器昆蟲遙控程式，可以參考書附光碟上
的〈附錄 G：使用 App Inventor 開發 Android App〉PDF 電子書。

16-5 藍牙模組的 AT 命令

多數的藍牙序列埠模組都能讓用戶自行調整參數，常見的參數如下：

● 名稱：一般最多允許 32 個英 / 數字

● 配對密碼

● 操作模式：主（master）、從（slave）或回應測試（loopback，代表模組收到的訊息都會原封不動地轉回發送端），通常預設為 slave。

● 傳輸鮑率（**baud rate**）：可調整 4800bps~1382400bps。

同一廠商的藍牙模組在出貨時，都已統一設定了一個名字，例如，HC-06 模組的預設名稱是 "HC-06"。多人、多組藍牙一起實驗的場合，在電腦或手機上探索同一批藍牙模組時，將會發現許多同名的裝置。為了方便實驗者辨識與連接自己的藍牙模組，可以透過 **AT 命令（AT-command）**，替每一個模組設定不同名稱，例如，bt01, bt02, bt03,…。

藍牙模組有兩種工作模式：

● 自 動 連 線（automatic connection）， 又 稱 為 透 通 模 式（transparent communication）。

● 命令回應（order-response），又稱為 AT 模式（AT mode）。

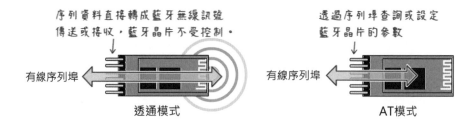

設定藍牙模組參數的指令統稱 **AT 命令**。"AT" 命令是 ATtention（代表「注意」）的縮寫，最早出現在 80 年代初期的數據機商品（Modem，讓電腦透過電話線連接網路的裝置），用於操控數據機撥號、掛斷、切換鮑率…等功能；這些指令以 "AT" 開頭，因而得名。

藍牙模組的 AT 命令並非透過無線傳輸，而是模組的 TxD 和 RxD 接腳。**藍牙模組只有在 AT 模式，才能接收 AT 命令**。HC-05 和 HC-06 進入 AT 模式的方式以及命令的傳輸速率都不一樣：

- HC-06：與其他裝置配對之前，都處於 AT 模式狀態；換句話說，只要一通電，HC-06 就進入 AT 模式。HC-06 的 AT 命令，採用 9600bps 速率傳送。

- HC-05：**KEY 腳在通電之前先接高電位（3.3V）**，才能在通電後進入 AT 模式。HC-05 的 AT 命令，採用 38400bps 的速率傳送。

- HM-10：與其他裝置配對之前，都處於 AT 模式狀態，採用 9600bps 速率傳送。

動手做 16-4　透過 AT 命令更改藍牙模組的名稱

實驗說明：AT 命令並非透過藍牙無線傳輸，而是模組的 TxD 和 RxD 接腳。因此，我們需要一個 USB 轉 TTL 序列介面才能連接電腦來設定它。本單元將採用 Arduino 板充當 USB 轉換板，在電腦和藍牙序列模組之間轉發訊息。

實驗材料：

HC-05/06 或 HM-10 藍牙模組	1 個
電阻 1KΩ~2.2KΩ	1 個
Arduino Uno 板	1 片

實驗電路：請參考〈動手做 16-1-1〉單元組裝電路。

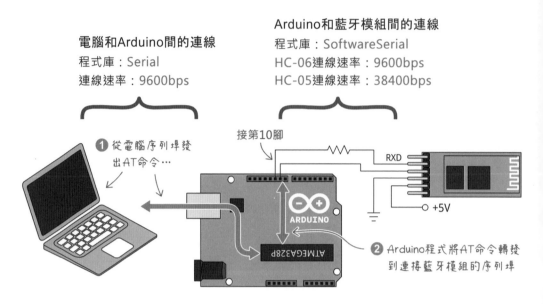

電腦和Arduino間的連線
程式庫：Serial
連線速率：9600bps

Arduino和藍牙模組間的連線
程式庫：SoftwareSerial
HC-06連線速率：9600bps
HC-05連線速率：38400bps

接第10腳

RXD

+5V

❶ 從電腦序列埠發
出AT命令…

❷ Arduino程式將AT命令轉發
到連接藍牙模組的序列埠

實驗程式：請編譯底下的程式並上傳到 Arduino 板備用：

```
#include <SoftwareSerial.h>   // 引用程式庫

// 連接藍牙模組的軟體序列埠（接收腳，傳送腳）
SoftwareSerial BT(9, 10);
char val;                  // 儲存接收資料的變數

void setup() {
  Serial.begin(9600);   // 與電腦序列埠連線
  Serial.println("BT is ready!");

  BT.begin(38400);        // 藍牙模組的連線速率，HC-06 請改成 9600
}

void loop() {
  if (Serial.available()) {   // 若「序列埠監控窗」收到資料…
    val = Serial.read();
    BT.print(val);            // 轉送到藍牙序列模組
  }
```

```
  if (BT.available()) {        // 若藍牙序列模組收到資料…
    val = BT.read();
    Serial.print(val);         // 轉送到「序列埠監控窗」
  }
}
```

藍牙模組的 AT 命令名稱：HC-05, HC-06 和 HM-10 模組的 AT 命令都不大一樣，例如，查閱 HC-06 韌體版本的命令是 **AT+VERSION**，HM-10 則是 **AT+VERS?**。底下列舉 HC-06 藍牙模組支援的部份 AT 命令（完整命令表列請參閱廠商提供的 AT 命令說明書，AT 命令要大寫）：

命令	回應	說明
AT	OK	用於確認通訊
AT+VERSION	OKlinvorV1.8	查看韌體版本 ← 回應值會因廠商和版本而異
AT+NAME○○○	OKsetname	設定模組名稱
AT+PIN○○○○	OKsetPIN	設定配對碼
AT+BAUD4	OK9600	鮑率設為（baud rate）設為9600
AT+BAUD5	OK19200	鮑率設為19200
AT+BAUD6	OK38400	鮑率設為38400

HM-10 模組設定模組名稱的 AT 命令與 HC-06 模組相同。下表列舉 HC-05 模組的部份 AT 命令：

命令	回應	說明
AT+NAME?	+NAME: 名稱 OK	傳回模組的名稱
AT+NAME= 英 / 數字名稱	OK	設定模組的名稱
AT+PSWD?	+PSWD: 配對碼 OK	傳回配對碼
AT+PSWD= 配對碼	OK	設定配對碼

命令	回應	說明
AT+UART？	＋UART: 鮑率, 停止位元, 同位位元	查詢序列通訊參數,預設值為: 9600,0,0 代表 9600 鮑率、1 停止位元、 沒有同位位元。
AT+UART= 鮑率,停止位 元,同位位元	OK	設定序列通訊參數,其中: 鮑率:4800~1382400 停止位元: 0:代表 1 位元 1:代表 2 位元 同位位元: 0:代表「無」 1:奇數 2:偶數

修改 HC-05/06 和 HM-10 藍牙模組的識別名稱:程式上傳完畢後,開啟 Arduino 的**序列埠監控窗**,HC-06 和 HM-10 模組的 AT 指令**不需要行結尾**,下圖是執行 "AT+VERSION" 命令,查看韌體版本的結果:

電腦和Arduino的通訊速率

❷ 輸入AT命令,按Enter鍵送出。　　❶ HC-06模組使用這個選項

輸出　序列埠監控窗 ✕

AT+VERSION　　　　　　　　沒有斷行字元 ▼　9600鮑率 ▼

BT is ready!
OKlinvorV1.8　　← 藍牙模組的回應

HC-06 和 HM-10 更改識別名稱的 AT 命令相同,但 HC-06/05 的名稱最長允許 20 個英數字,HM-10 允許 12 個字。下圖是將 HC-06 模組的識別名稱改成 "six" 的結果:

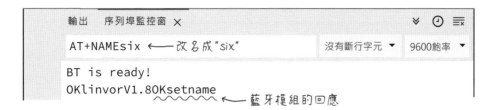

HC-05 模組的 AT 指令需要加上 \n\r 行結尾，下圖是執行 "AT＋VERSION" 命令，查看韌體版本的結果：

HC-05 模組修改識別名稱的 AT 命令是："AT+NAME= 識別名稱 "，設定成功後，它將傳回 "OK"，將模組的名稱改成 "five" 的操作畫面如下：

M E M O

CHAPTER

17

RFID 無線識別裝置

日常生活中有很多場合都有**快速辨識物品**的需求，例如，快遞公司希望能迅速識別與分類郵件或包裹；超商希望能加快結帳速度，並減少金額輸入錯誤的機率，同時記錄個別商品的販售時間和銷售量等資訊。

早期結帳時，收銀人員需要自行輸入金額，速度不快且容易出錯。

每一種商品都有唯一的條碼，其編號和品項資料記錄在電腦，收銀機掃描之後，即可查出該商品的資料。

讓機器快速辨識商品，最普遍的解決方法是用**條碼**（bar code），另一種比較先進的方法則是 RFID。

17-1 認識條碼與 RFID

條碼是根據特定規則排列而成的黑白粗細平行線條，方便機器識別物品，以達到節省人力，以及快速、精確輸入資料的要求，普遍使用在物品的銷售與管理。條碼讀取器會發射紅外線或雷射光，由於黑色和白色的光線反射程度不同，讀取器裡的紅外線感測器將依據反射光的強弱，判讀 0 與 1 訊號，進而得知條碼所記錄的廠商、商品名稱和價格等資訊。

平行線條條碼，又稱為一維條碼。隨著需要記錄的資訊量增加，一維條碼已不敷使用，因此不同機構陸續推出用點和線組成的二維條碼，右圖是常見的 **QR Code 二維條碼**，可以透過手機的鏡頭和條碼辨識軟體讀取，因此特別適合手機和平板電腦等，不易輸入大量文字的設備使用。

條碼的優點是容易製作，缺點是掃描器（讀取器）必須面對條碼才能讀取資訊，中間不能被遮蔽，而且條碼也不能污損。

條碼掃描器必須對準條碼、近距離掃描。

條碼表面要平整、不能污損。

RFID 系統簡介

RFID 的全名是**無線射頻辨識**（**R**adio **F**requency **ID**entification）。RFID 是**記載唯一編號**或其他資料的晶片，並且使用**無線電傳輸資料**的技術統稱，相當於「無線條碼」，但是它的用途比條碼更加廣泛。

你或許會隨身帶著一、兩個 RFID 裝置，例如，住家大樓的門禁卡（感應扣）和金融卡（悠遊卡），某些機關／學校的員工識別證或學生證也採用 RFID 技術。以悠遊卡為例，卡片裡的晶片可記錄你儲存的金額、搭乘交通工具時的出發地點、時間⋯等資料。

金融卡儲存和傳遞資料的方式，從早期的磁條到 IC 型智慧卡，其讀寫機都必須接觸到磁條或者金屬接點，這類型卡片通稱「接觸型卡片」；若卡片反插，或者接觸面髒污、磨損，將無法順利讀取資料。使用 RFID 技術的卡片，則屬於「非接觸型卡片」，不管正、反面都能感應，也不怕髒污。

磁條

IC訊號接觸點

Makers Bank

接觸型卡片

Makers Bank

無線感應

非接觸型卡片

一套 RFID 系統由三大部分組成：

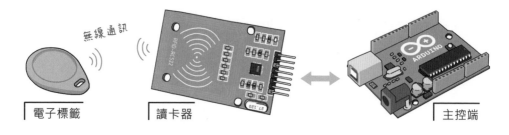

電子標籤 | 讀卡器 | 主控端

1 電子標籤（Tag）：也稱為**轉發器**（**Transponder**，或譯作**詢答機**），內含天線以及 IC，外觀有多種型式。

2 讀卡機（Reader）或讀寫器（Reader/Writer）：發射**無線電波**讀取電子標籤內的資料，某些設備具備寫入功能。

3 主控端（Host）：連結讀卡機的 Arduino 或電腦，負責解析傳回的數據。

由於 RFID 標籤採用無線方式與讀取機連結，因此不像條碼需要面向感測器才能被檢測，也能輕易穿透紙張、塑膠、木材和布料等材質，感測距離也比較遠。底下是 RFID 系統的運作方式簡圖，電子標籤通常無內建電源（也稱為「無源」或「被動式」），標籤所需的電力來自讀寫器的電磁場。

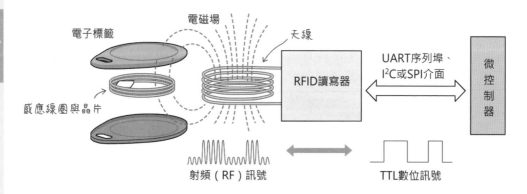

啟動 RFID 讀寫器時，讀寫器的天線將不停地發送電磁波，每當標籤進入此電磁場，標籤內部的線圈和電路將與此電磁場產生共振，從而獲得電能，進而與讀寫器交換數據。

微控器和 RFID 讀寫器之間採用 TTL 數位訊號傳遞資料，為了用電波傳送
數位訊號，必須將數位訊號加上載波調變，RFID 系統常見的調變頻率是
125KHz 和 13.56MHz。

RFID 的類型

RFID 不靠黑白印刷條紋來記錄物品資訊，而是用矽晶片，可在微小的體積
內儲存更多資料。RFID 的矽晶片約莫砂粒大小，所以有「**智慧塵**（smart
dust）」之稱，能製成不同外觀和尺寸，底下是三種 RFID 標籤的封裝形式：

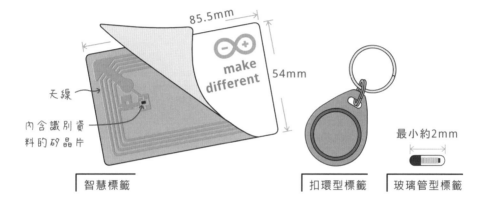

- 智慧標籤（Smart Label）：像紙張一樣薄又有彈性，可黏貼在商品外包
  裝，外表還可以再黏貼其他貼紙來偽裝。
- 扣環型（Key Fob）標籤：使用堅硬耐用的樹脂封裝，方便吊掛於鑰匙
  圈。
- 玻璃管型（Glass Tube）標籤：主要用於注射在動物體內，最小長度約
  2mm。

若用**電源系統**來區分，RFID 標籤可分成兩種：

- 被動式標籤（Passive Tag）：也稱為**無源標籤**，無需使用電池。讀取資
  料時，讀卡機首先發射電波，標籤內部的天線收到電波後，會將電磁波
  轉化成電力，再以電波傳回標籤資料。
- 主動式標籤（Active Tag）：也稱為**有源標籤**，內含電池，無線電傳送距
  離較長（33 公尺以上），但體積較大且較為昂貴。

若用**記憶體類型**來區分，RFID 標籤可分成三種：

● 唯讀：晶片製造廠在出廠時已寫入資料（唯一的識別碼），無法修改。

● 僅能寫入一次，可多次讀取（Write-once, read many，簡稱 WORM）：
配合「可寫入」資料的讀卡機，用戶能自行寫入資料一次。

● 可重複讀取和寫入：可重複寫入資料，方便標籤回收再利用。停車場和
捷運使用的晶片卡及悠遊卡，都屬於這一類。為了防止資料被任意竄
改，這種晶片也具備認證和加密處理功能。

RFID 有不同的頻率規格和通訊頻率以及通訊協定。表 17-1 列舉了 RFID 的
頻率和用途。

表 17-1：RFID 頻率

	低頻 （LF, 30KHz ~ 300KHz）	高頻 （HF, 3MHz ~ 30MHz）	超高頻 （UHF, 300MHz ~ 1GHz）	微波 （1GHz 以上）
使用頻率	125KHz	13.56MHz	860MHz ~ 960MHz	2.45 GHz
被動式標籤的最大讀取範圍	< 0.5m	< 1m	3m	>4m
標籤類型	被動式	被動式	被動式與 主動式	被動式與 主動式
備註	資料傳輸速度最慢，適合用於防竊系統、門禁管制與門市銷售管理。	適合用於短距離讀取多個標籤，圖書館資產管理、悠遊卡和iCash 卡，也都使用這個頻率。	存取速度快，適合用於生產線、庫存管理和電子收費系統。	存取速度最高，傳輸距離也最遠，適用於物流和行李管理。

某些 RFID 標籤的通訊距離長達數公尺或更遠，最早被應用在軍事上的敵
我辨識系統，避免我軍的飛彈誤擊己方的飛機和軍事設備。正因為它的
通訊距離較長，恐有侵犯隱私權之疑慮。比方說，假如名牌包或服飾廠
商，在商品裡面縫製消費者無法察覺的 RFID 標籤，並在不同場所設置
RFID 讀取機，廠商就能追蹤、分析該消費者經常流連往返的場所、時間
和消費習慣。

有些 3C 裝置具備的 NFC（Near Field Communication，**近場通訊**或稱為**近距離無線通訊**）功能，屬於 RFID 的一種應用。相較於藍牙，NFC 簡化了通訊操作過程，只要兩個 NFC 設備（如：手機和相機）靠在一起（10 公分以內），即可交換資料，省去繁複的配對和連線等步驟。具備 NFC 晶片的手機，搭配適當的軟體，也可以取代金融卡和悠遊卡，進行金融交易。

125KHz RFID 模組介紹

選購 RFID 模組時，需要留意底下幾項規格：

● 輸入電壓：有些採用 5V，有些則是 3.3V。

● 無線通訊頻率和規格：通訊頻率通常是 125KHz 或 13.56MHz，彼此並不相容。

● 資料介面：有序列埠（TTL 電位格式，也稱作 UART 介面）、I^2C、SPI、USB 和藍牙無線等類型。

底下是一種 RFID 模組外觀，標籤頻率為 125KHz、外接線圈、使用 5V 供電，消耗電流小於 50mA，採**鮑率 9600bps** 的 **TTL 序列埠**介面。有些 125KHz 讀卡機模組的天線直接刻蝕在印刷電路板上。

天線

天線接腳
不分正負極

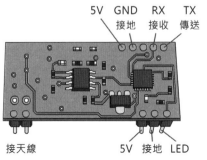

5V　GND　RX　TX
接地　接收　傳送

接天線　　　5V　接地　LED

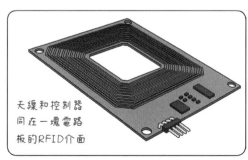

天線和控制器
同在一塊電路
板的RFID介面

這種模組的接線和程式都很簡單，每當感測到 RFID 卡，讀卡機就把卡片的識別碼送往序列埠，但是它**不具「寫入」資料功能**。

13.56MHz Mifare RFID-RC522 模組介紹

另一種常見的模組是載波頻率 13.56MHz 的 **Mifare RFID-RC522 模組**。Mifare（讀音：my-fare）是 NXP（恩智普）半導體公司推出的非接觸型 IC 卡，普遍用於現金卡（如：台灣的悠遊卡）、停車場感應幣（token）和其他用途。

Mifare RFID-RC522 讀寫器模組的外觀與接腳定義如下，"RC522" 名稱源自於模組採用的晶片型號。MFRC522 本身有支援 UART, I2C 和 SPI 介面，請留意它的**工作電壓是 3.3V**。

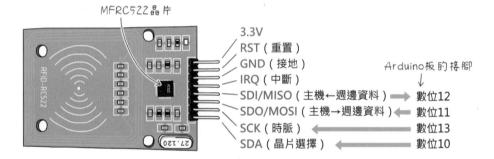

Mifare 卡內建 EEPROM，應用程式可對它寫入和讀取數據，例如：停車票卡可紀錄停車時間。Mifare 還具備「防衝突處理」機制，也就是避免訊號干擾：若多張卡片同時出現在偵測範圍，Mifare 讀寫器將能逐一選擇卡片進行處理。

Mifare 卡有不同的系列，如：Mifare Classic, Mifare UltraLight, Mifare Pro…等，主要的差別在於資料安全加密和驗證的等級。停車場感應幣以及 RFID 模組套件包含的 RFID 實驗卡，都是 "Mifare Classic" 類型，其內部的 EEPROM 記憶體容量為 1KB。

依照感應距離，非接觸型 IC 卡分成緊耦合型（close-coupled，需要緊貼感測器）、接近式（proximity，10cm 以內）和鄰近式（vicinity，50cm 以內），**Mifare 屬於接近式，這種類型的卡片簡稱為 PICC（Proximity IC Card，接**

17

近式 IC 卡），**讀寫器則簡稱 PCD**（Proximity Coupling Device，接近型耦合器），所以底下的範例程式裡面，會出現 PICC 和 PCD 關鍵字。

動手做 17-1 讀取 Mifare RFID 卡的 UID 碼

實驗說明：每張 Mifare 卡片都有個**唯一識別碼**（unique identifier，簡稱 UID），本單元程式將在**序列埠監視窗**顯示感應到的 Mifare 卡片的 UID。

實驗材料：

Arduino UNO 板	1 個
Mifare RFID-RC522 模組	1 個

實驗電路：UNO R3 板的接線示範如下，雖然模組本身支援多種介面，但是本文採用的**程式庫僅支援 SPI 介面**。SPI 介面的晶片線選擇通常接在 Arduino 數位 10 腳，但這不是強制性的，模組的 Reset 腳也可以接在其他接腳：

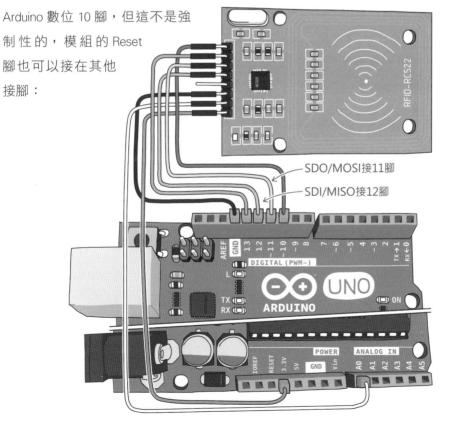

SDO/MOSI接11腳
SDI/MISO接12腳

操控 Mifare 模組的 MFRC522 程式庫：本單元程式採用 Miguel Balboa 先生開發的 MFRC522 程式庫來操控 Mifare 模組。選擇 Arduino IDE 的『**草稿碼 / 匯入程式庫 / 管理程式庫**』指令，接著在**程式庫管理員**中搜尋 "mifare"，找到如下的程式庫並且安裝它：

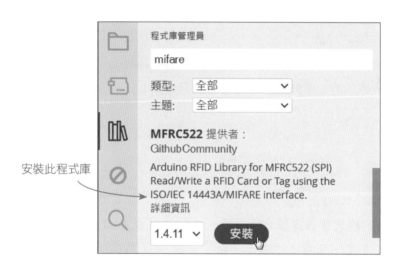

安裝此程式庫

程式庫安裝完成，即可從主功能表的『**檔案 / 範例 /MFRC522**』指令底下找到一些範例程式。

底下列舉本單元使用到的 MFRC522 程式物件的方法和屬性：

● MFRC522 物件 .PCD_Init()：初始化 MFRC522 讀卡機模組

● MFRC522 物件 .PICC_IsNewCardPresent()：是否感應到新的卡片

● MFRC522 物件 .PICC_ReadCardSerial()：讀取卡片的資料

● MFRC522 物件 .PICC_GetType()：取得卡片類型

● MFRC522 物件 .PICC_GetTypeName()：取得卡片類型名稱

當讀寫機讀取到卡片的資料之後，UID（唯一識別碼）的長度和內容，可從底下兩個屬性值取得：

● MFRC522 物件 .uid.size：包含 UID 的長度

● MFRC522 物件 .uid.uidByte：包含 UID 碼的陣列

讀取 Mifare 卡片的 UID 碼：讀取 Mifare 卡片的流程如下，讀寫器在操作卡片時，都會經過三次雙向認證，互相驗證使用的合法性，而且通訊過程中的所有數據都經過加密，以確保安全。我們的程式不需要理會其中的「防衝突處理」和「選卡」部份，讀寫器會幫我們搞定，但是在讀取資料之後，我們的程式要發出命令讓卡片進入停止（halt）狀態，避免讀寫器重複讀取同一張卡片：

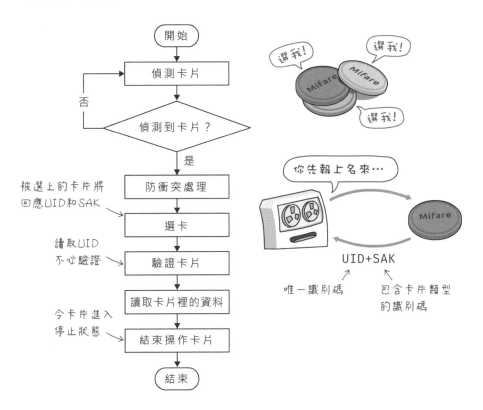

SAK 代表 select acknowledge，直譯為「選擇應答」，是由卡片發給讀寫器，對於選擇卡片命令的回應，不同類型的 Mifare 卡片的 SAK 值不一樣（例如，Mifare Classic 的 SAK 值為 0x18），程式可藉此判別感應到的卡片類型。詳細的防衝突處理與 SAK 值判斷流程，請參閱 NXP 公司的〈MIFARE ISO/IEC 14443 PICC Selection〉技術文件（https://goo.gl/m0o3St）。

讀取 Mifare 卡片類型及其 UID 碼的程式如下：

```
 1: #include <SPI.h>
 2: #include <MFRC522.h>                  // 引用程式庫
 3:
 4: #define RST_PIN     A0                // 讀卡機的重置腳位
 5: #define SS_PIN      10                // 晶片選擇腳位
 6:
 7: MFRC522 mfrc522(SS_PIN, RST_PIN); // 建立 MFRC522 物件
 8:
 9: void setup() {
10:   Serial.begin(9600);
11:   Serial.println("RFID讀取器已就緒...");
12:
13:   SPI.begin();
14:   mfrc522.PCD_Init();     // 初始化 MFRC522 讀卡機模組
15: }
16:
17: void loop() {
18:   // 確認是否有新卡片
19:   if (mfrc522.PICC_IsNewCardPresent()
20:       && mfrc522.PICC_ReadCardSerial()) {
21:     byte *id = mfrc522.uid.uidByte; // 取得卡片的 UID
22:     byte idSize = mfrc522.uid.size; // 取得 UID 的長度
23:
24:     Serial.print("PICC類型: ");        // 顯示卡片類型
25:     // 根據卡片回應的 SAK 值 (mfrc522.uid.sak) 判斷卡片類型
26:     MFRC522::PICC_Type piccType =
27:       mfrc522.PICC_GetType(mfrc522.uid.sak);
28:     Serial.println(mfrc522.PICC_GetTypeName(piccType));
29:
30:     Serial.print("UID長度: ");      // 顯示卡片的 UID 長度值
31:     Serial.println(idSize);
32:
33:     for (byte i = 0; i < idSize; i++) { // 逐一顯示 UID 碼
34:       Serial.print("id[");
35:       Serial.print(i);
36:       Serial.print("]: ");
37:       Serial.println(id[i]);      // 顯示 UID 值 (十進位)  ⬇
```

17

```
38:        }
39:        Serial.println();
40:
41:        mfrc522.PICC_HaltA();          // 讓卡片進入停止模式
42:    }
43: }
```

程式第 21 行宣告一個指向儲存 UID 值的指標變數：

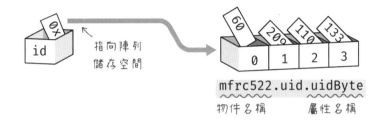

第 26 行的 "MFRC522::PICC_Type" 代表引用在 MFRC522 類別（程式庫）裡面
定義的 PICC_Type 這個資料類型。如果不用雙冒號指出 "PICC_Type" 資料類
型的來源，程式編譯器會產生未定義之類的錯誤。

上傳程式碼之後，開啟**序列埠監控窗**，你可以嘗試一次讓 Mifare 模組感應
多個卡片（筆者同時用 3 個），它將能逐一顯示每個卡片的類型和 UID：

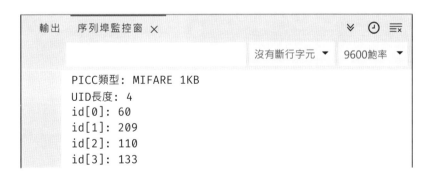

除非這些卡片離開、再次進入感應區，否則它們不會被重複讀取。

動手做 17-2　Mifare RFID 的門禁系統實驗

實驗說明：典型的 RFID 應用，例如門禁卡，都是**事先在微電腦中儲存特定 RFID 卡片的識別碼**。當持卡人掃描門禁卡時，系統將讀取並且比對儲存值，如果有相符，就開門讓持卡人通過。本單元將說明紀錄以及比對 RFID 碼的程式，並且採用一個伺服馬達來模擬旋轉門鎖的動作。

實驗材料：

Mifare RFID-RC522 模組	×1
Mifare Classic 標籤	至少兩個
伺服馬達	×1

實驗電路：Mifare RFID-RC522 模組與 Arduino 板的接線與上一節相同，另外在數位 2 腳連接伺服馬達：

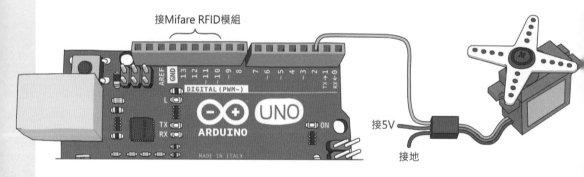

認識 C 語言的結構體（struct）：本單元的程式將在 Arduino 中紀錄一些 Mifare 標籤的識別碼，並且替它們標示名稱。每當掃描到這些標籤，Arduino 就在**序列埠監控窗**顯示它的名稱，並且轉動模擬開鎖的伺服馬達：若掃描到沒有紀錄的 Mifare 標籤，門鎖將沒有反應，**序列埠監控窗**則顯示 "Wrong Card!"（錯誤的卡片）。

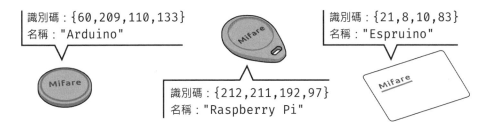

為了儲存標籤的識別碼和名稱,每一組標籤都需要兩個陣列,例如:

```
char name1[] = "Arduino";              // 標籤 1 的名稱
byte uid1[] = {60, 209, 110, 133};     // 標籤 1 的識別碼
char name2[] = "Raspberry Pi";         // 標籤 2 的名稱
byte uid2[] = {212, 211, 192, 97};     // 標籤 2 的識別碼
```

若要把識別碼和名稱儲存在同一個空間,可以使用**結構體(struct)資料類型**。

結構體能儲存一組包含不同類型的資料,以製冰盒來比喻,陣列的冰塊都是相同樣式;結構體的冰塊可以不同:

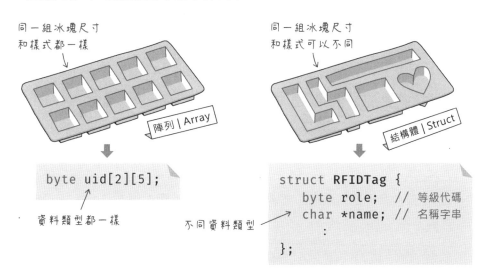

使用結構體之前,要事先定義它所能儲存的資料內容,相當於規劃容器的「藍圖」。下圖右是定義儲存一個位元組陣列和一個字串的結構體,**結構體裡的每一個資料欄位,稱為一個「成員」**。

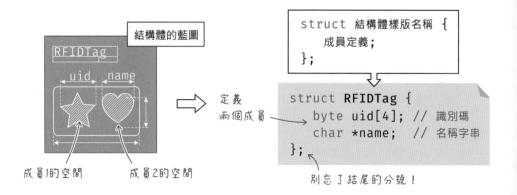

結構體定義完畢後，就可以填入資料，這個步驟稱為「初始化結構體資料」。下圖右的程式利用 RFIDTag 這個「藍圖」，打造一個叫做 "tag" 的容器，並在其中填入 UID 識別碼和自訂的標籤名稱。

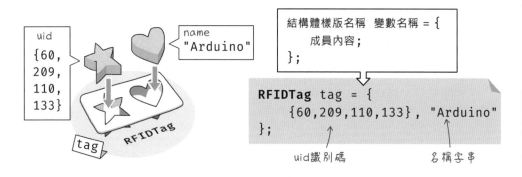

存取結構體裡的成員的語法如下，底下的敘述將取出 tag 裡的 name 資料：

結構體變數名稱.成員名稱 ⟹ tag.name ⟹ "Arduino"

若要儲存一組結構體資料，請使用陣列，底下的敘述將在 tags 陣列中儲存三組標籤的識別碼和名稱，請透過上個動手做練習取得手邊的 RFID 標籤 UID 碼：

```
RFIDTag tags[] = {
  {{60,209,110,133}, "Arduino"},    // 請自行修改 UID 碼
  {{212,211,192,97}, "Raspberry Pi"},
  {{21,8,10,83}, "Espruino"}
};
```

Mifare 門禁系統的程式：紀錄、比對 RFID 標籤以及開鎖的完整程式碼
如下：

```
 1: #include <SPI.h>
 2: #include <MFRC522.h>          // 引用程式庫
 3: #include <Servo.h>            // 引用伺服馬達程式庫
 4:
 5: #define RST_PIN      A0        // 讀卡機的重置腳位
 6: #define SS_PIN       10        // 晶片選擇腳位
 7: #define SERVO_PIN    2         // 伺服馬達的控制訊號接腳
 8:
 9: bool lockerSwitch = false;   // 伺服馬達的狀態
10: Servo servo;               // 宣告伺服馬達物件
11:
12: struct RFIDTag {       // 定義結構體
13:   byte uid[4];
14:   char *name;
15: };
16:
17: RFIDTag tags[] = {   // 初始化結構體資料，請自行修改 RFID 識別碼
18:   {{60,209,110,133}, "Arduino"},
19:   {{212,211,192,97}, "Raspberry Pi"},
20:   {{21,8,10,83}, "Espruino"}
21: };
22:
23: // 計算結構體資料筆數 (3)
24: byte totalTags = sizeof(tags) / sizeof(RFIDTag);
25:
26: MFRC522 mfrc522(SS_PIN, RST_PIN);   // 建立MF RC522 物件
27:
28: void locker(bool toggle) { // 驅動伺服馬達開鎖或關鎖
29:   if (toggle) {
30:     servo.write(90);        // 開鎖
31:   } else {
32:     servo.write(0);         // 關鎖
33:   }
34:   delay(15);                // 等伺服馬達轉到定位
35: }
36:
```

```
37: void setup() {
38:   Serial.begin(9600);
39:   Serial.println();
40:   Serial.print("size of RFIDTag:");
41:   Serial.println(sizeof(RFIDTag));
42:   Serial.print("size of tag:");
43:   Serial.println(sizeof(tags));
44:   Serial.println("RFID讀取器已就緒...");
45:
46:   SPI.begin();
47:   mfrc522.PCD_Init();          // 初始化 MFRC522 讀卡機模組
48:   servo.attach(SERVO_PIN);  // 將伺服馬達物件附加在數位 2 腳
49:   locker(lockerSwitch);
50: }
51:
52: void loop() {
53:   // 確認是否有新卡片
54:   if (mfrc522.PICC_IsNewCardPresent()
55:       && mfrc522.PICC_ReadCardSerial()) {
56:     byte *id = mfrc522.uid.uidByte;    // 取得卡片的 UID
57:     byte idSize = mfrc522.uid.size;    // 取得 UID 的長度
58:     bool foundTag = false; // 是否找到紀錄中的標籤，預設為「否」
59:
60:     for (byte i=0; i<totalTags; i++) {
61:       // 比對陣列資料值
62:       if (memcmp(tags[i].uid, id, idSize) == 0) {
63:         Serial.println(tags[i].name);  // 顯示標籤的名稱
64:         foundTag = true;  // 設定成「找到標籤了！」
65:         lockerSwitch = !lockerSwitch;   // 切換鎖的狀態
66:         locker(lockerSwitch);          // 開鎖或關鎖
67:         break;          // 退出 for 迴圈
68:       }
69:     }
70:
71:     if (!foundTag) { // 若掃描到紀錄之外的標籤，則顯示"卡片有誤！"
72:       Serial.println("卡片有誤！");
73:
74:       if (lockerSwitch) {  // 如果鎖是開啟狀態，則關閉它
75:         lockerSwitch = false;
76:         locker(lockerSwitch);
77:       }
```

```
78:        }
79:
80:        mfrc522.PICC_HaltA();   // 讓卡片進入停止模式
81:    }
82: }
```

第 24 行的 sizeof() 將傳回結構體和陣列資料佔用的位元組大小，此程式的陣列佔用 18 位元組，結構體佔用 6 位元組，兩者相除之後存入 totalTags，因此其值為 3，代表一共有 3 個標籤元素。日後不管 tags 結構體變數裡面增加多少紀錄，都能自動統計出來。

第 62 行透過 memcmp() 函式比對陣列，語法如下：

此處正確的說法是「指向某記憶體區塊的變數」

memcmp(陣列1, 陣列2, 要比較的位元組數)　　➡ 若傳回0，代表兩個陣列值相同。
代表 memory comparison (記憶體比較)　　　　若傳回值>0，代表**陣列1>陣列2**。
　　　　　　　　　　　　　　　　　　　　　　若傳回值<0，代表**陣列1<陣列2**。
　　　　　⬇ 使用例

memcmp(tags[0].uid, tags[1].uid, 4)　➡ 兩個陣列不同，傳回非0值

一旦比對到相同的值，就不用再比對其他紀錄，因此執行 **break 指令**，代表**中止迴圈**，直接跳到迴圈區塊以外，執行後續的程式。

上傳程式碼之後，掃描 Mifare 標籤，Arduino 的**序列埠監控窗**將顯示類似下圖的結果：

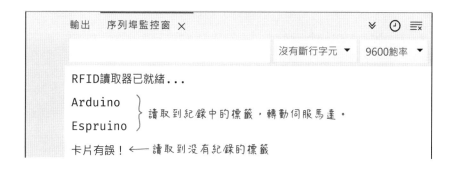

輸出　序列埠監控窗 ✕　　　　　　　　　　　　⌄ 🕐 ☰
　　　　　　　　　　　　　　沒有斷行字元 ▾　9600鮑率 ▾

RFID讀取器已就緒...

Arduino 　⎫
　　　　　　⎬ 讀取到紀錄中的標籤，轉動伺服馬達。
Espruino 　⎭

卡片有誤！◀── 讀取到沒有紀錄的標籤

讀者可採用扭力比較大的伺服馬達和槓桿機械結構，來開啟旋鈕式門鎖。有些門鎖、抽屜鎖採用電磁式開關，像底下的電門鎖和電控鎖：

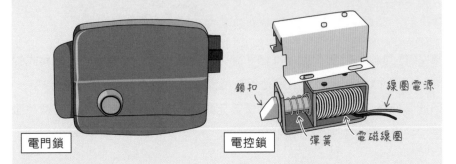

電門鎖　　　　　電控鎖　　鎖扣　彈簧　電磁線圈　線圈電源

對線圈通電，鎖扣將受磁力吸引而往後縮，因而開啟門鎖。這類型電鎖的驅動電路和繼電器一樣：

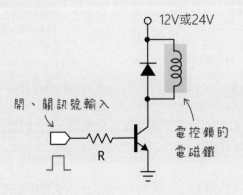

12V或24V

開、關訊號輸入

R

電控鎖的
電磁鐵

電晶體和電阻要依據電鎖的規格選用，這是一款電控鎖的主要參數：

- 工作電壓：12V 或 24V

- 工作電流：0.8A 或 1.2A

- 動作時間：<1s（允許連續通電時間 <10s）

從規格可得知，電晶體最好選用 Ic 耐電流 2A 以上（如：TP120）。

17-2 Mifare Classic 1KB 的 記憶體結構

伴隨 Mifare 讀寫器模組附贈的 RFID 卡（或感應扣），都是 Mifare Classic 1KB 類型。這種 RFID 卡內部有 1KB 的 EEPROM 記憶體，為了妥善管理並達到一卡多用的功能，這個記憶體空間被劃分成 16 個**區段（sector）**，每個區段有 4 個**區塊（block）**，**區段 0 的區塊 0 包含卡片的唯一識別碼**（UID，也稱為「製造商識別碼」，Manufacturer Code）。

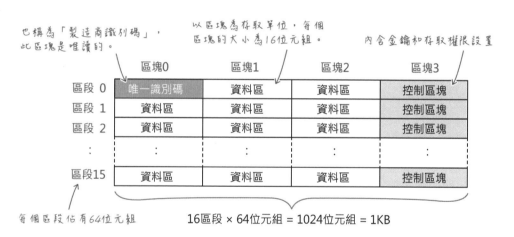

程式設計師可根據不同的應用場合，自行規劃儲存內容，例如：區段 1 可儲存員工編號、區段 2 儲存部門編號（可限制員工能夠進出的區域）、區段 3 存放停車時間…等等，一張卡片兼具多重識別用途。

每個區段的區塊 3 也叫做**控制區塊**（Sector Trailer, Trailer Block 或 Security Block），如果把上圖的資料結構想像成 16 層大樓，控制區塊相當於每一層樓的密碼鎖；進、出該層樓必須先輸入正確的密碼，而且每層樓都有兩組密碼。

控制區塊包含金鑰 A 和金鑰 B 兩組密碼（各 6 位元組），以及**存取控制位元**（4 位元組，但僅使用前 3 位元組）。

說　　明	金鑰A（必要）						存取控制位元				金鑰B（可有可無）					
位元組編號	0	1	2	3	4	5	6	7	8	9	10	11	12	13	14	15
預　設　值	FF	FF	FF	FF	FF	FF	FF	07	80	69	FF	FF	FF	FF	FF	FF

讀取資料時，此欄位的值會被遮蔽，全部用0代表。

這三個位元組，決定了資料區與此區的讀寫權限和驗證方式。

用戶自訂值，目前未使用。

金鑰 B 預設是可見的，金鑰 A 則因為安全考量，在掃描時，全部顯示成 00。**存取控制位元**用於控制區段裡的每個區塊（區塊 0 到區塊 3）是否能被存取、寫入或其他操作，並且決定要透過金鑰 A 或金鑰 B 來驗證。0xFF0780 是**控制區塊**的「出廠預設值」，代表：

● 金鑰 A 不可見；

● 若通過金鑰 A 或金鑰 B 驗證，即可讀取或寫入該區段的區塊 0~2。

● 若通過金鑰 A 驗證，可讀取或改寫存取該區段的**存取控制位元**和金鑰 B，也能改寫金鑰 A。

傾印 Mifare 卡片資料

請用一張空白卡測試，把它的資料全部傾印出來（dump，亦即，把全部資料顯示在**序列監控視窗**），藉以觀察 EEPROM 記憶體的資料結構。

執行 Arduino 主功能表的『**檔案 / 範例 / MFRC522 / DumpInfo**』，開啟 DumpInfo（傾印卡片資料）範例程式，將它上傳到 Arduino 板之後，請打開**序列埠監控窗**。底下是感應一張卡片的結果，在**序列埠監控窗**顯示卡片的所有區段數值之前，請勿移開或移動卡片。

17

每個區段的最後一個區塊，
不能隨意寫入資料！！

第6, 7, 8位元組的值，是由4
組AccessBits值運算而來。

```
Card UID: 3C D1 6E 85
Card SAK: 08
PICC type: MIFARE 1KB
Sector Block  0  1  2  3    4  5  6  7    8  9 10 11   12 13 14 15   AccessBits
  15    (63)  00 00 00 00   00 00 FF 07   80 69 FF FF   FF FF FF FF   [ 0 0 1 ]
        62    00 00 00 00   00 00 00 00   00 00 00 00   00 00 00 00   [ 0 0 0 ]
        61    00 00 00 00   00 00 00 00   00 00 00 00   00 00 00 00   [ 0 0 0 ]
        60    00 00 00 00   00 00 00 00   00 00 00 00   00 00 00 00   [ 0 0 0 ]
  14    (59)  00 00 00 00   00 00 FF 07   80 69 FF FF   FF FF FF FF   [ 0 0 1 ]

         5    00 00 00 00   00 00 00 00   00 00 00 00   00 00 00 00   [ 0 0 0 ]
         4    00 00 00 00   00 00 00 00   00 00 00 00   00 00 00 00   [ 0 0 0 ]
   0    (3)   00 00 00 00   00 00 FF 07   80 69 FF FF   FF FF FF FF   [ 0 0 1 ]
         2    00 00 00 00   00 00 00 00   00 00 00 00   00 00 00 00   [ 0 0 0 ]
         1    00 00 00 00   00 00 00 00   00 00 00 00   00 00 00 00   [ 0 0 0 ]
         0    3C D1 6E 85   06 08 04 00   62 63 64 65   66 67 68 69   [ 0 0 0 ]
```

區段編號　　唯一識別碼　　被遮蔽的金鑰A，　　金鑰B
　　　區塊編號　　　　　　實際值為6組FF。

若在讀取資料的過程，把卡片移開感應區，將會出現"Timeout in
communication"（通訊超時）錯誤訊息，請重新感應。

```
MIFARE_Read() failed: Timeout in communication.
  14    59  PCD_Authenticate() failed: Timeout in communication.
```

從卡片資料輸出結果可知：

● 空白卡片的資料區，除了紀錄識別碼的**區塊 0** 之外，預設值都是 0。

● 每個區段最後一個區塊，都是**控制區塊**（Trailer Block，如：屬於區段 15
的區塊 63）。

● 控制區塊的**前 6 位元組是金鑰 A**，預設全是 0xFF，但顯示成 00。

● 最右邊的 **AccessBits**（直譯為「存取位元」）**代表各個區塊的讀寫設置**，
這些參數經過計算之後，存放在控制區塊的第 6, 7, 8 位元組。如欲進一
步了解「存取位元」設置及其計算方式，可參閱 NXP 半導體的 MIFARE
Classic 技術文件的〈Access conditions〉單元（https://goo.gl/qnyp4p），或
者〈MIFARE Classic 1K Access Bits Calculator〉（存取位元計算機，https://
goo.gl/iA8bpk）。

動手做 17-3 讀寫 RFID 卡片資料 (扣款與充值) 實驗

本範例程式將在 RFID 卡（Mifare Classic）的區段 15、區塊 1，寫入一個虛構的「點數」。每刷一次 RFID 卡，它將讀取「點數」並從中扣除 50 點，若點數餘額少於 0，則自動充值 500 點。

本實驗電路和零件，與〈動手做 17-1〉相同。由於這個範例程式比較長，所以單元將分別說明驗證、讀取與寫入資料的程式寫法，完整的程式請參閱範例 diy17_3.ino 檔。

編譯並上傳 diy17_3.ino 程式之後，開啟**序列埠監控窗**，並掃描 Mifare 卡片，將能見到下圖的結果：

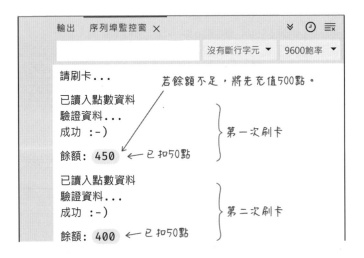

底下列舉本單元使用到的 MFRC522 程式物件的方法和屬性：

● MFRC522 物件 .PCD_Authenticate()：**驗證金鑰**，相當於比對輸入密碼和卡片裡的密碼，唯通過驗證才能存取卡片資料。

● MFRC522 物件 .GetStatusCodeName()：**取得狀態碼的名稱**

● MFRC522 物件 .PICC_DumpMifareClassicSectorToSerial()：在序列埠
　監控窗顯示指定的區段內容

● MFRC522 物件 .MIFARE_Read()：**讀取**指定區塊的內容

● MFRC522 物件 .MIFARE_Write()：在指定區塊**寫入**資料

設定金鑰：讀取卡片內部資料的流程，請參閱〈讀取 Mifare 卡片的 UID 碼〉
一節的流程圖，**讀、寫資料之前，都需要通過金鑰驗證**。宣告儲存金鑰的
變數的語法如下：

```
MFRC522::MIFARE_Key key;
```
金鑰的資料類型　　　　　　　儲存金鑰的物件變數

金鑰值儲存在 **key 物件裡的 keyByte 陣列屬性**，空白卡的金鑰 A 和 B 的
出廠預設值都是 6 組 0xFF，所以底下的程式採用 for 迴圈存入 6 個 0xFF
備用。

```
for ( byte i = 0; i < 6; i++ ) {
    key.keyByte[i] = 0xFF;
}
```
準備金鑰，出廠預設值為6組0xFF。

驗證金鑰：採用「金鑰 A」驗證金鑰的 PCD_Authenticate() 方法的語法如
下，其中的 **&key 參數將儲存上一節設定的金鑰值的變數位址；金鑰值和卡
片的唯一識別碼，都必須透過位址引用（亦即，在參數前面加上 & 符號），
而非直接傳入數值**。trailerBlock 參數存放控制區塊的編號；這個方法將傳回
一個包含驗證結果（通過與否）的**狀態碼**（status code）。

```
status = mfrc522.PCD_Authenticate(

            MFRC522::PICC_CMD_MF_AUTH_KEY_A,
            trailerBlock,                        ← 透過Key A驗證
            &key,
            &(mfrc522.uid)
          );
```

```
PCD_Authenticate( 命令, 控制區塊編號, 金鑰變數位址, 卡片識別碼位址 );
```

指定用Key A或Key B驗證　　　　　必須透過指標, 而非直接輸入資料值。

控制區塊以及資料區塊的編號值介於 0~63。以讀、寫區段 1 的區塊 1 為例,此區段的控制區塊編號為 7;區塊 1 的編號為 5。因此,驗證區段 1 時,trailerBlock 參數要傳入 7。程式可透過下圖底下的兩則運算式求得資料區塊和控制區塊的編號值。

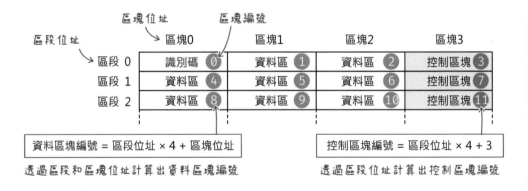

透過區段和區塊位址計算出資料區塊編號　　　　透過區段位址計算出控制區塊編號

儲存**狀態碼**的 status 變數,請透過底下的語法宣告。

狀態碼的資料類型　　　　　　　　儲存狀態碼的變數

底下的條件判斷式將在驗證未通過時,於**序列埠監控窗**輸出代表「驗證失敗」的訊息:

```
if ( status != MFRC522::STATUS_OK ) {
    Serial.print( "Authentication failed: " );
    Serial.println( mfrc522.GetStatusCodeName( status ) );
    return;
}
```

存在MFRC522程式庫中，代表成功的數字。

依據狀態碼取得狀態文字

讀取區塊的方法：讀取區塊資料的核心敘述如下，請先設定一個儲存讀取值的陣列變數，雖然區塊資料的長度是 16 位元組，但是 **MFRC522 程式庫規定至少需要準備 18 位元組大小的陣列來存放讀取值**；讀取和寫入區塊資料的方法也會傳回狀態碼。

MIFARE_Read()方法要求至少
準備18位元組來存放16位元組資料

```
byte buffer[18];
byte buffersize = 18;    // 資料陣列大小，底下的函式需要指向此變數的位址。

status = mfrc522.MIFARE_Read( blockNum, buffer, &buffersize );
```

MIFARE_Read(區塊編號, 儲存資料的陣列, 紀錄陣列大小的變數位址);

透過指標存取，而非直接輸入數字。

底下是負責讀取區塊資料的自訂函式 readBlock()，它接受三個參數：**區段編號**、**區塊編號**和**資料陣列**：

```
void readBlock(byte _sector, byte _block, byte _blockData[]) {
    // 判斷區段值是否介於 0~15、區塊值介於 0~3…
    if (_sector < 0 || _sector > 15 ||
        _block < 0 || _block > 3) {
      // 如果不是，則顯示錯誤訊息並結束此函式
      Serial.println(F("區段或區塊碼錯誤。"));
      return;
    }

    // 計算區塊的實際編號（0~63）
    byte blockNum = _sector * 4 + _block;
```

```
byte trailerBlock = _sector * 4 + 3;    // 控制區塊編號

// 驗證金鑰
status = (MFRC522::StatusCode) mfrc522.PCD_Authenticate(
  MFRC522::PICC_CMD_MF_AUTH_KEY_A, trailerBlock,
  &key, &(mfrc522.uid));
// 若未通過驗證…
if (status != MFRC522::STATUS_OK) {
  // 顯示錯誤訊息
  Serial.print(F("PCD_Authenticate() 失敗: "));
  Serial.println(mfrc522.GetStatusCodeName(status));
  return;
}

byte buffersize = 18;   // 讀取指定的區塊
status = mfrc522.MIFARE_Read(blockNum, _blockData,
                            &buffersize);

// 若讀取不成功…
if (status != MFRC522::STATUS_OK) {
  // 顯示錯誤訊息並結束此函式
  Serial.print(F("MIFARE_read() 失敗: "));
  Serial.println(mfrc522.GetStatusCodeName(status));
  return;
}

// 顯示「讀取成功！」
Serial.println(F("資料讀取成功！"));
}
```

上面的程式可讀取單一區塊的資料，若要傾印 Mifare Classic 卡片的特定區段（亦即，4 個區塊），可透過 MFRC522 程式庫內建的 PICC_DumpMifareClassicSectorToSerial()。執行此方法時，需要傳入卡片識別碼、驗證碼和區段編號，例如，底下的敘述將在**序列埠監控窗**輸出整個區段 15 的資料：

```
mfrc522.PICC_DumpMifareClassicSectorToSerial(&(mfrc522.uid),
                                            &key, 15);
```

寫入資料的方法：寫入區塊資料的核心敘述如下，請先宣告一個 16 位元組的陣列變數（此處命名為 blockData），在其中存入即將寫入卡片的資料：

一個區塊最大可存入16位元組資料

```
byte blockData[16] = "Keep Hacking!";

status = mfrc522.MIFARE_Write(blockNum, dataBlock, 16 );
```

MIFARE_Write(區塊編號, 儲存資料的陣列, 資料陣列的位元組數);

假設要把資料存入區段 1 的區塊 1，區塊編號（blockNum）請設定成 5。寫入資料的方法執行之後，將傳回一個代表寫入成功與否的狀態（status）值。這是在編號 5 的資料區寫入 "Keep Hacking" 字串的模樣：

底下是寫入卡片資料的自訂函式 writeBlock()，它接受三個參數：**區段編號**、**區塊編號**和**資料陣列**。此函式首先檢查指定的區段和區塊編號是否超出範圍，寫入資料之後，會從卡片讀取剛才寫入的資料，確認兩者數據一致。

```
void writeBlock(byte _sector, byte _block, byte _blockData[]) {
  if (_sector < 0 || _sector > 15 ||
      _block < 0 || _block > 3) {
    // 顯示「區段或區塊碼錯誤」，然後結束函式
    Serial.println(F("區段或區塊碼錯誤。"));
    return;
```

```
}

if (_sector == 0 && _block == 0) {
  // 顯示「第一個區塊只能讀取」，然後結束函式
  Serial.println(F("第一個區塊只能讀取。"));
  return;
}

// 計算區塊的實際編號（0~63）
byte blockNum = _sector * 4 + _block;
byte trailerBlock = _sector * 4 + 3;    // 控制區塊編號

// 驗證金鑰
status = mfrc522.PCD_Authenticate(
  MFRC522::PICC_CMD_MF_AUTH_KEY_A, trailerBlock,
  &key, &(mfrc522.uid));
// 若未通過驗證…
if (status != MFRC522::STATUS_OK) {
  // 顯示錯誤訊息
  Serial.print(F("PCD_Authenticate() 失敗: "));
  Serial.println(mfrc522.GetStatusCodeName(status));
  return;
}

// 在指定區塊寫入 16 位元組資料
status = mfrc522.MIFARE_Write(blockNum, _blockData, 16);
if (status != MFRC522::STATUS_OK) {          // 若寫入失敗…
  Serial.print(F("MIFARE_Write() 失敗: ")); // 顯示錯誤訊息
  Serial.println(mfrc522.GetStatusCodeName(status));
  return;
}

Serial.println(F("驗證資料中…"));          // 顯示「驗證資料中…」
// 從卡片讀出剛剛寫入的資料
status = mfrc522.MIFARE_Read(blockNum, buffer,
                             &buffersize);
if (status != MFRC522::STATUS_OK) {
  Serial.print(F("MIFARE_Read() 失敗: "));
  Serial.println(mfrc522.GetStatusCodeName(status));
}
```

```
byte count = 0;
for (byte i = 0; i < 16; i++) {
  // 比較剛才存入的每一個位元組是否和之前的寫入值相同
  if (buffer[i] == blockData[i])
    count++;
}

if (count == 16) {   // 如果 16 個位元組值都一致…
  Serial.println(F("成功 :-)"));   // 顯示「成功」
} else {
  // 否則顯示「失敗」
  Serial.println(F("失敗，不匹配 :-("));
  Serial.println(
    F("   也許是無法正常寫入…"));
}
Serial.println();
}
```

在 RFID 卡片中寫入整數類型值：RFID 卡片資料是以「位元組」為單位儲存，一個位元組所能代表的數字上限是 255。超過上限的數字，我們要自行將它拆解成不同位元組。例如，用第 8 章〈在 I²C 介面上傳送整數資料〉介紹的，把整數用**除式（/）**和**餘除（%）**拆成兩個位元組。

也可以用第 14 章介紹的**位移運算子**拆分與合併位元組資料。以拆分數字 1987 為例，底下是 10 進制、16 進制和 2 進制值：

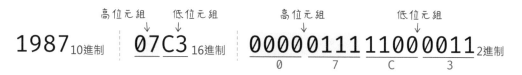

$1987_{10進制}$　$07C3_{16進制}$　$00000111\,11000011_{2進制}$

從 2 進制格式可看出，把這個數字資料右移 8 位元，即可取出高位元組（0x07）；低位元組則可透過**位元 AND** 和 0xFF 篩選出來，底下左邊的程式執行之後，buffer[0] 將存入 0xC3，buffer[1] 將存入 0x07。

```
int balance = 1987;
byte buffer[18];

buffer[0] = balance & 0xFF;
buffer[1] = balance >> 8;
```

位元 AND
運算子 →
```
  0000011111000011
& 0000000011111111  ← 0xFF
  ────────────────
  0000000011000011  ← 篩選出的位元
```

相反地，使用**左移運算子**以及**位元 OR** 合併兩個位元組，即可還原整數資料：

轉成整數類型再位移
↓
```
balance = (int)buffer[1] << 8 | buffer[0];
```

位元 OR
運算子 →
```
  00000111_____0  ← buffer[1]左移8位元
| 0000000011000011
  ────────────────
  0000011111000011
```

筆者把扣款與充值的程式寫成 checkBalance() 函式：

```
int balance = 0;        // 帳戶餘額
int credit = 500;       // 每次充值的金額

void checkBalance(int debit) {    // 接收一個扣款點數值的參數
  balance = ((int)buffer[1]) << 8 | buffer[0];

  // 若扣款後的餘額小於 0，則先存入 500 點
  if (balance - debit <= 0) {
    balance += credit;
  }

  balance -= debit;    // 扣除點數
  blockData[0] = balance & 0xFF;
  blockData[1] = balance >> 8;
}
```

17

掃描 RFID 卡、扣款和充值的程式碼：底下的原始碼省略了上文介紹的讀取、寫入以及執行扣款與充值的自訂函式，完整的程式碼請參閱 diy16_3. ino 檔。上傳此程式之後，開啟**序列埠監控窗**並掃描卡片，即可看到扣除點數的餘額。

```
#include <SPI.h>
#include <MFRC522.h>
#define RST_PIN    A0       // 重置腳
#define SS_PIN     10       // 晶片選擇腳


int balance = 0;     // 帳戶餘額
int credit = 500;    // 每次充值的金額


MFRC522 mfrc522(SS_PIN, RST_PIN);       // 建立 MFRC522 物件


MFRC522::MIFARE_Key key;       // 儲存金鑰


byte sector = 15;    // 指定讀寫的「區段」，可能值:0~15
byte block = 1;      // 指定讀寫的「區塊」，可能值:0~3
byte blockData[16] = {0, 0, 0, 0, 0, 0, 0, 0,
                      0, 0, 0, 0, 0, 0, 0, 0}; // 預設的寫入資料


byte buffer[18];      // 暫存讀取區塊內容的陣列
byte buffersize = sizeof(buffer);


MFRC522::StatusCode status;   // 儲存寫入和讀取結果的狀態碼


/*
在這裡加入讀、寫卡片與扣款自訂函式
*/


void setup() {
  Serial.begin(9600);
  SPI.begin();               // 初始化 SPI 介面
  mfrc522.PCD_Init();        // 初始化 MFRC522 卡片

  Serial.println(F("請刷MIFARE Classic卡…"));
```

```
  // 準備金鑰 (用於 key A 和 key B) ，出廠預設為 6 組 0xFF。
  for (byte i = 0; i < 6; i++) {
    key.keyByte[i] = 0xFF;
  }
}

void loop() {
  // 如果感應到卡片…
  if (mfrc522.PICC_IsNewCardPresent()
      && mfrc522.PICC_ReadCardSerial()) {
    readBlock(sector, block, buffer);       // 讀取卡片
    checkBalance(50);  // 扣 50 點
    writeBlock(sector, block, blockData);  // 寫入卡片

    Serial.println(String("餘額：") + balance); // 顯示餘額
    // 令卡片進入停止狀態
    mfrc522.PICC_HaltA();
    mfrc522.PCD_StopCrypto1();
  }
}
```

17

網路與 HTML 網頁基礎 ＋
嵌入式網站伺服器製作

網際網路無遠弗屆，最適合用於遠端監測：只要能透過瀏覽器上網，不管你是用手機還是電腦，都能操控遠端的 Arduino 開發板。Arduino 官方有推出一款專用的網路介面卡，也有內建網路晶片的 Arduino 開發板，以及配套的程式庫，讓建置網路控制設備變得更輕而易舉。

然而，開發人員必須具備網路連線、HTML 網頁和網站伺服器等相關知識，才能有效活用網路介面卡和程式庫。也因此，雖然用 Arduino 網站伺服器的程式碼不到 30 行，但是本章仍需大篇幅地介紹網路的相關概念。

倘使讀者已具備網路連線的背景知識，可直接閱讀〈動手做 18-1：認識網頁與 HTML〉單元；假如你也瞭解 HTML 語言，可直接閱讀〈認識 HTML 通訊協定〉單元。

18-1 認識網路與 IP 位址

兩台電腦之間分享資料，除了透過隨身碟複製檔案，最方便的莫過於把兩台電腦連結起來，直接在網路上複製檔案。電腦之間有數種連結方式（稱為「網路拓樸（Network Topologies）」），最常見的是像右下圖一樣，使用稱為**集線器（hub）**或**交換式集線器（Switching Hub）**的裝置來連結與交換訊息。

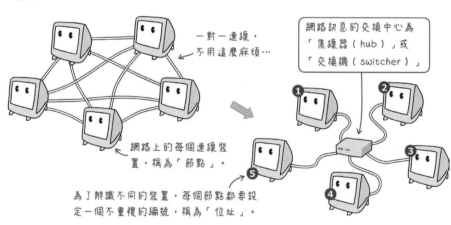

一對一連線，不用這麼麻煩…

網路上的每個連線裝置，稱為「節點」。

為了辨識不同的裝置，每個節點都要設定一個不重複的編號，稱為「位址」。

網路訊息的交換中心為「集線器（hub）」或「交換機（switcher）」

> 連結兩台以上電腦時，提供資源的一方叫做**伺服器**（server）。例如，分享印表機給其他電腦使用，分享者就叫做「印表機伺服器」；分享檔案資料給其他電腦者，稱為「檔案伺服器」。取用資源的一方叫做**用戶端**（client）。

為了辨識網路上的裝置（或者說「節點」），每個節點都要有一個位址編號。在網際網路上，**位址編號是一串 32 位元長度的 2 進位數字，稱為 IP**（Internet Protocol，**網際網路協定**）**位址**。為了方便人類閱讀，IP 位址採用「點」分隔的 10 進位數字來表示：

$$11000000 10101000 00000001 00011001 \longleftarrow \boxed{32 位元長度的二進位數字}$$

$$192.168.1.25 \longleftarrow 用點分隔的四組十進位數字，每一組數值介於0~255之間。$$

IP 位址也可以寫成一連串 10 進位數字，像是 3232235801，只是這種寫法不易記憶，也容易打錯：

$$\mathbf{192} \times 2^{24} + \mathbf{168} \times 2^{16} + \mathbf{1} \times 2^{8} + \mathbf{25} \times 2^{0} \implies 3232235801$$

> IP 位址有 IPv4 和 IPv6 兩種版本，上文介紹的是在 70 年代開發出來的 IPv4（IP 第 4 版），也是目前廣泛使用的版本，由於 IPv4 的位址數量已不敷使用，因此 90 年代出現了 IPv6（IP 第 6 版），它的位址長度為 128 位元，根據維基百科的描述「以地球人口 70 億人計算，每人平均可分得約 4.86×10^{28} 個 IPv6 位址」。
>
> IPv6 位址的模樣如下：
>
> ```
> FE80:0000:0000:0000:0202:B3FF:FE1E:8329
> ```

私有 IP 與公共 IP

許多 3C 裝置都具備網路連線功能，從電腦、手機、平板、遊戲機、電視甚至手錶，還有環境監控、醫療看護器材…等等，IP 位址恐怕不敷使用。現實生活中的路名和號碼也有這種問題，像各地都有「成功路」和 "42"

號，但只要加上**行政區域規劃**，就不會搞錯，例如，**台中市**成功路和**高雄市**成功路，很明顯是兩個不同地點。

IP 位址也按照區域劃分，家庭和公司內部（或者四公里以內的範圍）的網路，稱為**區域網路（Local Area Network，簡稱 LAN）**，在區域網路內採用的 IP 位址，稱為「私有 IP」。家庭內的小型區域網路的**私有 IP 位址，通常都是以 192.168 開頭**。

若以公寓大廈來比喻，區域網路內部的 IP 位址，類似**住戶編號**，由公寓社區自行指定，只要號碼不重複即可。

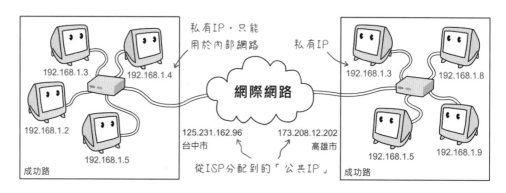

公共 IP 是網際網路上獨一無二的 IP 位址，相當於公寓大廈的門牌號碼。我們在家裡或一般公司內上網時，都會從 **ISP（Internet Service Provider，網際網路服務提供者**，像中華電信等提供上網服務的公司）分配到一個公共 IP。

當兩個區域之間交流時，就要用到「公共 IP」，這就好比，台中市成功路上的某人要寫信給高雄市成功路的朋友，要在地址上註明「高雄市」，不然郵差會以為你要寫給住在相同城市的人。

一般家庭所分配到的公共 IP 通常是變動的**動態 IP（Dynamic IP）**，這代表每一次開機上網時，公共 IP 位址可能都不一樣。動態 IP 就像一個人經常更換電話號碼，撥電話出去時沒有什麼問題，但是反過來說，別人就不容易和他取得聯繫。公司行號的聯繫電話和網址，不能隨意更換，他們採用的是**固定 IP（Static IP）**。一般人也可以向 ISP 申請使用固定 IP，但通常需要額外付費。

18

閘道（Gateway）：連結區域網路（LAN）與網際網路

如果家裡或者公司有多台設備需要上網，可透過**路由器**（Router）或者**交換式集線器**（Switching Hub）等網路分享器，將它們連上網際網路，這種連結內、外網路的裝置通稱**閘道（Gateway）**。

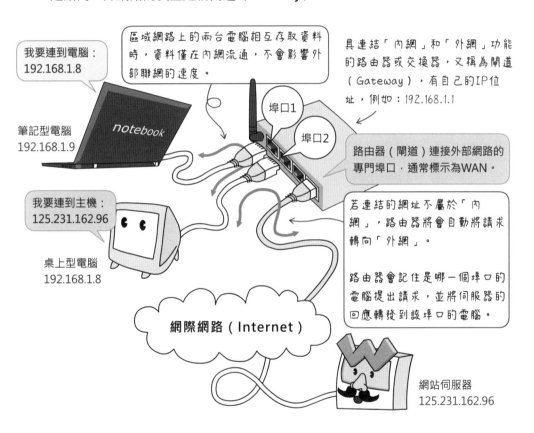

我要連到電腦：
192.168.1.8

區域網路上的兩台電腦相互存取資料時，資料僅在內網流通，不會影響外部聯網的速度。

具連結「內網」和「外網」功能的路由器或交換器，又稱為閘道（Gateway），有自己的IP位址，例如：192.168.1.1

筆記型電腦
192.168.1.9

notebook

埠口1

埠口2

路由器（閘道）連接外部網路的專門埠口，通常標示為WAN。

我要連到主機：
125.231.162.96

若連結的網址不屬於「內網」，路由器將會自動將請求轉向「外網」。

路由器會記住是哪一個埠口的電腦提出請求，並將伺服器的回應轉發到該埠口的電腦。

桌上型電腦
192.168.1.8

網際網路（Internet）

網站伺服器
125.231.162.96

區域網路裡的連網設備所採用的**私有 IP 位址**，也分成**靜態 IP** 和**動態 IP** 兩種。動態 IP 代表電腦或其他裝置的位址，全都由網路分享器動態指定；靜態 IP 則需要使用者自行在電腦上設定。

底下是 Windows 電腦的**動態 IP** 設定（自動取得 IP 位址）：

點擊 **IP 指派**欄位的**編輯**,便能
手動設定 IP 位址:

子網路遮罩

我們經常使用不同的分類與歸納手法,有效地整理或管理人事物。像是把
數位相機記憶卡裡面成百上千張的照片,依照拍攝日期、地點或主題存放
在不同的資料夾,以便日後找尋。

大型企業內的區域網路位址也需要分類,才方便妥善管理,假設區域網路
依照研發部、行銷部…等,劃分成不同的**子網路**(subnet),當行銷部門

廣播內部訊息時，這些訊息只會在該部門的網路內流動，不會佔用其他部門的網路資源。

劃分子網路的方法是透過**子網路遮罩**（subnet mask），雖然一般家庭裡的網路裝置可能只有少數幾台，不需要再分類，但按照規定至少還是得劃分一個類別。

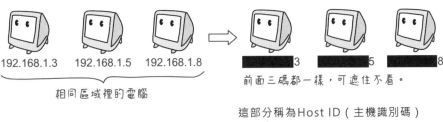

192.168.1.3　192.168.1.5　192.168.1.8　　　　　3　　　5　　　8

相同區域裡的電腦　　　　　　　　　前面三碼都一樣，可遮住不看。

這部分稱為Host ID（主機識別碼）

192.168.1.8

同一區域網路內的相同部分，稱為Network ID（網路識別碼）

「子網路遮罩」用於篩選出網址的「網路識別碼」，像底下的網址（左邊是2進位，右邊是 10 進位）和子網路遮罩經過 **AND 運算**之後，得到的位址就是網路識別碼（192.168.1）：

```
11000000101010000000000100001000   ⟨ IP位址 ⟩   192.168.   1.8
11111111111111111111111100000000   ⟨ 子網路遮罩 ⟩  255.255.255.0
  AND運算 ⬇  「1」代表「維持不變」              AND運算 ⬇
11000000101010000000000000000000   ⟨ 網路識別碼 ⟩ 192.168.   1.0
```

另一個網址經過相同的運算之後，可以得到相同的網路識別碼，因此可得知上面和底下網址位於相同區域：

```
11000000101010000000000100011000   ⟨ IP位址 ⟩   192.168.   1.24
11111111111111111111111100000000   ⟨ 子網路遮罩 ⟩  255.255.255.0
  AND運算 ⬇   「0」代表「歸零」               AND運算 ⬇
11000000101010000000000000000000   ⟨ 網路識別碼 ⟩ 192.168.   1.0
```

主機識別碼 255，保留給廣播訊息之用；主機識別碼 0 和網路識別碼一起，用於標示設備所在的區域。因此，設定 IP 位址時，主機識別碼不可以用 0 和 255。

實體位址

每個網路卡都有一個全世界獨一無二，且燒錄在網路卡的韌體中，稱為 **MAC**（Media Access Control，直譯為**媒體存取控制**）的位址或者稱為**實體位址**。

以身分證號碼和學號來比喻，**實體位址相當於身分證號碼**，是唯一且無法隨意更改的編號，可以被用來查詢某人的戶籍資料，但是大多只有在填寫個人資料和發生事故，需要確認身分時才會用到。

設備在網路上的識別編號

IP位址

實體位址

網路卡的唯一號碼

IP位址相當於學號：MAC位址則像身份證號碼。

Makers University

學號：10072007
有效日期：2025-10-17
Sophia Chao
學生證 STUDENT

IP 位址則像是學號，學號是由學校分配的，在該所學校內是獨一無二的。從學號可以得知該學生的入學年度、就讀科系，對學校和同學來說，學號比較實用，如果學生轉到其他學校，該生將從新學校取得新的學號。

MAC 位址總長 48 位元，分成「製造商編號」和「產品編號」兩部分。「製造商編號」由 IEEE（電機電子工程師學會）統一分配，「產品編號」則是由廠商自行分配，兩者都是獨一無二的編號。路由器和交換器等網路裝置，都會在商品底部的貼紙上標示該設備的 MAC 位址，例如：

MAC address： 08:00:69:02:01:FC
（實體位址）   製造商編號   產品編號

路由器就是透過 MAC 位址來辨識連接到埠口上的裝置，無線基地台也可以讓用戶輸入並儲存連線裝置的 MAC 位址，藉以限定只有某些裝置才能上網。

在 Windows 系統，可以在**命令提示字元**視窗中，輸入 "ipconfig /all" 指令，列舉所有網路卡的 IP 位址設定和實體位址，底下是在筆者電腦上執行 **ipconfig /all** 指令的畫面：

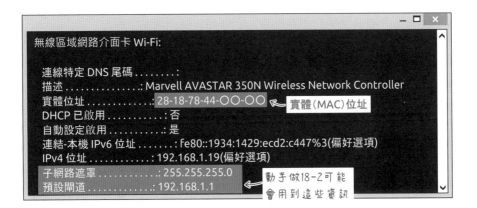

在 macOS 上查看網卡的實體位址，請開啟**系統偏好設定**面板裡的**網路**，再點選**進階**鈕，最後點選**乙太網路**選項，即可看見 MAC 位址。或者，開啟**終端機**視窗，輸入 "ifconfig en0 | grep ether" 指令，其中，**en0** 代表有線網卡，**en1** 則是無線網卡。

18-2 網域名稱、URL 網址和傳輸協定

在設定網路連線以外的場合，我們鮮少使用 IP 位址，瀏覽網站常用的是**網域名稱**（domain name，底下簡稱「域名」），像筆者的網站域名是 swf.com.tw，讀者只要在瀏覽器輸入此域名，就能連到該網站。

然而，網路設備最終還是只認得 IP 位址，因此域名和 IP 位址之間，需要經過一道轉換手續，提供這種轉換服務功能的伺服器稱為 **DNS**（Domain Name Server，網域名稱伺服器）。

DNS伺服器記得每個網站的名稱和對應的IP位址

域名需要額外付費註冊並且支付年費才能使用，讀者只要上網搜尋「網域名稱註冊」或者「購買網址」等關鍵字，即可找到辦理相關業務的公司。也有公司提供**免費域名轉址服務**，像 No-IP（http://www.no-ip.com/），註冊之後，用戶即可透過○○○.no-ip.com 這樣的網址（○○○代表你的註冊帳號）連結到你指定的 IP 位址。

免費轉址服務很適合個人和家庭使用。幾乎每個網路分享器都有提供**虛擬非軍事區**（De-Militarized Zone，簡稱 **DMZ**）或**虛擬伺服器**功能，讓公共 IP 位址對應到區域網路內的某個裝置位址（註：**非軍事區**代表私人網路中，開放給外界連結的設備）。以下圖為例，網際網路使用者可透過 no-ip.com 或者直接輸入 IP 位址，連結到 Arduino 開發板。

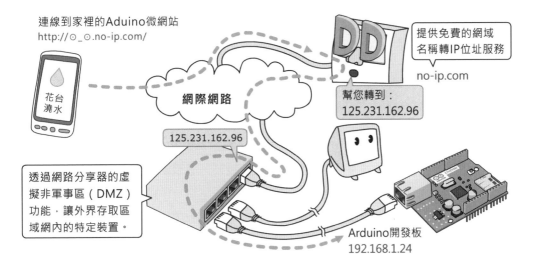

連線到家裡的Aduino微網站
http://⊙_⊙.no-ip.com/

花台澆水

網際網路

提供免費的網域名稱轉IP位址服務
no-ip.com

幫您轉到：
125.231.162.96

125.231.162.96

透過網路分享器的虛擬非軍事區（DMZ）功能，讓外界存取區域網內的特定裝置。

Arduino開發板
192.168.1.24

為了顧及採用動態 IP 上網的人士，公共 IP 經常變動，No-IP 公司有提供一個免費的工具軟體，可以自動同步更新 DNS 對應的 IP 位址，讀者不用擔心無法從外界連回自家的設備。

認識 URL 網址

URL 是為了方便人們閱讀而發展出來，使用文字和數字來指定網際網路上的資源路徑的方式。URL 位址是由**傳輸協定**和**資源路徑**所構成的，中間用英文的**冒號（:）**分隔，常見的 URL 格式如下：

寄出電郵 ⇨ `mailto:cubie@yahoo.com`

瀏覽網頁 ⇨ `http://www.swf.com.tw/index.php`

下載檔案 ⇨ `ftp://swf.com.tw/files/Sony_NEX_Shutter_Controller.zip`

底下以瀏覽網頁的 URL 為例：

路徑（資料夾）名稱

arcadeFLAR

網頁檔名

index.html

http://www.swf.com.tw/arcadeFLAR/index.html

↑
傳輸協定
http代表要連結到網站伺服器

主機（www）和網域名稱（swf.com.tw）

www.swf.com.tw

它包含三個部份：

● 傳輸協定：當瀏覽器向網站伺服器要求讀取資料時，它採用一種稱為 HTTP 的傳輸協定和網站溝通，這就是為何網頁的位址前面都會標示 "http" 的緣故。

  網際網路上不只有網站伺服器（註：一般稱為「http 伺服器」或「web 伺服器」），因此和不同類型的伺服器溝通時，必須要使用不同的傳輸協定。 由於大多數人上網的目的就是為了觀看網頁，所以目前的瀏覽器都有提供一項便捷的功能，不需要我們輸入 "http://"，它會自行採用 http 協定和伺服器溝通。

● 主機位址：www.swf.com.tw 稱為主機位址，就是提供 WWW 服務的伺服器的位址。您也可以用 IP 位址的形式，例如 http://69.89.20.45，來連結到指定的主機。

● 資源路徑：放在該主機上的資料的路徑。就這個範例而言，我們所取用的是位於這個主機的 arcadeFLAR 目錄底下的 index.html 檔。

埠號（Port）

如果把伺服器的網路位址比喻成電話號碼，那麼**埠號（Port）**就相當於分機號碼。**埠號被伺服器用來區分不同服務項目的編號**。例如，一台電腦可能會同時擔任網站伺服器（提供 HTTP 服務）、郵件伺服器（提供 SMTP 服務）和檔案伺服器（提供 FTP 服務），這些服務都位於相同 IP 位址的電腦上，為了區別不同的服務項目，我們必須要將它們放在不同的「分機號碼」上。

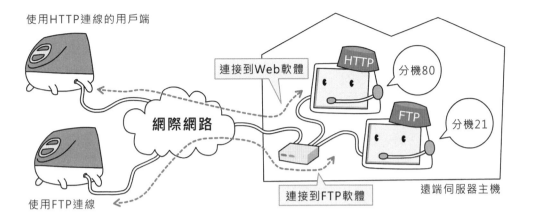

使用HTTP連線的用戶端

連接到Web軟體

HTTP

分機80

網際網路

FTP

分機21

連接到FTP軟體

遠端伺服器主機

使用FTP連線

這就好像同一家公司對外的電話號碼都是同一個，但是不同部門或者員工都有不同的分機號碼，以便處理不同用戶的需求。埠號的編號範圍可從 1 到 65536，但是**編號 1 到 1023 之間的號碼大多有其特定的意義**（通稱為 Well-known ports），不能任意使用。

幾個常見的網路服務的預設埠號請參閱表 18-1。

表 18-1

名稱	埠號	說明
HTTP	80	用於傳送網頁相關的資料，例如文字、圖像、影片…等等，HTTP 是超文本傳輸協定（HyperText Transfer Protocol）的縮寫。 因為 WWW 使用 HTTP 協定傳輸資料，因此 Web 伺服器又稱為 HTTP 伺服器
FTP	21	用於傳輸檔案以及檔案管理，FTP 是檔案傳輸協定（File Transfer Protocol）的縮寫
SMTP	25	用於郵件伺服器，SMTP（Simple Mail Transfer Protocol）可用於傳送和接收電子郵件。不過它通常只用於傳送郵件，接收郵件的協定是 POP3 和 IMAP
TELNET	23	讓用戶透過終端機（相當於 Windows 的「命令提示字元」視窗）連到主機

例如，當我們使用瀏覽器連結某個網站時，瀏覽器會自動在網址後面加上（我們看不見的）埠號 80；而當網站伺服器接收到來自用戶端的連線請求以及埠號 80 時，它就知道用戶想要觀看網頁，並且把指定的網頁傳給用戶。

因為這些網路服務都有約定成俗的埠號，所以在大多數的情況下，我們不用理會它們。但有些主機會把 WWW 服務安裝在 8080 埠，因此在連線時，我們必須在網域名稱後面明確地寫出 8080 的埠號（中間用冒號區隔）。假設 swf.com.tw 網域使用 8080 的埠號，URL 連線網址的格式如下：

```
http://swf.com.tw:8080/
```

動手做 18-1　認識網頁與 HTML

實驗說明：網站伺服器的基本功能是提供網頁文件給用戶端瀏覽。因此，讀者首先要了解如何製作基本的 HTML 文件。假若讀者已經知道 HTML 網頁的語法，請直接閱讀下文〈網路的連線標準與封包〉一節。

實驗程式：網頁文件稱為 HTML，它是副檔名為 .html 或 .htm 的純文字檔，因此網頁文件其實只要用 Windows 的「記事本」或 macOS 的 TextEditor 軟體即可編輯（註：請不要用 Word 文書處理軟體來編輯，因為它會加入不必要的編碼）。請在記事本或 TextEditor 軟體中輸入左下圖的內容，此檔將能在瀏覽器呈現右下圖的畫面：

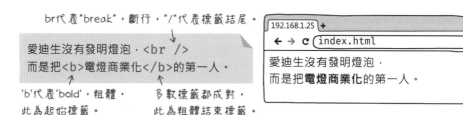

附帶說明，若未使用
 標示斷行，僅用 Enter 鍵分行，並不會在瀏覽器中顯示成兩行。**許多標籤指令都是成雙成對的**，像左上圖裡的 <b> 和 </b>（結尾的標籤前面有個斜線符號），告訴瀏覽器這個區域裡的文字用**粗體（bold）**呈現。

將檔案命名儲存成 index.html。存檔時，為了避免記事本將它存成 .txt 檔，可在檔名的前後加上雙引號（實際的名稱不會有雙引號）：

實驗結果：雙按存檔後的文件，將能在瀏覽器呈現剛才輸入的文字。

網頁的檔頭區和內文區

HTML 標籤指令以及 Web 相關科技的規範，由**全球資訊網協會**（World Wide Web Consortium，簡稱 W3C 或 W3 協會）這個國際組織制定並督促網路程式開發者和內容提供者遵循這些標準。

除了傳達給閱聽人的訊息，**網頁文件還包含提供給瀏覽器和搜尋引擎的資訊**。例如，設定文件的標題名稱和文字編碼格式，這些資訊並不會顯示在瀏覽器的文件視窗裡。

為了區分文件裡的描述資訊與內文，網頁分成**檔頭（head）**與**內文（body）**兩大區域，分別用 <head> 和 <body> 元素包圍，這兩大區域最後又被 <html> 標籤包圍，例如：

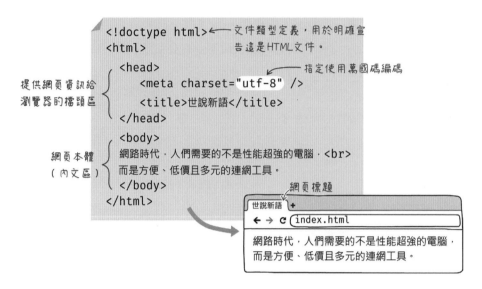

總結上述的說明，基本的網頁結構如下：

- <!doctype html>：網頁文件類型定義，告訴瀏覽器此文件是標準的 HTML。

- <html>...</html>：定義網頁的起始和結束。

- <head>...</head>：檔頭區，主要用來放置網頁的標題（title）和網頁 語系的文字編碼（charset，字元集）。當瀏覽器讀取到上面的檔頭區資 料時，就會採用 UTF-8 格式來解譯網頁內容。

- <body>...</body>：放置網頁的內文。

HTML 的本質是「串聯」資源：嵌入影像

拿 Word 文件和 HTML 相比，Word 文件把所有資源（文字和影像）都包含 在一個 .doc 檔案中，HTML 則是標記引用的資源位置，像右下圖的網頁示 意，影像和谷歌地圖並沒有存在 HTML 裡面。

網頁的影像檔習慣上都存放在名叫 images 或 img 的資料夾，而引用影像檔的 HTML 標籤指令是 <img>，影像標籤指令裡面還有個名叫 src（代表 source，來源）的屬性，指出影像檔的來源路徑。

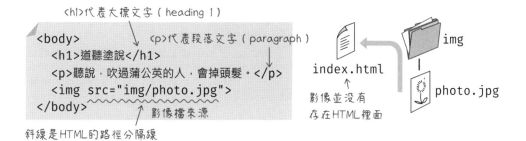

> 實際上，影像、聲音…等媒體檔案，可以轉成 base64 編碼格式文字，存入 HTML 檔案中，相關資訊請搜尋關鍵字 "base64 影像"。大多數網站的媒體檔案都是分別存放，讓 HTML 引用。

18-3 網路的連線標準與封包

不同的電腦系統（例如 Windows 和 Mac）的網路連結、磁碟以及資料的儲存格式，必須要支援共同的標準格式才能互通。網路系統很複雜，無法用一個標準囊括所有規範，以大眾捷運系統為例，從道路的寬度、速限、站牌的大小和裝設位置、到公共汽車的載客數量、敬老座的數目以及司機的資格審核…等，各自都有不同的規範。

網路系統的標準可分成四個階層，以實際負責收發資料的網路介面層為例，不管購買哪一家公司製造的網路卡，都能和其他網路卡相連，因為它們都支援相同的標準規範。

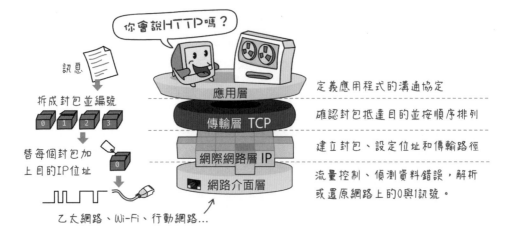

目前所有有線區域網路連線的「網路介面層」規範，幾乎都採用**乙太（Ethernet）**這種規格（市售的網路卡也都是乙太網路卡），它定義了資料傳送方式、訊號電壓格式和網路線材等標準。例如，乙太網路線的插座標準稱為 **RJ-45**，依照連線速度，網路線分成 10BASE-T, 100BASE-T 和 1000BASE-T 等規格，如果電腦的網路卡支援 1Gbps 傳輸率（每秒可傳遞 1000M 位元資料），網路線必須使用 1000BASE-T，才能發揮它的效能；100BASE-T 用於 100Mbps 的網路環境。

縱使大家普遍都使用無線上網，有線網路在可靠度、安全性和傳輸速度方面，比無線網路好。因為有線網路不易受環境干擾，訊息不會在空中四處傳播、要實際連接到設備才能進行通訊，安全性較高，因此仍有許多設備採用有線方式連線。

此外，有一種稱為 PoE（Power over Ethernet，乙太網路供電）的技術，在網路線中包含電力線，可同時傳輸電力和資料，支援 PoE 的設備（如：網路攝影機）插上這種線材即可運作，管理人員也能從遠端開、關設備的電源。

Arduino 官方有推出 UNO R3 開發板相容的乙太網路擴展板和程式庫，相關說明和實作請參閱〈附錄 A〉。

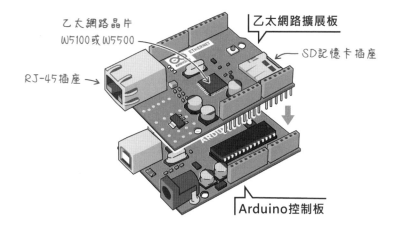

話說回來，UNO R4 WiFi 板內建 Wi-Fi 連線功能，足夠網路通訊實驗使用，所以本章的網通實驗都採用 R4 WiFi 板。

Arduino UNO R4 WiFi開發板

封包

網路設備之間交換訊息不像電話語音通訊會佔線，因為訊息內容被事先分割成許多小封包（packet）再傳送，每個封包都知道自己的傳送目的地，到達目的之後再重新組合，如此，每個設備都可以同時共享網路。

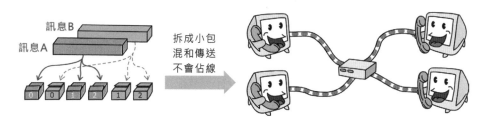

TCP 層還有一種稱為 UDP 協定，若用郵差寄信來比喻，**TCP 相當於掛號信，UDP 則是普通信件。**

採用 TCP 的設備會在收到封包時，回覆訊息給發送端，確認資料接收無誤。若發送端在一段時間內沒有收到回覆訊息，它會認為封包在傳遞過程中遺失了，會重發一次該封包。

UDP 不會確認封包是否抵達目的地，因為少了確認的流程，因此可以節省往返的交通時間，也增加處理效率。許多網路影音應用都採用 UDP，因為就算少傳送一些資料，也只些微影響到畫質，使用者察覺不到。

18-4 認識 HTTP 通訊協定

網站伺服器使用的通訊協定稱為 **HTTP**（HyperText Transfer Protocol，**直譯為「超文本傳輸協定」**）。與網站伺服器連線的過程分成 **HTTP 請求**（request）和 **HTTP 回應**（response）兩個狀態。在瀏覽器裡輸入網址之後，瀏覽器將對該網站伺服器主機發出連結「請求」，而網站伺服器將會把內容「回應」給瀏覽器：

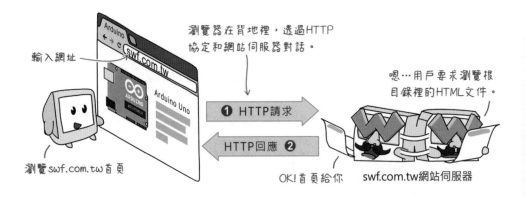

伺服器會持續留意來自用戶的請求，當回應用戶的請求（送出資料）之後，伺服器隨即切斷與該用戶的連線，以便釋出資源給下一個連線用戶。

HTTP 的請求指令

在瀏覽器中輸入 swf.com.tw 首頁連結後，瀏覽器會在背地裡發出如下的 HTTP 請求訊息。平時我們不用理會這些訊息，但是在開發 Arduino 物聯網應用時，我們必須了解並處理 HTTP 訊息。

「請求」訊息的第一行是發出指令的**請求行**，後面跟著數行**標頭欄**（header field）。**請求行**包含指出「請求目的」的 **HTTP 方法**，表 18-2 列舉 HTTP 協定 1.1 版本提供 8 種標準的方法，其中最常見的就是 GET 和 POST。目前廣泛使用的 HTTP 協定版本是 1.1，資源路徑 '/' 代表根目錄，也就是網站的首頁。

標頭欄用於描述用戶端，相當於向伺服器介紹：我來自 Chrome 瀏覽器、作業系統是 Windows 10、我讀懂中文和英文…等等。HTTP 訊息後面的 \r\n 代表「換行」，訊息**結尾包含一個空行**。

表 18-2

方法	說明
GET	向指定的資源位址請求資料
POST	在訊息本體中附加資料（entity），傳遞給指定的資源位址
PUT	上傳文件到伺服器，類似 FTP 傳檔
HEAD	讀取 HTTP 訊息的檔頭
DELETE	刪除文件
OPTIONS	詢問支援的方法
TRACE	追蹤訊息的傳輸路徑
CONNECT	要求與代理（proxy）伺服器通訊時，建立一個加密傳輸的通道

HTTP 回應訊息與狀態碼

收到請求之後，網站伺服器將發出 HTTP 回應給用戶端，訊息的第一行稱為「狀態行（status line）」，由 **HTTP 協定版本**、三個數字組成的**狀態碼**和**描述文字**組成。例如，假設用戶請求的資源網址不存在，它將回應 404 的錯誤訊息碼：

HTTP 回應用狀態碼代表回應的類型，其範圍介於 1xx~5xx（第 1 個數字代表回應的類型，參閱表 18-3），用戶端可透過狀態碼得知請求是否成功。最著名的狀態碼大概就是代表資源不存在的 404。完整的狀態碼數字及其意義，請參閱維基百科的〈HTTP 狀態碼〉條目（goo.gl/a7YAc3）。

表 18-3：狀態碼的類型

代碼	類型	代表意義
1××	Informational（訊息）	伺服器正在處理收到的請求
2××	Success（成功）	請求已順利處理完畢
3××	Redirection（重新導向）	轉由其他網址完成請求
4××	Client Error（用戶端錯誤）	伺服器無法處理請求
5××	Server Error（伺服器錯誤）	伺服器處理請求時發生錯誤

如果請求的資源存在而且開放用戶存取，伺服器將回應 "200 OK" 的狀態碼與描述文字。「狀態行」的後面跟著標示內容長度（位元組數）與內容類型的「標頭欄」，**資源主體（payload）**附加在最後；**標頭欄**和**資源主體**之間包含一個空行。

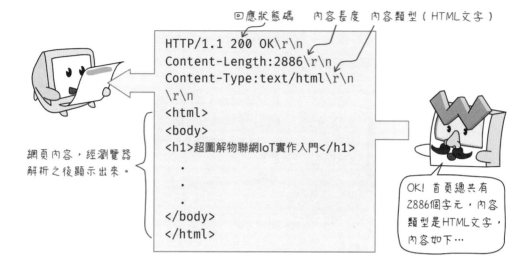

回應狀態碼　內容長度　內容類型（HTML文字）

```
HTTP/1.1 200 OK\r\n
Content-Length:2886\r\n
Content-Type:text/html\r\n
\r\n
<html>
<body>
<h1>超圖解物聯網IoT實作入門</h1>
     .
     .
     .
</body>
</html>
```

網頁內容，經瀏覽器解析之後顯示出來。

OK! 首頁總共有 2886個字元，內容類型是HTML文字，內容如下…

18-5 認識 Wi-Fi 無線網路

3C 產品的無線網路皆採用美國**電機電子工程師學會（IEEE）**制定的 IEEE 802.11 規格。Wi-Fi 是基於 IEEE 802.11 標準的無線網路技術，也就是讓聯網裝置以無線電波的方式，加入採用 TCP/IP 通訊協定的網路。網路設備製造商依據 802.11 研發出來產品，交給「Wi-Fi 聯盟」認證，確認可以和其他採相同規範的裝置互連，進而取得 Wi-Fi 認證標籤。

Wi-Fi 網路環境通常由兩種設備組成：

● Access Point（「存取點」或「無線接入點」，簡稱 AP）：允許其它無線設備接入，提供無線連接網路的服務，像住家或公共區域的無線網路基地台，就是結合 WiFi 和 Internet 路由功能的 AP；AP 和 AP 可相互連接。提供無線上網服務的公共場所，又稱為 Wi-Fi 熱點（hotspot）。

● Station (「基站」或「無線終端」，簡稱 STA)：連接到 AP 的裝置，一般可無線上網的 3C 產品，像電腦和手機，通常都處於 STA 模式；STA 模式不允許其他聯網裝置接入。

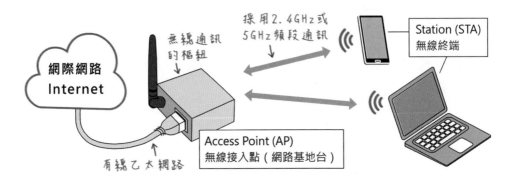

AP 會每隔 100ms 廣播它的識別名稱（Service Set IDentifier，服務設定識別碼，簡稱 SSID），讓處於通訊範圍內的裝置辨識並加入網路。多數的 AP 會設定密碼，避免不明人士進入網路，同時也保護暴露在電波裡的訊息不會被輕易解譯。Wi-Fi 提供 WEP, WPA, WPA2 或 WPA3 加密機制，彼此連線的設備都必須具備相同的加密功能，才能相連；WEP 容易被破解，不建議使用。

開發板通常都以 STA（無線終端）模式運作，而非 AP 模式，因為 STA 一次只能連接一個 AP，假如手機透過 Wi-Fi 連接開發板「基地台」，手機就只能存取開發板的資源：

隨著技術的演進，802.11 陸續衍生不同的版本，主要的差異在於電波頻段和傳輸速率，表 18-4 列舉其中幾個版本；「天線數」相當於道路的「車道數」，天線越多，承載（頻寬）和流量也越大。UNO R4 的 **ESP32-S3 支援 2.4GHz 頻段的 802.11 b/g/n 規格。**

表 18-4

規格	802.11a	802.11b	802.11g	802.11n	802.11ac
頻段	5GHz	2.4GHz		2.4GHz、5GHz	5GHz
最大傳輸速率	54Mbps	11Mbps	54Mbps	600Mbps	6.77Gbps
天線數	1 支			最多 4 支	最多 8 支

Wi-Fi 無線網路的頻道和訊號強度

802.11g/n 無線網路標準，在 2.4GHz~2.494GHz 頻譜範圍內，劃分了 14 個頻道（channel），每個頻道的頻寬為 20MHz。

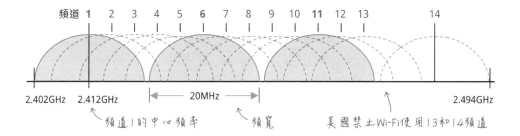

因為各國的電信法規不同，不是所有地區的 Wi-Fi 設備都能使用全部的頻道，像美國的法令就不允許使用 13 和 14 頻道；雖然台灣可以使用 1~13 頻道，但是筆者家裡的路由器只能選擇 1~11 頻道。Wi-Fi 無線寬頻路由器預設會自動選擇頻道。

你可以使用軟體來監測當前的 Wi-Fi 頻譜的使用狀況，像 Android 手機上的開放原始碼 WiFiAnalyzer（WiFi 分析儀，https://goo.gl/5OVlHu），能夠顯示無線熱點名稱、訊號強度以及通訊頻道。

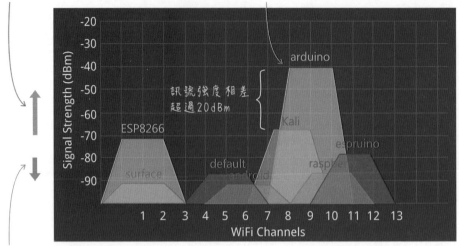

-70dB以上，才能可靠傳送資料封包。　　　Wi-Fi熱點名稱、訊號強度和頻道

-80dB以下，網路傳輸很不穩定。

Wi-Fi 網路的**接收信號強度**（**Received Signal Strength Indicator，簡寫成 RSSI**）代表無線終端（如：手機）接收無線接入點訊號的收訊強度值，單位是 dBm。RSSI 在 -80dBm 以下的無線訊號很微弱，資料封包可能會在傳送過程中遺失。若要流暢觀看網路視訊，接收強度值最好在 -67dBm 以上。

dBm 是電波強度單位（以 1mW 功率為基準的比值），0dBm（0 分貝毫瓦）等於 1mW（1 毫瓦）功率；FM 廣波電台的電波強度為 80dBm，等同 100kW（100 千瓦）功率，覆蓋距離約 50 公里。電波發射功率（瓦數）換算成 dBm 單位的公式如下：

電波強度(dBm)$= 10 \times \log \left(\dfrac{功率}{1mW} \right) \Rightarrow 10 \times \log \left(1000 \times 功率 \right)$

　　　　　　　　　　　　↗參考值　　　　　　　　　　　　↖單位是瓦（W）

Arduino 語言以 10 為底的 log 函式為 log10()，從計算結果可知，發射功率 1W 的 dBm 值為 30，0.01mW 功率則是 -20dBm，發射功率越弱，dBm 值越低。

```
float dBm = 10*log10( 1000 );
```
↖1000mW功率　　　計算結果 ➡ 30.00

```
dBm = 10*log10( 0.01 );
Serial.print( dBm );
```
輸出 ➡ -20.00

18

18-6 建立 Wi-Fi 網路連線

本文的網站伺服器指的是在 Arduino 開發板上執行的一個程式，能讓使用者透過網路瀏覽器連接到此 Arduino 控制板，讀取感測器的資料或者控制連接的元件；網站伺服器也稱為 Web 或 HTTP 伺服器。

要留意的是，**手機或其他要連線到 Arduino 開發板的設備，以及 Arduino 開發板，必須先連線到相同的 Wi-Fi 路由器**，否則彼此無法連線。Wi-Fi 路由器預設採用 **DHCP**（Dynamic Host Configuration Protocol，動態主機設定協定），自動分配唯一的 IP 位址給連線裝置，手機或電腦在瀏覽器中輸入 Arduino 的 IP 位址，即可和它連線。

> DHCP 動態分配的 IP 位址，會在設備離線一段時間（如：48 小時，可從路由器設定）後重新分配，也就是說，若隔幾天後再讓 UNO R4 WiFi 開發板連到 Wi-Fi，它的 IP 位址很可能跟之前的不一樣。你也可以設定讓裝置始終維持目前的 IP 位址，參閱下文〈DHCP 靜態 IP 分配〉說明。

WiFiS3 程式庫與 WiFi.h 標頭檔

UNO R4 WIFI 開發環境提供一個集結 Wi-Fi 和網路功能的程式庫，稱為 **WiFiS3**（原始碼網址：https://bit.ly/3VIVDIL），其中的 WiFi.h 檔定義了處理 Wi-Fi 網路連線相關的函式，底下先列舉一些：

- WiFi.begin(" 網路名稱 ", " 密碼 ")：連線到 Wi-Fi 路由器，如果不需要密碼，則只要傳入「網路名稱」參數。

- WiFi.scanNetworks()：掃描無線網路熱點，並傳回找到的網路名稱（SSID）數量，傳回 –1 代表掃無可用的熱點。

- WiFi.SSID()；傳回 Wi-Fi 網路名稱。

- WiFi.RSSI()：傳回 Wi-Fi 訊號強度，單位是 dBm。

- WiFi.channel()：傳回 Wi-Fi 連線頻道。

- WiFi.encryptionType()：傳回 Wi-Fi 網路採用的加密類型，例如，WEP, WPA, WPA2 和 WPA3，實際的加密類型常數名稱定義在 WiFiTypes.h 檔。

- WiFi.status()；傳回連線狀態，預設為 WL_IDLE_STATUS（閒置，下文說明）。

- WiFi.localIP()：傳回此開發板取得的 IP 位址。

- WiFi.macAddress()：取得網路卡（ESP32 模組）的 MAC（實體）位址。

- WiFi.firmwareVersion()：傳回網路卡（ESP32 模組）的韌體版本。

- WiFi.disconnect()：終止 Wi-Fi 網路連線。

動手做 18-2　連線到 Wi-Fi 網路並顯示 IP 位址和電波訊號強度

實驗說明：連線到 Wi-Fi 路由器，在**序列埠監控窗**顯示 UNO R4 WIFI 取得的 IP 位址以及電波訊號強度。本實驗單元只會用到一片 UNO R4 WiFi 開發板。

實驗程式：連線到 Wi-Fi 路由器的程式碼如下，尚未連線成功之前，Arduino 每隔 0.5 秒向序列埠輸出一個 "."，所以**序列埠監控窗**將持續顯示 "..."；連線成功之後，它將在序列埠輸出 IP 位址與電波訊號強度。

```
#include <WiFiS3.h>    ←引用此程式庫
void setup() {
  Serial.begin(9600);
  WiFi.begin("Wi-Fi網路名稱", "密碼");

  while ( WiFi.status() != WL_CONNECTED ) {
    delay(500);
  }
  Serial.print( "IP位址 : " );
  Serial.println( WiFi.localIP() );
  Serial.print( "訊號強度（RSSI）: " );
  Serial.println( WiFi.RSSI() );
}
void loop() { }
```

若連線不需要密碼，則寫成：
WiFi.begin("Wi-Fi網路名稱");

若要指定靜態IP位址，請在此執行
WiFi.config() 敘述（參閱下文）

連線狀態 ─ 代表「已連線」的常數，參閱下文。

此迴圈將重複執行，直到連線成功。

顯示分配到的IP位址

顯示Wi-Fi強度

實驗結果：將程式上傳到 UNO R4 WiFi 開發板，再開啟**序列埠監控窗**的結果：

為了方便修改程式參數，建議用常數存放 Wi-Fi 的 SSID 和密碼，例如：

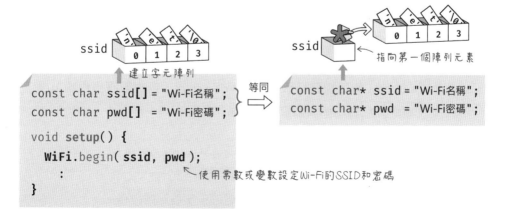

ssid 建立字元陣列

ssid 指向第一個陣列元素

```
const char ssid[] = "Wi-Fi名稱";        const char* ssid = "Wi-Fi名稱";
const char pwd[]  = "Wi-Fi密碼";   等同   const char* pwd  = "Wi-Fi密碼";
void setup() {
  WiFi.begin( ssid, pwd );
    :                        ←使用常數或變數設定Wi-Fi的SSID和密碼
}
```

WiFiS3 程式庫定義的常數

WiFiS3 程式庫當中的 WiFiTypes.h 檔定義了下列代表通訊狀態的常數，其中最常用的是表示「已連線」的 WL_CONNECTED。

- WL_CONNECTED：已連線到 Wi-Fi 網路

- WL_CONNECT_FAILED：嘗試連線失敗

- WL_CONNECTION_LOST：失去連線

- WL_DISCONNECTED：已斷開網路連線

- WL_IDLE_STATUS：初始化網路連線過程中的閒置狀態。若連線成功，則切換到 **WL_CONNECTED**；若連線失敗，將切換到 WL_CONNECT_ FAILED。

- WL_NO_SSID_AVAIL：掃無可用的 Wi-Fi 網路熱點

- WL_SCAN_COMPLETED：完成掃描網路

- WL_NO_SHIELD：找不到 Wi-Fi 網路介面卡，用於較早推出的 MKR 系列開發板。

- WL_NO_MODULE：找不到內建的 Wi-Fi 模組，用於 UNO R4 WIFI 板，其實此值跟 **WL_NO_SHIELD** 相同。

18-7 建立 Arduino 微型網站伺服器

WiFiS3 程式庫包含兩個在 UNO R4 WiFi 開發板建立網路伺服器的核心元件：**WiFiServer（無線網路伺服器）**和 **WiFiClient（無線網路用戶端）**類別，下文將先介紹這兩個類別提供的方法，然後再用它們製作一個微型網站伺服器。

- WiFiServer：用來建立網路伺服器，偵聽指定的埠口（如 HTTP 伺服器的 80 埠）、接受新用戶端連線，並且管理伺服器端的運作。

● WiFiClient：代表連線到伺服器的用戶端，處理用戶端與伺服器之間的通訊、從用戶端讀取或寫入資料。

WiFiServer（無線網路伺服器）類別物件

建立網路伺服器的 WiFiServer 類別位於 WiFiServer.h 標頭檔，跟其他 WiFiS3 程式庫檔案一樣，我們不用另行引用它。底下列舉 WiFiServer 類別的建構式和方法：

● WiFiServer(埠號)：建立伺服器物件、初始化伺服器並偵聽指定連接埠的建構式。

● begin()：啟動伺服器、開始偵聽連線。

● end()：停止伺服器。

WiFiClient（無線網路用戶端）類別物件

負責處理用戶端的 WiFiClient 類別位於 WiFiClient.h，我們不用另行引用它。底下列舉 WiFiClient 類別提供的一些常用方法：

● connected()：檢查用戶端是否連接到伺服器。

● connect(主機 , 埠號)：連線到指定主機（字串類型的 IP 位址或網域名稱）和埠號。

● write(資料)：將 uint8_t（無正負號 8 位元值）資料傳送到連線的伺服器。

● print(資料) 和 println(資料)：與 write() 類似，但可傳送字串。

● available()：傳回由用戶端送來的資料位元組數量。

● read()：從伺服器讀取資料。

● flush()：直譯為「沖水」，確保立即發送所有傳出資料。

● stop()：關閉連線。

定義回應用戶端的多行文字

實際編寫網路伺服器程式之前，要先知道如何編寫回應用戶端的多行文字訊息。如上文「HTTP 回應訊息與狀態碼」一節提到，網站伺服器回應給用戶端的內容，是多行文字訊息。定義儲存多行或者單一長字串的變數時，可以把一行字串分寫成數行，每一行都要用雙引號包圍，像這樣：

最後一行要加上分號結尾

```
char quote[]
```
字元指標的寫法，等同左邊的字元陣列。

```
char* quote =
  "one small step for a man, "
  "one giant leap for mankind.";
```

⬇ 等同一行

```
"one small step for a man, one giant leap for mankind."
```

上面的字串定義敘述雖然寫成數行，**編譯器將會把它們串接整合成一行**；若要讓資料呈現數行，**請在斷行處插入 '\n' 字元**。把字串分開寫成數行的另一種寫法是在行末加上**續行符號**（反斜線），不管寫幾行，前後只用一對雙引號包圍：

```
char* quote =
  "Failure is not the opposite of success;\
it's part of success.";
```
續行符號
將包含兩個空白字元
整個字串用一對雙引號包圍

以上的字元定義寫法，也適用在 String（字串）類型變數。底下敘述定義 HTTP 標頭和 HTML 回應內容。下一節的實作單元，將把這個訊息回應給連線的用戶端。

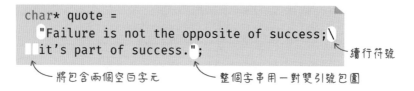

要傳給用戶端 HTTP回應標頭
```
String resp =
  "HTTP/1.1 200 OK\r\n"
  "Content-Type: text/html\r\n"
  "\n"
```
回應標頭和訊息本體之間有個空行

回應訊息本體（HTML網頁內容）
```
  "<!DOCTYPE html><html><head>\n"
  "<meta charset=\"utf-8\">"
  "<title>超圖解</title></head>\n"
  "<body>漫漫長路，總要從第一步開始。</body></html>";
```
\" 代表輸出雙引號

OK ～所有關於在 UNO R4 WiFi 板子上建立網路伺服器的基本知識都儲備完畢，終於可以動手實作一個微型網站伺服器了！

動手做 18-3 建立微型網站伺服器

實驗說明：用 WiFiS3 程式庫建立網站伺服器。本實驗僅需使用一片 Arduino UNO R4 WiFi 開發板。

實驗程式：底下是建立網站伺服器物件以及連接 Wi-Fi 的程式碼，除了顯示 IP 位址，還加入顯示連線的網路名稱和訊號強度的敘述。

```
#include <WiFiS3.h>              // 引用此程式庫

// 請輸入你的 Wi-Fi 網路名稱和密碼
const char* ssid = " Wi-Fi名稱";
const char* password = " Wi-Fi密碼";

// 建立網站伺服器物件，命名為 "server"，連接埠80
WiFiServer server(80);

void setup() {
  Serial.begin(9600);

  WiFi.begin(ssid, password);  // 連線到 Wi-Fi 熱點
  while (WiFi.status() != WL_CONNECTED) {
    Serial.print(".");
    delay(100);
  }

  Serial.print("\n已連上：");
  Serial.println(WiFi.SSID());

  long rssi = WiFi.RSSI();
  Serial.print("訊號強度 (RSSI)：");
  Serial.print(rssi);
```

```
    Serial.println(" dBm");

    IPAddress ip = WiFi.localIP();
    Serial.print("Arduino的IP位址：");
    Serial.println(ip);

    server.begin();                    // 啟動網站伺服器
}
```

連上 Wi-Fi 網路之後，便能持續偵聽是否有用戶端連線。底下是傳入此
網站伺服器的 HTTP 連線請求訊息範例（假設 Arduino 開發板的 IP 位址是
192.168.1.42）。我們通常只在乎用戶端請求的資源路徑，此例為 "/"，也就
是首頁。

請求根路徑（首頁）

            GET / HTTP/1.1\r\n
            Host: 192.168.1.42\r\n ← 連線伺服器的IP位址
            User-Agent: Mozilla/5.0 (Windows NT ... \r\n
    標頭欄   ... 略 ...
            Accept-Encoding:gzip,deflate\r\n
            \r\n ← 代表HTTP訊息結束的空行，以'\n'為結尾，
                      讀取到'\r'字元，長度為1。

標頭欄的訊息可全部忽略，程式必須一直讀取到最後的空行，代表用戶端
的訊息傳遞完畢了。實際的辦法是**每次讀取一行，計算該行的「字數」是
否為 1**，即可判斷是否讀取到請求訊息最後的空行。

只要網站伺服器開機上網，它就必須持續檢測是否有用戶端連入，所以檢
測的程式碼放在 loop() 主程式迴圈。等待並回應用戶連線請求的程式碼如
下：

```
void loop() {                    若此函數傳回非0的數值，代表有新的用戶連線。
  WiFiClient client = server.available();

  if (client) {        若有新的用戶端連線
    while (client.connected()) {        只要用戶端仍處於連線狀態，
      String req;                       就執行底下的程式碼。

      if (client.available()) {        若用戶端傳來資料
        req = client.readStringUntil('\n');        每次讀取一行
讀到空行→ if (req.length() == 1) {
          String resp = "HTTP/1.1 200 OK\r\n"
                        "Content-Type: text/html\r\n"
                        "\n"
                        "<!DOCTYPE html>…略…</html>\n";

          client.println(resp);        傳給用戶HTTP回應和內容
          break;
        }              訊息傳送完畢後，要跳出while迴圈並中斷連線，
      }                否則用戶的瀏覽器會一直處於空白的接收狀態。
    }

    client.stop();
  }          切斷與此用戶端的連線
}
```

上面的程式碼並**沒有判斷用戶端請求的資源路徑**：只要偵測到用戶端連入，不管它請求什麼路徑資源，一律傳送 200 OK 和首頁的 HTML 碼；回應字串的 resp 變數的完整內容，請參閱上文〈定義回應用戶端的多行文字〉末尾的 String resp 定義。

編譯上傳 UNO R4 WiFi 開發板之後，開啟**序列埠監控窗**，如果沒有顯示 IP 位址等訊息，請按一下板子的 Reset 鍵。

開啟瀏覽器連線到 Arduino 的 IP 位址，即可看到 Arduino 回應的網頁：

```
超圖解  +
←  →  C  ( 192.168.1.42
漫漫長路，總要從第一步開始。
```

18-8 靜態 IP 以及 DHCP 動態 IP 分配

有些 Wi-Fi 路由器採用靜態 IP，也就是手動替每個聯網設備指定 IP 位址，在這種網路環境，Arduino 板子也要設置路由器給定的 IP 位址，假設 IP 位址是 "192.168.1.86"，請在 WiFi.begin() 敘述之後，加入 WiFi.config() 進行設置，IP 位址資料要用 IPAddress() 函式定義。

```
WiFi.begin( ssid, password );                    // 連線到Wi-Fi熱點
WiFi.config( IPAddress(192,168,1,86) );          // 設定靜態IP位址
```
設置IP位址   定義IP位址的函式   參數用逗號分隔

必要的話，也可以設置閘道和網路遮罩的 IP 位址，假設閘道的 IP 位址是 "192.168.1.1"，設置範例如下：

```
WiFi.begin(ssid, password);                       // 連線到 Wi-Fi 熱點
WiFi.config(IPAddress(192,168,1,86),              // IP 位址
            IPAddress(192,168,1,1),               // 閘道 (gateway) 位址
            IPAddress(255,255,255,0));            // 網路遮罩 (netmask)
```

如果 Wi-Fi 路由器採用 DHCP 動態分配 IP，而你希望某些設備能持續保留分配到的 IP 位址，舉例來說，網路印表機需要保留靜態的 IP 位址，以便其他裝置都能找到它。這項需求可透過 **DHCP 靜態 IP 分配** 達成，路由器大多有這項功能，但不同廠牌的路由器設置方式都不太一樣，請自行參閱操作手冊。

底下是路由器的 **DHCP 靜態 IP 分配**設定畫面示意圖,它透過 MAC 位址辨別設備並綁定目前分配到的 IP 位址,設備名稱由你自訂。除非重新設定路由器,否則此 UNO R4 WiFi 聯網的 IP 位址都不變。

DHCP靜態IP分配

已綁定的設備列表

設備名稱	IP位址	MAC位址	操作
☐ Doggie	192.168.1.17	30:9C:23:○○:○○:○○	解除綁定
☐ Kitty	192.168.1.23	B8:27:EB:○○:○○:○○	解除綁定
☐ UNO R4 WiFi	192.168.1.42	68:63:76:○○:○○:○○	解除綁定

顯示 MAC 位址與掃描 Wi-Fi 網路熱點

路由器能限制僅特定 MAC 位址的設備可以聯網,以防不明的裝置接入網路環境。要讓開發板連入這種網路環境,我們得先知道它的 MAC 位址。MAC 位址由 6 組整數構成:

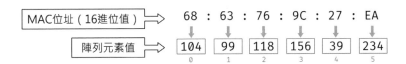

執行 WiFi 物件的 macAddress() 方法,它將把 MAC 位址存入陣列參數:

```
byte mac[6];              // 儲存 MAC 位址的陣列
WiFi.macAddress(mac);     // 取得 MAC 位址,存入 mac 陣列
```

讀取並顯示開發板的 MAC 位址的完整程式碼如下,編譯上傳到 UNO R4 WiFi 板,**序列監控窗**將顯示類似這樣的訊息:"Arduino 開發板的 MAC 位址:68:63:76:9C:27:EA"。

```
#include <WiFiS3.h>

void printMacAddress(byte mac[]) {
  for (int i = 0; i < 6; i++) {  // 分別取出 6 組數字
```

```
    if (i > 0) {
      Serial.print(":");        // 第 1 組數字之後都要顯示 ":" 號
    }
    if (mac[i] < 16) {          // 如果數值小於 16，則補上 0
      Serial.print("0");
    }
    Serial.print(mac[i], HEX);  // 以16 進位值呈現
  }
  Serial.println();
}

void setup() {
  Serial.begin(9600);

  if (WiFi.status() == WL_NO_MODULE) {
    Serial.println("連不上 Wi-Fi 網路模組！");
    while (true)
      delay(1000);
  }

  byte mac[6];                  // 儲存 MAC 位址的陣列
  WiFi.macAddress(mac);
  Serial.println();
  Serial.print("Arduino開發板的MAC位址：");
  printMacAddress(mac);
}

void loop() { }
```

動手做 18-4 網路控制開關

實驗說明：在 UNO R4 WiFi 板建立一個網站伺服器，提供一個包含「開燈」
或「關燈」的超連結文字，讓用戶點擊連結開燈或關燈。本單元的實驗材
料僅需一片 UNO R4 WiFi 開發板。

18

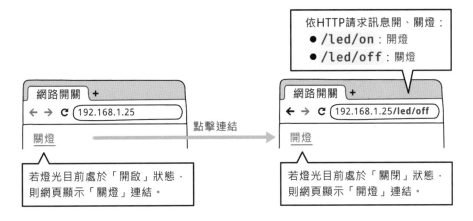

本實驗程式的第一個重點是超連結文字的連結網址，就是開、關燈請求訊息：

點擊超連結後，瀏覽器 → GET **/led/on** HTTP/1.1\r\n　　R4 WiFi開發板依據請求，
發出的HTTP請求訊息。　　　：略　　　　　　　　　　　開燈並傳回HTML網頁。

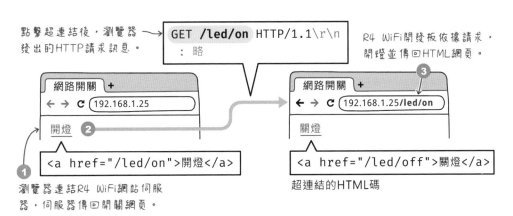

瀏覽器連結R4 WiFi網站伺服　　超連結的HTML碼
器，伺服器傳回開關網頁。

第二個重點是，只需讀取伺服器收到的 HTTP 請求訊息的第一行。右下的
程式將把第一行存入 req 變數。

只需讀取第一行

```
GET /led/on HTTP/1.1\r\n
Host: 192.168.1.42\r\n
User-Agent: Mozilla/5...
    ... 略 ...
```

HTTP請求訊息

```
String req = "";
while (client.connected()) {
  if (client.available()) {
    req = client.readStringUntil('\n');
    break;
  }            ← 讀取一行、退出while迴圈
}
```

第三個重點是，從第一行訊息中找尋是否包含 "GET /led/on" 或 "GET /led/off" 之類的文字：

在req字串中比對，"GET /led/on"，若找到，則傳回字元位置，
若找不到，則傳回-1。因此，若比對值大於-1，代表包含此字串。

```
if (req.indexOf("GET /led/on") > -1) {   // 若訊息包含"GET /led/on
  digitalWrite(LED_PIN, HIGH);           // 開燈
} else if (req.indexOf("GET /led/off") > -1) {
  digitalWrite(LED_PIN, LOW);
}
```

透過網路開、關 LED 燈的完整程式碼如下，編譯上傳後，從**序列埠監控窗**得知開發板的 IP 位址，然後在瀏覽器中輸入該位址，即可看到 UNO R4 傳來的燈光開關網頁。

```
#include <WiFiS3.h>
#define LED_PIN 13

const char *ssid = "Wi-Fi名稱";
const char *password = "Wi-Fi密碼";

WiFiServer server(80);              // 建立網站伺服器物件

void setup() {
  Serial.begin(9600);
  pinMode(LED_PIN, OUTPUT);

  WiFi.begin(ssid, password);   // 連線到 Wi-Fi
  while (WiFi.status() != WL_CONNECTED) {
    Serial.print(".");
    delay(100);
  }

  Serial.print("IP位址：");
  Serial.println(WiFi.localIP());
  server.begin();
}
```

```
void loop() {
  WiFiClient client = server.available();

  if (client) {  // 若有用戶端連線
    String req = "";
    while (client.connected()) {
      if (client.available()) {
        req = client.readStringUntil('\n');  // 讀取第一行
        break;
      }
    }

    if (req.indexOf("GET /led/on") > -1) {    // 比對文字
      digitalWrite(LED_PIN, HIGH);
    } else if (req.indexOf("GET /led/off") > -1) {
      digitalWrite(LED_PIN, LOW);
    }

    String resp =
      "HTTP/1.1 200 OK\r\n"
      "Content-Type: text/html\r\n\r\n"
      "<!DOCTYPE HTML><html><head><meta charset='utf-8'>"
      "<meta name='viewport' "
      "content='width=device-width, initial-scale=1'>"
      "<title>網路開關</title></head><body>";

    bool ledState = digitalRead(LED_PIN); // 讀取 LED 接腳的狀態
    if (ledState) {   // 若是高電位，代表 LED 目前是亮著的
      // 在內文插入「關燈」的超連結
      resp += "<a href='/led/off'>關燈</a>";
    } else {
      resp += "<a href='/led/on'>開燈</a>";
    }

    resp += "</body></html>";
    client.println(resp);   // 送出回應和 HTML 碼
    delay(10);
    client.stop();
  }
}
```

18-9 認識繼電器

家庭電器用品的電源大都是 110V 交流電,微電腦的零件則大多是用 5V 直流電,電子零件若直接通過 110V 電壓,肯定燒毀,因此在控制家電時,必須要隔開 110V 和 5V。像這種場合,可以使用**繼電器(relay)**。

繼電器是「用電磁鐵控制的開關」,微電腦只需控制其中的電磁鐵來吸引或釋放開關,就能控制 110V 的家電了,繼電器的結構如下:

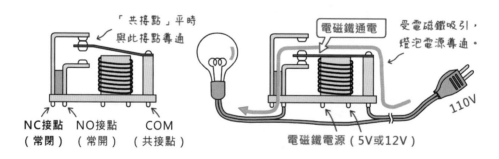

其中電磁鐵的電源部分,稱為**輸入迴路**或**控制系統**,連接 110V 電源的部份,叫做**輸出迴路**或**被控制系統**。繼電器的外觀和符號如下:

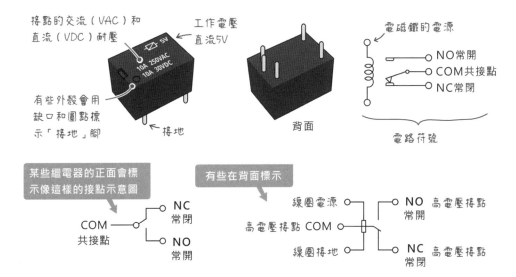

普通的繼電器工作電壓（通過電磁鐵的電壓）通常是 5V 或 12V，而電磁鐵的消耗電流通常大於微處理器的負荷，因此在 Arduino 需要使用一個電晶體來提供繼電器所需的大電流。

市面上很容易可以買到現成的繼電器模組，下圖右則是繼電器的驅動電路。和馬達的驅動電路一樣，繼電器內部的線圈在斷電時，會產生反電動勢，因此需要在線圈處並接一個二極體。

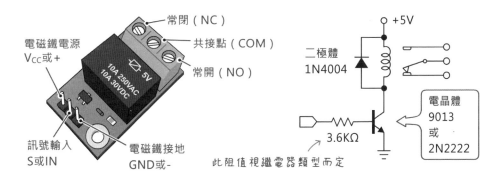

電晶體電路的電阻計算方式，請參閱下文説明。

動手做 18-5 使用繼電器控制家電開關

實驗說明：替〈動手做 18-4〉單元的電路加裝繼電器控制模組，即可透過網路控制家電開關。

實驗材料：

直流 5V 驅動的繼電器控制板	1 個
110V 燈泡與燈座	1 組
附帶插頭的 110V 電源線	1 條

實驗電路：底下是用現成的繼電器模組的組裝圖，電源線的連接方式請參閱下一節說明：

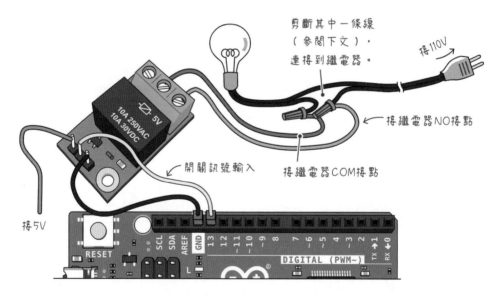

實驗程式：本單元的程式碼和〈動手做 18-4〉相同。

電源線的連接方式：家電的電源線內部通常是由多根（30 根以上）細小的導線（直徑 0.18mm）組成，一般稱為**花線**或**多芯線**。我們必須剪斷其中一邊，並延伸一段出來連到繼電器，處理步驟如下：

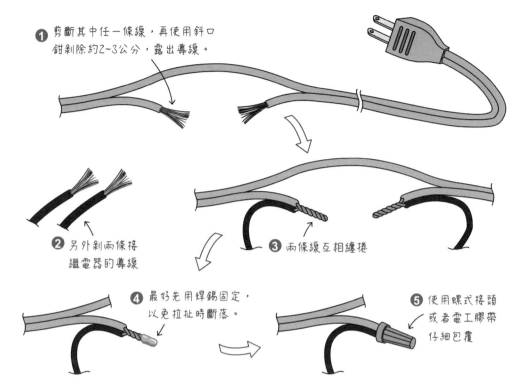

❶ 剪斷其中任一條線，再使用斜口鉗剝除約2~3公分，露出導線。

❷ 另外剝兩條接繼電器的導線

❸ 兩條線互相纏捲

❹ 最好先用焊錫固定，以免拉扯時斷落。

❺ 使用螺式接頭或者電工膠帶仔細包覆

螺式接頭內部有螺旋狀的金屬，可縮緊電線也避免電線外露，水電從業人員在配線（如：裝配電燈）時經常使用。但是在製作實驗的過程中，讀者可能會經常移動電線，因此先將電線扭緊之後，再用電工膠帶（PVC 電氣絕緣膠帶）緊密纏繞，效果比螺式接頭還好。使用 PVC 電工膠帶包覆的要領如下：

至少包覆到電線外皮的1.5cm

從電線外皮開始，以45度角方式來回交錯纏繞四次。每次纏繞時，都要覆蓋膠帶的一半寬度。

電子元件都有工作電壓、電流，以及最大耐電壓和電流等規格，挑選元件時，必須要留意它們是否在電路允許的範圍值。以繼電器為例，它的主要規格是驅動電磁鐵的電壓和電流，以及開關側的耐電壓和電流，像本文的小型繼電器，採用 5V 的電源驅動，開關部分最大允許流通 250VAC, 10A 電流，因此，我們可以採用它來控制小型電器，例如桌燈，但是不適合用於控制電視、洗衣機等大型電器（繼電器可能會燒毀，引起火災）。

設計繼電器開關電路時，要先了解選用繼電器的線圈耗電流量，假若無法取得規格書，可以用電錶測量線圈兩端的電阻值，即可從**歐姆定律**計算出耗電流。例如，假設量測值為 100Ω，線圈驅動電壓為 5V，則耗電流為：5V/100Ω = 0.05A。

筆者手中的繼電器線圈組抗約 70Ω，假設電晶體的**直流電流放大率**（**hFE**）為 100，R_B 電阻的計算方式如下：

$$I_C = \frac{5V}{70\Omega} \qquad \text{← 繼電器的工作電壓} \\ \text{← 繼電器的線圈組抗}$$

$$\approx 0.0714\,A \qquad \text{← 即71.42mA}$$

$$I_B = \frac{I_C}{h_{FE}} \quad \Rightarrow \quad I_B = \frac{0.07A}{100} = 0.0007A$$

即0.7mA

連接B極的電阻 $\Rightarrow$ $R_B = \dfrac{5V}{0.0007A}$　← 電阻上的壓降（輸入訊號電壓）

$$\approx 7142\Omega \qquad \Longleftarrow \text{實作上取一半值，約3.6KΩ}$$

關於 Wi-Fi 與網路控制的主題到此告一段落，其實 UNO R4 WiFi 開發板的 ESP32-S3 可單獨運作，而且它的功能和效能並不亞於 RA4M1 微控器，只是 ESP32 系列晶片的接腳輸入電壓不能超過 3.6V。關於 ESP32 與聯網控制應用，請參閱《超圖解 ESP32 深度實作》。

操控 Arduino UNO R4 WiFi 的 LED 點陣

19-1 認識 UNO R4 WiFi 板的 三態多工 LED 電路

UNO R4 WiFi 板子上面有 12 列 x 8 行，共 96 個可個別控制的 LED，若每個 LED 都直接連到微控器，它們將佔用 96 個接腳。但實際上，UNO R4 只用了微控器的 11 個接腳來控制 96 個 LED。

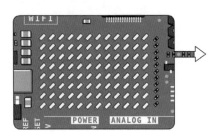

1	2	3	4	5	6	7	8	9	10	11	12
13	14	15	16	17	18	19	20	21	22	23	24
25	26	27	28	29	30	31	32	33	34	35	36
37	38	39	40	41	42	43	44	45	46	47	48
49	50	51	52	53	54	55	56	57	58	59	60
61	62	63	64	65	66	67	68	69	70	71	72
73	74	75	76	77	78	79	80	81	82	83	84
85	86	87	88	89	90	91	92	93	94	95	96

UNO R4 WiFi 開發板的 LED 點陣電路圖如下：

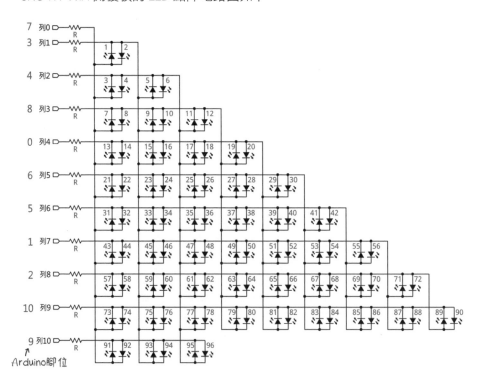

這個電路採用稱為 "**Charlieplexing**"，也稱作 "**tristate multiplexing**"（**三態多工**）的技巧。為了方便解說，筆者把 LED 數量降低成 6 個，而控制 LED 的數位腳只要 3 個，底下左、右兩個電路圖相同，只是畫法不太一樣。

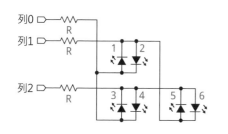
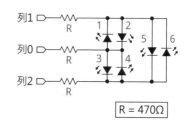

R = 470Ω

微控器的數位腳，其實有三種狀態：**輸出**、**輸入**和**高阻抗**（也就是「不導通」或「斷路」）。這個 LED 控制電路的關鍵就在於使用了高阻抗狀態，但我們先不管怎樣讓數位腳變成高阻抗，把重點放在控制原理，底下用 "X" 代表高阻抗。

下圖左的列 0 是高阻抗、不導通，所以不會有電流經過該腳，而列 1 和列 2 分別為高和低電位，所以 LED 5 被點亮；LED 6 的電流是逆向，不會亮。

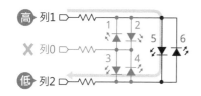
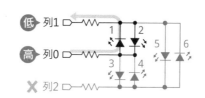

上圖右的列 2 是高阻抗、不導通，而列 0 和列 1 分別為高和低電位，所以 LED 1 被點亮；LED 2 的電流是逆向，不會亮。表 19-1 列舉控制 6 個 LED 的接腳狀態。

表19-1

列 0	列 1	列 2	LED 編號
高	低	X	1
低	高	X	2
高	X	低	3
低	X	高	4
X	高	低	5
X	低	高	6

動手做 19-1 操控三態多工 LED

實驗說明：採用三態多工電路連接 6 個 LED，每隔 0.5 秒從 LED1 依序點滅至 LED6。

實驗材料：

電阻 470Ω（黃紫棕）	3 個
LED（顏色不拘）	6 個

實驗電路和麵包板示範接線：

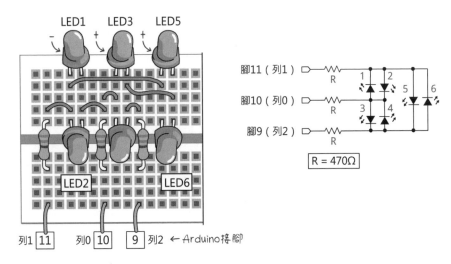

實驗程式：本實驗要依序點亮 LED1~6，所以我們可以先在紙上整理控制腳的狀態，1 代表高電位、0 是低電位，-1 則是高阻抗。

列 0	列 1	列 2	LED 編號
高	低	X	1
低	高	X	2
高	X	低	3
低	X	高	4
X	高	低	5
X	低	高	6

把 LED1~6 的狀態變化，存入名叫 "modes" 的二維陣列的程式敘述如下：

```
int modes[6][3] = {
  {1, 0, -1},
  {0, 1, -1},
  {1, -1, 0},
  {0, -1, 1},
  {-1, 1, 0},
  {-1, 0, 1}
};
```

讓接腳呈現高阻抗狀態的秘訣是：將該腳設成「輸入」模式。例如，底下
敘述將點亮 LED1：

```
pinMode(10, OUTPUT);      // 列 0 (腳 10) 設成輸出模式
digitalWrite(10, HIGH);   // 列 0 (腳 10) 輸出高電位
pinMode(11, OUTPUT);      // 列 1 (腳 11) 設成輸出模式
digitalWrite(11, LOW);    // 列 1 (腳 11) 輸出低電位
pinMode(9, INPUT);        // 列 2 (腳 9) 設成輸入模式，變成高阻抗狀態
```

按照上面的運作邏輯，每隔 0.5 秒依序點亮 LED1~LED6 的程式碼：

```
byte pins[] = {  // 定義接腳
  10, // 定義列 0 腳
  11, // 定義列 1 腳
  9   // 定義列 2 腳
};

byte totalPins = sizeof(pins); // 接腳總數

int modes[6][3] = { … LED1~6狀態表 … };
int totalModes = sizeof(modes) / sizeof(modes[0]);

void setup() { }  // setup 不含程式碼
```

```
void loop() {
  for (byte i = 0; i < totalModes; i++) {
    for(byte j = 0; j < totalPins;j++) {
      if(modes[i][j] < 0)
        pinMode(pins[j], INPUT);
      else {
        pinMode(pins[j], OUTPUT);
        digitalWrite(pins[j], modes[i][j]);
      }
    }
    delay(500);
  }
}
```

19-2 製作 Wi-Fi 連線動畫

UNO R4 WiFi 開發環境內建一個協助製作 LED 點陣靜態和動態畫面的
Arduino_LED_Matrix 程式庫,底下單元將利用它來產生如下效果的畫面,一
開始先呈現動態的 Wi-Fi 標誌,連線成功後,將顯示一個靜態畫面。

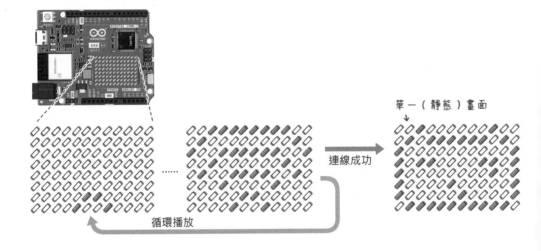

動手做 19-2 使用雲端 LED 點陣畫面編輯器

Arduino 官方提供一個雲端 LED 畫面編輯器 "LED Matrix Editor"（網址：ledmatrix-editor.arduino.cc，底下稱它「LED 點陣畫面編輯器」），方便我們繪製單一圖像或多幅畫面構成的動畫。

本單元將製作如下的 Wi-Fi 連線動畫的系列畫面：

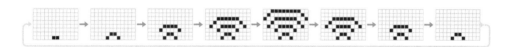

先開啟瀏覽器連線到 LED 點陣畫面編輯器，如果瀏覽器出現底下的提示，請點擊**允許**。

LED 點陣畫面編輯器的操作畫面如下；

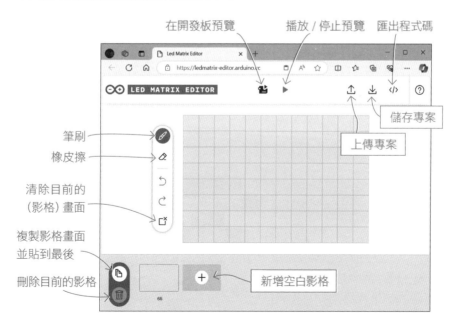

開始製作動畫吧！先用畫筆在底部畫兩個點，然後點擊**複製**，它將新增一個影格，畫面內容和前一個相同。

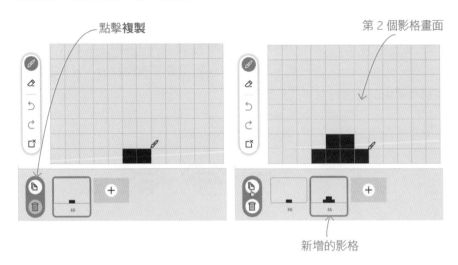

如右上圖般繪製完畢後，選擇**橡皮擦**擦除中間底部兩個點：

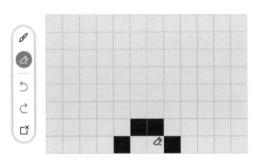

重複上述步驟，複製目前的影格，繪製如下第 3 個影格畫面：

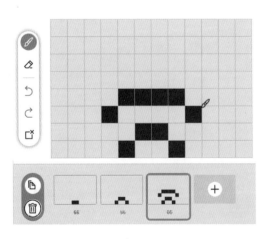

每次完成一個影格畫面，你可以**按左、右方向鍵**快速切換顯示前後影格畫面，按一下**空白鍵**可播放或暫停預覽動畫。影格縮圖底下的數字代表「停留時間」，也就是該畫面的顯示時長（毫秒），若要調整，可點擊數字並修改。

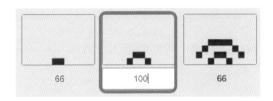

持續編輯動畫，直到完成第 5 個影格畫面，先點擊**儲存專案**鈕，筆者將它命名為 " wifi_anima"，按下**確認**，專案檔將存在「下載」資料夾，檔名為 "wifi_anima.mpj"。

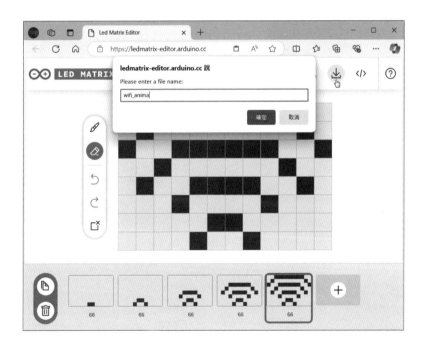

最後，點擊**匯出程式碼**鈕，筆者同樣將它命名為 "wifi_anima"，中間不允許空格（程式碼的名稱不必和專案檔相同）。按下**確認**，"wifi_anima.h" 檔將存入「下載」資料夾。

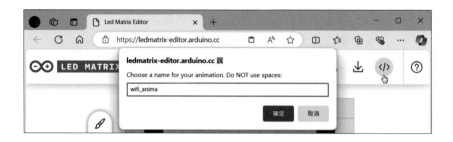

日後若要繼續編輯這個檔案，可點擊**匯入**，選擇 "wifi_anima.mpj" 專案檔即可開啟它。

動手做 19-3　在 UNO R4 WiFi 板的 LED 點陣顯示動畫

上一節完成的動畫標頭檔（wifi_anima.h）內含一個二維陣列，定義了一連串影格畫面及持續毫秒數，我們現階段不用理解它的格式，因為 Arduino_LED_Matrix 程式庫可自動解析。請將動畫標頭檔複製到 Arduino 程式的相同目錄裡面。

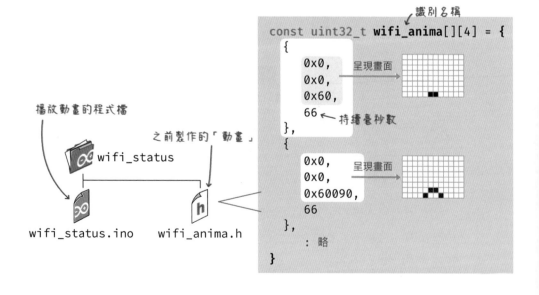

在 UNO R4 WiFi 開發板顯示自製動畫的程式流程：

1 引用必要的程式庫和標頭檔：

```
#include <Arduino_LED_Matrix.h>   // 控制 LED 點陣的程式庫
#include "wifi_anima.h"           // 內含自製動畫元素的標頭檔
```

2 宣告操控 LED 點陣的 ArduinoLEDMatrix 物件：

```
ArduinoLEDMatrix matrix;
```

3 執行以下敘述即可播放動畫。

初始化LED矩陣

```
LED矩陣物件.begin();
LED矩陣物件.loadSequence(動畫資料名稱);
LED矩陣物件.play(是否重播);
```
→
```
matrix.begin();
matrix.loadSequence(wifi_anima);
matrix.play(true);
```

true代表反覆重播、false代表只播一次。

以下列舉 ArduinoLEDMatrix 物件的一些方法，下文會用到其中的大部分：

● begin()：初始化、啟用 LED 點陣。

● loadSequence(動畫影格陣列)：載入動畫的影格畫面資料（但不顯示）。

● play(是否循環)：播放動畫，預設播放一次、不循環。若傳入 true，則會不停地循環播放。

● next()：顯示並停在下一個影格畫面。

● loadFrame(靜態畫面陣列)：載入並顯示單一靜態畫面。

● renderFrame(影格編號)：顯示動畫中的一張指定畫面。

● sequenceDone()：查看動畫是否已播放完畢，若是則傳回 true。

顯示單一畫面：實際編寫程式之前，我們先繪製要在 LED 點陣呈現的一張靜態圖像。開啟新的「LED 點陣畫面編輯器」畫面，繪製一張圖：

然後點擊**儲存專案**和**匯出程式碼**，筆者將專案和程式檔都命名為 "cat"。左下是這個圖像的 cat.h 標頭檔內容，由於它只有一個畫面，所以並不需要宣告成二維陣列，也不需要「持續毫秒數」值。筆者將它改成右下的敘述，稍後會把它直接複製到主程式。

有多組圖像　每張圖由4筆資料組成　　　　　　　　　　　　一張圖像資料

```
const uint32_t cat[][4] = {
    {
        0x2045fa80,
        0x1b0d8058,
        0x418217fe,
        66
    }
};
```
cat.h

改成 →

```
const uint32_t cat[] = {
    0x2045fa80,
    0x1b0d8058,
    0x418217fe
};    ← 不需要「持續毫秒數」值
```

載入單一圖像資料的方法叫做 loadFrame（直譯為「載入影格」），右下的敘述代表載入名叫 cat 的影像（陣列），此敘述執行後，LED 點陣將立即顯示圖像。

LED矩陣物件.loadFrame(圖像資料名稱); ⇒ `matrix.loadFrame(cat);`

其實 loadFrame() 會忽略「持續毫秒數值」，所以不修改 cat.h，維持二維陣列，直接傳入 cat[0] 給 loadFrame() 也可以：

```
const uint32_t cat[][4] = {
  {
    0x2045fa80,
    0x1b0d8058,
    0x418217fe,
    66
  }
};
```

讀取cat系列圖像的第0張圖
↓

`matrix.loadFrame( cat[0] );`

直接使用

loadFrame()方法僅
讀取這些像素資料

在 LED 點陣顯示動畫和靜態圖像：底下是在 LED 點陣顯示 Wi-Fi 連線狀態
的完整程式碼：

```
#include <WiFiS3.h>          // 處理 Wi-Fi 網路連線程式庫
#include <Arduino_LED_Matrix.h>   // 操控 LED 點陣的程式庫
#include "wifi_anima.h"      // 自訂的 Wi-Fi 動畫圖像資料

#define SSID "你的WiFi名稱"
#define PASSWORD "WiFi密碼"

ArduinoLEDMatrix matrix;   // 宣告 LED 點陣物件

const uint32_t cat[] = {  // 單一圖像資料
  0x2045fa80,
  0x1b0d8058,
  0x418217fe
};

void setup() {
  Serial.begin(9600);
  matrix.begin();          // 啟用 LED 點陣
  matrix.loadSequence(wifi_anima); // 載入動畫圖像資料
  matrix.play(true);       // 反覆播放動畫

  while (WiFi.status() != WL_CONNECTED) { // 若尚未連線 Wi-Fi…
    WiFi.begin(SSID, PASSWORD);      // Wi-Fi 連線
    delay(1000);
  }
```

```
    matrix.loadFrame(cat); // 若連線成功…載入單一圖像 cat
}

void loop() { }
```

編譯上傳 UNO R4 WiF 板，LED 點陣將至少播放一秒鐘的 Wi-Fi 連線動畫，然後顯示靜態圖像，代表 Wi-Fi 連線成功。因為 matrix 是透過計時器持續更新畫面，所以並不需要在 while 迴圈中重複呼叫，它會在 loadFrame() 時更換顯示畫面，等於停止動畫，這樣可以讓 while 迴圈很明確擔負等待無線網路連上的工作。

假如動畫只要播放一次，不要循環，請將 play(true) 改成 play(false)。此外，假設連線成功後，LED 點陣要呈現動畫序列的第 4 張圖，而不是另一張靜態畫面：

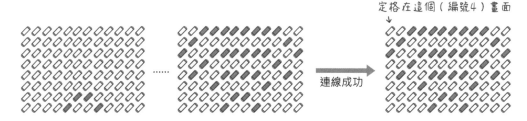

那麼，請把本單元範例程式的這一行：

```
    matrix.loadFrame(cat);    // 若連線成功…載入單一圖像 cat
```

改成底下的敘述：

呈現之前載入的動畫資料的第4格
```
matrix.renderFrame( 4 );
```
或者
載入動畫資料的第4格
```
matrix.loadFrame( wifi_anima[4] );
```

19-3 開發環境內建的靜態和動態 LED 點陣畫面

UNO R4 WiFi 開發環境內建數個現成的 LED 點陣動畫和靜態圖像,它們都定義在 Arduino_LED_Matrix 程式庫的 gallery.h 標頭檔,原始碼網址:https://bit.ly/3NT8lUx。底下列舉一些圖像和動畫的識別名稱:

● LEDMATRIX_BLUETOOTH:藍牙圖示。

● LEDMATRIX_LIKE:比讚圖示。

● LEDMATRIX_EMOJI_HAPPY:笑臉圖示。

● LEDMATRIX_HEART_BIG:大愛心圖示。

● LEDMATRIX_ANIMATION_STARTUP:捲動 Arduino 商標與文字。

● LEDMATRIX_ANIMATION_TETRIS_INTRO:俄羅斯方塊與愛心動畫。

● LEDMATRIX_ANIMATION_DOWNLOAD:代表「下載中⋯」的動畫。

● LEDMATRIX_ANIMATION_LOAD:代表「載入中⋯」的轉圈圈動畫。

● LEDMATRIX_ANIMATION_WIFI_SEARCH:「搜尋 Wi-Fi 訊號」動畫。

底下是透過 loadFrame() 方法載入內建的比讚圖示的程式:

```
#include "Arduino_LED_Matrix.h"

ArduinoLEDMatrix matrix;

void setup() {
  matrix.begin();
  matrix.loadFrame(LEDMATRIX_LIKE);
}

void loop() { }
```

上傳到 UNO R4 WiFi 板，LED 點陣將呈現：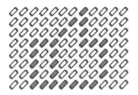

底下是透過 loadSequence() 方法播放內建的「搜尋 Wi-Fi 訊號」動畫的程式：

```
#include "Arduino_LED_Matrix.h"

ArduinoLEDMatrix matrix;

void setup() {
  matrix.begin();
  matrix.loadSequence(LEDMATRIX_ANIMATION_WIFI_SEARCH);
  matrix.play(true);
}

void loop() { }
```

上傳到 UNO R4 WiFi 板，LED 點陣將呈現：

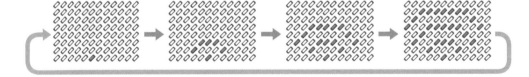

19-4 在 UNO R4 WiFi 的 LED 點陣呈現捲動文字

驅動 LED 點陣的 Arduino_LED_Matrix 程式庫沒有內建字體，也沒有操控、顯示文字的功能。不過沒關係⋯Arduino 官方的另一個 ArduinoGraphics（直譯為「Arduino 圖像」程式庫，原始碼網址：https://bit.ly/4cl119e）定義了

4×6 與 5×7 像素大小的英文字體，也具備繪圖和操控文字的功能，可搭配控制 LED 點陣的 ArduinoLEDMatrix 程式庫使用。

ArduinoGraphics 程式庫支援 32 位元 SAMD 架構微控器的開發板，例如：

- Arduino UNO R4

- Arduino Zero

- Arduino Nano 33 IoT

- Arduino MKR1000 WIFI

- Arduino MKR WiFi 1010

先在程式庫管理員搜尋並安裝
"ArduinoGraphics"：

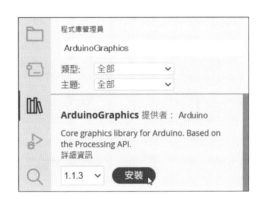

在 LED 點陣繪製圖像

把 LED 點陣當成畫布，座標原點 (0, 0) 位於左上角，本節將運用 ArduinoGraphics 程式庫，在 LED 點陣每隔 3 秒切換顯示下圖中和右的畫面。

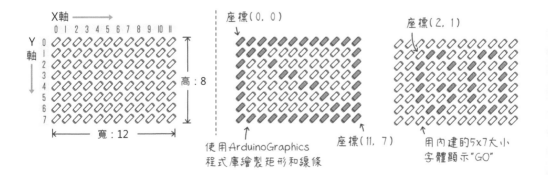

ArduinoGraphics 程式庫支援全彩顯示器，以設定畫筆顏色的 stroke() 函式為例，它接受 "紅 , 綠 , 藍 " 或者 24 位元長度的整數值設定顏色：

● stroke(紅 , 綠 , 藍)：紅、藍、綠各色的有效範圍介於 0~255。

● stroke(色彩值)；色彩值為 24 位元，通常用 16 進位表示，0x 紅紅藍藍綠綠，0xffffff 代表白色、0x000000 代表黑色。

單色顯示器，如：LED 點陣，只用 0xffffff 點亮和 0x000000 熄滅兩種「色彩」。底下列舉 ArduinoGraphics 程式庫提供的一些方法（函式）：

● beginDraw()：開始繪製。

● endDraw()：結束繪製，所有繪圖操作都要包含在 beginDraw() 和 endDraw() 之間。

● line(起始 x, 起始 y, 結束 x, 結束 y)：繪製直線。

● rect(起始 x, 起始 y, 寬 , 高)：繪製矩形。

● circle(x, y, 直徑)：繪製圓形。

● ellipse(x, y, 寬 , 高)：繪製橢圓形。

● fill(紅 , 綠 , 藍) 或 fill(色彩值)：設定填色。

● noFill()：不填色。

● background(紅 , 綠 , 藍) 或 background (色彩值)：設定背景色。

● textFont(字體)：字體參數的可能值為 Font_4x6 或 Font_5x7。

● text(" 文字 ", x, y)：設定文字內容。

● textScrollSpeed(毫秒值)：設定文字捲動速度。

● beginText(x, y, 紅 , 綠 , 藍) 或 beginText(x, y, 色彩值)：初設文字位置和顏色。

● endText(捲動方向)：結束顯示文字並選擇性地設置文字捲動方向，可用參數：

- NO_SCROLL：不捲動

- SCROLL_LEFT：向左捲動

- SCROLL_RIGHT：向右捲動

- SCROLL_UP：向上捲動

- SCROLL_DOWN：向下捲動

完整的測試程式如下，有引入 ArduinoGraphics 程式庫時，ArduinoLEDMatrix 是 ArduinoGraphics 的子類別，繼承了上述方法，所以可以在 LED 點陣物件執行繪圖功能。

```
#include <ArduinoGraphics.h>      // 先引用「Arduino 圖像」程式庫
#include <Arduino_LED_Matrix.h>   // 再引用 LED 點陣程式庫

ArduinoLEDMatrix matrix;      // 宣告 LED 點陣物件

void drawRect() {             // 繪製矩形和直線的自訂函式
  matrix.beginDraw();          // 開始繪製
  matrix.stroke(0xffffff);   // 設定畫筆：點亮 LED
  // 矩形(0, 0, 畫布寬, 畫布高)
  matrix.rect(0, 0, matrix.width(), matrix.height());
  // 直線(0, 0, 寬 -1, 高 -1)
  matrix.line(0, 0, matrix.width() - 1, matrix.height() - 1);
  matrix.endDraw();     // 結束繪製
}

void drawText() {        // 繪製文字的自訂函式
  matrix.beginDraw();   // 開始繪製
  matrix.stroke(0xffffff);     // 設定畫筆：點亮 LED
  matrix.textFont(Font_5x7);  // 選用 5x7 大小的字體
  matrix.text("GO", 2, 1);     // 在 (2, 1) 座標呈現 "GO"
  matrix.endDraw();     // 結束繪製
}

void drawBlank() {       // 繪製空白畫面
  matrix.beginDraw();   // 開始繪製
  matrix.noStroke();    // 沒有畫筆
  matrix.fill(0);       // 填入黑色 (熄滅 LED)
```

```
    // 矩形(0, 0, 畫布寬, 畫布高)
    matrix.rect(0, 0, matrix.width(), matrix.height());
    matrix.endDraw(); // 結束繪製
}

void setup() {
    matrix.begin();   // 初始化 LED 點陣
}

void loop() {
    drawRect();       // 繪製矩形
    delay(3000);
    drawBlank();      // 繪製空白畫面
    drawText();       // 繪製文字訊息
    delay(3000);
    drawBlank();      // 繪製空白畫面
}
```

動手做 19-4　在 LED 點陣捲動顯示本機 IP 位址

實驗說明：延續〈動手做 19-3〉的實驗，在 Wi-Fi 連線成功之後，在 LED 點陣顯示開發板的 IP 位址。由於 LED 點陣無法一次完整顯示 IP 位址，所以 IP 位址要持續向左捲動。

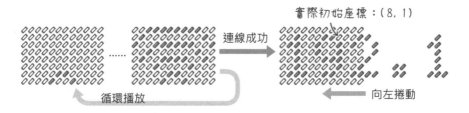

補充說明，顯示在 LED 點陣的數字和文字都是「字串」型態。假設要循環捲動 "swf.com.tw" 這樣的字串，若將初始座標設在 LED 點陣的左上角：

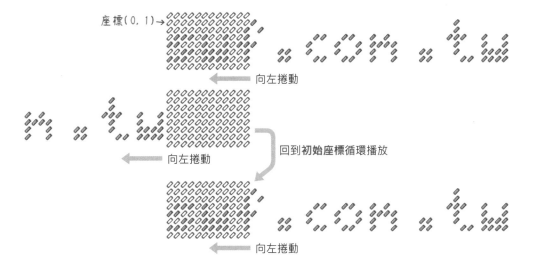

座標(0,1)→

向左捲動

回到**初始座標**循環播放

向左捲動

向左捲動

最後的畫面循環到初始畫面時，會突然從空白轉變成 "swf" 文字，感覺不流暢。解決辦法是把初始座標往後移，例如，改成 (8, 1)，這樣在銜接處就比較順暢了。

座標(8,1)

實驗程式：筆者把捲動文字的程式敘述包裝成 drawIP() 自訂函式，IP 位址儲存在 myIP 變數。控制 LED 點陣的 matrix 物件的 print() 方法，會自動把 localIP 轉成字串型態並顯示出來。

```
IPAddress myIP;              // 儲存 IP 位址的物件，型態是 IPAddress

void drawIP() {             // 呈現捲動的 IP 位址
  matrix.beginDraw();
  matrix.textScrollSpeed(50);    // 捲動速度 50 毫秒
  matrix.textFont(Font_5x7);     // 指定字體
  // 在 (8, 1) 顯示文字，「點亮」LED
```

```
    matrix.beginText(8, 1, 0xffffff);
    matrix.print(myIP);     // 顯示 IP 位址
    matrix.endText(SCROLL_LEFT);   // 向左捲動
    matrix.endDraw();
}
```

Wi-Fi 連線後，向左捲動顯示 IP 位址的完整程式碼如下：

```
#include <ArduinoGraphics.h>      // 先引用「Arduino 圖像」程式庫
#include <Arduino_LED_Matrix.h>   // 再引用 LED 點陣程式庫
#include <WiFiS3.h>
#include "wifi_anima.h"
#define SSID "Wi-Fi熱點名稱"
#define PASSWORD "Wi-Fi密碼"

ArduinoLEDMatrix matrix;   // 控制 LED 點陣的物件
IPAddress myIP;            // 儲存 IP 位址的物件

void drawIP() { …呈現捲動的 IP 位址… }

void setup() {
  matrix.begin();
  matrix.loadSequence(wifi_anima);
  matrix.play(true);        // 循環播放 Wi-Fi 連線動畫

  while(WiFi.status() != WL_CONNECTED) {
    WiFi.begin(SSID, PASSWORD);
    delay(1000);
  }

  myIP = WiFi.localIP();   // 取得 IP 位址
}

void loop() {
  drawIP();                 // 捲動顯示 IP 位址
}
```

IPAddress 類別（原始碼：https://bit.ly/4cMhWYc）具有 toString() 方法，
能將 IP 位址轉換成 String（字串）型態，像這樣：

```
IPAddress myIP;              // 儲存 IP 位址的物件
myIP = WiFi.localIP();       // 取得本機的 IP 位址
// 儲存轉成String（字串）型態的 IP 位址
String IPstr = myIP.toString();
```

程式也能用陣列的語法取出個別的 IP 位址數字，假設 myIP 的位址值是
"192.168.1.225"。那麼，myIP[0] 將是 192, myIP[1] 則是 168⋯，以此類
推。

19-5 繪製點陣圖像

Arduino_LED_Matrix 程式庫把一個 LED 矩陣畫面看待成 8 列、12 行的二維
陣列。假設要在 LED 矩陣呈現如下圖的左箭頭圖案，可定義如下圖右的陣
列：

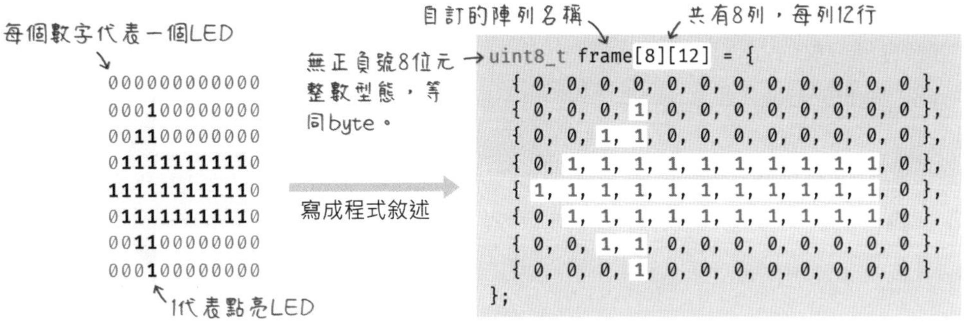

每個數字代表一個LED

共有8列，每列12行

自訂的陣列名稱

```
000000000000
000100000000
001100000000
011111111110
111111111110
011111111110
001100000000
000100000000
```

1代表點亮LED

無正負號8位元
整數型態，等
同byte。

寫成程式敘述

```
uint8_t frame[8][12] = {
  { 0, 0, 0, 0, 0, 0, 0, 0, 0, 0, 0, 0 },
  { 0, 0, 0, 1, 0, 0, 0, 0, 0, 0, 0, 0 },
  { 0, 0, 1, 1, 0, 0, 0, 0, 0, 0, 0, 0 },
  { 0, 1, 1, 1, 1, 1, 1, 1, 1, 1, 1, 0 },
  { 1, 1, 1, 1, 1, 1, 1, 1, 1, 1, 1, 0 },
  { 0, 1, 1, 1, 1, 1, 1, 1, 1, 1, 1, 0 },
  { 0, 0, 1, 1, 0, 0, 0, 0, 0, 0, 0, 0 },
  { 0, 0, 0, 1, 0, 0, 0, 0, 0, 0, 0, 0 }
};
```

然後透過 renderBitmap() 方法呈現在 LED 矩陣，完整的程式碼如下：

```
#include "Arduino_LED_Matrix.h"

ArduinoLEDMatrix matrix;
```

```
uint8_t frame[8][12] = { … 左箭頭圖像的定義 … };

void setup() {
  matrix.begin();
  // 顯示自訂的 frame 圖像，8 列、12 行
  matrix.renderBitmap(frame, 8, 12);
}

void loop(){ }
```

編譯上傳到 UNO R4 WiFi 板，LED 矩陣將顯示左箭頭圖像。然而，輸入一連串 0 與 1 太麻煩，而且用 8 位元整數表示一個 LED 像素也太浪費空間，所以 Arduino_LED_Matrix 程式庫支援另一種 LED 矩陣畫面定義方案：將 LED 矩陣的 96 個像素，用 3 組 32 位元無正負號整數（uint32_t）型態資料表示，也就是 1 個位元表示 1 個 LED 像素。

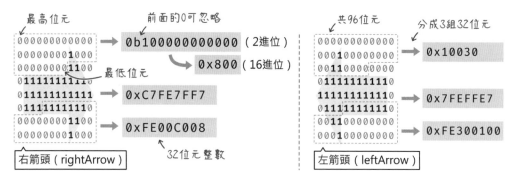

底下程式定義兩個 uint32_t 型態的一維陣列，分別儲存左、右箭頭圖案資料，每隔 1 秒鐘切換顯示這兩個圖案。載入並呈現一維陣列圖像資料的方法是 loadFrame()。

```
#include "Arduino_LED_Matrix.h"

ArduinoLEDMatrix matrix;

const uint32_t leftArrow[] = {  // 左箭頭圖案
  0x10030,
  0x7FEFFE7,
```

```
    0xFE300100
};

const uint32_t rightArrow[] = {   // 右箭頭圖案
  0x800,
  0xC7FE7FF7,
  0xFE00C008
};

void setup() {
  matrix.begin();
}

void loop(){
  matrix.loadFrame(leftArrow);   // 載入並顯示左箭頭
  delay(1000);
  matrix.loadFrame(rightArrow);  // 載入並顯示右箭頭
  delay(1000);
}
```

19-6 在 LED 矩陣顯示捲動的中文字

本單元把 UNO R4 WiFi 板轉 90 度，將它的 LED 點陣看待成 8 垂直行 × 12
水平列，因為 12 像素高更適合顯示中文字，底下是捲動「超」字的效果。

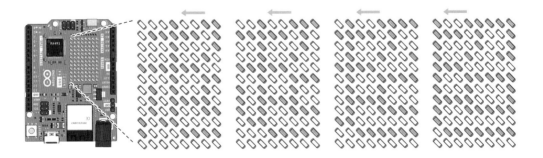

編譯上傳本單元的範例程式，LED 點陣將捲動顯示「超圖解 Arduino 互動設計入門」這段字。

Arduino 開發環境並沒有提供能在 LED 矩陣呈現中文的字體，我們必須自行繪製，但這樣顯然太辛苦了。最方便的還是用程式把既有的字體轉換成 Arduino 所需的二維像素陣列。筆者用 Python 程式語言寫了一個字體轉換程式，可以把你想要顯示的文字內容一口氣轉成 LED 像素資料。

轉換字體檔的 Python 程式碼

電腦字體有不同格式，目前最廣泛使用的是 TrueType 和 OpenType，它們都屬於「向量」字體，也就是放大或縮小字體，都能呈現平滑的外觀。

用於 LED 點陣的則是統稱「點陣（bitmap）」或「像素（pixel）」字體，檔案格式為 BDF。這種字體的大小固定，放大時會呈現鋸齒外觀，縮小則會失真。本文使用名叫「縫合像素」（Fusion Pixel Font，https://bit.ly/4bbVMwW）的免費開源字體，有 8、10 和 12 像素大小的點陣（BDF）與向量（TrueType、OpenType）格式選擇。

除了大小，「縫合像素」字體還有**等寬字（monospace）**，以及**調和字（proportional，不等寬）**兩種樣式，差別在於英文字母的寬度是否每個都一樣，本文採用 12 像素大小（實際高 11 像素，最上方一列是空白）的「等寬字」，英文字母等寬，方便程式處理。

等寬字（monospace） LilyPad Arduino 8位元開發板 ↑ 12像素 ↓

調和字（proportional） LilyPad Arduino 8位元開發板

筆者編寫的像素字體資料轉換程式放在 bdfont 資料夾，它包含如下的資料夾內容，.dbf 格式的像素字體檔存在 bdf 資料夾，Python 程式檔是 fonts.py，請把要轉換的文字寫成一行，存入 fonts.txt 檔。

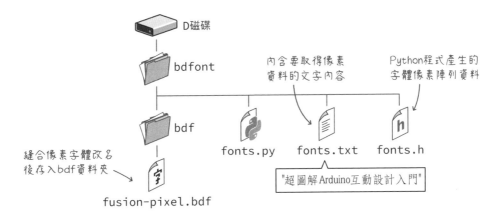

為了執行本單元的 Python 程式，你的電腦系統必須要有 Python 執行環境（直譯器），Windows 系統沒有內建 Python 直譯器，需要自行安裝。請在 Windows 的**命令提示字元**（按 ⊞ + R 鍵，輸入 "cmd"、按 Enter 鍵便能開啟）或 Mac 的終端機，輸入 "python -V" 查看目前安裝的 Python 版本，如果顯示「不是內部或外部命令」之類的錯誤訊息，代表你的電腦沒有安裝 Python。

若系統沒有安裝 Python3.x 版，請到 python.org 官網下載，筆者在撰寫本文時，最新版是 3.12.6，執行本單元所需的 Python 最低要求是 3.8 版。

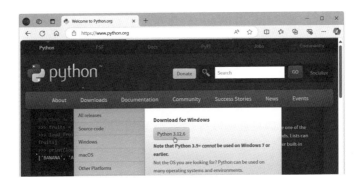

雙按下載的安裝程式，按照畫面的指示進行安裝即可。

點擊這個選項進行安裝

勾選這個選項，以便能在任意檔案路徑執行 Python 程式

安裝完畢後，在**命令提示字元**或**終端機**，輸入 "python -V"，將能看到已安裝的 Python 版本訊息，代表安裝成功。

安裝必要的 Python 程式庫並取得字體像素資料

本文的 Python 轉換點陣字體程式採用 Tom Chen 編寫的 bdfparser 程式庫（https://bit.ly/4cPlMhR）解析 BDF 格式字體，請在**命令提示字元**或**終端機**輸入底下的命令安裝 bdfparser 程式庫（補充説明，pip 是 Python 執行環境提供的程式庫安裝命令）：

程式庫安裝完畢後，即可在命令提示字元（終端機）執行轉換點陣字體的 Python 程式（fonts.py）：

```
命令提示字元                              —    □    ×

D:\bdfont> python fonts.py
D:\bdfont>
```

python 程式檔路徑與名稱

執行Python程式檔的命令

這個程式將產生如下內容的 fonts.h 標頭檔（原有的 fonts.h 檔將被覆蓋）：

```c
const uint16_t fonts[][12] PROGMEM = {
  { 11, 0xC20, 0x3A4, 0x424, 0x7FE, 0x924, 0x924,
    0xBD2, 0xA4E, 0xA42, 0xA52, 0xBDE },    // 超
  { 11, 0xFFE, 0x822, 0xBE2, 0xA2E, 0xAEA, 0xABA,
    0xAEA, 0xA2E, 0xBE2, 0x822, 0xFFE },    // 圖
  { 11, 0x810, 0x7F8, 0x156, 0x1F4, 0x95C, 0xFF0,
    0x112, 0x2CE, 0x282, 0xFD2, 0x29E },    // 解
  { 5, 0x380, 0x70, 0x4C, 0x70, 0x380 },    // A
  { 5, 0x3F0, 0x20, 0x10, 0x10, 0x20 },     // r
  { 5, 0x1E0, 0x210, 0x210, 0x210, 0x3FC }, // d
  { 5, 0x1F0, 0x200, 0x200, 0x100, 0x3F0 }, // u
  { 5, 0x210, 0x210, 0x3F4, 0x200, 0x200 }, // i
  { 5, 0x3F0, 0x20, 0x10, 0x10, 0x3E0 },    // n
  { 5, 0x1E0, 0x210, 0x210, 0x210, 0x1E0 }, // o
  { 11, 0x802, 0x982, 0x962, 0x91E, 0x912, 0x912,
    0x912, 0xF12, 0x992, 0x872, 0x802 },    // 互
  { 11, 0x808, 0xAFA, 0xAAA, 0xFFE, 0xAAA, 0xAFA,
    0x808, 0x608, 0x1FE, 0x808, 0xFF8 },    // 動
  { 11, 0xEA8, 0xAAA, 0xEAA, 0x0, 0x9A0, 0xA9E,
    0x482, 0x482, 0xABE, 0x9A0, 0x830 },    // 設
  { 11, 0xEA8, 0xAAA, 0xEAA, 0x0, 0x20, 0x20,
    0x20, 0xFFE, 0x20, 0x20, 0x20 },        // 計
  { 11, 0x800, 0x400, 0x202, 0x182, 0x62, 0x1E,
    0x60, 0x180, 0x200, 0x400, 0x800 },     // 入
  { 11, 0xFFE, 0x2A, 0x2A, 0x2A, 0x3E, 0x0, 0x3E,
    0x2A, 0x82A, 0x82A, 0xFFE },            // 門
};
```

你可以手動編輯 fonts.h 檔，例如，筆者在其中新增一個自訂的星形字元
（其格式請參閱底下的〈充電時間〉說明）：

```
const uint16_t fonts[][12] PROGMEM = {
  // 自訂的星形
  { 7, 0x10, 0x330, 0x1F8, 0xFE, 0x1F8, 0x330, 0x10 },
  { 11, 0xC20, 0x3A4, 0x424, 0x7FE, 0x924, 0x924,
    0xBD2, 0xA4E, 0xA42, 0xA52, 0xBDE }, // 超
    : 略
}
```

將此 fonts.h 檔複製到捲動中文範例原
始檔（text_vscroll）的資料夾，編譯上
傳程式即可看到 LED 捲動文字效果。

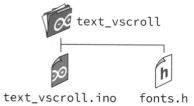

text_vscroll

text_vscroll.ino   fonts.h

點陣字格式説明

本單元的 Python 程式透過 Font 物件的 glyph（字符）讀取指定字元，接
著取得 hexdata（16 進位中繼資料）。但這些中繼資料是字串格式，類
似這樣："5088", "32032", "4384"⋯，必須將它們轉換成整數型態，方
便 Arduino 程式使用。筆者把讀取字元像素資料的 Python 程式寫成
getArray() 函式，取得 " 超 " 字像素資料的程式如下：

```
from bdfparser import Font

font = Font('bdf\\fusion-pixel.bdf')  # 取用像素字體
def getArray(chr):
    hex_list = []
    glyph = font.glyph(chr)
    hexdata = glyph.meta['hexdata']
    num_list = [int(hex_str, 16) for hex_str in hexdata]
    return num_list

num_list = getArray('超')
hex_list = [str(num_list[0])]
hex_list.extend([f'0x{num:X}' for num in num_list[1:]])
result_str = '{ ' + ', '.join(hex_list) + ' }'
print(result_str)
```

程式執行之後，將顯示如下的整數列表（list），除了第一個元素之外，每個元素代表一列像素值：

```
[0, 5088, 32032, 4384, 4704, 64512, 5088, 21024, 24096,
 21472, 45056, 36832]
{ 0, 0x13E0, 0x7D20, 0x1120, 0x1260, 0xFC00, 0x13E0,
  0x5220, 0x5E20, 0x53E0, 0xB000, 0x8FE0 }
```

底下是 " 超 " 與 "A" 字元的像素資料對比，筆者選用的是「等寬」字，因此每個英文母都是 5 個像素寬（3~7 行），中文則是 11 像素寬（5~15 行）。

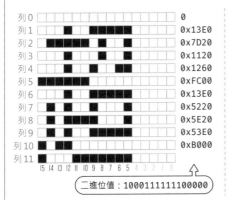

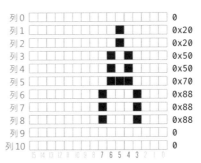

字元像素資料預設是以「橫列」方是堆疊，但下文的動手做程式要做出水平捲動文字效果，所以字元資料最好是以「直行」方式排列，並且去除左右多餘的空白，像這樣（下圖右是自訂的星形）：

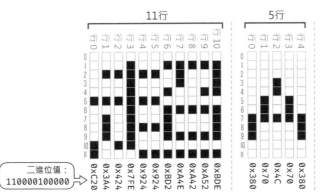

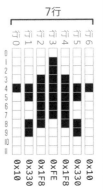

由於中文、英文和自訂符號的寬度（行數）都不同，為了方便程式處理，筆者在每個字元像素資料的第 0 個元素插入「行數」，轉成 C 語言的陣列資料格式，在每個敘述後面加上註解，標示此資料代表的字元。底下是 "A" 字的陣列資料：

元素0是行數　　資料從元素1開始

{ 5, 0x380, 0x70, 0x4C, 0x70, 0x380 },　　// A

字元'A'的各行像素值

19-7 捲動中文字的 Arduino 程式

UNO R4 WiFi 的 LED 點陣資料通常看待成 12 行、8 列，本單元把它看待成 9 行、12 列，在程式開頭定義如下的全域 frame 二維陣列：

```
byte frame[9][12] = { 0 };    // LED矩陣全數歸零 (清除畫面)
         行   列
```

LED 點陣畫面的第 9 行（透過 frame[8] 存取）僅存在記憶體，程式每次讀取一行字元像素資料時（如下圖右的 fonts 陣列），都將它存入 frame[8]。由於 LED 點陣的列號順序跟字元陣列相反，而且筆者不要顯示字元最上方的空列，所以存入 frame 畫面陣列的元素索引值要用 12 減去字元的列號：

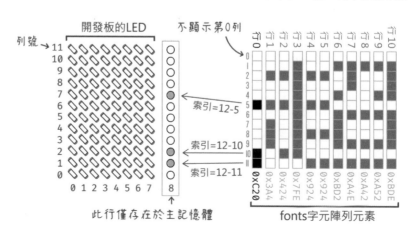

此行僅存在於主記憶體　　　　fonts字元陣列元素

接著，從 frame 畫面陣列的行 1 開始，陸續把該行的全部列複製給前一行的對應列。當第 8 行複製給第 7 行之後，字元的第一行就呈現在 LED 點陣上。等待 50 毫秒，再把字元的下一行（行 1）資料複製到 frame〔8〕畫面陣列。

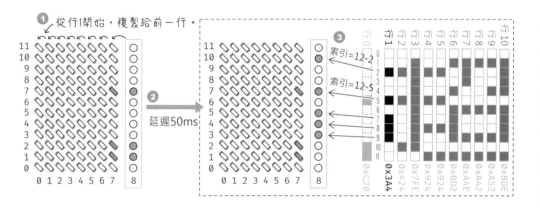

持續重複上述步驟：讀取然後複製 frame 畫面的各行給前一行，即可達成捲動文字效果。

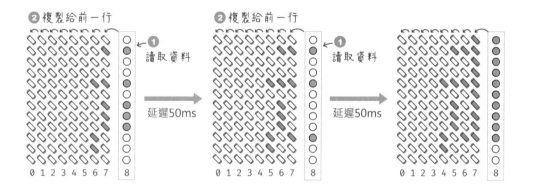

逐一讀取並複製每行、每列元素的程式

字體像素的每一行資料，都要分別取出每個位元，再存入 LED 陣列。以「超」字第 0 行的 0xC20 值為例，透過**右移（>>）運算子**，往右移動一位，再跟數字 1 做 **AND 運算**（&），如此每次都能從最低有效位元取得一個值。

「超」字第0行，0xC20的2進位值。

```
(11000010000 >> 0)          (11000010000 >> 1)              (11000010000 >> 4)
         ↓右移0位                →      ↓右移1位    ...           →      ↓右移4位
    11000010000                   01100001000                    00001100001
  & 00000000001                 & 00000000001                  & 00000000001
    00000000000  → 0              00000000000  → 0               00000000001  → 1
             ↑
           最低有效位元
```

底下的迴圈將能取得一個字的全部「行列像素值」：

```
byte colSize = fonts[i][0];        // 取得第i個字的資料行數
                    資料從元素1開始
for (byte col = 1; col <= colSize; col++) {        逐一取出第i個字、
  for (byte row = 0; row < 12; row++) {            第col行的每個位元
    frame[8][12 - row] = (fonts[i][col] >> row) & 1;
  }        ↑     從最上面列往下      取得第i個字 …的第col行
}    LED矩陣的最後一行
```

複製下一行資料給前一行的敘述，寫成 scroll_col () 函式（代表捲動一行）：

```
void scroll_col() {     // 往上捲動 LED 點陣
  for (byte col = 0; col < 8; col++)    // 每一行…
    for (byte row = 0; row < 12; row++)   // 的每一列…
      // 下一行的每一列複製給前一行
      frame[col][row] = frame[col + 1][row];
}
```

底下是捲動中文字的完整程式碼：

```
#include "Arduino_LED_Matrix.h"
#include "fonts.h"

ArduinoLEDMatrix matrix;

byte fontSize = sizeof(fonts) / sizeof(fonts[0]);  // 取得字數
byte frame[9][12] = { 0 };    // LED 點陣全數歸零（清除畫面）

void scroll_col () {    …捲動一行 LED 點陣…略…   }
```

```
void setup() {
  matrix.begin();
  matrix.renderBitmap(frame, 8, 12);   // 呈現 LED 點陣畫面（空白）
}

void loop() {
  // 從第 0 個字逐一取到最後一個字
  for (byte i = 0; i < fontSize; i++) {
    byte colSize = fonts[i][0];          // 取得行數

    // 從字元像素的第 1 行取到最後一行
    for (byte col = 1; col <= colSize; col++) {
      for (byte row = 0; row < 12; row++)
        frame[8][12 - row] = (fonts[i][col] >> row) & 1;
      scroll_col();
      matrix.renderBitmap(frame, 8, 12);   // 在女LED 點陣呈現資料
      delay(50);
    }

    // 在字元之間加上空白行，便於區隔、辨識個別字元
    for (byte row = 0; row < 12; row++)
      frame[8][row] = 0;        // 空白行

    scroll_col();  // 捲動一行
    matrix.renderBitmap(frame, 8, 12);
    delay(50);
  }
}
```

使用 memcpy() 與 memset() 複製與設定記憶體內容

C 語言有個複製記憶體內容（支援所有資料類型）的 memcpy() 函式，可整
批複製指定大小的陣列元素：

代表 "memory copy"（複製記憶體內容）

memcpy(指向目標陣列，指向來源陣列，位元組數)

複製第4行陣列到第3行陣列
共12位元組

memcpy(frame[3], frame[4], 12);

亦即

frame[3][0]~frame[3][11] ←複製 frame[4][0]~frame[4][11]

用它來改寫捲動文字的 scroll_col() 函式，可省去一層迴圈：

```
void scroll_col() {                    // 往上捲動 LED 點陣
  for (byte col = 0; col < 8; col++)   // 向前複製每一行…
    memcpy(frame[col], frame[col+1], sizeof(frame[col]));
}
```

另有一個把陣列元素全都設成指定值的 memset() 函式：

frame[8][0] ~ frame[8][11] 全設為0→
```
for (byte row = 0; row < 12; row++)
    frame[8][row] = 0;
```

等同

memset(指向陣列，設定值，位元組數) → memset(frame[8], 0, 12);

所以上一節的 loop() 可改寫成：

```
void loop() {
    :前面部分相同，故略…

    memset(frame[8], 0, sizeof(frame[8]));  // 插入一個空行
    scroll_col();  // 捲動一行
    matrix.renderBitmap(frame, 8, 12);
    delay(50);
  }
}
```

19

USB 人機介面、觸控介面、RTC 即時鐘以及中斷處理

20-1 USB 人機介面：模擬鍵盤與滑鼠

ATmega32u, ESP32-C3 和 RA4M1 等微控器具備原生 USB 介面，除可用於上傳程式以及 UART 通訊，還具備模擬 USB 鍵盤、滑鼠、搖桿等 HID（Human Interface Device，人機介面裝置）功能，底下列舉三款具備 USB HID 的開發板：

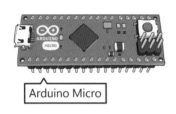

Arduino Micro

Leonardo（李奧納多）

ESP32-C3 Zero

上面這些開發板以及 UNO R4，搭配 Arduino 內建的 Keyboard.h（鍵盤）和 Mouse.h（滑鼠）程式庫，即可透過 USB 將按鍵和滑鼠訊息傳送到連接的電腦，建立自訂或自動化輸入裝置。

模擬 USB 鍵盤的 Keyboard.h 程式庫

Keyboad.h 程式庫提供下列方法：

- Keyboard.begin()：啟用 USB 鍵盤模式。
- Keyboard.end()：停用 USB 鍵盤模式。
- Keyboard.press(字元)：**按著**某個鍵，常用於組合鍵，如：按著 Ctrl 和 C 鍵。
- Keyboard.release(字元)：**放開**某個鍵。
- Keyboard.releaseAll()：放開全部鍵。
- Keyboard.write(字元)：輸出一個字元，等同按下一個鍵，然後放開。
- Keyboard.print(字串)：輸出一個字元或字串，等同接連敲打數個鍵。

若要按下英文、數字和符號等「可見字元」的按鍵，用 print(), write() 或 press() 等方法輸出字元即可，例如：

```
Keyboard.print('a');   // 按一下 a 鍵
Keyboard.print('A');   // 等同按下 Shift 和 a 鍵
```

鍵盤上的 Shift ，Caps Lock（大小寫鎖定），Ctrl ，Alt（Mac 的 option），Windows（Mac 的 ⌘）等按鍵，統稱**修飾鍵**（modifier），每個按鍵都有一個代碼（參閱下文），相同按鍵（如：Shift 鍵）、左右兩邊的代碼不同，所以電腦可以區分是哪一邊的按鍵被按下或放開。此外，⊞ / ⌘ 鍵叫做 **GUI 鍵**。

左GUI鍵　　　　　　　　　　　　右GUI鍵

Keyboard.h 定義了修飾鍵、功能鍵和方向鍵的常數名稱，表 20-1 列舉其中一部分，完整的列表請參閱 Keyboard.h 原始檔。

表 20-1

常數名稱	說明	鍵碼
KEY_LEFT_CTRL	左 Ctrl 鍵	0x80
KEY_LEFT_SHIFT	左 Shift 鍵	0x81
KEY_LEFT_ALT	左 Alt 鍵	0x82
KEY_LEFT_GUI	左 GUI 鍵	0x83
KEY_UP_ARROW	↑ 鍵	0xDA
KEY_DOWN_ARROW	↓ 鍵	0xD9
KEY_LEFT_ARROW	← 鍵	0xD8
KEY_RIGHT_ARROW	→ 鍵	0xD7
KEY_RETURN	Enter 鍵	0xB0
KEY_F1	F1 功能鍵	0xC2
KEY_PRINT_SCREEN	PrtScr 鍵	0xCE

底下敘述代表按著左 `Ctrl` 和 `C` 鍵，隔 0.1 秒後放開它們：

```
Keyboard.press(KEY_LEFT_CTRL);    // 左 Ctrl 鍵
Keyboard.press('c');
delay(100);
Keyboard.releaseAll();            // 放開所有鍵
```

模擬 USB 鍵盤的 Mouse.h 程式庫

Mouse.h 程式庫具有下列方法：

- Mouse.begin()：初始化滑鼠控制。

- Mouse.end()：結束滑鼠控制。

- Mouse.click()：模擬點擊滑鼠左鍵。

- Mouse.move(x, y)：移動游標到指定的 x, y 距離。

- Mouse.press(滑鼠鍵)：模擬按下滑鼠按鍵，「滑鼠鍵」為下列常數之一：

  - MOUSE_LEFT：代表滑鼠左鍵。

  - MOUSE_RIGHT：代表滑鼠右鍵。

  - MOUSE_MIDDLE：代表滑鼠中鍵。

- Mouse.release(滑鼠鍵)：放開滑鼠按鍵。

- Mouse.isPressed(滑鼠鍵)：檢查滑鼠鍵是否被按下。

底下的程式敘述將模擬滑鼠往右下方移動 30 像素，按一下左鍵，然後再往左上移動 30 像素。

```
Mouse.move(30,30);
Mouse.click();
delay(500);
Mouse.move(-30,-30);
```

20

動手做 20-1 模擬 USB 鍵盤和滑鼠

實驗說明：用簡單的導線或按鍵，製作一個在 Windows 系統「擷取目前視窗畫面」的快捷鍵。

實驗材料：

Arduino UNO R4 或其他支援 USB HID 介面的開發板	1 個
單芯導線或微觸開關	1 個

實驗電路：用一根導線暫時替代開關，一端接腳 2，另一端先不要接地。

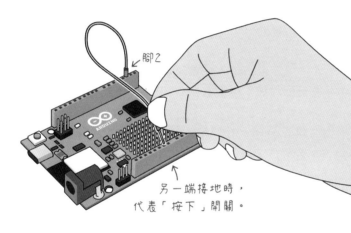

腳 2

另一端接地時，
代表「按下」開關。

在 Windows 系統中，擷取目前視窗的快捷鍵是 Alt + PrtScr 。為了示範模擬滑鼠，所以底下程式加入「擷取視窗之後，移動一下游標」的行為。

```
#include <Keyboard.h>    // 鍵盤程式庫
#include <Mouse.h>       // 滑鼠程式庫
#define SW_PIN 2         // 開關在腳 2

void setup() {
  Keyboard.begin();      // 初始化鍵盤
  Mouse.begin();         // 初始化滑鼠
  pinMode(SW_PIN, INPUT_PULLUP);   // 開關腳啟用「上拉電阻」
```

```
}

void loop() {
  bool keyPressed = digitalRead(SW_PIN);

  if (keyPressed == LOW) {   // 若按下按鍵…
    Keyboard.press(KEY_LEFT_ALT);         // 按著左 ALT 鍵
    Keyboard.press(KEY_PRINT_SCREEN);  // 按著 PrtScr 鍵
    delay(100);
    Keyboard.releaseAll();   // 放開全部按鍵
    delay(100);
    Mouse.move(-30,-30);       // 游標往左上移動
    delay(500);
    Mouse.move(30,30);         // 游標往右下移動
    delay(500);
  }
}
```

實驗結果：編譯上傳程式後，按一下開關（導線一端接地），它將擷取目前
的視窗畫面。開啟影像繪圖軟體（如：小畫家），即可貼入擷取的畫面。

啟用鍵盤或是滑鼠變成 HID 後，Serial 物件還是一樣可以運作，只是用來上
傳程式碼的連接埠不見了，會變成另外一個編號的連接埠。如果日後上傳
程式出現找不到開發板的問題，僅需快速按兩下 RESET，看到 13 腳的 LED
燈（板子上標示為 L）變成呼吸燈時，系統會重新設定連接埠，即可再次
上傳程式。

20-2 電容式觸控開關

觸控開關是經由碰觸產生開或關訊號的裝置。觸控式開關沒有機械結構，
壽命比普通開關長，可以做成超薄尺寸，不會發出噪音，而且根據觸控的
電路設計方式，不一定要碰觸到開關，可隔空操作。假設你的互動裝置安

裝在玻璃櫥窗裡面，觸控開關安裝在玻璃內側，仍可感應到用戶的碰觸行為。

觸控介面可以用攝影機、紅外線、超音波、電阻、電容…等不同技術達成。如第 2 章介紹，電容是存儲在導電材料中的電荷量。正電荷和負電荷相互吸引，接觸面積越大或距離越小，電容就越大。此外，如果被絕緣體分隔的兩種導電材料足夠靠近，它們都會呈現電容器的特徵，電容式觸控開關就是運用這個特性的發明。

假設我們在控制器的某數位輸出腳連接一個電阻，電阻另一端連接充當觸控感測介面的銅箔：

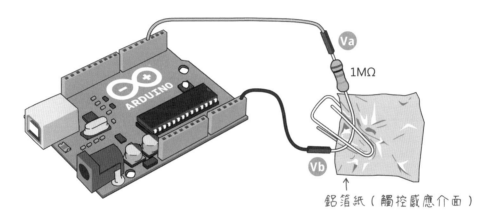

若從 Va 端送入一個脈衝（亦即，高、低電位變化）訊號，在人體沒有碰觸感測面的情況下，此脈衝訊號幾乎原封不動地傳送到電阻的另一端：

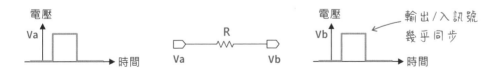

當手指（不只是人體，其他生物或可改變電容值的材料都行）靠近感測端時，手指和感測端的導體（鋁箔）之間會形成寄生電容，相當於電阻的另一端接了一個電容器：

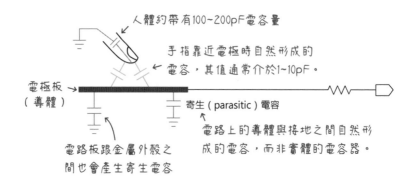

因此，向電阻的一端輸入脈衝訊號，當手指接觸電阻另一端時，輸出脈衝的高、低電位時間將被「延後」。**程式透過比對輸入和輸出的脈衝時間，就能得知是否有人碰觸到感測器（電極板）**；相反地，從充、放電時間也能推敲出電容量。

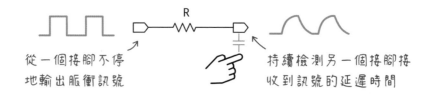

這種**測量相對於接地的電容變化**的方法，稱為**自電容（self-capacitance）法**，它的結構簡單，但只能偵測單一觸點。由於寄生電容值很小，若要延長充電時間到足以偵測的範圍，勢必要增大 RC 電路中的電阻值（1MΩ 或更高），然而，加大觸控點的阻抗，電路就容易受雜訊影響。

也因此，製作觸控介面時，大多採用現成觸控 IC 或模組。這種具有特殊功能的 IC，把一組專業電子工程師的研發成果，濃縮在一個小小的矽晶片上。跟本文簡陋的 RC 觸控電路相比，採用觸控 IC 製作的介面不易受外界環境影響（如：汗水、油污）和雜訊干擾，而且程式也簡單許多。

電容式觸控開關模組

電子材料行或拍賣網站容易買到類似左下圖的 4 路觸控模組，另外還有 1 路、8 路和 16 路的觸控模組。對微電腦開發板而言，它等同右下圖的 4 組開關：

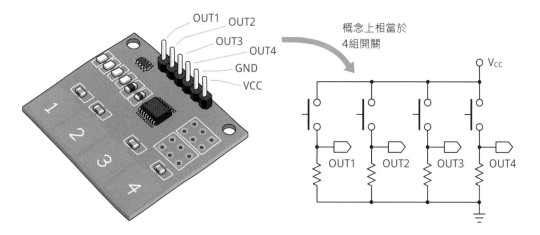

此觸控模組的主要構成電路如下，負責處理電容觸控訊號的核心是 TTP224 這個 IC。根據 TTP224 的技術文件說明，它的工作電壓介於 2V~5.5V，每個觸控感應端可連接 0~50pF 的電容，藉以調整觸控感應的靈敏度，此模組採用的電容值為 30pF。每當觸控端感應到人體碰觸時，對應的 OUT1~OUT4 將輸出高電位，模組上的 LED 也將被點亮。

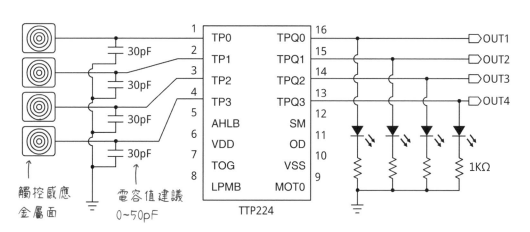

動手做 20-2 使用觸控開關模組 製作 LED 開關

實驗說明：採用 4 路觸控開關模組的其中 1 個開關，當作 LED 燈的開關控制介面。

實驗材料：

4 路（或 1 路）觸控開關模組	1 個

實驗電路：觸控開關模組的 OUT1（輸出 1）接控制板的第 12 腳，LED 則直接使用第 13 腳的 LED，麵包板的接線示範：

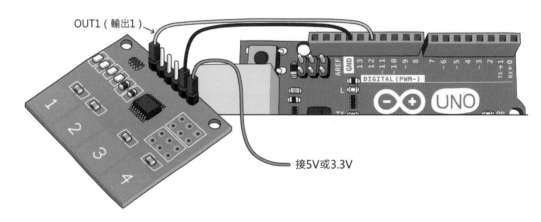

OUT1（輸出1）

接5V或3.3V

實驗程式：當觸控訊號從低電位變成高電位，代表有人碰觸了開關，程式就反轉腳 13 的 LED 狀態。

```
#define SW_PIN 12               // 開關接腳

bool ledState = false;          // 儲存 LED 狀態
bool lastSWState = LOW;         // 儲存開關的上一次狀態

void setup() {
  pinMode(SW_PIN, INPUT);       // 開關腳設為輸入模式
  pinMode(LED_BUILTIN, OUTPUT); // LED 腳設為輸出模式
  digitalWrite(LED_BUILTIN, ledState);
}
```

20

```
void loop() {
  bool swState = digitalRead(SW_PIN);  // 讀取開關狀態

  // 若開關被碰觸，且上一次狀態是未被碰觸…
  if (swState == HIGH && lastSWState == LOW) {
    ledState = !ledState;                // 切換 LED 狀態
    digitalWrite(LED_BUILTIN, ledState);
  }

  lastSWState = swState;                 // 更新開關的上一次狀態
}
```

輸入程式之後，碰一下編號 1 的觸控板，可點亮 LED；再碰一下觸控板，則關閉 LED。

20-3 UNO R4 的內建電容式觸控介面

UNO R4 的部分腳位支援電容觸控功能，它們統稱 **TS 腳**（TS 代表 Touch Sensor，觸控感測器），兩種 UNO R4 開發板的觸控腳位些微不同：

● R4 Minima 板：0, 1, 2, 3, 8, 9, 10, 11, 13, A1, A3 和愛心（P204）共 11 腳。
● R4 WiFi 板：0, 1, 2, 3, 6, 8, 9, 10, 11, 12, A1, A3 和愛心（P113）共 12 腳。

愛心（Love）腳位於開發板背面，P204 和 P113 是微控器的腳位名稱，以下單元將使用它來實驗觸控功能。

具備觸碰感測功能的「愛心」腳

在 TS 腳串接一個電阻和電極板，便能完成「自電容型」觸控開關的硬體，瑞薩電子建議此電阻值介於 560~2kΩ。電極板可以是任何導電材料，如：鋁箔、電路板上的銅箔或電線。

R4AM1 微控器也支援偵測矩陣排列的兩個電極之間的寄生電容差異，判斷多點觸控的**互電容感測方法**（mutual capacitance sensing），但它的硬體結構和程式碼相對複雜，而且筆者在撰寫本文時，程式庫尚未支援這種模式，因此本單元採用自電容法。

RA4M1 微控器的電容觸控感測單元（CTSU）

RA4M1 微控器內部，負責處理觸控感測的是**電容觸控感測單元**（**Capacitive Touch Sensing Unit，簡稱 CTSU**）。相較於簡單的硬體結構，觸控功能的程式相當複雜，CTSU 的設定、取得量測值…等功能都是透過存取微控器內的暫存器完成，而這些暫存器共有 24 個，瑞薩電子的 RA4M1 使用者手冊第 1195 頁的〈41.2 Register Descriptions（暫存器說明）〉單元，用了 19 頁詳盡描述它們的作用，另有 11 頁的篇幅介紹初始化和操作 CTSU 暫存器的流程。

截至筆者撰寫本文時，Arduino 官方並沒有提供 UNO R4 電容觸控功能的程式庫，本文採用 David (delta-G) 編寫的 R4_Touch 程式庫（https://bit.ly/3TCZvNZ）。即便是透過程式庫完成電容觸控程式，還是得先了解 CTSU 的運作原理。

> 如果不想管這麼多原理，David (delta-G) 另外提供了一個 LoveButton 程式庫，可以直接使用愛心觸控腳。在**程式庫管理員**搜尋並安裝 "LoveButton"，即可上傳或修改此程式庫提供的 Toggle.ino 範例測試愛心觸控。
>
> 程式庫管理員
>
> LoveButton
>
> 類型：　全部　　　　⌄
> 主題：　全部　　　　⌄
>
> **LoveButton** 提供者：David Caldwell
> <deltagrobotics@gmail.com>
>
> 1.2已安裝
>
> Touch Sensitive Love Button Turn the Love Pin on the back of the UNO-R4 Minima into a Capacitive Touch Sensor
> 詳細資訊

20

底下是 RA4M1 內部 CTSU 的結構圖，改自 A4M1 使用手冊第 1214 頁的
〈41.3 Operation（操作）〉單元。實際上，CTSU 並非檢測觸控介面的電容值
變化，而是電流大小。請先把目光放在結構圖底下的 RC 濾波器，CTSU 透
過切換開關對寄生電容進行充電和放電：

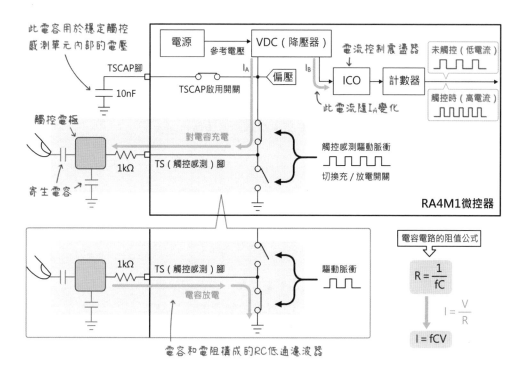

圖中的 ICO，在瑞薩電子的不同技術文件裡面也稱為 CCO（Current Control
oscillator，電流控制震盪器）。VDC（Voltage Down Converter，降壓轉換器）
是 CTSU 內建電容感測器的電源電路。

第 4 章提到消除彈跳的 RC 濾波電路，若底下的 V_{in} 變成高電位，電容器將
開始充電，也就是説，此時電容的阻值小，電流可輕易流入電容；隨著電
容器持續累積電荷，阻值不斷地增大直到充飽電，不再讓電流流入而呈現
高阻抗狀態。

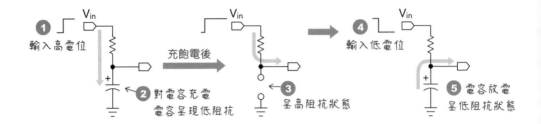

當 Vin 變成低電位時，電容將再次變成低阻抗狀態，釋放出電荷。電容的阻抗稱為「容抗」，其值跟輸入訊號（電壓）的頻率 f 相關。瑞薩電子的文件將容抗公式簡化成 R=1/ fC，比較嚴謹的式子如下，從**歐姆定律**可知，**觸控感應的電容值越大、驅動脈衝頻率越高、電流值也越大。**

電容的阻抗（容抗）也寫成 χ_C ⟶ $$R = \frac{1}{2\pi fC}$$ 從歐姆定律推導電流量 ⟹ $$I = \frac{V}{R} = 2\pi fCV$$

$2\pi f$ 也寫成 ω

此電容值為手指，以及電路板和接地、金屬外殼等的寄生電容總和。

CTSU 的**感測驅動脈衝頻率可透過參數調整**，以便縮放感測電流大小。電容的電流變化，會同步反應在 ICO（電流控制震盪器）單元，它會把電流大小轉變成脈衝訊號再傳給「計數器」：未被觸碰時，脈衝少、計數值低；感測到觸碰時，計數值變高，如下圖左。**ICO 的電流和計數頻率之間的轉換比率，可透過參數調整。**

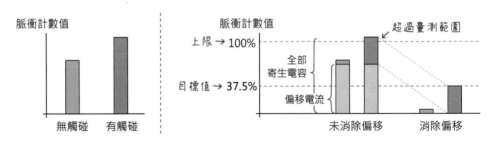

然而，CTSU 感測到的是各種來源（如：電路接地和機殼）的寄生電容的總和，可能會超過感測上限。如果在測量觸控過程中，偏移電流超過感測器 ICO 輸入電流，則 TSCAP 電壓會出現異常，進而導致 ICO 計數值溢位、不準確。

20

因此 CTSU 具備消除偏移電流的參數（暫存器），請將偏移的部分看待成不必要的雜訊來源；消除偏移電流之後，再轉換成脈衝訊號、如此在比對觸控前後的脈衝數的差異時，就比較不會誤判。

總結一下本文的要點：

- 觸控輸入腳感測到的是電極板的寄生電容值。

- 內部有個脈衝訊號驅使電容充電和放電，而此脈衝的頻率會影響偵測值。

- 寄生電容引發的電流變化，交給 ICO 轉換成脈衝變頻訊號：電流越大、頻率越高。

- 透過計數器測量變頻訊號的脈衝數量

- 比較脈衝的變化量來判斷是否有觸碰

- 每一個 TS（觸控感測）腳與電極之間應該要串聯一個 560~2kΩ 電阻（UNO R4 板的愛心引腳並沒有串聯電阻）。

動手做 20-3　校準觸控腳

實驗說明：電容觸控介面必須經過校準才可獲得有效的感測值，而且實驗階段的接線，以及實際裝機的接線，都需要校準。本實驗採用 R4_Touch 程式庫提供的 Auto_Tune 自動校準參數範例檔，取得愛心腳的校準參數。

實驗材料：

| UNO R4 Minima 或 WiFi 板 | 1 個 |
| 10nF 電容 | 1 個 |

實驗電路：微控器的 TSCAP 腳需要連接一個用於穩定參考電壓的旁路電容，此接腳名稱中的 CAP 代表 Capacitor（電容），**TSCAP 位在 R4 Minima 的腳 11，R4 WiFi 板則是腳 7**。官方硬體手冊第 1389 頁的〈48.60 CTSU Characteristics（特性）〉表指出，TSCAP 的外接電容建議值為 10nF（即 0.01μF，標示為 103）±10%。

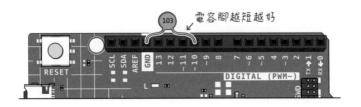

實驗程式：請在 IDE 的**程式庫管理員**搜尋 "R4_Touch" 並安裝此程式庫：

| 程式庫管理員 |
| R4_Touch |
| 類型：　全部 ⌄ |
| 主題：　全部 ⌄ |
| **R4_Touch** 提供者：David Caldwell <deltagrobotics@gmail.com> |
| Touch Sensing for UNO R4 Enable the CTSU on the UNO R4 for touch sensing |
| 詳細資訊 |
| 1.1.0 ⌄　　安裝 |

然後選擇 IDE 主功能表的『**檔案 / 範例 /R4_Touch/Auto_Tune**』，開啟**自動校準**範例檔，然後編譯上傳到 UNO R4 板。上傳完畢後，**序列監控窗**將顯示如下的訊息：

```
*************************************
 *** Touch_Calibration.ino ***
*************************************

 Enter the pin number for the sensor you wish to tune :
Use numbers only.
Use 15 or 16 for A1 or A2.  Use 20 for the Love pin.
```

> 輸入您要校準的觸控感測接腳編號：
> 僅接受數字。
> 腳A1或A2，請改用15或16。愛心腳用20代表。

R4 Minima 和 WiFi 板的愛心腳位不同，R4_Touch 程式庫統一用 20 代表。本實驗用「愛心」腳，因此請輸入 20。

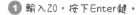
❶ 輸入20，按下Enter鍵。

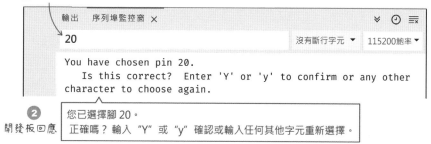

```
輸出   序列埠監控窗 ×                          ⌄ ⏱ ☰
20                               沒有斷行字元 ▼  115200鮑率 ▼

You have chosen pin 20.
  Is this correct?  Enter 'Y' or 'y' to confirm or any other
character to choose again.
```

❷ 開發板回應

> 您已選擇腳 20。
> 正確嗎？ 輸入 "Y" 或 "y" 確認或輸入任何其他字元重新選擇。

輸入 'y' 確認，它將顯示如下的選單畫面，請輸入 'A' 選擇「開始自動校準」。

輸入 'A'，按下Enter。

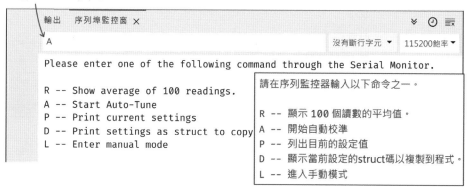

```
輸出   序列埠監控窗 ×                          ⌄ ⏱ ☰
A                                沒有斷行字元 ▼  115200鮑率 ▼

Please enter one of the following command through the Serial Monitor.

R -- Show average of 100 readings.
A -- Start Auto-Tune
P -- Print current settings
D -- Print settings as struct to copy
L -- Enter manual mode
```

> 請在序列監控器輸入以下命令之一。
>
> R -- 顯示 100 個讀數的平均值。
> A -- 開始自動校準
> P -- 列出目前的設定值
> D -- 顯示當前設定的struct碼以複製到程式。
> L -- 進入手動模式

校準過程中請不要碰觸控腳，程式將反覆讀取 100 次觸控腳的數值。

輸入 'y'，按下Enter。

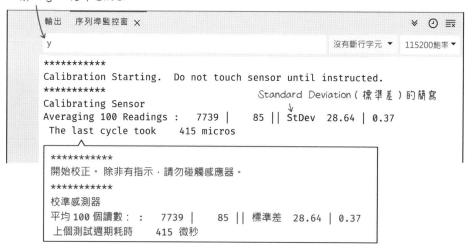

```
輸出   序列埠監控窗 ×                          ⌄ ⏱ ☰
y                                沒有斷行字元 ▼  115200鮑率 ▼

***********
Calibration Starting.  Do not touch sensor until instructed.
***********
Calibrating Sensor                     Standard Deviation（標準差）的簡寫
Averaging 100 Readings :   7739 |    85 || StDev  28.64 | 0.37
  The last cycle took    415 micros
```

> ***********
> 開始校正。除非有指示，請勿碰觸感應器。
> ***********
> 校準感測器
> 平均100 個讀數：：   7739 | 85 || 標準差 28.64 | 0.37
> 上個測試週期耗時   415 微秒

讀取完畢後，它會顯示目前的觸控感測驅動時脈除頻值（clock div）。div 代表 "division"（除式），CTSU 的基礎時脈頻率是 4MHz，透過除頻降低頻率，有效值為偶數 2, 4, 6,... 到 64，除頻值太小的話，不易分辨有無觸控，除頻值高會降低反應速度。

若要測試增加或減少分頻值的效果，請輸入 '+' 或 '-'，再按下 Enter 鍵，或者輸入任意字元繼續校準。

輸入任意字元，再按下Enter。

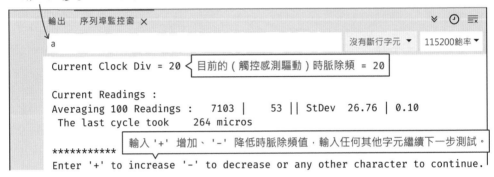

```
輸出    序列埠監控窗 ×

a                                               沒有斷行字元 ▾   115200鮑率 ▾

Current Clock Div = 20     目前的（觸控感測驅動）時脈除頻 = 20

Current Readings :
Averaging 100 Readings :    7103  |    53 || StDev  26.76 | 0.10
 The last cycle took    264 micros
***********    輸入 '+' 增加、'-' 降低時脈除頻值，輸入任何其他字元繼續下一步測試。
Enter '+' to increase '-' to decrease or any other character to continue.
```

程式接著測試 offset（偏移電流），程式會自動嘗試增、減偏移值來檢驗輸出結果。此階段結束後，它同樣會詢問是否輸入 '+' 或 '-' 來增加或減少偏移值，請輸入任意字元繼續。然後它將測試 threshold（觸控臨界值，也就是分辨有、無觸控的臨界點），並顯示 counter（計數器）的累增值。

接下來，它要求你碰觸觸控腳。請碰觸「愛心」腳不要放，再輸入任意字元：

② 輸入任意字元，按下Enter。

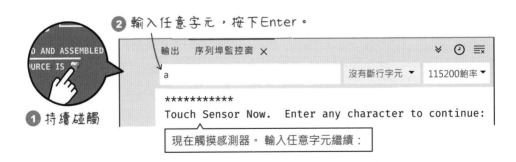

```
輸出    序列埠監控窗 ×

a                                               沒有斷行字元 ▾   115200鮑率 ▾

***********
Touch Sensor Now.   Enter any character to continue:
```

現在觸摸感測器。輸入任意字元繼續：

① 持續碰觸

然後放開手，再輸入任意字元繼續：

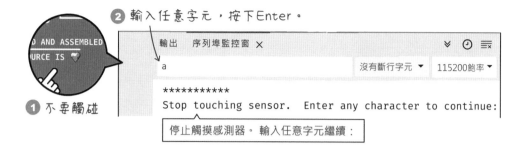

重複兩次碰觸測試之後，它將顯示底下的訊息，意思是：建議的 4659 臨界值為未碰觸時平均值的 209.90 標準差，碰觸時平均值的 208.00 標準差。在 100 次測量中，此臨界值產生了 0 次誤報和 0 次誤漏。

```
Recommended threshold of 4659 is 209.90 std deviations from
average when not touched and 208.00 std deviations from
average when touched.
This threshold produced 0 false positives and 0 false
negatives in 100 measurements.
```

輸入任何字元，按 Enter 鍵完成自動校準，它將顯示如下的總結：

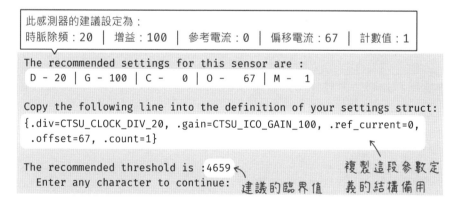

其中 5 個設定參數的名稱和意義如下：

● div（時脈除頻）：調整觸控感測驅動時脈頻率，有效值為偶數 2, 4, 6...到 64，分別用常數 CTSU_CLOCK_DIV_2, CTSU_CLOCK_DIV_4, …, CTSU_CLOCK_DIV_64 表示。

- gain（增益）：調降 ICO 的參考電流和感測器（寄生電容）的電流，可能值為 100%, 66%, 50% 和 40%，分別用常數 CTSU_ICO_GAIN_100, CTSU_ICO_GAIN_66, CTSU_ICO_GAIN_50 和 CTSU_ICO_GAIN_40 表示。

- ref_current（參考電流）：介於 0~255，用於提供 ICO 參考基準，確保 ICO 的電流變化（以及相應的計數值）在感測器的極限範圍之內。

- offset（偏移電流）：可能值為 0~1023，用於確保寄生電容的電流值不會超過感測上限。

- count（計數）：計數器每次遞增的數值，可能值為 1~64。

動手做 20-4　觸控功能鍵

實驗說明：在 Windows 系統上，按下 ⊞ + R 鍵開啟如下圖的**執行**窗，

在其欄位輸入 "chrome 網址 "、"msedge 網址 " 或 "microsoft-edge: 網址 "，再按下 Enter 鍵，即可啟動 Chrome 或 Edge 瀏覽器，開啟指定網址。

本實驗將在觸碰開發板的愛心腳時，點亮或關閉預設的 LED，並且透過 Keyboard.h 程式庫，模擬 USB 鍵盤輸入上述的快捷鍵和文字，開啟網路瀏覽器，連結到指定的網頁。本實驗材料和電路與〈動手做 20-3〉相同。

編寫程式之前，先介紹一下 R4_Touch 程式庫中，TouchSensor（觸控感測器）類別的部分方法：

- begin(腳位，臨界值)：以指定的臨界值初始化觸控腳。

- read()：傳回一個表示是否偵測到觸控的布林值。

- readRaw()：讀取感測器原始數值。

- readReference()：讀取用於校正的參考值。

- setThreshold(臨界值)：設定觸控偵測臨界值。

- getThreshold()：取得目前的觸控偵測臨界值。

- setClockDiv(時脈除頻值)：設定感測器的時脈除頻。

- setIcoGain(增益值)：設定感測器的 ICO 增益。

- setReferenceCurrent(電流值)：設定基準電流。

- setMeasurementCount(次數)：設定平均測量的次數。

- setSensorOffset(電流值)：設定感測器的偏移電流值。

- applyPinSettings(校準參數)：套用觸控接腳的校準參數。

- getPinSettings()：取得目前的接腳設定。

- start()：啟動觸控感測。

- stop()：停止觸控感測。

實驗程式：底下程式有兩個重點參數設定，都來自〈動手作 20-3〉的校準實驗，其一是觸控開、關臨界值，在此程式中命名為 THRESHOLD 常數：

```
#define THRESHOLD 4659   // 觸控感測開、關的臨界值
```

另一個是程式庫定義的 ctsu_pin_settings_t（直譯為 CTSU 腳設定）型態的觸控感測器參數，存入 tsSettings 變數：

```
ctsu_pin_settings_t tsSettings = {
  .div = CTSU_CLOCK_DIV_18, .gain = CTSU_ICO_GAIN_100,
  .ref_current = 0, .offset = 75, .count = 3 };
```

完整的程式碼如下，編譯上傳後，碰觸愛心腳將會開啟瀏覽器：

```
#include <Keyboard.h>
#include <R4_Touch.h>
#define THRESHOLD 4659   // 觸控感測開、關的臨界值
```

```
TouchSensor ts;              // 宣告碰觸感測器物件

// 觸控感測器的參數
ctsu_pin_settings_t tsSettings = {
  .div = CTSU_CLOCK_DIV_18, .gain = CTSU_ICO_GAIN_100,
  .ref_current = 0, .offset = 75, .count = 3 };
const byte tsPin = 20;      // 觸控腳編號，20 代表愛心
bool lastTouch = false;     // 上次觸控狀態，預設為未觸控
bool ledState = LOW;        // LED 燈的狀態

void setup() {
  Serial.begin(9600);
  while (!Serial) ;         // 等待序列埠就緒
  pinMode(LED_BUILTIN, OUTPUT);     // 內建的 LED 腳模式設為輸出
  // 初始化觸控腳，傳入腳位和臨界值參數
  ts.begin(tsPin, THRESHOLD);
  ts.applyPinSettings(tsSettings); // 套用觸控感測器的參數
  TouchSensor::start();    // 啟用電容觸控
  Keyboard.begin();        // 啟用 USB 鍵盤
}

void loop() {
  bool touch = ts.read();  // 讀取觸控狀態，傳回 true 代表感應到觸控

  if (touch != lastTouch) {
    if (touch) {
      Serial.println("碰到了！");
      ledState = !ledState; // 反相 LED 燈的狀態
      digitalWrite(LED_BUILTIN, ledState); // 點亮或關閉 LED

      // 按下 Win+R 鍵，啟動 chrome 瀏覽器開啟網頁
      Keyboard.press(KEY_LEFT_GUI);  // 按著左 Win 鍵
      Keyboard.press('r');           // 按著'r'鍵
      delay(100);
      Keyboard.releaseAll();         // 放開全部鍵
      delay(500);
      Keyboard.println("chrome https://swf.com.tw"); // 輸入文字
      delay(100);
```

```
  } else {
    Serial.println("放開");
  }
  lastTouch = touch;  // 紀錄本次觸控狀態
 }
}
```

補充說明，在開發板連接多個觸控板時，每個觸控接腳都要個別校準並各自設定參數，觸控接線不能糾纏在一起，否則會彼此干擾。

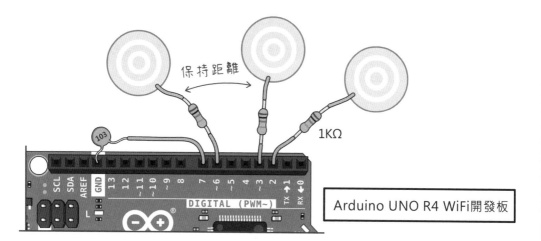

考量到手指的接觸面積通常介於 8mm~10mm，電極片的寬、高尺寸大都設計成約 8mm~20mm，表面積和厚度都會影響感測值。為了減少靜電，電極片的外型應減少尖刺，圓形或圓角矩形比較好，避免用三角或鋸齒形。

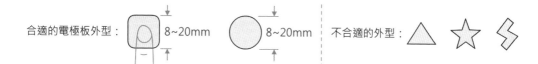

20-4 RA4M1 微控器內建的月曆和 時鐘：即時鐘（RTC）

RA4M1 微控器內部具有**即時鐘**（Real Time Clock，簡稱 RTC），它的作用像附帶月曆和鬧鈴功能的時鐘。某些開發板沒有內建 RTC（如：UNO R3），需要額外安裝 DS3231, DS1307 等時鐘晶片模組，下圖左是即時鐘模組的電路方塊，包含 I²C 介面的時鐘晶片和記憶日期時間資料的 EEPROM，以及選擇性的時鐘電池，在 Arduino IDE 的**程式庫管理員**中搜尋 "DS3231" 或 "RTC" 關鍵字，即可找到多個程式庫。

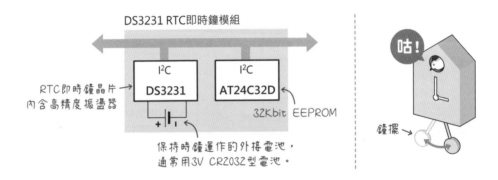

典型的時鐘 IC 採用 32.768 kHz 石英震盪器，提供穩定的震盪頻率，讓時鐘能準確地計量時間，就像傳統的機械鐘也有一個提供震盪頻率來源的鐘擺。

安裝 R4SwRTC 程式庫

Arduino 官方有提供操控 RA4M1 微控器內部即時鐘的 RTC.h 程式庫，無需另行安裝。但 RTC.h 程式庫的震盪器來源是 RA4M1 微控制器內部的 LOCO（Low-Speed On-Chip Oscillator，低速晶片內建振盪器），而非外接的石英震盪器，優點是低功耗，缺點是每小時的誤差約 ±3 秒。相較之下，DS3231 晶片的精確度約 ±60 秒／年，換算成一天約 ±0.164 秒。

本文採用 Guglielmo Braguglia 編寫的 **R4SwRTC 程式庫**，其時脈來源是 RA4M1 微控器的 GPT 計時器（也非外接石英震盪器），精確度約 ±1 秒 / 天，雖然遠低於外接的 DS3231 RTC 模組，但遠高於 Arduino 官方的方案。 請先在**程式庫管理員**中搜尋、安裝 R4SwRTC 程式庫備用：

> 若要採用 Arduino 官方的 RTC.h 程式庫來控制與管理即時鐘，請參閱官方的線上 說明文件：https://bit.ly/4h0xhaf。

儲存日期時間的資料型態與結構體

人類習慣使用時、分、秒來描述時間，例如，2024 年 10 月 7 日 11 時 22 分 33 秒，這種時間格式稱為**日曆時間（Calendar Time）**。電腦則擅長用 「某一段經過時間」的秒數或毫秒數來處理時間資料。例如，電腦系統的 「目前時刻」，是從 1970 年 1 月 1 日零時到現在所經過的秒數值，此時間 值稱為 **Epoch Time**（也稱為 Unix Time 或 POSIX Time）。

C 語言內建一個管理與操作時間資料的 time.h 程式庫，R4SwRTC 程式庫有 引用它，並使用 time.h 定義的兩個資料型態來保存日期時間：

- time_t：等同 32 位元長整數（long int），用於儲存秒數值（Epoch Time）。
- struct tm：儲存時間的年、月、日、時、分、秒…等的結構，這個時間 值又稱為**分解時間 (broken-down time)**。tm 結構體包含下列成員：

成員名稱	說明
tm_sec	秒（0~60），60 代表閏秒
tm_min	分（0~59）
tm_hour	小時（0~23）
tm_mday	月份的日（1 ~31）
tm_mon	月（0~11），0 代表一月
tm_year	從 1900 年至今的年數
tm_wday	星期幾（0~6），0 代表星期日
tm_yday	一年中的某日（0~365）
tm_isdst	夏令時間：> 0 代表啟用、= 0 是禁用、< 0 則是未知

NTP 網路時間伺服器

不管是內建還是外接 RTC，如同普通的鬧鐘，第一次使用時都要先設定時間。常見設定 RTC 初始時間的辦法有三種：

● 手動在程式中輸入目前的日期時間：考量到輸入時間後，編譯、上傳到執行程式，有一段時間差，這不是好辦法，也不方便。

● 透過網際網路更新時間：各地的機關組織、學術機構和企業都有建置提供網路對時服務的時間伺服器（Network Time Protocol，網路時間協定，簡稱 **NTP 伺服器**）。以 Windows 系統為例，它預設會連接到微軟的 time.windows.com 伺服器對時。最知名的時間伺服器網址是非營利組織的 pool.ntp.org，這些 NTP 伺服器的源頭都有一個非常精確的計時裝置，像原子鐘和 GPS 訊號。

● 接收 GPS 訊號對時：GPS 模組可接收全球定位系統衛星的訊號，此訊號包含經緯度座標和衛星內部的原子鐘時間資料。

本單元將透過 Wi-Fi 連接 pool.ntp.org 伺服器來對時：

ntp.org 是一個集結各地志願提供網路對時的域名，分佈世界各地的 NTP 伺服器有各自的主機＋域名（參閱表 20-2），例如，佈署在台灣的 NTP 伺服器的網址是 tw.pool. ntp.org。程式只要連接到 pool. ntp.org，它會自動依據裝置的 IP 位址，連接到最近的伺服器。

表 20-2

區域	主機 + 域名
亞洲	asia.pool.ntp.org
歐洲	europe.pool.ntp.org
北美	north-america.pool.ntp.org
台灣	tw.pool.ntp.org

NTP 伺服器使用 UDP 連線（而非網頁伺服器使用的 TCP），UNO R4 WiFi 開發環境有內建處理 UDP 通訊的 **WiFiUdp.h 程式庫**。NTP 伺服器通訊連線有現成的程式庫，但要自行安裝，請在**程式庫管理員**中搜尋、安裝 **NTPClient 程式庫**備用：

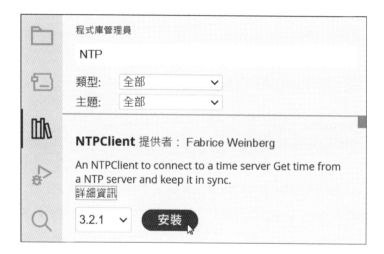

連線 NTP 伺服器對時

連線到 NTP 伺服器，取得當前正確時刻的程式流程如下，首先引用必要的程式庫：

```
#include <NTPClient.h>   // NTP 前端，負責處理 NTP 伺服器通訊
#include <WiFiUdp.h>     // 處理 UDP 通訊協定
#include <WiFiS3.h>      // 處理 WiFi 網路連線
```

然後建立處理 UDP 通訊協定的程式物件，此處命名為 ntpUdp：

```
WiFiUDP ntpUdp;  // 建立 UDP 通訊物件
```

接著建立 NTPClient 前端物件。NTPClient 類別有多種建構語法，底下是
最基本的寫法，僅傳入 UDP 通訊物件參數，NTP 前端物件名稱自訂為
timeClient：

```
// 傳入 UDP 物件，預設連線到 pool.ntp.org
NTPClient timeClient(ntpUdp);
```

以下動手做單元使用底下包含 UTC 時區的寫法；台灣的 UTC 時區偏差為
+8（小時），而此參數的時間單位是秒，所以要傳入 8×60×60=28800 秒。

```
NTPClient timeClient(ntpUdp, 28800);  // 建立 NTP 前端，UTC+8
```

底下是建立 NTP 前端的第三種寫法，可指定 NTP 伺服器：

```
// 指定用微軟的 NTP
NTPClient timeClient(ntpUdp, "time.windows.com", 28800);
```

建立好 NTP 前端物件，即可在 Wi-Fi 連線成功後執行 NTP 物件的 update()
方法，連線到 NTP 伺服器取得最新的時間值，如果時間資料更新成功，它
將傳回 true。底下的自訂函式將在連線更新成功後，傳回 Epoch 時間（秒
數）：

```
time_t getNTPtime() {    // 此自訂函式的傳回值型態是 time_t（秒數）
  if (!timeClient.update()) {  // 若 NTP 伺服器連線、更新失敗…
    return 0;                    // 傳回 0、結束函式。
  }
  return timeClient.getEpochTime();  // 傳回 Epoch 時間
}
```

設定 RTC 並取得分解時間

從 NTP 伺服器取得正確的 Epoch 秒數，即可用它設定 RTC 即時鐘，這部分的程式流程如下，首先建立 RTC 物件：

```
#include <R4SwRTC.h>          // 用此程式庫取代官方的 RTC.h
#define TMR_FREQ_HZ 100.076   // 程式庫作者建議的計時器頻率值
r4SwRTC myRTC;                // 建立 RTC 物件
```

然後在 setup() 函式當中初始化 RTC 即時鐘：

```
myRTC.begin(TMR_FREQ_HZ);   // 初始化微控器的即時鐘
// 呼叫上一節的自訂函式，取得並儲存 NTP 時間
NTPtime = getNTPtime();
```

微控器內部的 RTC 時鐘開始運轉，但預設的時間值不正確，要改成從 NTP 伺服器取得的時間：

```
myRTC.setUnixTime(NTPtime);   // 設定 RTC 的初始時間
```

RTC 即時鐘內部的時間是像 1727611003 這樣的秒數值，我們要將它分解成年、月、日之類，方便人類辨識的格式，辦法是呼叫 RTC 物件的 getTmTime()，它將傳回 tm 結構體的位址，所以底下敘述宣告一個名叫 now 的 tm 結構體指標：

```
struct tm *now = myRTC.getTmTime();
```

程式便能透過 now 指標存取 tm 結構體的成員，例如：

```
now->tm_year + 1900;   // 年，從 1900 起算
now->tm_mon + 1;       // 月，一月是 0
now->tm_mday;          // 日
```

連線 NTP 伺服器
顯示正確日期時間

實驗說明：連線 NTP 伺服器取得目前時間，設定給 RTC 即時鐘，之後每隔
一秒在文字型 LCD 顯示器呈現當前的日期和時間。

實驗材料：

| Arduino UNO R4 WiFi 開發板 | 1 個 |
| I2C 介面的文字型 LCD 顯示器 | 1 個 |

實驗電路：在 I2C 介面連接 LCD 顯示器。

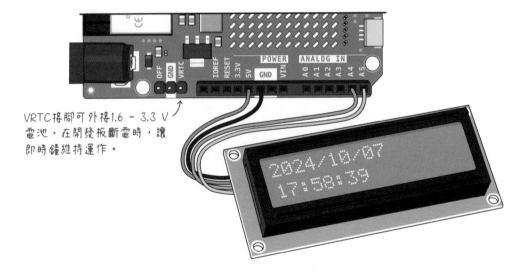

VRTC接腳可外接1.6 – 3.3 V
電池，在開發板斷電時，讓
即時鐘維持運作。

實驗程式：此程式將在 LCD 顯示器呈現本機的 IP 位址，然後每隔 1 秒更新
顯示 RTC 即時鐘的時間值。

完整程式碼：

```cpp
#include <R4SwRTC.h>      // 取代官方的 RTC.h
#include <NTPClient.h>    // NTP 前端，負責處理 NTP 伺服器通訊
#include <WiFiUdp.h>      // 處理 UDP 通訊協定
#include <WiFiS3.h>       // 處理 WiFi 網路連線
#include <Wire.h>         // 處理 I2C 連線
#include <LiquidCrystal_PCF8574.h> // 控制 LCD 顯示器
#define TMR_FREQ_HZ 100.076          // 程式庫作者建議的計時器頻率值

char *ssid = "Wi-Fi名稱";
char *pass = "Wi-Fi密碼";

LiquidCrystal_PCF8574 lcd(0x27);   // 宣告 LCD 控制物件

WiFiUDP ntpUdp;              // UDP 通訊協定物件
// NTP 伺服器連線物件，UTC+8 時區
NTPClient timeClient(ntpUdp, 28800);
r4SwRTC myRTC;              // RTC 即時鐘物件
uint32_t lastMillis;       // 紀錄上次執行時的毫秒數

time_t getNTPtime() {   // 傳回從 NTP 伺服器取得當前時間（秒）
  if (!timeClient.update()) {
    return 0;
  }
  return timeClient.getEpochTime();
}

void lcdZero(byte num) {      // 若時間數字小於 10，則在前面補 0
  if (num < 10) {
    lcd.print("0");
  }
  lcd.print(num);
}

void showTime() {                 // 在 LCD 顯示日期和時間
  struct tm *now = myRTC.getTmTime();

  lcd.clear();                    // 清除 LCD 畫面
  lcd.print(now->tm_year + 1900);  // 年
  lcd.print("/");
  lcdZero(now->tm_mon + 1);  // 月，必要時在數字前面補 0
  lcd.print("/");
```

```
    lcdZero(now->tm_mday);    // 日

    lcd.setCursor(0, 1);        // 游標移到 0 行、1 列
    lcdZero(now->tm_hour);    // 時
    lcd.print(":");
    lcdZero(now->tm_min);     // 分
    lcd.print(":");
    lcdZero(now->tm_sec);     // 秒
}

void setup() {
    Serial.begin(9600);
    lcd.begin(16, 2);           // 初始化 LCD（行數，列數）
    lcd.setBacklight(255);    // 設定背光亮度（0~255）
    lcd.clear();

    WiFi.begin(ssid, pass);  // 連線到 Wi-Fi
    while (WiFi.status() != WL_CONNECTED) {
        lcd.print(".");
        delay(100);
    }

    lcd.home();   // 清除 LCD 畫面、游標回到原點
    IPAddress ip = WiFi.localIP();
    lcd.print("IP Address:");   // 在 LCD 顯示 IP 位址
    lcd.setCursor(0, 1);        // 游標移到 0 行、1 列
    lcd.print(ip);

    myRTC.begin(TMR_FREQ_HZ);   // 以指定震盪器頻率初始化微控器的即時鐘

    time_t NTPtime = getNTPtime();   // 取得 NTP 時間
    if (0 == NTPtime) {
        Serial.println("無法取得NTP時間！");
        while (true) delay(100);
    }

    myRTC.setUnixTime(NTPtime);

    delay(2000);    // 暫停 2 秒
    lastMillis = millis();   // 暫存目前的毫秒數
}
```

20

```
void loop() {
  if (millis() - lastMillis > 1000) {  // 如過了 1 秒…
    showTime();  // 顯示時間
    lastMillis = millis();
  }
}
```

20-5 輪詢 VS 中斷

第 4 章〈讀取數位輸入值〉一節採用 digitalRead() 來讀取指定腳位的輸入值，類似的程式如下，**loop() 函式**裡的 digitalRead() 將不停地讀取數位腳 2 值：

```
const byte SW_PIN = 2;       // 開關接在數位 2 腳
bool state;                  // 暫存按鈕狀態的變數

void setup() {
  pinMode(LED_BUILTIN, OUTPUT);        // 內建 LED 腳設定為輸出
  pinMode(SW_PIN, INPUT_PULLUP);       // 啟用微控器內部的上拉電阻
}

void loop() {
  state = digitalRead(SW_PIN);         // 讀取第 2 腳的值
  if (state == LOW) {  // 如果第 2 腳為「低電位」，則閃爍 LED 兩次
    digitalWrite(LED_BUILTIN, HIGH);
    delay(150);
    digitalWrite(LED_BUILTIN, LOW);
    delay(150);
    digitalWrite(LED_BUILTIN, HIGH);
    delay(150);
    digitalWrite(LED_BUILTIN, LOW);
  }
}
```

以上程式的 **setup() 函式**啟用了上拉電阻，因此在測試時，可以簡單地用一條導線來代表開關：將它插入 Arduino 的 GND（接地）腳，代表「按下」開關；將它拔起，代表「放開」。

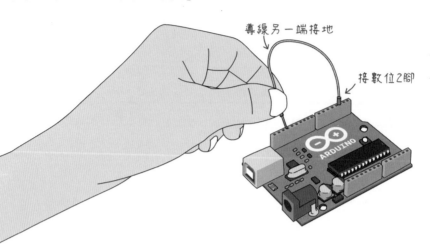

導線另一端接地

接數位2腳

讓微控器反覆不停讀取、查看輸入腳狀態的處置方式，稱為**輪詢**（polling），這種作法其實很浪費時間。就好比你在燒開水的時候，不時地走到爐火旁邊查看；若改用鳴笛壺來燒水，當水沸騰時，它會自動發出悅耳的笛音來通知我們。微控器也有類似的處理機制，稱為**中斷**（interrupt）。

顧名思義，「中斷」代表打斷目前的工作，像鳴笛壺發出笛音時，我們就會暫停手邊的工作，先去關火，之後再繼續剛才的工作。

對於需要感測快速、密集變化的場合，例如，檢測馬達轉速（參閱《超圖解 ESP32 應用實作》第 5 章），不適合用輪詢，因為這種寫法必須主動檢測感測器的狀態，而多數時間程式都在處理其他任務，所以應該使用中斷，才不會錯失每一次感測變化。

連續擊發！！

這期間無法感
測按鍵的動作

```
void loop() {
  state = digitalRead(SW_PIN); // 讀取開關狀態
  if (state == LOW) {
    : 處理按鍵的程式
  }
    : 其他程式
}
```

中斷處理腳位以及觸發中斷的時機

微控器有特定的接腳，能在輸入訊號改變時（例如，從低電位變成高電位），自動執行預定的程式，UNO R3 的 ATmega328 有兩個**外部中斷**（**external interrupt**）的腳位，UNO R4 的 RA4M1 微控器其實支援 16 個外部中斷，但 Arduino 官方僅標示兩個。採用 ATmega2560 處理器的 Arduino 板（如：Arduino Mega 2560），有 6 個外部中斷腳位（參閱表 20-3）。

表 20-3

外部中斷編號	中斷 0	中斷 1	中斷 2	中斷 3	中斷 4	中斷 5
UNO R3 板	2	3				
UNO R4 板	3	2				
Mega 2560 板	2	3	21	20	19	18
Leonardo 板	3	2	0	1		

RA4M1 技術文件第 369 頁的〈Peripheral Select Settings for each Product（個別產品的周邊選擇設定）〉單元指出，RA4M1 共有名叫 IRQ0~IRQ15 的 16 個外部中斷（IRQ 代表 Interrupt Request，中斷請求），可分別在不同埠口的不同接腳啟用，底下是這些接腳和 IRQ 名稱在 UNO R4 WiFi 板的對照：

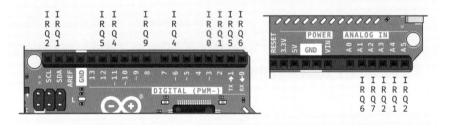

其中有些 IRQ 名稱重複出現在不同腳位，例如腳 6 和 11 都能啟用 IRQ4，但同時間，同名的 IRQ 只能用於一個接腳。

觸發中斷的情況有底下五種，最後的 HIGH（高電位持續觸發）模式僅限採用 ATmega32u 和 SAMD21 微控器的控制板（如：Leonardo 和 Zero），大多數的程式僅使用前三種模式當中的一種。

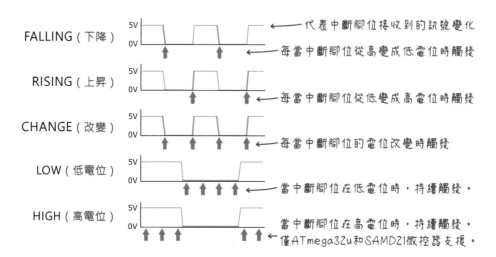

中斷服務常式

當中斷腳位的訊號改變時，將觸發執行**中斷服務常式**（Interrupt Service Routine，簡稱 **ISR**）。ISR 就是一個函式，只不過它是由微控器自動觸發執行。

以底下名叫 "swISR" 的自訂函式為例，當中斷發生時，它將把 state 變數值設定成 HIGH。要留意的是，會在 ISR 執行過程中改變其值的變數，請在宣告的敘述前面加上 **volatile 關鍵字**（原意代表「易變的」）：

其值會在中斷服務常式中改變的
變數，都要加上 "volatile" 宣告

自訂的中斷服務常式

```
volatile boolean sw = LOW;

void swISR() {
  sw = HIGH;
}
```

20

微控器預設沒有開啟中斷處理功能，程式必須先執行 **attachInterrupt() 函式**啟用中斷處理功能，並且指定中斷腳位，以及對應的 ISR 函式，其指令格式如下：

必須是支援外部中斷的接腳

```
attachInterrupt(digitalPinToInterrupt(腳位編號), 中斷服務常式, 觸發時機)
```

把數位腳位轉換成中斷編號

使用中斷服務常式來偵測數位腳 2 值的程式範例如下，每當腳 2 的狀態改變時，LED 將被點亮或關閉：

```
const byte SW_PIN = 2;     // 開關 ( 觸發中斷 ) 腳
const byte LED_PIN = 13;
volatile boolean state = LOW;

void swISR() {
  state = !state;
  digitalWrite(LED_PIN, state);
}

void setup() {
  pinMode(LED_PIN, OUTPUT);
  pinMode(SW_PIN, INPUT_PULLUP);

  attachInterrupt(digitalPinToInterrupt(SW_PIN),
                  swISR, CHANGE);  // 啟用中斷處理功能
}

void loop() { }
```

HIGH
②　①
LOW
state
取相反值

當數位2腳的輸入狀態改變 (CHANGE) 時，將觸發執行swISR函式。

這裡面不需要程式碼！

底下是**輪詢**方式與**中斷處理**方式的程式執行流程比較：

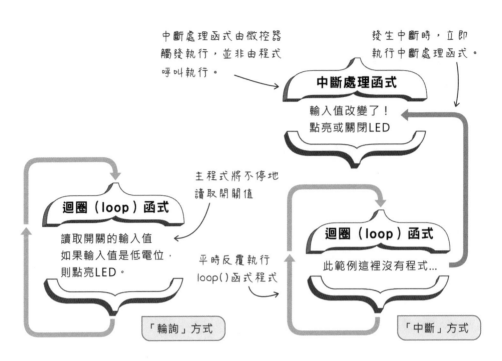

中斷處理函式由微控器觸發執行，並非由程式呼叫執行。

發生中斷時，立即執行中斷處理函式。

中斷處理函式

輸入值改變了！點亮或關閉LED

主程式將不停地讀取開關值

迴圈（loop）函式

讀取開關的輸入值
如果輸入值是低電位，
則點亮LED。

平時反覆執行
loop()函式程式

迴圈（loop）函式

此範例這裡沒有程式...

「輪詢」方式

「中斷」方式

和普通的函式比較，撰寫 ISR 程式有幾個注意事項：

- 程式本體應該要**簡短**，盡速處理完畢，也不能執行會阻擋其他任務運作的敘述，如：delay()。

- 中斷處理函式**無法接受參數輸入，也不能傳回值**。

- 若 ISR 程式需要改變某變數值，請先在宣告變數的敘述前面**加上關鍵字：volatile**。

認識 volatile 關鍵字

volatile（易變）這個關鍵字是個用於指揮編譯器運作的指令。

以底下兩個虛構的程式片段為例，在編譯器將原始碼編譯成機械碼的過程中，它會先掃描整個程式，結果發現左邊程式裡的 sw 變數從頭到尾都沒有變動過，而右邊程式包含兩個相同、緊鄰的 a ＋ b 敘述。編譯器可能會將原始碼最佳化成底下的形式（這個過程在記憶體當中進行，我們看不到最佳化之後的程式碼）：

```
boolean sw = LOW;

if (sw == LOW) {
    // 若sw的值是LOW
    // 則執行這裡的程式
}                                  原始檔
```

⬇ 經編譯器最佳化之後

```
boolean sw = LOW;

if (true) {
    // 始終會執行這裡的程式
}
```
因為sw總是LOW

```
int a, b;
   ：
   ：
int c = a + b;
int d = a + b;
   ：                              原始檔
```

⬇ 經編譯器最佳化之後

```
int a, b;
   ：
   ：
int c = a + b;      沒有必要浪費時間
int d = c;          重新計算a+b
```

在一般的程式中，經過最佳化的程式碼不會有問題，但是在包含中斷事件
的程式裡面，可能會產生意料之外的結果。

以底下的程式片段為例，假設在設定變數 c 的值之後，正好發生中斷，程
式將優先處理中斷，而中斷程式裡面包含了更改變數 a 和 b 資料值的敘
述。可是，編譯器將變數 d 的值最佳化成「直接取用變數 c 值」，所以變數
d 並沒有包含最新的 a+b 的計算結果：

解決的方法是，在中斷函式變更其值的全域變數宣告前面，加上 volatile 關
鍵字：

告訴編譯器，此變數值可能隨時改變，不要最佳化與此變數相關的程式碼。

```
volatile boolean sw = LOW;

if (sw == LOW) {
    // 若sw的值是LOW
    // 則執行這裡的程式
}
```
原始檔

```
volatile int a, b;
     :
     :
int c = a + b;
int d = a + b;
     :
```
原始檔

↓ 經編譯器最佳化之後

```
boolean sw = LOW;

if (sw == LOW) {
    // 若sw的值是LOW...
}
```
沒有改變

↓ 經編譯器最佳化之後

```
int a, b;
     :
     :
int c = a + b;
int d = a + b;
```
沒有改變

20-6 UNO R4 的 RA4M1 微控器 的輸出入埠

最後，本單元將補充說明同時設定 UNO R4 版開發板的一組數位腳的輸出 / 入模式，及其輸出值的方式。

UNO R4 開發板採用的 RA4M1 是 64 腳、R7FA4M1AB3CFM#AA0 型號。RA4M1 把輸出入腳分成 9 個埠口（port），數位輸出入（含 SPI 與 I2C）腳位於 Port1~Port4。

20

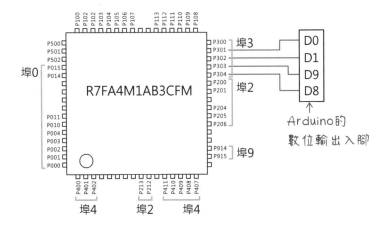

這 4 個埠口各自透過 Port Control Register（埠口控制暫存器）設定每個接腳的模式（輸出或輸入）以及輸出值（0 或 1）。底下是控制埠 3（P300~P315腳）的暫存器，它共有 32 位元，低位元（0~15）部分稱為 PDR，用於設定腳位的輸出入模式；高位元（16~31）部分稱為 PODR，負責設置腳位的輸出值。

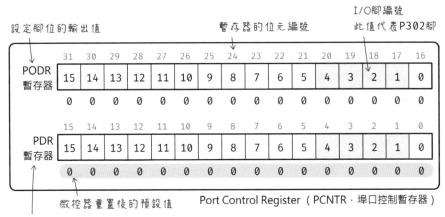

從上面的 48 腳的微控器插圖可看出，埠 3 實際只有 P300~P304 五個腳，其餘腳位並不存在。此外，在網路上搜尋關鍵字 "uno r4 wifi schematics" 可找到 PDF 格式的 UNO R4 WIFI 的電路圖，若比較 R4 WIFI 和 R4 Minima 電路圖當中的數位輸出入介面，可知它們當中的大部分其實是連到不同的微控器接腳。例如，Minima 板的數位 13 接微控器的 P111，而 WIFI 板則是接P102 腳。

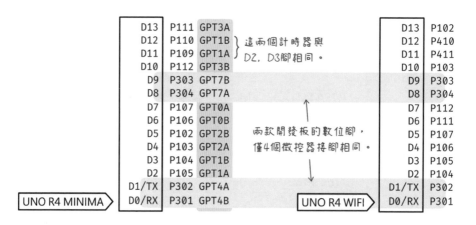

這代表操控 Arduino 數位 13 腳的程式敘述，實際會被編譯成不同的接腳控制敘述：

從暫存器直接操控 UNO R4 的輸出入埠

若要把 D0, D1, D9 和 D8 數位腳全都設成輸出模式，需要如下圖左，將 PDR 暫存器的 4 個對應位元設成 1；圖右則是把 4 個數位腳設成輸入模式。

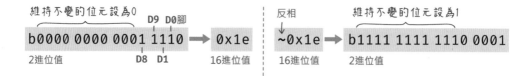

然後如下圖左，把 PDR 暫存器的當前值跟 0x1e 值做 OR 運算，再存回 PDR 暫存器；設成輸入模式時，則要如下圖右般做 AND 運算，才能讓指定的 4 個位元值都變成 0，其餘不變。

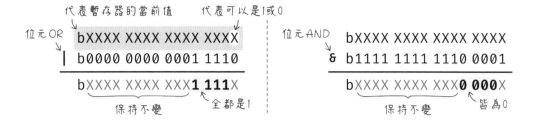

位元OR 代表暫存器的當前值　代表可以是1或0

bXXXX XXXX XXXX XXXX
| b0000 0000 0001 1110
——————————————————
bXXXX XXXX XXX**1 111**X

保持不變　全都是1

位元AND

bXXXX XXXX XXXX XXXX
& b1111 1111 1110 0001
——————————————————
bXXXX XXXX XXX**0 000**X

保持不變　皆為0

實際的程式敘述如下圖左，UNO R4 的開發環境提供存取埠口 3 的結構體 R_PORT3，其中的 PDR 和 PODR 成員分別代表對應的暫存器。下圖右則是把 D0, D1, D9 和 D8 設成輸入的敘述。

R_PORT3結構（埠口3）裡的PDR
成員（設置腳位模式的暫存器）

R_PORT3->PDR |= 0x1e;

↓等同

```
pinMode(0, OUTPUT);
pinMode(1, OUTPUT);
pinMode(9, OUTPUT);
pinMode(8, OUTPUT);
```

PDR暫存器值跟~0x1e做邏輯AND運算

R_PORT3->PDR &= ~0x1e;

↓等同

```
pinMode(0, INPUT);
pinMode(1, INPUT);
pinMode(9, INPUT);
pinMode(8, INPUT);
```

下圖左是透過 PODR 成員，同時在 D0, D1, D9 和 D8 輸出高電位的敘述。下圖右則是在這些接腳輸出低、高、低、高電位的敘述。

❶ 指定腳位先歸0　　❷ 設定輸出值

不管之前的輸出值 →　X XXXX　　　0 000X
其餘高位元皆為1 →　& 0 0001　　| 0 1011
　　　　　　　　　　0 000X　　　0 101X

R_PORT3->PODR &= ~0x1e;
R_PORT3->PODR |= 0x0B;

↓等同

```
digitalWrite(0, LOW);
digitalWrite(1, HIGH);
digitalWrite(9, LOW);
digitalWrite(8, HIGH);
```

R_PORT3結構（埠口3）裡的PODR
成員（設定輸出值的暫存器）

R_PORT3->PODR |= 0x1e;

↓等同

```
digitalWrite(0, HIGH);
digitalWrite(1, HIGH);
digitalWrite(9, HIGH);
digitalWrite(8, HIGH);
```

20-43

同時把 D0, D1, D9 和 D8 設成輸出模式，並同時輸出高電位的完整程式碼：

```
void setup() {
  R_PORT3->PDR |= 0x1e;  // D0, D1, D9, D8腳設成輸出
  R_PORT3->PODR |= 0x1e; // D0, D1, D9, D8腳輸出高電位
}

void loop() {
}
```

從本單元的簡短範例可知，直接操控微控器的暫存器來設定數位腳的輸出狀態，程式碼比較簡潔，而且不用分成數個步驟執行，效率高。但編寫程式之前，需要對微控器有更多的認識，而且不同微控器的架構不一樣，同樣的程式無法用於 UNO R3 開發板或者 ESP32 等開發板，也就是不具可攜性，因此，除非有特殊需要，不建議用這種寫法。

20